电气与电子工程技术丛书

绝 缘 计 算

李亚莎 著

科 学 出 版 社
北 京

内 容 简 介

本书是绝缘计算方面的一本专著，分别从宏观和微观两个方面介绍绝缘计算的方法。绝缘学科是一门以试验为主要研究方法的学科，本书从计算的角度对绝缘规律进行探讨，可以作为对绝缘学科研究方法的一个尝试和有益的补充。尤其是在绝缘计算的微观方法上，深入探讨绝缘材料物质结构的分子和原子层面上的绝缘规律，这是试验研究所不能企及的。全书共分三章，各章内容分别为绝缘计算的有限元方法、绝缘计算的边界元方法、绝缘计算的分子动力学方法。

本书可作为高压与电工各专业本科生、研究生及科研工作者的参考书。

图书在版编目（CIP）数据

绝缘计算/李亚莎著. —北京：科学出版社，2020.11

（电气与电子工程技术丛书）

ISBN 978-7-03-066605-5

Ⅰ. ①绝…　Ⅱ. ①李…　Ⅲ. ①绝缘-计算方法　Ⅳ. ①TM05

中国版本图书馆 CIP 数据核字（2020）第 209874 号

责任编辑：吉正霞　张　湾 / 责任校对：高　嵘

责任印制：赵　博 / 封面设计：苏　波

科学出版社 出版

北京东黄城根北街 16 号

邮政编码：100717

http://www.sciencep.com

北京厚诚则铭印刷科技有限公司　印刷

科学出版社发行　各地新华书店经销

*

2020 年 11 月第　一　版　开本：787×1092　1/16

2024 年　3 月第三次印刷　印张：16 1/2

字数：391 000

定价：115.00 元

（如有印装质量问题，我社负责调换）

Preface
前　言

高压绝缘学科是一门以试验为基础的工程研究性学科，对于确保高电压工程领域的安全运行十分必要。从另一个角度来看，学界对一些高压绝缘过程的了解还不是很深入，尤其是对涉及绝缘材料物质结构的一些绝缘过程机理的了解还有待于进一步深入研究。本书从绝缘计算的角度尝试对绝缘过程进行计算性的研究，期望对高压绝缘的学术性研究能有所裨益，达到丰富高压绝缘学科研究方法的目的。

本书内容是作者多年从事科研工作的一个总结，全书包括三章内容：第 1、2 章从宏观的角度，采用有限元方法和边界元方法对绝缘问题进行数值计算；第 3 章从微观的角度，采用分子动力学方法在绝缘材料物质结构层面上对绝缘问题进行数值计算，希望对高压绝缘过程机理的了解能有所帮助或启发。

对本书内容付出坚辛劳动的还有作者的研究生，包括张专专、殷明、徐瑞宇、李晶晶、代亚平、花旭、刘国成、刘志鹏、黄太焕、谢云龙、孟凡强、章小彬、孙林翔、陈凯、陈家茂等。

本书部分内容得到国家自然科学基金项目（51577105）的支持，在此对国家自然科学基金委员会表示感谢！

书中内容难免有疏漏之处，恳请读者批评指正。

李亚莎

2020 年 2 月 27 日

Contents
目 录

第1章

绝缘计算的有限元方法

利用有限元方法可以计算输电线路导线间的电场、绝缘子串的电场、接地电极的接地电阻等，将它们作为判断绝缘安全性的重要依据。本章中的计算仿真都是在有限元软件 ANSYS 中完成的。

1.1 标准变分原理和有限元方法

用有限元求解微分方程的方法可以通过加权余量法得到，也可以通过变分原理得到。下面通过变分原理推导有限元方法求解微分方程的公式。在实数域内，利用标准变分原理就可以满足要求。

1.1.1 标准变分原理

利用有限元方法求解微分方程，是将微分方程边值问题转化为与之等价的泛函的极值问题[1]。标准变分原理使用的泛函是定义在希尔伯特空间上的泛函，在希尔伯特空间中，内积的定义为

$$\langle \Phi,\psi \rangle = \int_{\Omega} \Phi \psi^{*} \mathrm{d}\Omega \tag{1.1.1}$$

式中：Φ 、ψ 为两个标量函数；ψ^{*} 为 ψ 的共轭复数；Ω 为积分区域。

标准变分原理可表述如下：在希尔伯特空间，对于边值问题

$$L\Phi = f \tag{1.1.2}$$

式中：L 为微分方程的算子符号；f 为算子方程的非齐次项。如果算子符号 L 是自伴的，即

$$\langle L\Phi,\psi \rangle = \langle \Phi, L\psi \rangle \tag{1.1.3}$$

并且算子符号 L 是正定的，即

$$\langle L\Phi,\Phi \rangle \begin{cases} >0, & \Phi \neq 0 \\ =0, & \Phi = 0 \end{cases} \tag{1.1.4}$$

则方程（1.1.2）的解可以通过求泛函式（1.1.5）的极小值得到：

$$F(\Phi) = \frac{1}{2}\langle L\Phi,\Phi \rangle - \frac{1}{2}\langle \Phi, f \rangle - \frac{1}{2}\langle f,\Phi \rangle \tag{1.1.5}$$

证明

取泛函的一次变分

$$\delta F = \frac{1}{2}\langle L\delta\Phi,\Phi \rangle + \frac{1}{2}\langle L\Phi,\delta\Phi \rangle - \frac{1}{2}\langle \delta\Phi, f \rangle - \frac{1}{2}\langle f,\delta\Phi \rangle \tag{1.1.6}$$

由于算子符号 L 是自伴的，$\langle L\delta\Phi,\Phi\rangle=\langle\delta\Phi,L\Phi\rangle$，泛函的一次变分变为

$$\delta F=\frac{1}{2}\langle\delta\Phi,L\Phi-f\rangle+\frac{1}{2}\langle L\Phi-f,\delta\Phi\rangle \tag{1.1.7}$$

由内积的定义得

$$\delta F=\frac{1}{2}\langle\delta\Phi,L\Phi-f\rangle+\frac{1}{2}\langle\delta\Phi,L\Phi-f\rangle^*=\mathrm{Re}\langle\delta\Phi,L\Phi-f\rangle \tag{1.1.8}$$

由泛函取极小值的强加条件，即在泛函取极小值时 $\delta F=0$ 得

$$\mathrm{Re}\langle\delta\Phi,L\Phi-f\rangle=0 \tag{1.1.9}$$

由 $\delta\Phi$ 的任意性，即可得到 $L\Phi=f$ 。

下面证明泛函取极小值。取式（1.1.8）中泛函的二次变分，得

$$\delta^2F=\mathrm{Re}\langle\delta\Phi,L\delta\Phi\rangle+\mathrm{Re}\langle\delta^2\Phi,L\Phi-f\rangle \tag{1.1.10}$$

略去函数 Φ 的二次变分，得

$$\delta^2F=\mathrm{Re}\langle\delta\Phi,L\delta\Phi\rangle>0 \tag{1.1.11}$$

算子符号 L 是正定的，式（1.1.11）大于 0，因此泛函取极小值。

标准泛函原理要求泛函取极小值时对应原方程的解。为了保证泛函取极小值时对应原方程的解，算子符号必须是自伴的和正定的。从上面的证明可以看出，只要使泛函的一次变分等于零，就可以得到原方程的解，其解对应泛函的极大值、极小值或拐点并不重要。因此，如果要保证泛函一次变分等于零对应方程的解，只要保证算子符号自伴就可以了。

例 1.1.1　齐次泊松边值问题。

泊松方程：

$$-\nabla\cdot(\varepsilon\nabla\Phi)=\rho \tag{1.1.12}$$

边界条件：

（1）在 S_1 面上，

$$\Phi=0 \tag{1.1.13}$$

（2）在 S_2 面上，

$$\varepsilon\frac{\partial\Phi}{\partial\boldsymbol{n}}+\gamma\Phi=0 \tag{1.1.14}$$

其中，ε、γ 为实数或实函数。

求证：

（1）算子符号 $L=-\nabla\cdot(\varepsilon\nabla)$ 自伴；

（2）齐次泊松边值问题的泛函为

$$F(\Phi)=\frac{1}{2}\iiint_V \varepsilon|\nabla\Phi|^2\,\mathrm{d}V+\frac{1}{2}\iint_{S_2}\gamma|\Phi|^2\,\mathrm{d}S-\frac{1}{2}\iiint_V(\Phi\rho^*+\Phi^*\rho)\mathrm{d}V \tag{1.1.15}$$

证明

（1）算子符号自伴性的证明。根据算子符号自伴的定义$\langle L\Phi,\Psi\rangle=\langle\Phi,L\Psi\rangle$，得

$$\langle L\Phi,\Psi\rangle=\iiint_V \Psi^*[-\nabla\cdot(\varepsilon\nabla\Phi)]\mathrm{d}V \tag{1.1.16}$$

应用第二标量格林公式$\iiint_V[\varphi\nabla\cdot(k\nabla\psi)-\psi\cdot(k\nabla\varphi)]\mathrm{d}V=\oint\!\!\!\oint_S k(\varphi\nabla\psi-\psi\nabla\varphi)\cdot\boldsymbol{n}\mathrm{d}S$，式（1.1.16）变形为

$$\langle L\Phi,\Psi\rangle=\iiint_V \Phi[-\nabla\cdot(\varepsilon\nabla\Psi^*)]\mathrm{d}V-\oint\!\!\!\oint_S \varepsilon\left(\Psi^*\frac{\partial\Phi}{\partial\boldsymbol{n}}-\Phi\frac{\partial\Psi^*}{\partial\boldsymbol{n}}\right)\mathrm{d}S \tag{1.1.17}$$

函数Φ、Ψ满足齐次边界条件式（1.1.13）、式（1.1.14），因此，式（1.1.17）中的面积分在面S_1上为零，在面S_2上，根据式（1.1.14），两个法向导数分别为

$$\frac{\partial\Phi}{\partial\boldsymbol{n}}=-\frac{\gamma}{\varepsilon}\Phi,\qquad \frac{\partial\Psi^*}{\partial\boldsymbol{n}}=-\frac{\gamma^*}{\varepsilon^*}\Psi^* \tag{1.1.18}$$

将式(1.1.18)代入式(1.1.17)，并且利用ε、γ为实数或实函数的条件可知式(1.1.17)中的面积分为零。因此，式（1.1.17）可写为

$$\langle L\Phi,\Psi\rangle=\iiint_V \Phi[-\nabla\cdot(\varepsilon\nabla\Psi^*)]\mathrm{d}V=\iiint_V \Phi[-\nabla\cdot(\varepsilon\nabla\Psi)]^*\,\mathrm{d}V=\langle\Phi,L\Psi\rangle \tag{1.1.19}$$

因此，算子符号$L=-\nabla\cdot(\varepsilon\nabla)$自伴。

（2）边值问题对应泛函的证明。将算子符号$L=-\nabla\cdot(\varepsilon\nabla)$代入式（1.1.5）得

$$F(\Phi)=\frac{1}{2}\iiint_V \Phi^*[-\nabla\cdot(\varepsilon\nabla\Phi)]\mathrm{d}V-\frac{1}{2}\iiint_V(\Phi\rho^*+\Phi^*\rho)\mathrm{d}V \tag{1.1.20}$$

将式（1.1.20）中的第一项应用第一标量格林公式

$$\iiint_V[\varphi\nabla\cdot(k\nabla\psi)+\nabla\varphi\cdot(k\nabla\psi)]\mathrm{d}V=\oint\!\!\!\oint_S \varphi(k\nabla\psi)\cdot\boldsymbol{n}\mathrm{d}S$$

得

$$\langle L\Phi,\Phi\rangle=\iiint_V \varepsilon\nabla\Phi\cdot\nabla\Phi^*\mathrm{d}V-\oint\!\!\!\oint_S \varepsilon\Phi^*\frac{\partial\Phi}{\partial\boldsymbol{n}}\mathrm{d}S \tag{1.1.21}$$

式（1.1.21）中的面积分在面S_1上为零，在面S_2上利用式（1.1.18）后，式（1.1.21）变为

$$\langle L\Phi,\Phi\rangle=\iiint_V \varepsilon|\nabla\Phi|^2\,\mathrm{d}V+\iint_{S_2}\gamma|\Phi|^2\,\mathrm{d}S \tag{1.1.22}$$

将式（1.1.22）代入式（1.1.20），即可得到式（1.1.15）。

1.1.2　有限元方法

1. 边值问题的里茨方法

在全域上定义一组完备的基函数$\left\{\nu_j \middle| j=1,2,\cdots,N\right\}$，式（1.1.2）的近似解[1]为

$$\tilde{\Phi}=\sum_{j=1}^{N} c_j \nu_j \tag{1.1.23}$$

将式（1.1.23）代入式（1.1.5）得泛函表达式：

$$F=\frac{1}{2}\boldsymbol{c}^{\mathrm{T}}\int_{\Omega}\boldsymbol{\nu} L \boldsymbol{\nu}^{\mathrm{T}}\mathrm{d}\Omega\boldsymbol{c}-\boldsymbol{c}^{\mathrm{T}}\int_{\Omega}\boldsymbol{\nu} f\mathrm{d}\Omega \tag{1.1.24}$$

令其对c_i的偏导数为 0，得线性方程组

$$\frac{\partial F}{\partial c_i}=\frac{1}{2}\sum_{j=1}^{N} c_j\int_{\Omega}(\nu_i L\nu_j+\nu_j L\nu_i)\mathrm{d}\Omega-\int_{\Omega}\nu_i f\mathrm{d}\Omega=0 \tag{1.1.25}$$

写成矩阵的形式为

$$\boldsymbol{Sc}=\boldsymbol{b} \tag{1.1.26}$$

其中

$$S_{ij}=\frac{1}{2}\int_{\Omega}(\nu_i L\nu_j+\nu_j L\nu_i)\mathrm{d}\Omega \tag{1.1.27}$$

$$b_i=\int_{\Omega}\nu_i f\mathrm{d}\Omega \tag{1.1.28}$$

2. 边值问题的伽辽金方法

伽辽金方法为残数加权方法，其中权函数和基函数相同。式（1.1.2）的残数为

$$r=L\tilde{\Phi}-f\neq 0 \tag{1.1.29}$$

近似解$\tilde{\Phi}$的最佳值使残数r在域内最小，残数加权方法要求：

$$R_i=\int_{\Omega}w_i r\mathrm{d}\Omega=0 \tag{1.1.30}$$

将式（1.1.23）和$w_i=\nu_i$代入式（1.1.30）得

$$R_i=\int_{\Omega}\left(\nu_i L\boldsymbol{\nu}^{\mathrm{T}}\boldsymbol{c}-\nu_i f\right)\mathrm{d}\Omega=0,\quad i=1,2,\cdots,N \tag{1.1.31}$$

在L为自伴算子符号的情况下，式（1.1.31）与式（1.1.25）相同。

3. 边值问题的子域函数求解——有限元方法

有限元方法与经典的里茨方法和伽辽金方法的不同之处在于有限元方法的基函数是由定义在全域的子域上的基函数构成的。因为子域是小区域，在每一个小区域内，未知函数的变化不大，所以定义在子域上的这些基函数通常比较简单。

对于三维区域，经常用到的单元为四面体单元和六面体单元。

1）四面体单元

四面体单元内的未知函数值 $\Phi^e(x,y,z)$ 可以近似表示为

$$\Phi^e(x,y,z)=a^e+b^e x+c^e y+d^e z \tag{1.1.32}$$

在四面体的四个顶点处函数值满足式（1.1.32），得到

$$\begin{cases}\Phi_1^e(x,y,z)=a^e+b^e x_1^e+c^e y_1^e+d^e z_1^e\\ \Phi_2^e(x,y,z)=a^e+b^e x_2^e+c^e y_2^e+d^e z_2^e\\ \Phi_3^e(x,y,z)=a^e+b^e x_3^e+c^e y_3^e+d^e z_3^e\\ \Phi_4^e(x,y,z)=a^e+b^e x_4^e+c^e y_4^e+d^e z_4^e\end{cases} \tag{1.1.33}$$

由式（1.1.33）可以确定式（1.1.32）中的系数

$$a^e=\frac{1}{6V^e}\begin{vmatrix}\Phi_1^e & \Phi_2^e & \Phi_3^e & \Phi_4^e\\ x_1^e & x_2^e & x_3^e & x_4^e\\ y_1^e & y_2^e & y_3^e & y_4^e\\ z_1^e & z_2^e & z_3^e & z_4^e\end{vmatrix}=\frac{1}{6V^e}\left(a_1^e\Phi_1^e+a_2^e\Phi_2^e+a_3^e\Phi_3^e+a_4^e\Phi_4^e\right) \tag{1.1.34}$$

$$b^e=\frac{1}{6V^e}\begin{vmatrix}1 & 1 & 1 & 1\\ \Phi_1^e & \Phi_2^e & \Phi_3^e & \Phi_4^e\\ y_1^e & y_2^e & y_3^e & y_4^e\\ z_1^e & z_2^e & z_3^e & z_4^e\end{vmatrix}=\frac{1}{6V^e}\left(b_1^e\Phi_1^e+b_2^e\Phi_2^e+b_3^e\Phi_3^e+b_4^e\Phi_4^e\right) \tag{1.1.35}$$

$$c^e=\frac{1}{6V^e}\begin{vmatrix}1 & 1 & 1 & 1\\ x_1^e & x_2^e & x_3^e & x_4^e\\ \Phi_1^e & \Phi_2^e & \Phi_3^e & \Phi_4^e\\ z_1^e & z_2^e & z_3^e & z_4^e\end{vmatrix}=\frac{1}{6V^e}\left(c_1^e\Phi_1^e+c_2^e\Phi_2^e+c_3^e\Phi_3^e+c_4^e\Phi_4^e\right) \tag{1.1.36}$$

$$d^e=\frac{1}{6V^e}\begin{vmatrix}1 & 1 & 1 & 1\\ x_1^e & x_2^e & x_3^e & x_4^e\\ y_1^e & y_2^e & y_3^e & y_4^e\\ \Phi_1^e & \Phi_2^e & \Phi_3^e & \Phi_4^e\end{vmatrix}=\frac{1}{6V^e}\left(d_1^e\Phi_1^e+d_2^e\Phi_2^e+d_3^e\Phi_3^e+d_4^e\Phi_4^e\right) \tag{1.1.37}$$

其中，

$$V^e = \frac{1}{6}\begin{vmatrix} 1 & 1 & 1 & 1 \\ x_1^e & x_2^e & x_3^e & x_4^e \\ y_1^e & y_2^e & y_3^e & y_4^e \\ z_1^e & z_2^e & z_3^e & z_4^e \end{vmatrix} = \text{单元体积} \tag{1.1.38}$$

将行列式展开可以确定系数a_j^e、b_j^e、c_j^e、d_j^e $(j=1,2,3,4)$，将得到的系数a^e、b^e、c^e、d^e代入式（1.1.32）得

$$\varPhi^e(x,y,z) = \sum_{j=1}^{4} N_j^e(x,y,z)\varPhi_j^e \tag{1.1.39}$$

式中：插值函数$N_j^e(x,y,z)$的具体形式为

$$\begin{cases} N_1^e(x,y,z) = \dfrac{1}{6V^e}\left(a_1^e + b_1^e x + c_1^e y + d_1^e z\right) \\ N_2^e(x,y,z) = \dfrac{1}{6V^e}\left(a_2^e + b_2^e x + c_2^e y + d_2^e z\right) \\ N_3^e(x,y,z) = \dfrac{1}{6V^e}\left(a_3^e + b_3^e x + c_3^e y + d_3^e z\right) \\ N_4^e(x,y,z) = \dfrac{1}{6V^e}\left(a_4^e + b_4^e x + c_4^e y + d_4^e z\right) \end{cases} \tag{1.1.40}$$

插值函数具有下列性质：

$$N_j^e(x_i,y_i,z_i) = \delta_{ij} = \begin{cases} 1, & i=j \\ 0, & i \neq j \end{cases} \tag{1.1.41}$$

在每一四面体子域上，式（1.1.27）、式（1.1.28）可写为下列形式：

$$S_{ij}^e = \iiint_{V^e}\left(\frac{\partial N_i^e}{\partial x}\frac{\partial N_j^e}{\partial x} + \frac{\partial N_i^e}{\partial y}\frac{\partial N_j^e}{\partial y} + \frac{\partial N_i^e}{\partial z}\frac{\partial N_j^e}{\partial z}\right)\mathrm{d}V \tag{1.1.42}$$

$$b_i^e = \iiint_{V^e} f N_i^e \mathrm{d}V \tag{1.1.43}$$

将所有子域上的矩阵元叠加，求解线性方程组，即可得到节点电位。根据电场强度和电位的关系式$\boldsymbol{E} = -\nabla\varPhi$，四面体单元内的电场强度为

$$\boldsymbol{E}^e = -\frac{1}{6V^e}\sum_{j=1}^{4}\left(b_j^e \boldsymbol{e}_x + c_j^e \boldsymbol{e}_y + d_j^e \boldsymbol{e}_z\right)\varPhi_j^e \tag{1.1.44}$$

式中：$\boldsymbol{e}_x$、$\boldsymbol{e}_y$、$\boldsymbol{e}_z$为三个坐标方向的单位矢量。由电场强度通过公式$\boldsymbol{J} = \gamma\boldsymbol{E}$即可求得电流分布，其中$\gamma$为电导率。

2）六面体单元

六面体单元有八个顶点，在单元内未知函数可表示为

$$\varPhi^e(x,y,z) = a^e + b^e x + c^e y + d^e z + e^e xy + f^e yz + g^e zx + h^e xyz \tag{1.1.45}$$

单元内一点的电位可利用顶点上电位插值得到，即

$$\varPhi^e(x,y,z) = \sum_{j=1}^{8} N_j^e(x,y,z)\varPhi_j^e \tag{1.1.46}$$

其中，$N_j^e(x,y,z)$为六面体单元上的基函数，也叫作单元的形函数，直接写出具体表达式为

$$
\begin{cases}
N_1^e(x,y,z)=\dfrac{1}{V^e}\left(x_c^e+\dfrac{h_x^e}{2}-x\right)\left(y_c^e+\dfrac{h_y^e}{2}-y\right)\left(z_c^e+\dfrac{h_z^e}{2}-z\right)\\
N_2^e(x,y,z)=\dfrac{1}{V^e}\left(x-x_c^e+\dfrac{h_x^e}{2}\right)\left(y_c^e+\dfrac{h_y^e}{2}-y\right)\left(z_c^e+\dfrac{h_z^e}{2}-z\right)\\
N_3^e(x,y,z)=\dfrac{1}{V^e}\left(x-x_c^e+\dfrac{h_x^e}{2}\right)\left(y-y_c^e+\dfrac{h_y^e}{2}\right)\left(z_c^e+\dfrac{h_z^e}{2}-z\right)\\
N_4^e(x,y,z)=\dfrac{1}{V^e}\left(x_c^e+\dfrac{h_x^e}{2}-x\right)\left(y-y_c^e+\dfrac{h_y^e}{2}\right)\left(z_c^e+\dfrac{h_z^e}{2}-z\right)\\
N_5^e(x,y,z)=\dfrac{1}{V^e}\left(x_c^e+\dfrac{h_x^e}{2}-x\right)\left(y_c^e+\dfrac{h_y^e}{2}-y\right)\left(z-z_c^e+\dfrac{h_z^e}{2}\right)\\
N_6^e(x,y,z)=\dfrac{1}{V^e}\left(x-x_c^e+\dfrac{h_x^e}{2}\right)\left(y_c^e+\dfrac{h_y^e}{2}-y\right)\left(z-z_c^e+\dfrac{h_z^e}{2}\right)\\
N_7^e(x,y,z)=\dfrac{1}{V^e}\left(x-x_c^e+\dfrac{h_x^e}{2}\right)\left(y-y_c^e+\dfrac{h_y^e}{2}\right)\left(z-z_c^e+\dfrac{h_z^e}{2}\right)\\
N_8^e(x,y,z)=\dfrac{1}{V^e}\left(x_c^e+\dfrac{h_x^e}{2}-x\right)\left(y-y_c^e+\dfrac{h_y^e}{2}\right)\left(z-z_c^e+\dfrac{h_z^e}{2}\right)
\end{cases}
\tag{1.1.47}
$$

式中：x_c^e、y_c^e、z_c^e为单元e中心点的坐标值；h_x^e、h_y^e、h_z^e为单元e的边长；$V^e=h_x^e h_y^e h_z^e$为单元的体积。

六面体单元的其他处理方法与四面体类似，不再赘述。

1.2 输电线路的电场计算

输电线路的电场计算包括二维和三维计算模型输电导线表面及其周围空间的电场环境分析及地表面附近的电场等。

1.2.1 输电线路二维电场计算

如果不考虑导线弧垂对空间电场分布的影响，输电线路导线产生的电场可以简化为二维电场，并且是平行平面场。

采用二维向量有限元方法，以导线三相电压向量为边界条件，求解周围空间的电压和电场强度向量分布。

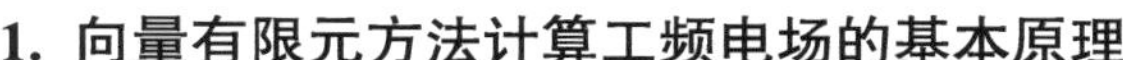

1. 向量有限元方法计算工频电场的基本原理

工频电场属于准静态电场，电位在周围空间中满足下面的拉普拉斯方程[2-3]：

$$\begin{cases} \mathrm{j}\omega\varepsilon\,\nabla^2\dot{\boldsymbol{\varphi}}=0 \\ \dot{\boldsymbol{\varphi}}\big|_{\Gamma}=\dot{\boldsymbol{\varphi}}_0 \end{cases} \tag{1.2.1}$$

式（1.2.1）中的第一式为电位满足的规律方程，第二式为边界条件，$\dot{\boldsymbol{\varphi}}$ 为电位向量，$\dot{\boldsymbol{\varphi}}_0$ 为边界电位向量，Γ 为边界，ω 为工频电场角频率，ε 为导线周围电介质的介电常数。采用里茨变分法，剖分单元的系数矩阵为

$$K_{ij}^e=\iiint_{S_e}\left(\frac{\partial N_i^e}{\partial x}\frac{\partial N_j^e}{\partial x}+\frac{\partial N_i^e}{\partial y}\frac{\partial N_j^e}{\partial y}\right)\mathrm{d}x\mathrm{d}y \tag{1.2.2}$$

其单元列向量为 **0**。式（1.2.2）中 N_i^e、N_j^e 为单元的形函数。如果采用三角形单元，它有三个节点，其形函数采用线性插值形函数，具体形式为

$$N_j^e(x,y)=\frac{1}{2\Delta^e}\left(a_j^e+b_j^e x+c_j^e y\right),\qquad j=1,2,3 \tag{1.2.3}$$

式中：Δ^e 为单元 e 的面积；a_j^e、b_j^e、c_j^e 为与单元 e 的顶点坐标有关的常数。它们的计算公式为

$$\begin{cases} a_1^e=x_2^e y_3^e-y_2^e x_3^e \\ a_2^e=x_3^e y_1^e-y_3^e x_1^e \\ a_3^e=x_1^e y_2^e-y_1^e x_2^e \end{cases},\qquad \begin{cases} b_1^e=y_2^e-y_3^e \\ b_2^e=y_3^e-y_1^e \\ b_3^e=y_1^e-y_2^e \end{cases},\qquad \begin{cases} c_1^e=x_3^e-x_2^e \\ c_2^e=x_1^e-x_3^e \\ c_3^e=x_2^e-x_1^e \end{cases} \tag{1.2.4}$$

$$\Delta^e=\frac{1}{2}\begin{vmatrix} 1 & x_1^e & y_1^e \\ 1 & x_2^e & y_2^e \\ 1 & x_3^e & y_3^e \end{vmatrix}=\frac{1}{2}\left(b_1^e c_2^e-b_2^e c_1^e\right) \tag{1.2.5}$$

式（1.2.4）、式（1.2.5）中，x_j^e、y_j^e $(j=1,2,3)$ 为单元 e 的节点坐标。单元内任意点的电位由节点电位和形函数表示为

$$\dot{\varphi}^e(x,y)=\sum_{j=1}^{3}N_j^e(x,y)\dot{\varphi}_j^e \tag{1.2.6}$$

最后将所有单元的系数矩阵按整体编号合成为一个大的系数矩阵，得线性方程组

$$\boldsymbol{K}\dot{\boldsymbol{\varphi}}=\boldsymbol{0} \tag{1.2.7}$$

式中：$\boldsymbol{K}$ 为系数矩阵；$\dot{\boldsymbol{\varphi}}$ 为电位列向量。

在有限元中第二类边界条件自动得到满足，而第一类狄利克雷边界条件必须强加上去。假设第 s 号边界节点的电位向量已知，将系数矩阵第 s 列与 s 号节点电位的乘积 $K_{is}\dot{\varphi}_s$（$i=1,2,\cdots,n$，n 为节点总数）移到等号的右端与原列向量叠加，并且令列向量的第 s 个元素为 $\dot{\varphi}_s$，除系数矩阵 s 行和 s 列的元素 $K_{ss}=1$ 外，其余全部为 0。其他已知电位的边界节点的处理方法与上述相同。由于向量有限元系数矩阵的元素为复数，在计算过程中

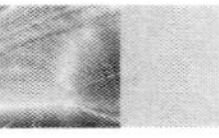

将比一般有限元多占用一倍的内存资源。

给方程组（1.2.7）加上第一类边界条件后，对其求解即可得到各节点的电位，再利用式（1.2.6）可求得区域内任意点的电位；通过公式 $\dot{\boldsymbol{E}} = -\nabla\dot{\boldsymbol{\varphi}}$ 得到区域内各点的电场强度。

2. 输电线周围电场环境分析

以 1000kV 交流输电线为例，将 1000kV 输电线近似看成水平长直导线，产生的电场为平行平面场，因而只需建立二维模型。图 1.2.1 为计算输电线周围电场的二维模型，其中输电线相间距离取 16m，导线距地面 20m，周围半径为 100m 的半圆形区域为求解区域，100～200m 的环形区域为无限远区域。分裂导线采用 8×LGJ-500/35 型号，八分裂导线相邻子导线间的距离为 400mm，8 根子导线均匀分布在半径为 523mm 的圆周上，分裂子导线的直径为 30mm。

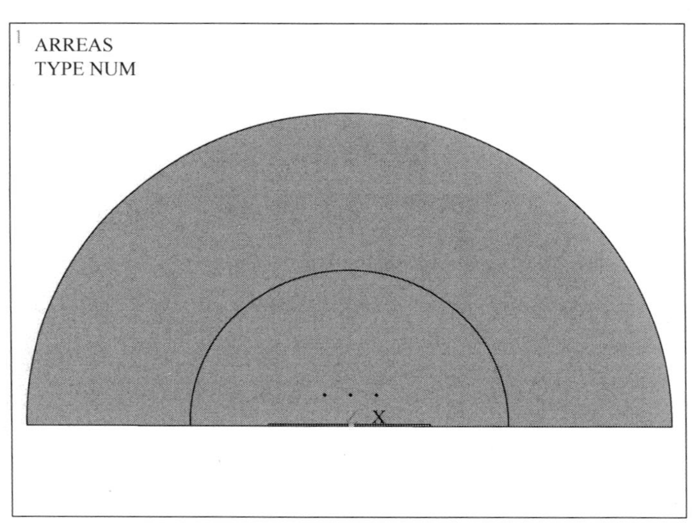

图 1.2.1　计算输电线周围电场的二维模型

1000kV 输电线的相电压为$1000/\sqrt{3}=578(\text{kV})$，则三相电压值分别为

$$\begin{cases} 578\angle 0° = 578\ \ (\text{kV}), & \text{A相} \\ 578\angle -120° = -290-500\text{j}\ \ (\text{kV}), & \text{B相} \\ 578\angle 120° = -290+500\text{j}\ \ (\text{kV}), & \text{C相} \end{cases} \tag{1.2.8}$$

为了便于比较，取中间相电压达到最大值时刻的三相电压值为边界值，这时的电场强度曲线关于中间相对称。对地面加 0 电位，外侧半圆加无穷远边界，频率取工频 50 Hz。采用二维向量有限元方法计算输电导线正下方、地面上方 1.5m 处电位、电场强度的分布，如图 1.2.2 和图 1.2.3 所示。

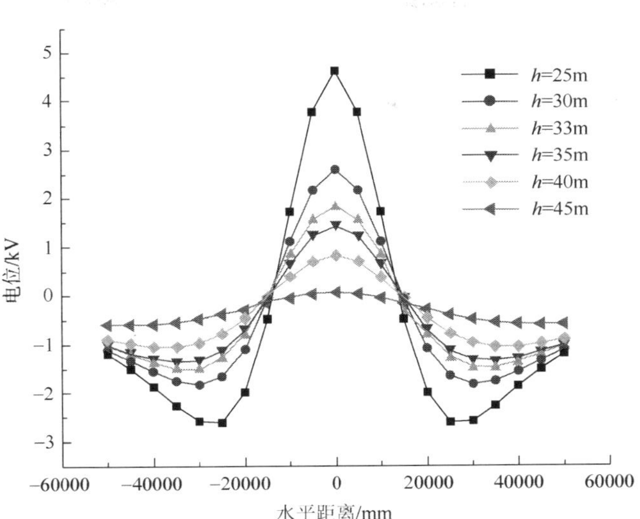

图 1.2.2　不同高度时地面上方 1.5m 处电位分布

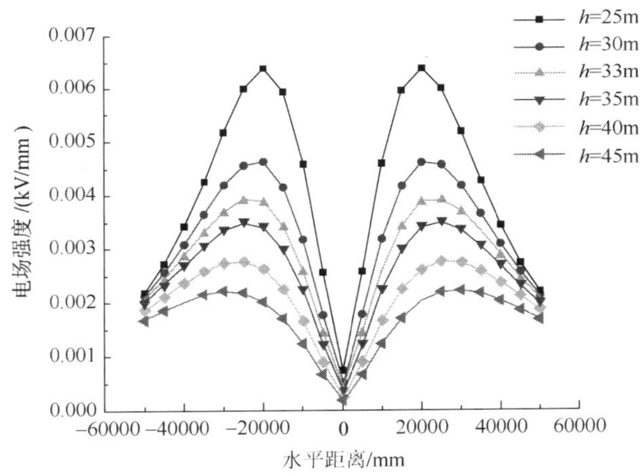

图 1.2.3　不同高度时地面上方 1.5m 处电场强度分布

由图 1.2.2 可以看出，地面上方 1.5m 处中间相导线正下方电位最大，两边相外侧电位最低。随着输电导线高度的增加，水平分布的电位趋于平缓。相应的电场强度曲线见图 1.2.3，由于电场强度是电位的负梯度，最小电场强度出现在中间相导线的正下方，电场强度的最大值出现在两边相的外侧，并且随着导线高度的增加，最大电场强度值下降明显，最大电场强度的位置稍向外偏移。当导线高度为 33m 时，地面上方 1.5m 处最大电场强度为 3.9kV/m，低于居民稠密地区的限值 4kV/m。因此，在特高压交流输电线通过人口稠密地区时，导线的最低高度不得低于 33m。如果考虑一定的裕度，导线最低高度最好在 35m 以上。考虑弧垂的影响，这一高度限值应该是两杆塔中间导线高度的限值，杆塔的高度应该在 50m 左右。

图 1.2.4、图 1.2.5 是输电导线高度为 40m 时，不同初相角对应的地面上方 1.5m 处

的电位分布和电场强度分布。中间相取为 A 相，初相角分别取为 0°、45°、90°，B、C 两相分别延迟 120°和 240°。当 A 相初相角为 0°时，电位最低，这时的电位最大值为 0.83kV，初相角为 45°和 90°时，电位最大值分别为 2.46kV 和 4.14kV。从图 1.2.5 可以看出，当 A 相初相角为 0°时，电场强度最大，最大值为 2.77kV/m，初相角为 45°和 90°时，最大电场强度分别为 2.39kV/m 和 0.68kV/m。因此，将中间相初相角为 0°时，电场强度的最大值不超过 4kV/m 作为输电导线的最低高度限值是合理的。从图 1.2.5 还可以得出，中间导线正下方的电场强度始终比较小，最大电场强度出现在两边相的外侧。

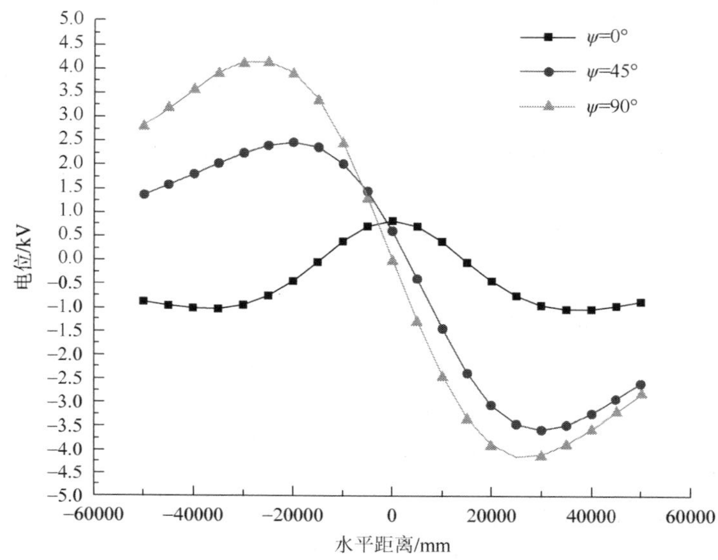

图 1.2.4　不同初相角时地面上方 1.5m 处电位分布

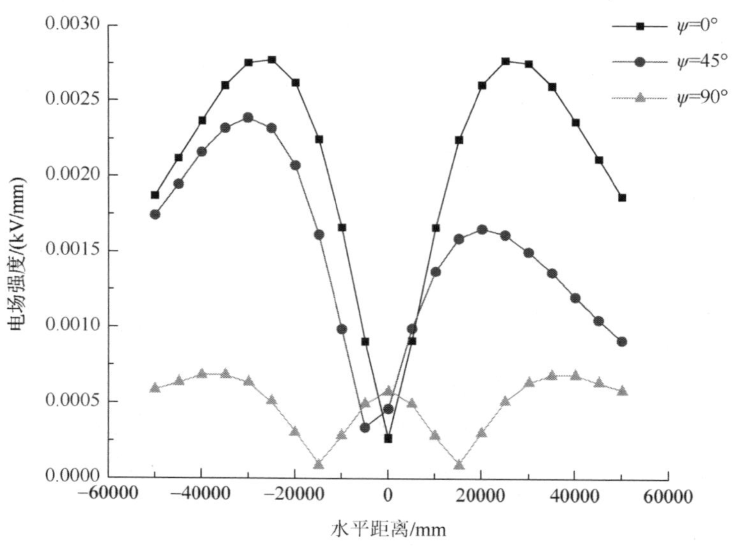

图 1.2.5　不同初相角时地面上方 1.5m 处电场强度分布

1.2.2　输电线路三维电场计算

当考虑输电线路的杆塔和弧垂对空间电场分布的影响时，输电线路的电场计算问题是一个三维问题。还是以 1000kV 输电线路为例[4]，选猫头型单回路杆塔，导线根据所用绝缘子串的不同有 IVI 三角形排列和 VVV 三角形排列，如图 1.2.6（a）、（b）所示。

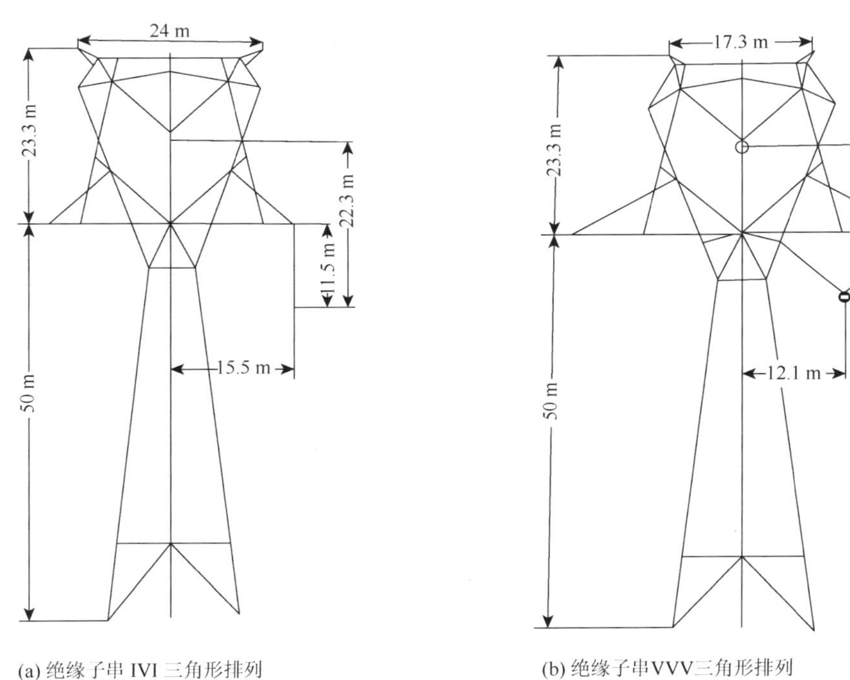

(a) 绝缘子串 IVI 三角形排列　　(b) 绝缘子串VVV三角形排列

图 1.2.6　1000kV IVI 和 VVV 三角形排列的猫头型单回路杆塔形式图

三相输电线型号采用 8×LGJ-500/35 型八分裂导线，子导线直径为 30mm，分裂间距为 400mm，导线长度为 500m，图 1.2.6（a）中 IVI 三角形排列时，相间距为 15.5m，图 1.2.6（b）中 VVV 三角形排列时，相间距为 12.1m，有限空气场为 700m×200m×150m 的区域，无限空气场为 900m×400m×250m 的区域。假定导线悬挂点等高，那么输电线路的最大悬垂处应在档距中央，档距取 500m。计算截面积为 531.37 mm^2，计算拉断力为 119500N，计算质量为 1642kg/km。架空线路的气象条件为理想条件，只考虑导线的自重比载，导线最低点应力采用最低点的最大允许应力，当导线出现最大应力时，最大应力恰好为导线的最大允许应力，用最大允许应力计算得出的导线弧垂为导线的最小弧垂。根据导线弧垂的精确计算公式计算导线的弧垂：

$$\begin{cases} f = \dfrac{\sigma_0}{g}\left(\cosh\dfrac{gl}{2\sigma_0} - 1\right) \\ [\sigma_{\max}] = \dfrac{T_{\text{cal}}}{2.5S} \\ g = 9.8 \times \dfrac{m_0}{S} \times 10^{-3} \end{cases} \tag{1.2.9}$$

式中：f 为悬挂点等高时导线的弧垂（m）；σ_0 为导线最低点应力（MPa 或 N/mm^2）；g 为导线比载（N/mm^3）；l 为线路的档距（m）；$[\sigma_{\max}]$ 为导线最低点的最大允许应力（MPa）；T_{cal} 为导线的计算拉断力（N）；m_0 为每千米导线质量（kg/km）；S 为导线截面积（mm^2）；2.5 为导线最小允许安全系数。

1. IVI 三角形排列输电导线电场环境

当 1000kV 三相交流输电线路的边相达到峰值电压时，三相电压分别为

$$U_{\text{A}} = 816\text{kV}, \quad U_{\text{B}} = -408\text{kV}, \quad U_{\text{C}} = -408\text{kV}$$

计算悬垂型 IVI 三角形排列导线空间电场，得到导线下方、地面上方 1.5m 处的横向电场分布，如图 1.2.7 和图 1.2.8 所示。

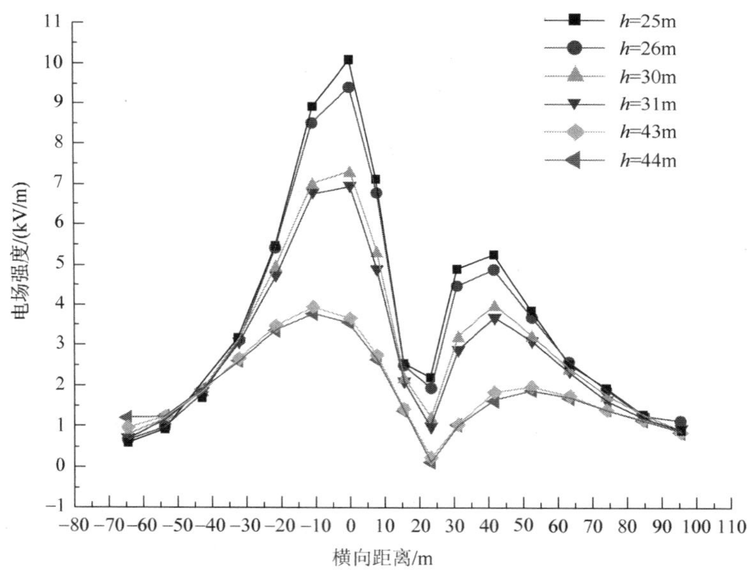

图 1.2.7　悬垂导线距地面不同高度时，地面上方 1.5m 处电场强度横向分布曲线

将悬垂情况下的结果和平直导线情况下的结果比较可知，悬垂导线距地面不同高度时，地面上方 1.5m 处电场强度的横向分布曲线与采用 IVI 三角形排列直导线模型计算

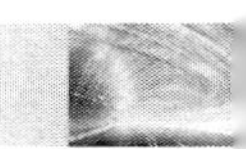

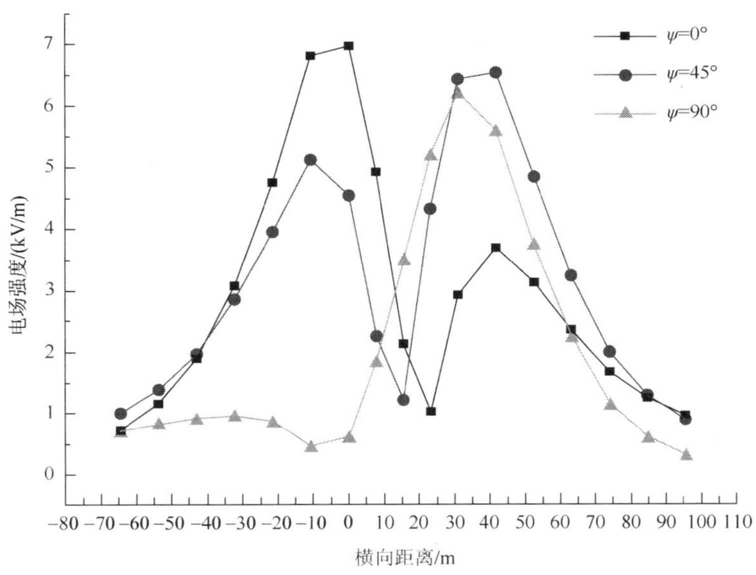

图 1.2.8　悬垂导线距地 31m、不同初相角时，地面上方 1.5m 处电场强度横向分布曲线

得出的电场强度横向分布曲线的变化规律相同。电场强度随导线高度的变化为

$$E_{\max}^{25\mathrm{m}} - E_{\max}^{26\mathrm{m}} = 0.686(\mathrm{kV/m})$$

$$E_{\max}^{30\mathrm{m}} - E_{\max}^{31\mathrm{m}} = 0.284(\mathrm{kV/m})$$

$$E_{\max}^{43\mathrm{m}} - E_{\max}^{44\mathrm{m}} = 0.169(\mathrm{kV/m})$$

以上数值与运用 IVI 三角形排列直导线模型计算出的数值存在一定的差别，25m 和 26m 时的电场强度差值比 IVI 三角形排列直导线下大 0.204kV/m；30m 和 31m、43m 和 44m 时的电场强度差值比 IVI 三角形排列直导线下分别小 0.172kV/m、0.077kV/m。通过以上数值的对比得知，运用悬垂导线模型计算时，地面上方 1.5m 处电场强度的减小量随导线高度的增加而减小的规律更加明显。运用悬垂导线模型计算出的输电线下地面上方 1.5m 处电场强度的横向分布规律及三相导线下地面附近电场强度最大、最小值分布与运用 IVI 三角形排列直导线模型计算出的结果相同。

对比两种模型下地面上方 1.5m 处最大电场强度，由表 1.2.1 中的数据可知，运用悬垂导线模型计算出的不同导线高度时地面上方 1.5m 处的最大电场强度值要小于直导线模型的计算结果。导线距地 25m、31m 时，两种模型下的计算结果基本相同；差别较大是当导线距地 26m 时，直导线模型的计算结果要比悬垂导线模型的计算结果大 0.19kV/m。

表 1.2.1　IVI 三角形排列导线距地不同高度时，地面上方 1.5m 处直导线模型与悬垂导线模型计算结果

电场强度	导线距地高度/m					
	25	26	30	31	43	44
悬垂导线模型最大电场强度/(kV/m)	10.099	9.413	7.270	6.986	3.954	3.785
直导线模型最大电场强度/(kV/m)	10.085	9.603	7.439	6.983	4.089	3.843

图 1.2.8 中不同初相角的电场强度横向变化曲线与 IVI 三角形排列直导线模型下的曲线变化趋势及电场强度最大值和最小值的分布规律均相同，与直导线模型计算结果不同的是电场强度值存在细微的差别，具体电场强度值如表 1.2.2 所示。由表 1.2.2 中的数据可知，悬垂导线模型的计算结果要小于直导线模型。当ψ为 0°时，两者的计算结果基本相同；当ψ取 45°和 90°时，悬垂导线模型的最大电场强度值比直导线模型的要分别小 0.128kV/m、0.114kV/m。

表 1.2.2　导线距地 31m、不同初相角时，地面上方 1.5m 处直导线模型与悬垂导线模型计算结果

电场强度	初相角/(°)		
	0	45	90
悬垂导线模型最大电场强度/(kV/m)	6.986	6.548	6.191
直导线模型最大电场强度/(kV/m)	6.983	6.676	6.305

当地面电场强度限制为 4kV/m 时，IVI 三角形排列悬垂导线模型计算出的导线距地最小高度为43m，比运用直导线模型计算出的值低1m。当限制为7kV/m、10kV/m、12kV/m时，两种模型的计算结果是相同的。与直导线下地面上方 1.5m 处的电场强度分布云图比较，会发现两者存在明显的不同，直导线模型计算出的电场强度分布云图中电场强度最大部分的区域是在 A 相导线下，A 相和 C 相下的电场强度呈直线条形状分布，且最大值部分的区域较大，如图 1.2.9 所示。而悬垂导线模型计算出的电场强度分布云图 1.2.10 中，电场强度由悬垂最大处向导线两侧逐渐减小，最大值的区域不是条形区域而是两头较尖的梭形区域，最大值的分布区域也较小，B 相下的电场强度同样小于两边相下的电场强度。随着与两边相横向距离的增加，电场强度逐渐减小，但是随着三相导线距离地面高度的增加，电场强度的减小速度变缓慢。

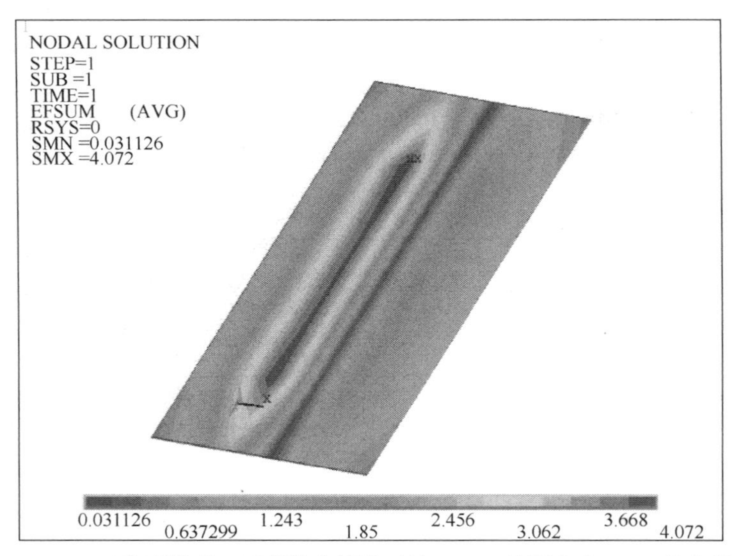

图 1.2.9　1000kV IVI 三角形排列，平直输电线路对地 44m，地面上方 1.5m 处电场强度分布云图（单位：kV/m）

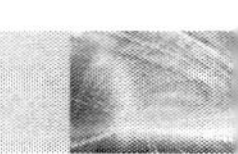

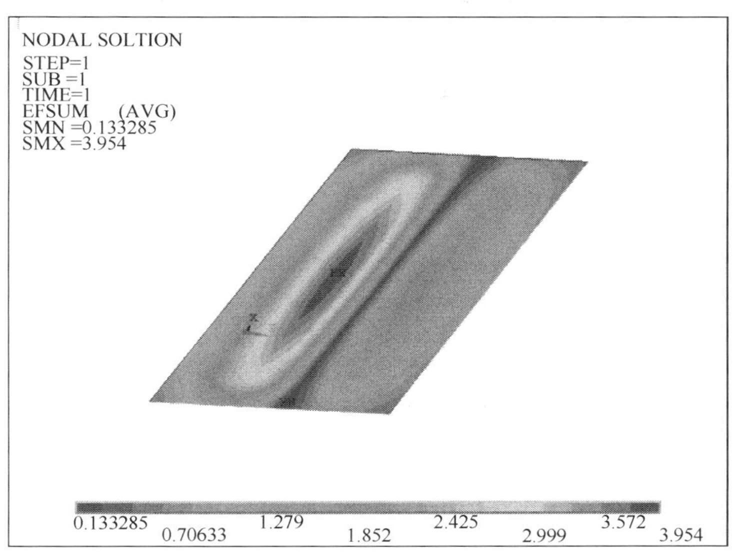

图 1.2.10　1000kV IVI 三角形排列，悬垂输电线路对地 43m，地面上方 1.5m 处电场强度分布云图（单位：kV/m）

由以上计算结果可得出，按照国家对交流特高压架空输电线下 1.5m 处工频电场强度控制值的要求，1000kV IVI 三角形排列，悬垂输电线路对地的最小高度见表 1.2.3。

表 1.2.3　1000kV IVI 三角形排列，悬垂输电线路对地的最小高度

电场强度	导线对地最小高度/m			
	43	31	25	23
电场强度限值/（kV/m）	4	7	10	12

2. VVV 三角形排列输电导线电场环境

通过对 1000kV VVV 三角形排列三相输电线路悬垂导线模型的计算，得出悬垂导线不同高度时，地面上方 1.5m 处电场强度横向分布曲线，如图 1.2.11 所示。

将悬垂情况下的结果和平直导线情况下的结果比较可知，悬垂导线距地面不同高度时，地面上方 1.5m 处电场强度横向分布曲线与采用 VVV 三角形排列直导线模型计算得出的电场强度横向分布曲线变化规律相同。电场强度随导线高度的变化为

$$E_{\max}^{24\text{m}} - E_{\max}^{25\text{m}} = 0.746(\text{kV/m})$$

$$E_{\max}^{29\text{m}} - E_{\max}^{30\text{m}} = 0.429(\text{kV/m})$$

$$E_{\max}^{40\text{m}} - E_{\max}^{41\text{m}} = 0.180(\text{kV/m})$$

以上电场强度差值与 VVV 三角形排列直导线模型下得出的差值存在细小的差别，当悬垂导线由 24m 提高至 25m，由 40m 提高至 41m 时，电场强度的减小值分别比直导线模型下的要低 0.747kV/m、0.021kV/m；而当导线由 29m 提高至 30m 时，电场强度的减小

值比直导线模型下的要高出 0.034kV/m。由表 1.2.4 所示的数据可得，1000kV VVV 三角形排列，导线距地不同高度时，悬垂导线模型计算得出的地面上方 1.5m 处的电场强度要小于直导线模型的计算结果。

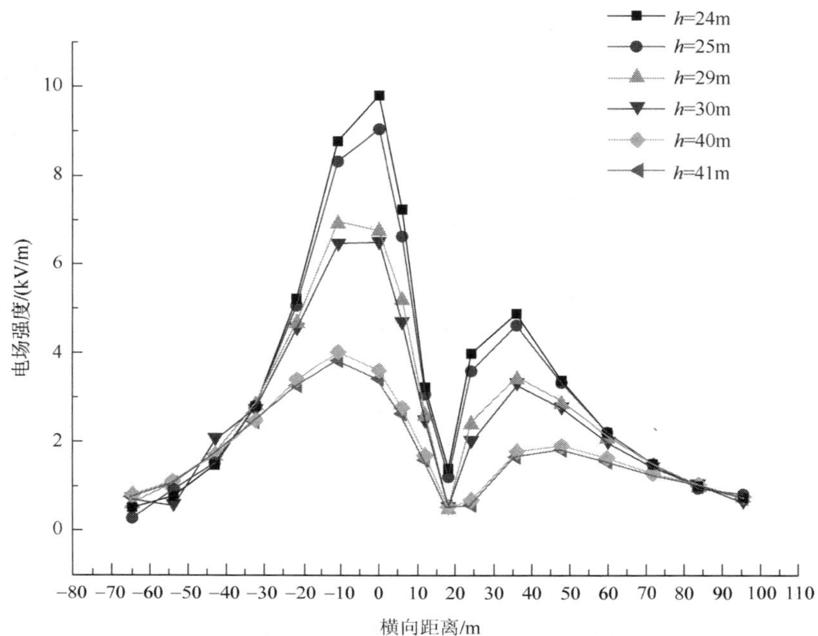

图 1.2.11 1000kV VVV 三角形排列，悬垂导线不同高度时，地面上方 1.5m 处电场强度横向分布曲线

表 1.2.4 VVV 三角形排列导线距地不同高度时，地面上方 1.5m 处直导线模型与悬垂导线模型计算结果

电场强度	导线距地高度/m					
	24	25	29	30	40	41
悬垂导线模型最大电场强度/(kV/m)	9.799	9.063	6.927	6.544	4.018	3.838
直导线模型最大电场强度/(kV/m)	10.688	9.195	7.044	6.648	4.170	3.969

当三相导线加载不同初相角的电压时，地面上方 1.5m 处电场强度的横向分布曲线如图 1.2.12 所示。图中三条曲线的变化规律与采用 VVV 三角形排列直导线模型下的相同，当初相角取 0°、45°、90°时，A 相导线上加载的电压值是逐渐减小的，在初相角取 90°时，A 相导线上加载的电压降为 0，因此在曲线上表现为 A 相导线下的电场强度是逐渐减小的。分析表 1.2.5 知，对不同初相角进行计算，采用悬垂导线模型计算出的地面上方 1.5m 处的电场强度的最大值比直导线模型计算出的结果要偏小，差别最大的是初相角取 0°时，两者相差 0.889kV/m。

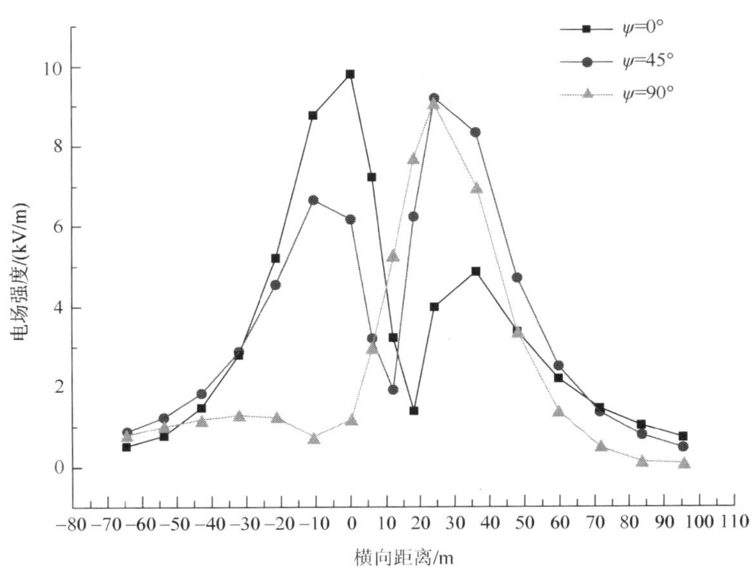

图 1.2.12 悬垂导线距地面 24m、不同初相角时，地面上方 1.5m 处电场强度横向分布曲线

表 1.2.5 导线距地 24m、不同初相角时，地面上方 1.5m 处直导线模型与悬垂导线模型计算结果

电场强度	初相角/(°)		
	0	45	90
悬垂导线模型最大电场强度/(kV/m)	9.799	9.195	9.030
直导线模型最大电场强度/(kV/m)	10.688	9.693	9.446

与 VVV 三角形排列直导线模型计算得出的电场强度云图比较，当地面上方 1.5m 处电场强度限值为 10kV/m 和 4kV/m 时，悬垂导线模型得出的距地最小高度比直导线模型的要低 1m；当地面上方 1.5m 处电场强度限值为 7kV/m 和 12kV/m 时，悬垂导线模型得出的距地最小高度与直导线模型的相同。悬垂导线模型两边相下电场强度最大的区域比直导线模型下的缩小了许多，呈梭形分布，并随着悬垂导线弧垂的减小向导线两端逐渐减小。随着导线距离地面高度的增大，在距离两边相 30m 外的区域，地面附近的电场强度变化不大。

按照国家对 1000kV 输电线路地面附近电场强度的现范要求，通过对 1000kV VVV 三角形排列时悬垂导线模型的计算，得出悬垂导线距地面的最低高度。比较 1000kV IVI 三角形排列、VVV 三角形排列时悬垂导线距地的最小高度（表 1.2.3 和表 1.2.6）可知，相同限值下 IVI 三角形排列时悬垂导线距地面的最小高度比 VVV 三角形排列时悬垂导线距地面的最小高度要高。当限值为 4kV/m 时，两者相差 3m；限值为 7kV/m 时，两者相差 2m；限值为 10kV/m 和 12kV/m 时，两者相差 1m。

表 1.2.6 1000kV VVV 三角形排列，悬垂输电线路对地的最小高度

电场强度	电场强度限值/(kV/m)			
	4	7	10	12
导线对地最小高度/m	40	29	24	22

3. 杆塔对输电导线电场环境的影响

采用 1000kV IVI 三角形排列猫头型杆塔，三相输电线型号采用 8×LGJ-500/35 型八分裂导线，档距为 500m，猫头型杆塔位于档距中央，导线采用悬垂导线模型，弧垂最大处位于距离杆塔±250m 处，悬垂导线距地 25m，有限空气场为 700m×200m×150m 的区域，无限空气场为 900m×400m×250m 的区域。三相输电线加载电压为

$$U_A = 816\text{kV}, \qquad U_B = -408\text{kV}, \qquad U_C = -408\text{kV}$$

图 1.2.13、图 1.2.14 分别为猫头型杆塔-三相悬垂导线模型下，地面上方 1.5m 处电场强度分布云图和三维曲面图，电场强度分布云图中显示三相输电线下电场强度最大值为 10.016kV/m，而没有猫头型杆塔时 IVI 三角形排列悬垂导线下的最大电场强度为 10.099kV/m，两者基本没有变化，说明猫头型杆塔对地面上方 1.5m 处电场强度的最大值基本没有影响。没有猫头型杆塔时，地面附近的电场强度在悬垂导线弧垂最大处下方最大，并沿着悬垂导线向两端逐渐减小；在猫头型杆塔的作用下，地面附近电场强度由悬垂最大处沿着悬垂导线向杆塔处逐渐减小，A 相下电场强度在杆塔处减小至 3.711kV/m，B 相下电场强度在杆塔处减小为 0，C 相下电场强度在杆塔处减小至 1.910kV/m，A 相和 C 相导线下的最小电场强度值比无猫头型杆塔时的要分别大 0.657kV/m、0.623kV/m，B 相下的最小电场强度在杆塔处为 0，比无猫头型杆塔时的要小 0.942kV/m。

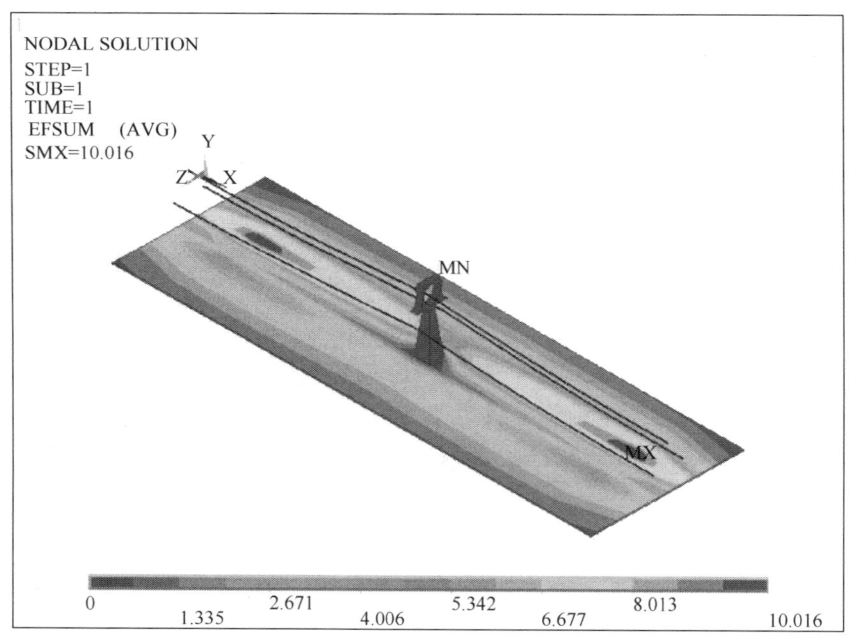

图 1.2.13 猫头型杆塔-三相悬垂导线模型，地面上方 1.5m 处电场强度分布云图（单位：kV/m）

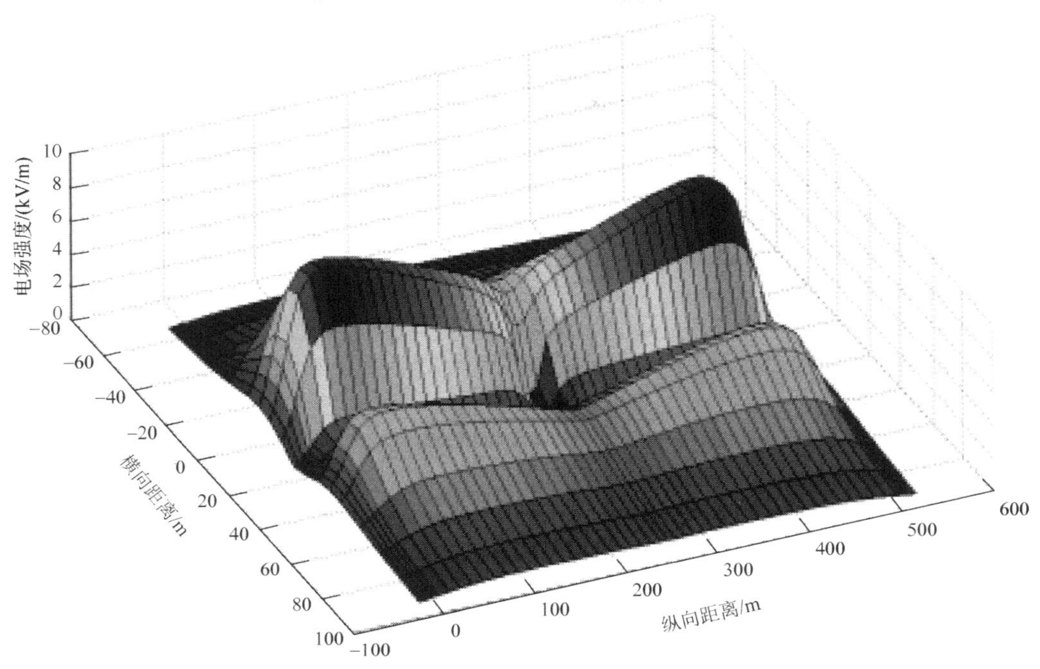

图 1.2.14　猫头型杆塔-三相悬垂导线模型，地面上方 1.5m 处电场强度分布三维曲面图

图 1.2.15、图 1.2.16 分别为 1000kV IVI 三角形排列，直导线和悬垂导线距地 25m，地面上方 1.5m 处电场强度分布三维曲面图。比较图 1.2.14～图 1.2.16 可知，在猫头型杆

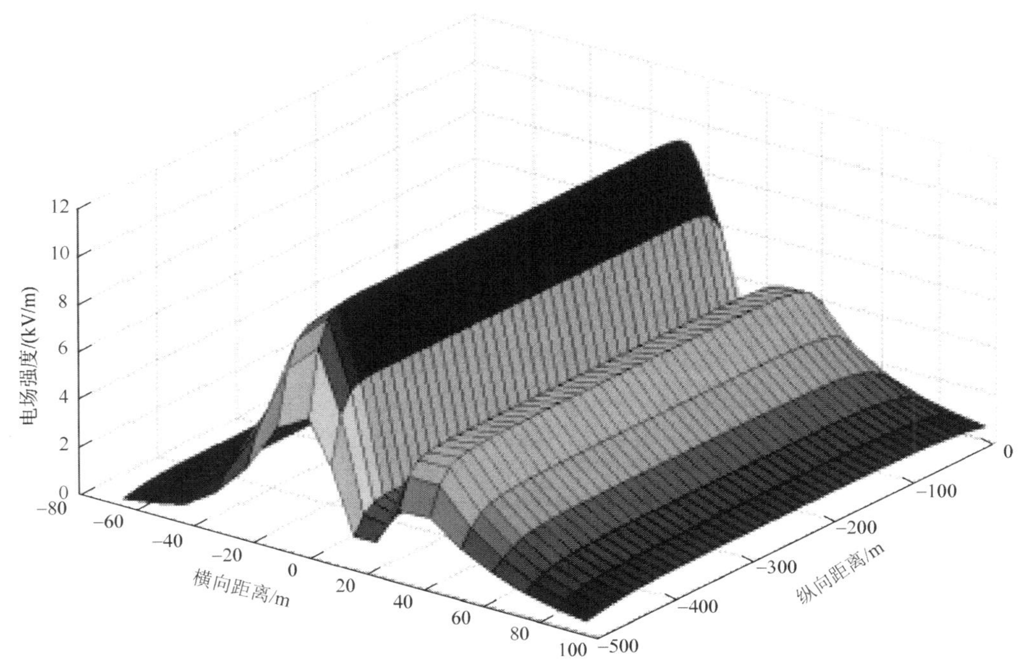

图 1.2.15　1000kV IVI 三角形排列，直导线距地 25m，地面上方 1.5m 处电场强度分布三维曲面图

塔的影响下，三相悬垂导线下地面上方 1.5m 处电场强度沿着导线向杆塔处逐渐减小，在杆塔处电场强度降到最小，但是杆塔的存在会使两边相导线悬挂点下的电场强度增大，中间相悬挂点下的电场强度减小至 0；三相直导线下地面上方 1.5m 处电场强度的纵向分布呈直线，在导线两端略下降，这是由于直导线每一点距地面的高度相同，在同一横向坐标下电场强度纵向分布变化不大；三相悬垂导线下地面上方 1.5m 处电场强度的纵向分布呈曲线，由悬垂最大处向导线两端逐渐减小，这是由于悬垂导线每一点处都存在一定的弧垂，在档距中央弧垂最大，而弧垂最大处距离地面最近，悬垂导线距离地面的高度由弧垂最大处向导线两端逐渐增大。因此，悬垂导线下地面上方 1.5m 处的电场强度在距离地面最近的弧垂最大处出现最大值，电场强度随着导线距离地面高度的逐渐增大而减小。

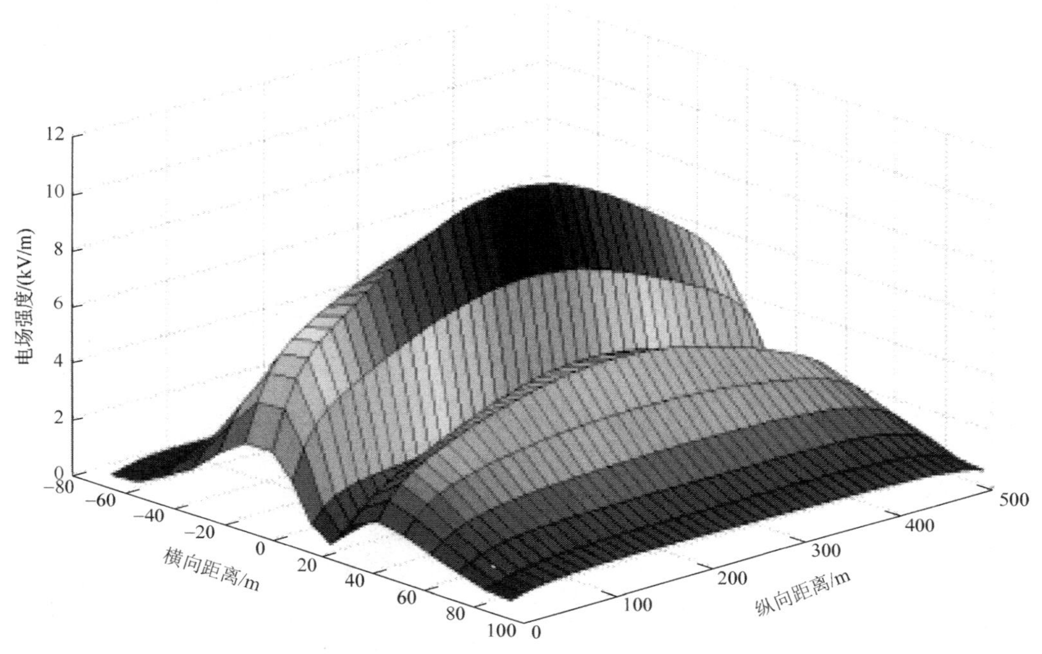

图 1.2.16　1000kV IVI 三角形排列，悬垂导线距地 25m，地面上方 1.5m 处电场强度分布三维曲面图

1.3　绝缘子串的电场计算

以 1000kV 复合绝缘子串为例[4-5]，复合绝缘子串的三维模型包括三部分，即复合绝缘子串、无限大场域、有限空间场域。复合绝缘子的结构包括硅橡胶护套、环氧树脂绝缘芯棒、伞群、均压环、上下端金具，采用的复合绝缘子结构参数如图 1.3.1 所示，复合绝缘子的结构高度为 9750mm±50mm。1000kV I 型复合绝缘子串三维模型如图 1.3.2 所示。

无限大空气场选 120m×120m×150m 的区域，有限空气场选 60m×70m×80m 的区域。空气、环氧树脂绝缘芯棒、绝缘护套的相对介电常数分别取 1、4.95、3.5。低压端金具和地面加 0 电位，高压端金具加载$1000/\sqrt{3}=577.35(\text{kV})$电位。

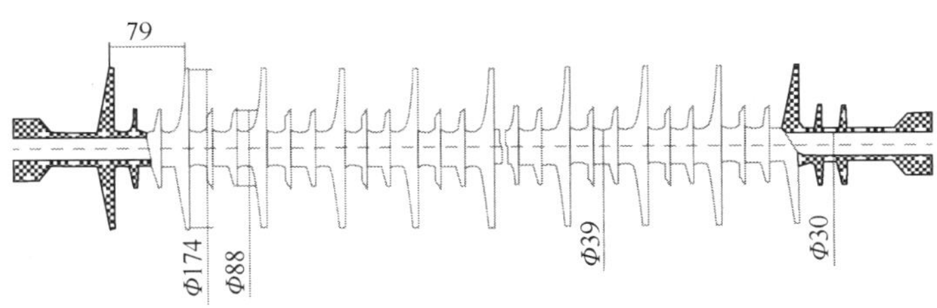

图 1.3.1　1000kV 复合绝缘子结构图（单位：mm）

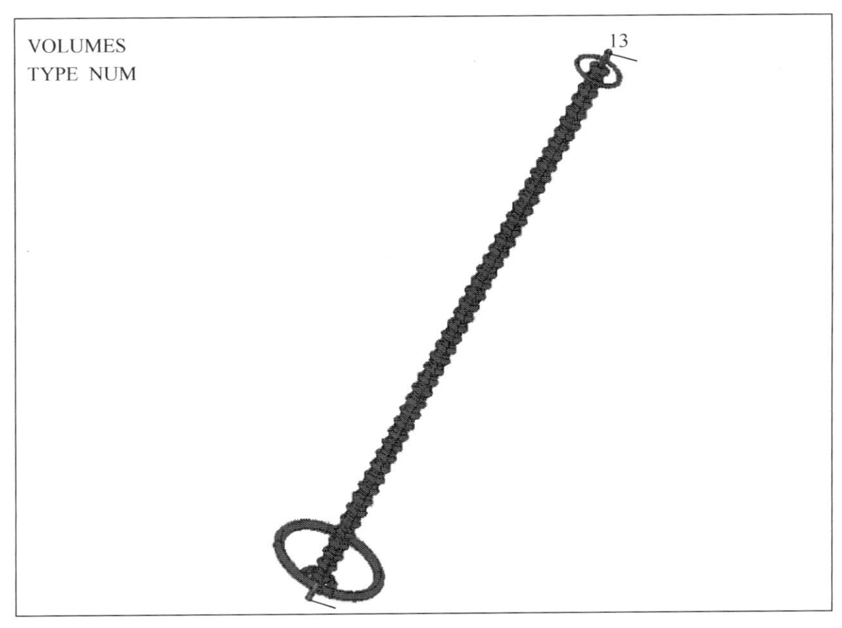

图 1.3.2　1000kV I 型复合绝缘子串三维模型

1.3.1　I 型复合绝缘子串双均压环的设计优化

由于 1000kV 输电线路电压等级高，复合绝缘子的串长较长，单个均压环无法同时控制复合绝缘子串沿面和高压端绝缘护套的电场强度，1000kV 复合绝缘子高压端采用大小均压环配合使用的方式，小均压环主要控制高压端金具和绝缘护套界面处的电场强度，大均压环用于改善复合绝缘子沿面的电场强度分布。均压环的结构示意图如图 1.3.3 所示。

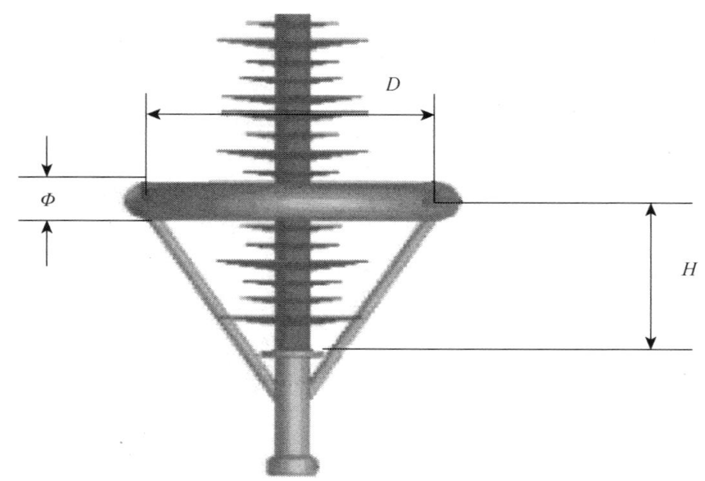

图 1.3.3　均压环结构示意图

D 为均压环的环径；Φ 为均压环的管径；H 为均压环的抬高距

1. 小均压环的优化设计

在设计小均压环时，首先保持大均压环 $D=1400\text{mm}$，$\Phi=140\text{mm}$，$H=70\text{mm}$ 不变，在此基础上，再保持小均压环抬高距、环径、管径中两个参数不变，改变另一个参数，研究此参数对复合绝缘子串沿面电场强度的影响，以得到复合绝缘子串高压端金具和绝缘护套界面处的最小电场强度为目标，选取小均压环的结构参数。

（1）在小均压环 $D=600\text{mm}$，$\Phi=80\text{mm}$ 保持不变的情况下，计算小均压环抬高距 H对 I 型复合绝缘子串沿面电场强度的影响。

由表 1.3.1 可知，当小均压环抬高距取 60mm 时，I 型复合绝缘子串高压端最大电场强度最小，当抬高距取值在 0～40mm 范围内和大于 60mm 时，随着抬高距的增加，高压端最大电场强度逐渐增大，经比较选取小均压环的抬高距为 60mm 较合适。

表 1.3.1　小均压环不同抬高距时 I 型复合绝缘子串高压端最大电场强度

电场强度	H/mm						
	0	20	40	60	80	100	120
最大电场强度/(kV/cm)	7.797	7.993	8.252	7.605	8.029	8.787	9.052

（2）在小均压环 $H=60\text{mm}$，$\Phi=80\text{mm}$ 保持不变的情况下，计算小均压环环径 D 对 I 型复合绝缘子串沿面电场强度的影响。

由表 1.3.2 可知，小均压环环径为 500mm、700mm 时，I 型复合绝缘子串高压端最大电场强度值较大；当小均压环环径取 400mm 时，I 型复合绝缘子串高压端最大电场强度最小，选取小均压环的环径为 400mm 较合适。

表 1.3.2　小均压环不同环径时 I 型复合绝缘子串高压端最大电场强度

电场强度	D/mm			
	400	500	600	700
最大电场强度/(kV/cm)	8.388	9.715	8.787	10.580

（3）在小均压环 $H = 60$mm，$D = 400$mm 保持不变的情况下，计算小均压环管径 Φ 对 I 型复合绝缘子串沿面电场强度的影响。

由表 1.3.3 可知，I 型复合绝缘子串高压端最大电场强度随着小均压环管径的增大而有明显的减小，但是小均压环的管径不能无限制增大，小均压环管径取 120mm 已能满足要求。

表 1.3.3　小均压环不同管径时 I 型复合绝缘子串高压端最大电场强度

电场强度	Φ/mm		
	80	100	120
最大电场强度/(kV/cm)	9.715	8.030	6.910

综上所述，小均压环的参数取 $H = 60$mm，$D = 400$mm，$\Phi = 120$mm。

2. 大均压环的优化设计

小均压环取 $H = 60$mm，$D = 400$mm，$\Phi = 120$mm，并保持此参数不变，再保持大均压环抬高距、环径、管径中两个参数不变，改变另一个参数，研究此参数对复合绝缘子串沿面电场强度的影响，以复合绝缘子串沿面电场强度曲线变化最为平缓为目标，选取大均压环的结构参数。

（1）大均压环在 $D = 1400$mm，$\Phi = 140$mm 保持不变时，抬高距 H 对 I 型复合绝缘子串前 1/3 长度上的沿面电场强度的影响曲线如图 1.3.4 所示。

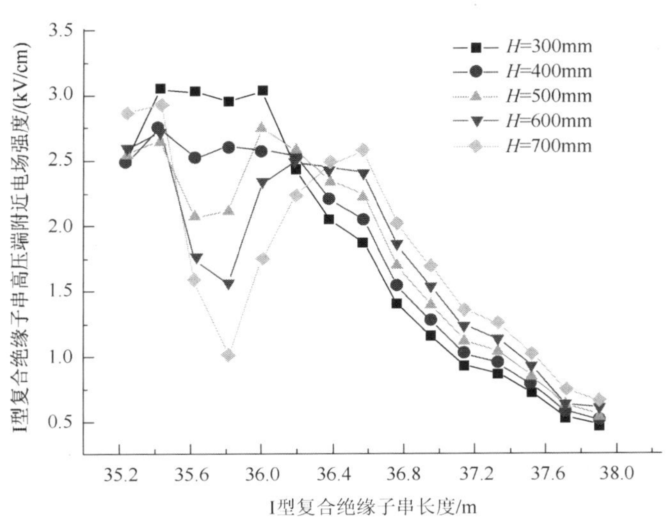

图 1.3.4　大均压环 H 对 I 型复合绝缘子串前 1/3 长度上的沿面电场强度的影响

均压环的作用改变了 I 型复合绝缘子串高压端附近的电力线分布，由图 1.3.4 可以看出，在 D 和 Φ 保持不变时，I 型复合绝缘子串高压端前 1/3 长度上沿面电场强度随抬高距 H 的变化而变化，随着大均压环抬高距的增加，大均压环安装处的 I 型复合绝缘子串沿面的电场强度减小，说明在大、小均压环之间的 I 型复合绝缘子串的沿面电场强度变化也变得剧烈。因此，大、小均压环之间的 I 型复合绝缘子串的运行状态会随着大均压环抬高距的增加而逐渐恶化。

对图 1.3.4 中五条曲线比较可知，以使 I 型复合绝缘子串沿面电场强度变化幅度较小为目标，大均压环的抬高距取 400mm 较为合适，此时 I 型复合绝缘子串沿面的最大电场强度为 2.758kV/cm。

（2）大均压环在 $H = 400\text{mm}$，$\Phi = 140\text{mm}$ 保持不变时，环径 D 对 I 型复合绝缘子串前 1/3 长度上的沿面电场强度的影响曲线如图 1.3.5 所示。

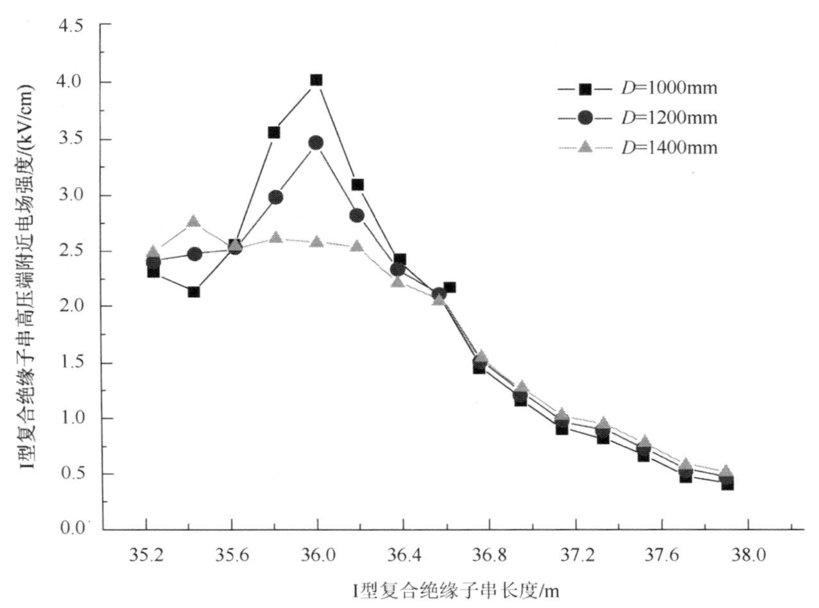

图 1.3.5　大均压环 D 对 I 型复合绝缘子串前 1/3 长度上的沿面电场强度的影响

分析图 1.3.5 中的曲线可知，当 H、Φ 保持不变，环径取 1000mm 和 1200mm 时，在 I 型复合绝缘子串高压端 1m 处的电场强度值最大，在前 0.75～1.4m I 型复合绝缘子串沿面的电场强度分布随着环径的增大而减小；高压端至 0.75m 范围内的 I 型复合绝缘子串沿面的电场强度随着环径的增大而增大。大均压环的环径 D 选取 1400mm 较合适，此时复合绝缘子串前 1/3 长度上的电场强度变化曲线较缓慢，最大电场强度值为 2.615kV/cm。

（3）大均压环在 $H = 400\text{mm}$，$D = 1400\text{mm}$ 保持不变时，管径 Φ 对 I 型复合绝缘子串前 1/3 长度上的沿面电场强度的影响曲线如图 1.3.6 所示。

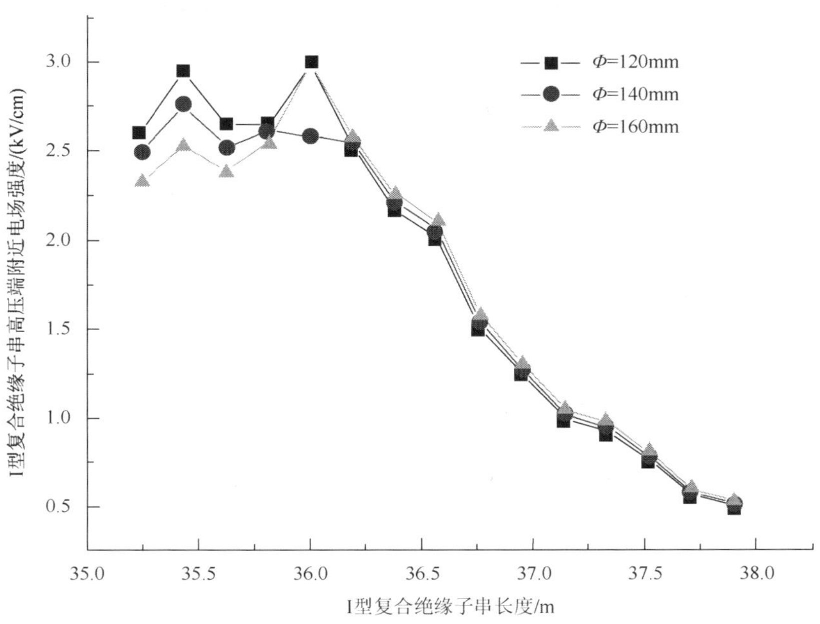

图 1.3.6　大均压环 Φ 对 I 型复合绝缘子串前 1/3 长度上的沿面电场强度的影响

比较图 1.3.6 中的三条曲线可知，当 Φ 取 120mm 和 160mm 时，I 型复合绝缘子串在前 1.2m 处的电场强度值分别为 2.98992kV/cm、2.98898kV/cm，比 Φ 取 140mm 时分别大 0.405kV/cm、0.404kV/cm；在前 0.6m 范围内，I 型复合绝缘子串沿面的电场强度分布随着管径的增大而减小；在 1.5m 之后，I 型复合绝缘子串沿面的电场强度分布随着管径的增大变化不大。当 Φ 取 140mm 时，I 型复合绝缘子串上最大电场强度为 2.615kV/cm，此时其沿面的电场强度变化曲线最为平缓，分担在每组 I 型复合绝缘子串上的电位也比较均匀，有利于 I 型复合绝缘子串的长期安全运行。

综上所述，经过对曲线的比较，大均压环参数选择 $H = 400$mm，$D = 1400$mm，$\Phi = 140$mm 较合适。

小均压环的参数取 $H = 60$mm，$D = 400$mm，$\Phi = 120$mm，大均压环的参数取 $H = 400$mm，$D = 1400$mm，$\Phi = 140$mm 时，在双均压环的作用下，I 型复合绝缘子串沿面的电场强度和电位分布曲线如图 1.3.7、图 1.3.8 所示。通过与无均压环时电场强度和电位曲线进行比较，可观察出在双均压环作用下，I 型复合绝缘子串沿面电场强度分布和电位分布得到了明显的改善，特别是在高压端附近的 I 型复合绝缘子串的电场强度值大大降低了，由无均压环时的 49.569kV/cm 降低到了 2.884kV/cm；高压端附近的 I 型复合绝缘子串上分担的电压明显减少，前 1m 上的 I 型复合绝缘子串承担的电压百分比由无均压环时的 89%降至 40%；此时，均压环表面的最大电场强度为 9.790kV/cm，高压端金具处的最大电场强度为 6.620kV/cm，均小于 20kV/cm。在双均压环的作用下，高压端附近的 I 型复合绝缘子串的运行状况得到明显改善，有利于特高压输电线路的安全运行。

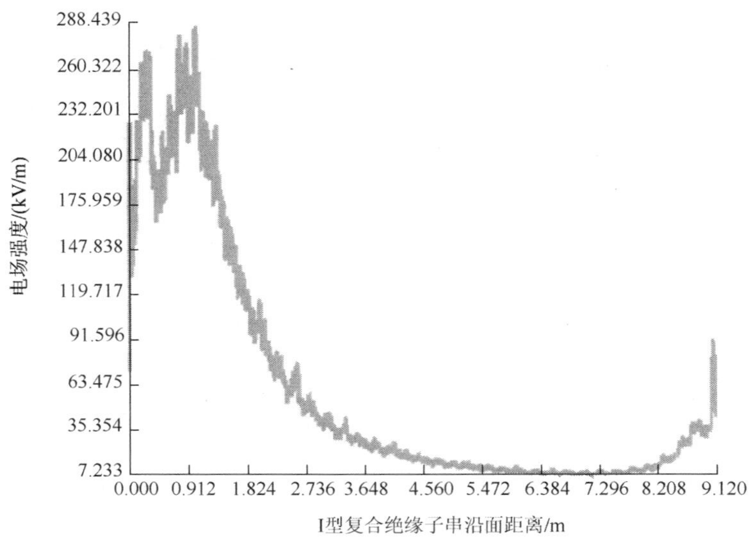

图 1.3.7　双均压环作用下 I 型复合绝缘子串沿面电场强度分布曲线

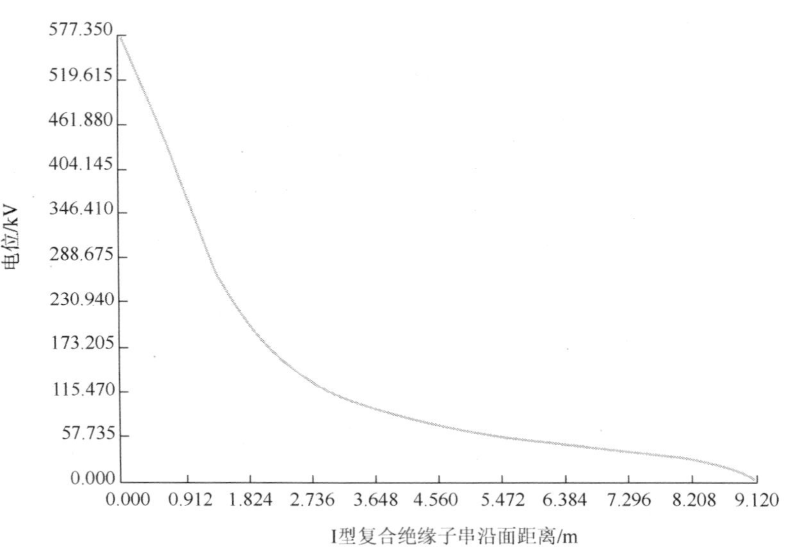

图 1.3.8　双均压环作用下 I 型复合绝缘子串沿面电位分布曲线

1.3.2　V 型复合绝缘子串双均压环的设计优化

特高压猫头型杆塔输电线路的中相绝缘子串采用的是 V 型复合绝缘子串，V 型复合绝缘子串中两串复合绝缘子串的夹角为 90°，沿中心坐标对称。V 型复合绝缘子串的结构参数与 I 型复合绝缘子串的参数相同。空气、环氧树脂绝缘芯棒、硅橡胶护套的相对介电常数分别取 1、4.95、3.5。内空气场选 100m×100m×80m 的区域，无限大空气场选 200m×200m×100m 的区域。高压端电位取$1000/\sqrt{3}=577.35\text{kV}$，低压端金具和地面加 0 电位。V 型复合绝缘子串的三维模型如图 1.3.9 所示。

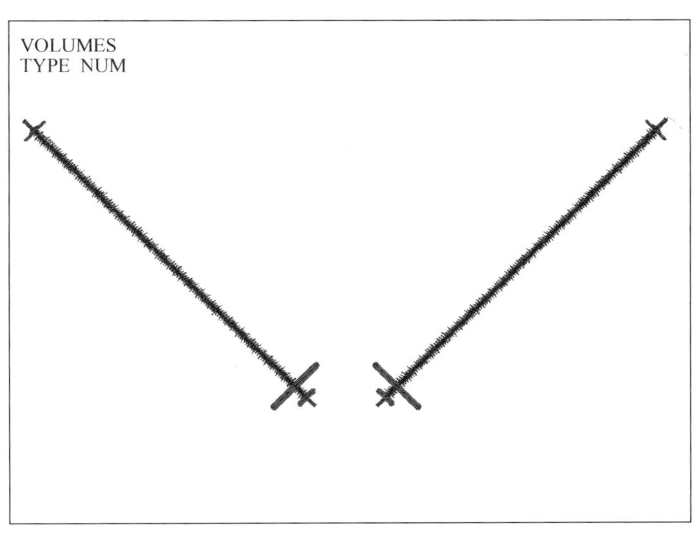

图 1.3.9　V 型复合绝缘子串三维模型

1. 小均压环的优化设计

保持 V 型复合绝缘子串大均压环 $D = 1400$mm，$\Phi = 140$mm，$H = 400$mm 不变，在此基础上，保持 V 型复合绝缘子串小均压环抬高距、环径、管径中两个参数不变，改变另一个参数，研究此参数对复合绝缘子串沿面电场强度的影响，与 I 型复合绝缘子串小均压环的分析方法相同，以得到复合绝缘子串高压端金具和绝缘护套界面处的最小电场强度为目标，选取 V 型复合绝缘子串小均压环的结构参数。

（1）在小均压环 $D = 400$mm，$\Phi = 120$mm 保持不变的情况下，计算 V 型复合绝缘子串小均压环抬高距 H 对 V 型复合绝缘子串沿面电场强度的影响。

由表 1.3.4 可知，当 V 型复合绝缘子串小均压环抬高距取 20mm 时，V 型复合绝缘子串高压端最大电场强度最小，为 3.070kV/cm。当抬高距在 60～120mm 的范围内时，高压端最大电场强度随着抬高距的增大逐渐增大。小均压环的抬高距取 20mm 较合适。

表 1.3.4　V 型复合绝缘子串小均压环不同抬高距时高压端最大电场强度

电场强度	*H*/mm						
	0	20	40	60	80	100	120
最大电场强度/(kV/cm)	4.757	3.070	4.147	3.320	4.840	5.419	6.259

（2）在小均压环 $H = 20$mm，$\Phi = 120$mm 保持不变的情况下，计算 V 型复合绝缘子串小均压环环径 D 对 V 型复合绝缘子串沿面电场强度的影响。

由表 1.3.5 可知，随着 V 型复合绝缘子串小均压环环径的增大，V 型复合绝缘子串高压端的电场强度先增大后减小，在 D 取 600mm 时，V 型复合绝缘子串高压端最大电场强度最大，为 7.434kV/cm，在 D 取 400mm 时，V 型复合绝缘子串高压端最大电场强度最小，为 3.320kV/cm，因此，小均压环的环径取 400mm 较合适。

表 1.3.5 V 型复合绝缘子串小均压环不同环径时高压端最大电场强度

电场强度	D/mm			
	400	500	600	700
最大电场强度/(kV/cm)	3.320	5.698	7.434	6.930

（3）在小均压环 $H = 20$mm，$D = 400$mm 保持不变的情况下，计算小均压环管径 Φ 对 V 型复合绝缘子串沿面电场强度的影响。

由表 1.3.6 可知，V 型复合绝缘子串高压端最大电场强度随着小均压环管径的增大而减小，小均压环管径从 80mm 增大为 100mm 时，V 型复合绝缘子串高压端最大电场强度减小的程度不明显；Φ 在 100mm 和 120mm 之间的 V 型复合绝缘子串高压端最大电场强度值的减小幅度是比较大的。小均压环管径取 120mm 已能满足要求。

表 1.3.6 V 型复合绝缘子串小均压环不同管径时高压端最大电场强度

电场强度	Φ/mm		
	80	100	120
最大电场强度/(kV/cm)	5.499	5.414	3.320

综上所述，小均压环的参数取 $H = 20$mm，$D = 400$mm，$\Phi = 120$mm。

2. 大均压环的优化设计

V 型复合绝缘子串小均压环取 $H = 20$mm，$D = 400$mm，$\Phi = 120$mm，并保持此参数不变，保持 V 型复合绝缘子串大均压环抬高距、环径、管径中两个参数不变，改变另一个参数，研究此参数对 V 型复合绝缘子串沿面电场强度的影响。采用与 I 型复合绝缘子串大均压环相同的分析方法，以 V 型复合绝缘子串沿面电场强度曲线变化最为平缓为目标，选取 V 型复合绝缘子串大均压环的结构参数。

（1）大均压环在 $D = 1400$mm，$\Phi = 140$mm 保持不变时，不同抬高距 H 对 V 型复合绝缘子串前 1/3 长度上的沿面电场强度的影响如图 1.3.10 所示。

分析图 1.3.10 可知，随着 V 型复合绝缘子串大均压环抬高距的增大，由大均压环覆盖的 V 型复合绝缘子串上的电场强度逐渐减小，当 $H = 700$mm 时，达到最小。H 值取得越大，大均压环和小均压环之间的 V 型复合绝缘子串沿面的电场强度值变化幅度越大，如此区间的 V 型复合绝缘子串长时间在该状态下运行，会造成过早老化等问题。在 V 型复合绝缘子串 1.2～3m 的范围内，V 型复合绝缘子串沿面的电场强度随着抬高距的增大而增大。当 H 取 300mm 时，由于大、小均压环的距离较近，V 型复合绝缘子串沿面的电场强度在大均压环安装处及大均压环以上的几组伞裙上的整体值较高；而当 H 取 500mm、600mm、700mm 时，大均压环安装处的 V 型复合绝缘子串上的电场强度较小。经比较，V 型复合绝缘子串的大均压环的抬高距取 400mm 较合适。

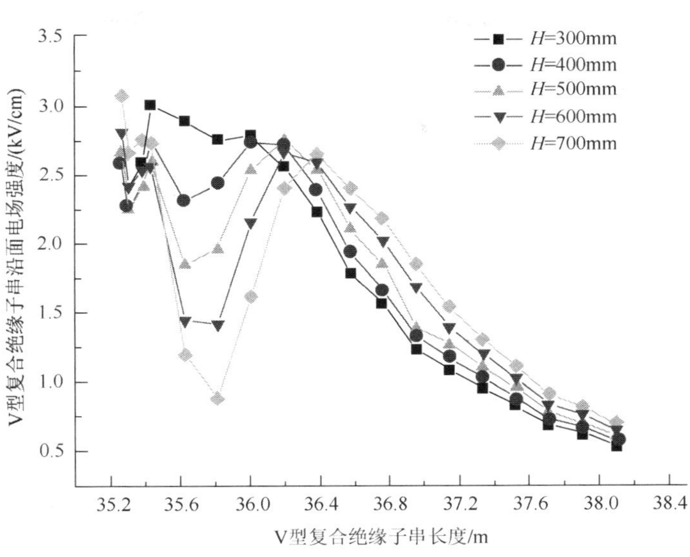

图 1.3.10　大均压环 H 对 V 型复合绝缘子串前 1/3 长度上的沿面电场强度的影响曲线

（2）大均压环在 $H = 400\text{mm}$，$\Phi = 140\text{mm}$ 保持不变时，不同环径 D 对 V 型复合绝缘子串前 1/3 长度上的电场强度的影响如图 1.3.11 所示。

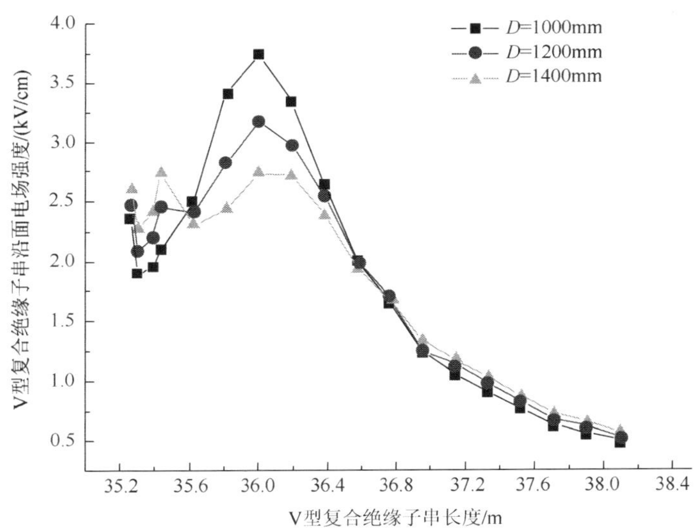

图 1.3.11　大均压环 D 对 V 型复合绝缘子串前 1/3 长度上的沿面电场强度的影响曲线

随着环径 D 的增加，V 型复合绝缘子串前 0.5m 长度上的电场强度值逐渐增大；而在 0.5～1.6m 范围内的 V 型复合绝缘子串，其沿面的电场强度值是随着 D 的增大而整体减小的。大均压环的环径 D 取 1000mm 和 1200mm 时，V 型复合绝缘子串在距高压端 1.2m 处的电场强度比环径取 1400mm 时的要高 1kV/cm 和 0.47kV/cm，经比较，大均压环的环径 D 取 1400mm 时，V 型复合绝缘子串沿面电场强度值没有突增陡减，其曲线变化较平缓。

（3）大均压环在 $H = 400\text{mm}$，$D = 1400\text{mm}$ 保持不变时，不同管径 Φ 对 V 型复合绝缘子串前 1/3 长度上的电场强度的影响如图 1.3.12 所示。

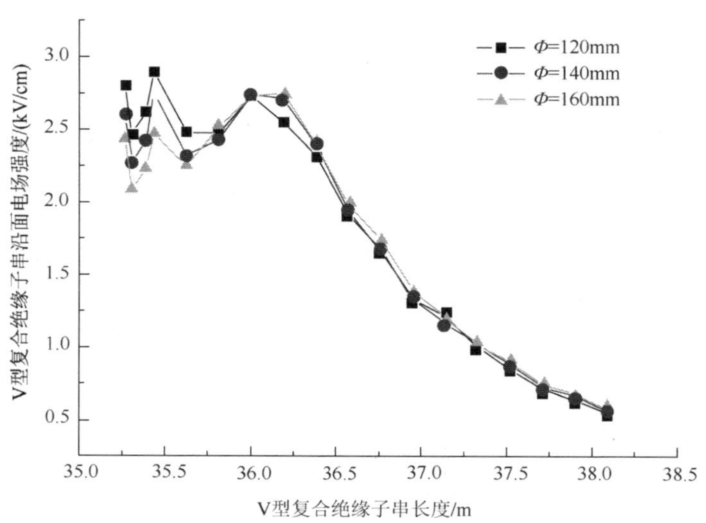

图 1.3.12　大均压环 Φ 对 V 型复合绝缘子串前 1/3 长度上的沿面电场强度的影响曲线

对图 1.3.12 中的三条曲线比较可知，随着 Φ 取值的增大，V 型复合绝缘子串沿面的电场强度值在距高压端 1.5m 以后变化不大；而在高压端至 1.5m 区间内的 V 型复合绝缘子串的沿面电场强度随着 Φ 取值的增大而减小。管径大的均压环能更好地降低高压端附近的 V 型复合绝缘子串沿面的电场强度，因此，选择 V 型复合绝缘子串大均压环的管径 Φ 为 160mm。

综上所述，V 型复合绝缘子串的大均压环取 $H = 400\text{mm}$，$D = 1400\text{mm}$，$\Phi = 160\text{mm}$。

V 型复合绝缘子串在大均压环参数取 $H = 400\text{mm}$，$D = 1400\text{mm}$，$\Phi = 160\text{mm}$，小均压环参数取 $H = 20\text{mm}$，$D = 400\text{mm}$，$\Phi = 120\text{mm}$ 时，其沿面的电场强度和电位分布曲线如图 1.3.13、图 1.3.14 所示。在双均压环的作用下，V 型复合绝缘子串前 1m 的伞裙上承担的电压百分比为 39%，沿面最大电场强度为 3.529kV/cm；此时，均压环表面最大电场强度为 11.11kV/cm，高压端金具上的电场强度最大值为 7.5kV/cm，一般高压端金具和均压环表面的电场强度不大于 20kV/cm，由以上的计算得知，均压环和高压端金具表面的电场强度均在范围内。

1.3.3　杆塔和导线对复合绝缘子串电场的影响

以猫头型杆塔为例，猫头型杆塔通常用在平原地区，猫头型杆塔的塔高比酒杯塔的要高，可以节约用地，减小输电走廊的宽度，因此在用地较紧张的地区通常选用猫头型杆塔。1000kV IVI 三角形排列的单回路猫头型杆塔-三相输电线-复合绝缘子串的三维

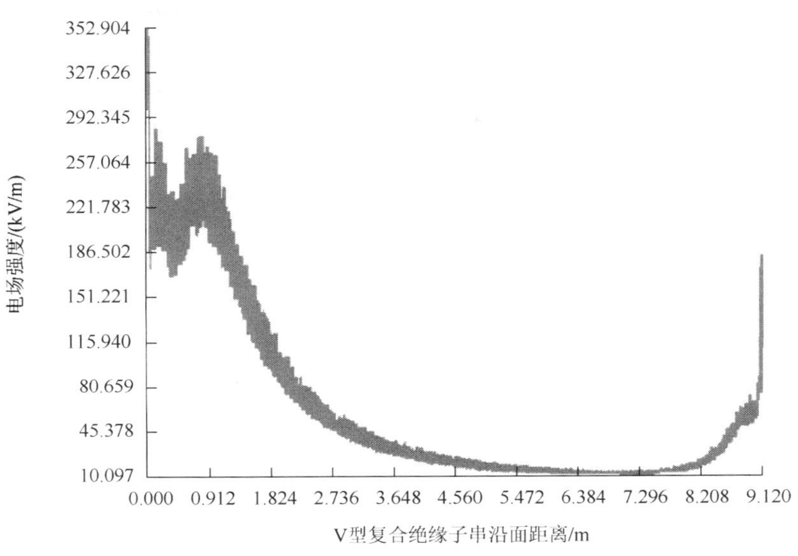

图 1.3.13　双均压环作用下 V 型复合绝缘子串沿面电场强度分布曲线

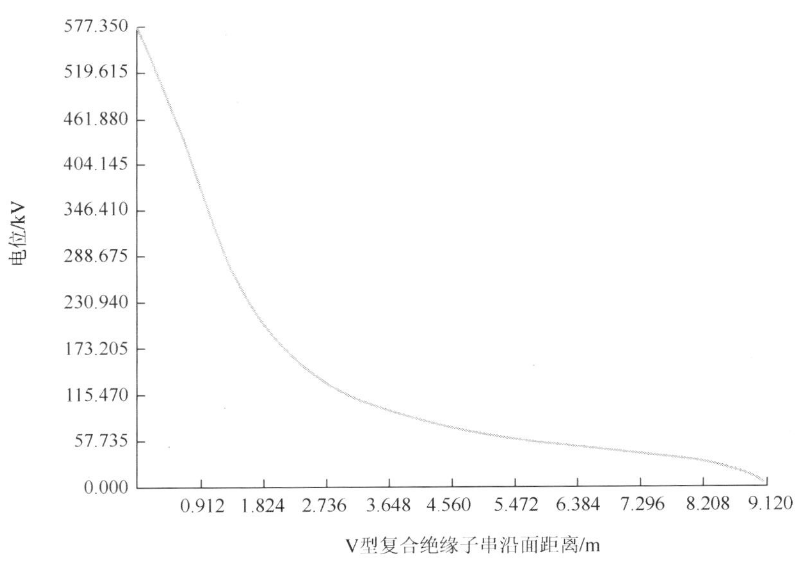

图 1.3.14　双均压环作用下 V 型复合绝缘子串沿面电位分布曲线

模型如图 1.3.15 所示。三相输电线型号采用 8×LGJ-500/35 型八分裂导线，子导线直径为 30mm，分裂间距为 400mm。三相输电线长度取 100m，猫头型杆塔位于三相输电线的中央，有限空气场为 150m×100m×100m 的区域，无限空气场为 250m×200m×150m 的区域。I 型和 V 型复合绝缘子串均压环的参数选取 1.3.1 节和 1.3.2 节计算得出的最优参数，空气、硅橡胶护套、环氧树脂绝缘芯棒的相对介电常数分别取 1、3.5、4.95。猫头型杆塔上和地面加载 0 电压。

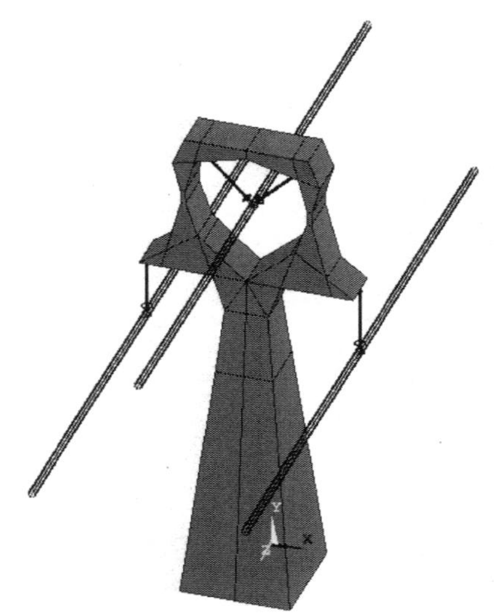

图 1.3.15　1000kV IVI 三角形排列的猫头型杆塔-三相输电线-复合绝缘子串的三维模型

1000kV 输电线路的线电压为 1000kV，峰值为

$$577.35\times\sqrt{2}=816(\text{kV})$$

三相电压公式为

$$U_A=816\cos(\omega t),\qquad U_B=816\cos(\omega t-120°),\qquad U_C=816\cos(\omega t+120°)$$

三相输电线路上分别加载的电压为

$$U_A=577\text{kV},\qquad U_B=211\text{kV},\qquad U_C=-788\text{kV}$$

由图 1.3.16 可以看出，在无猫头型杆塔和三相输电线的作用下，I 型复合绝缘子串沿面的电位曲线与在猫头型杆塔作用下曲线的变化趋势基本一致，不同的是在无猫头型杆

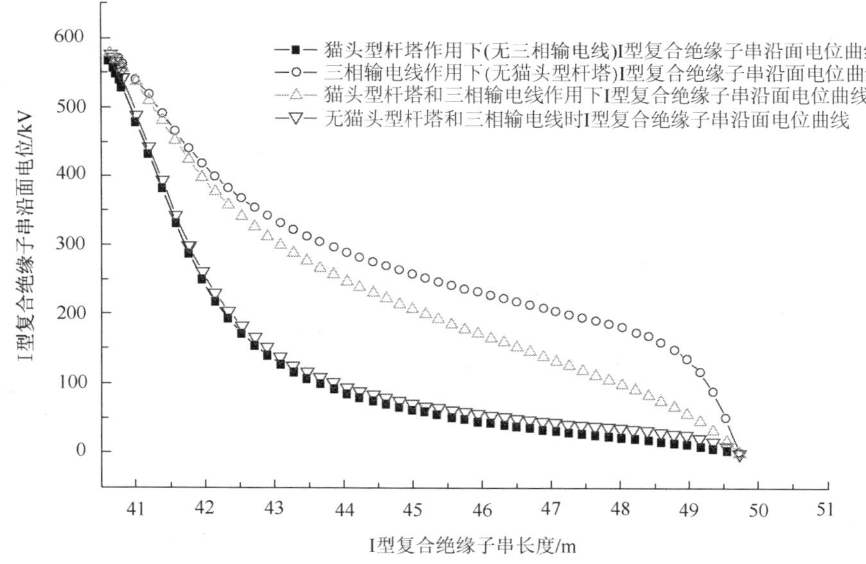

图 1.3.16　猫头型杆塔和三相输电线对 I 型复合绝缘子串沿面电位的影响

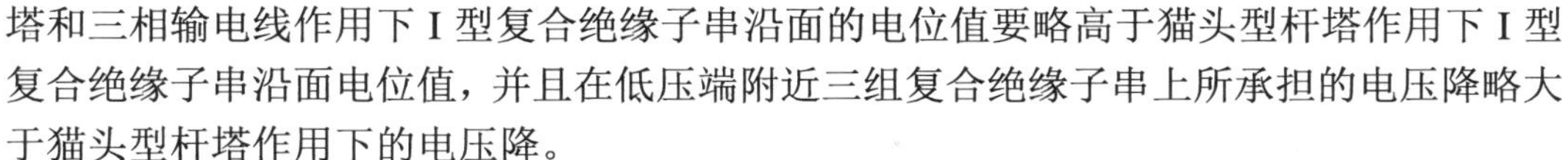

塔和三相输电线作用下 I 型复合绝缘子串沿面的电位值要略高于猫头型杆塔作用下 I 型复合绝缘子串沿面电位值，并且在低压端附近三组复合绝缘子串上所承担的电压降略大于猫头型杆塔作用下的电压降。

猫头型杆塔作用下及无猫头型杆塔和三相输电线作用下时，在 2m 处至低压端范围内的 I 型复合绝缘子串，其沿面电位曲线的斜率较小，分担在每组复合绝缘子串上的电压较均匀；但是其电位曲线在前 2m 范围内的斜率较大，说明在高压端前 2m 范围内的 I 型复合绝缘子串承担的电压降较大，在此区间 I 型复合绝缘子串上所承担的电压百分比分别为 70.16%、68.25%。三相输电线作用下及猫头型杆塔和三相输电线共同作用下时，在前 2m 范围的 I 型复合绝缘子上承担的电压百分比分别为 36.10%、40.70%。比较四条曲线可知，三相输电线作用下及猫头型杆塔和三相输电线共同作用下时的 I 型复合绝缘子串的沿面电位水平明显高于猫头型杆塔作用下及无猫头型杆塔和三相输电线作用下时的电位水平，说明三相输电线的存在可以显著减小高压端附近的 I 型复合绝缘子上承担的电压降，并且可以提高 I 型复合绝缘子沿面的电位水平。

在三相输电线单独作用下，从高压端至 49m 处的范围内，I 型复合绝缘子串沿面的电位分布较均匀，但是在低压端附近，电位曲线的斜率陡增，电压降落较快，在低压端附近的三组复合绝缘子串所承担的电压百分比为 20.30%；而猫头型杆塔单独作用下、猫头型杆塔和三相输电线共同作用下时，低压端附近三组复合绝缘子串所承担的电压百分比均为 1.67%、8.07%，说明猫头型杆塔的存在可以显著减小低压端附近 I 型复合绝缘子串上承担的电压降，均匀其电位分布，同时降低低压端附近 I 型复合绝缘子串上的电位水平。

猫头型杆塔和三相输电线共同作用下，I 型复合绝缘子串沿面的电位分布曲线与其他三条曲线相比较，高压端和低压端附近的曲线没有突增突减，分布在每组复合绝缘子串上的电位较均匀。在高压端前 1.5m 内的 I 型复合绝缘子串上的电位值与三相输电线单独作用下的电位值相当，由于低压端有猫头型杆塔的作用，低压端附近的 I 型复合绝缘子串上的电位明显小于三相输电线单独作用下的电位；而与猫头型杆塔单独作用下及无猫头型杆塔和三相输电线作用下的曲线相比较，猫头型杆塔和三相输电线共同作用下时，I 型复合绝缘子串沿面的电位水平明显高于前两者的电位水平，特别是在前 3m 的范围内，电位水平差别更加显著，这是由于猫头型杆塔单独作用下及无猫头型杆塔和三相输电线作用下时，高压端无三相输电线的存在，高压端附近的 I 型复合绝缘子串沿面的电位水平降低。

对图 1.3.17 中四条 I 型复合绝缘子串沿面电场强度曲线分析可知，在无猫头型杆塔和三相输电线作用下，I 型复合绝缘子串沿面的电场强度曲线与在猫头型杆塔单独作用下的 I 型复合绝缘子串沿面的电场强度曲线变化趋势基本一致，由于前者低压端没有猫头型杆塔的存在，低压端附近伞裙上的电场强度略高于后者。

观察猫头型杆塔单独作用下及无猫头型杆塔和三相输电线作用下的 I 型复合绝缘子串沿面电场强度曲线发现，在前 2m 范围内的 I 型复合绝缘子串沿面的电场强度值明显高于三相输电线单独作用下和猫头型杆塔、三相输电线共同作用下的电场强度值，而在 2m 之后至低压端的 I 型复合绝缘子串沿面的电场强度值又低于后两条曲线中的电场强度值。猫头型杆塔单独作用下及无猫头型杆塔和三相输电线作用下时，高压端没有三相输电线的作用，在 I 型复合绝缘子串高压端附近的复合绝缘子串上分担的电压百分比均较高，致使高压端附近复合绝缘子串沿面的电场强度值较大。

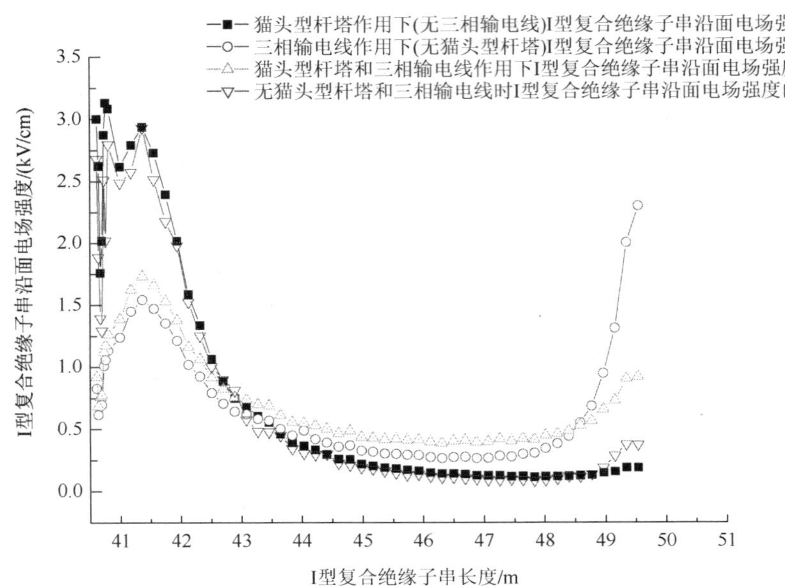

图 1.3.17 猫头型杆塔和三相输电线对 I 型复合绝缘子串沿面电场强度的影响

在三相输电线的作用下，高压端附近 I 型复合绝缘子串的沿面电场强度得到了很好的改善，与三相输电线和猫头型杆塔共同作用下的曲线相比，电场强度值略低于后者；但是与猫头型杆塔单独作用下及无猫头型杆塔和三相输电线作用下的电场强度曲线相比，高压端附近的电场强度却是大大地降低了，说明三相输电线可以起到降低高压端附近伞裙上电场强度的作用，而由于在低压端附近伞裙上的电压降较大，低压端伞裙上的最大电场强度达到了 2.290kV/cm，从图 1.3.17 中可以明显看出此值已经远远超过了其他三条曲线上的最大电场强度值，由于没有猫头型杆塔的作用，电压在低压端金具处强制降为 0，在低压端附近的几组伞裙上将会有较大的电压降，在低压端附近几组伞裙上的电场强度突然增大。

由以上曲线和分析可知：猫头型杆塔主要影响 I 型复合绝缘子串低压端附近复合绝缘子串的电位分布和电场强度分布，猫头型杆塔可以降低低压端附近伞裙上承担的电压百分比，降低其沿面的电场强度；三相输电线主要对 I 型复合绝缘子串高压端附近复合绝缘子串的电位分布和电场强度分布造成影响，三相输电线可以有效地降低 I 型复合绝缘子串前 2m 范围内复合绝缘子串上承担的电压百分比，提高 I 型复合绝缘子串沿面的电位水平，使高压端附近复合绝缘子串沿面的电场强度分布得到改善。

图 1.3.18、图 1.3.19 分别为猫头型杆塔和三相输电线对 V 型复合绝缘子串沿面电位和电场强度的影响曲线。猫头型杆塔和三相输电线对 V 型复合绝缘子串沿面电位分布和

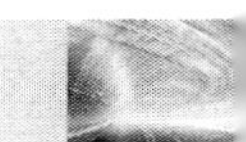

电场强度分布的影响与对 I 型复合绝缘子串的影响基本相同。不同点在于猫头型杆塔单独作用下、无猫头型杆塔和三相输电线作用时，V 型复合绝缘子串沿面的电位水平要高于 I 型复合绝缘子串。无猫头型杆塔和三相输电线作用时 V 型复合绝缘子串沿面的电位值明显高于猫头型杆塔单独作用下的电位值。在距离低压端 3m 范围内的 V 型复合绝缘

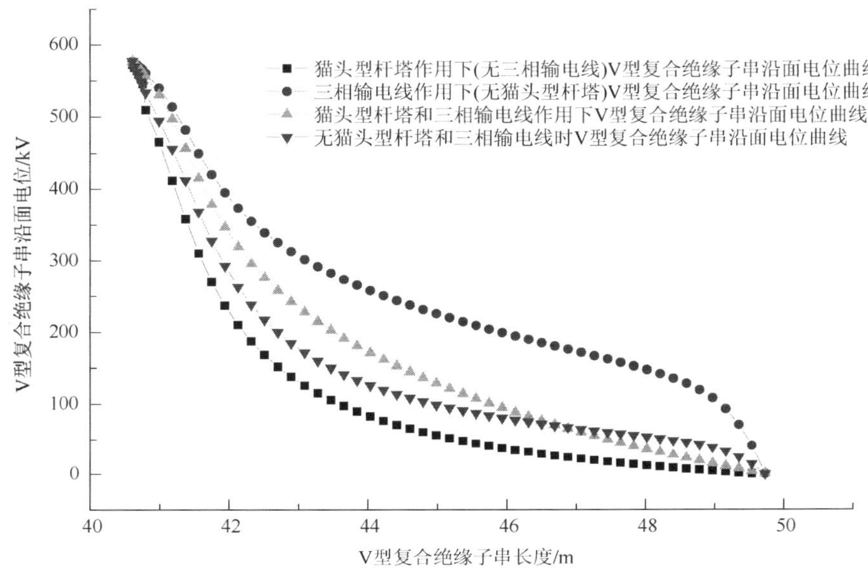

图 1.3.18　猫头型杆塔和三相输电线对 V 型复合绝缘子串沿面电位的影响

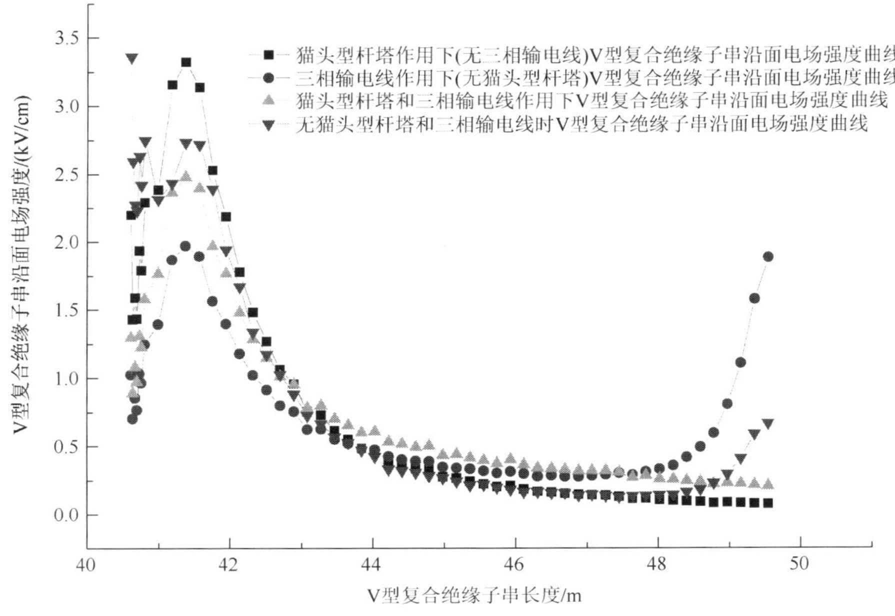

图 1.3.19　猫头型杆塔和三相输电线对 V 型复合绝缘子串沿面电场强度的影响

子串上，猫头型杆塔和三相输电线共同作用下时低压端有猫头型杆塔的作用，使得其沿面的电位分布非常均匀，电位水平低于无猫头型杆塔和三相输电线作用下的电位水平。由图1.3.19可知，猫头型杆塔和三相输电线共同作用下时，低压端电场强度为0.328kV/cm，比I型复合绝缘子串低压端电场强度要低0.590kV/cm。通过比较图1.3.16与图1.3.18、图1.3.17与图1.3.19可知，V型复合绝缘子串高压端附近2m内的复合绝缘子串受三相输电线的影响程度没有I型复合绝缘子串的大，而V型复合绝缘子串在低压端附近受猫头型杆塔的影响程度要比I型复合绝缘子串的大。

I型和V型复合绝缘子串在实际运行过程中，必然受到猫头型杆塔和三相输电线的共同作用，此时，I型和V型复合绝缘子串高压端附近复合绝缘子串沿面的最大电场强度值分别为1.732kV/cm、2.481kV/cm，低压端附近复合绝缘子串沿面的最大电场强度值分别为0.918kV/cm、0.328kV/cm。此时，I型和V型复合绝缘子串沿面的电场强度曲线和电位曲线均优于无猫头型杆塔和三相输电线作用下的曲线，其沿面的电场强度最大值比无猫头型杆塔和三相输电线共同作用下的电场强度最大值分别小1.152kV/cm、1.148kV/cm。

综上所述，猫头型杆塔和三相输电线路对复合绝缘子串沿面的电位和电场强度的影响是比较明显的，特高压输电线路的电压等级较高，猫头型杆塔和三相输电线这些非对称因素的影响就越发突出，因此不能像电压等级较低的二维模型计算中那样忽略猫头型杆塔和三相输电线路的影响。图1.3.20、图1.3.21为猫头型杆塔-三相输电线-复合绝缘子串模型的电场强度分布云图。复合绝缘子串沿面电场强度最大值位于边相高压端附近的复合绝缘子串上，为3.906kV/cm，远低于空气的击穿电场强度30kV/cm。

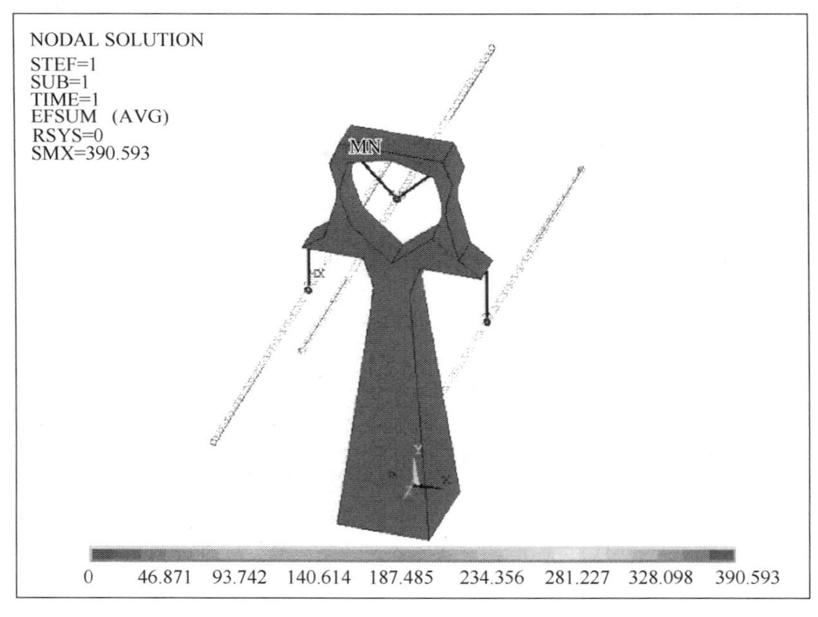

图1.3.20 猫头型杆塔-三相输电线-复合绝缘子串电场强度分布云图（单位：kV/m）

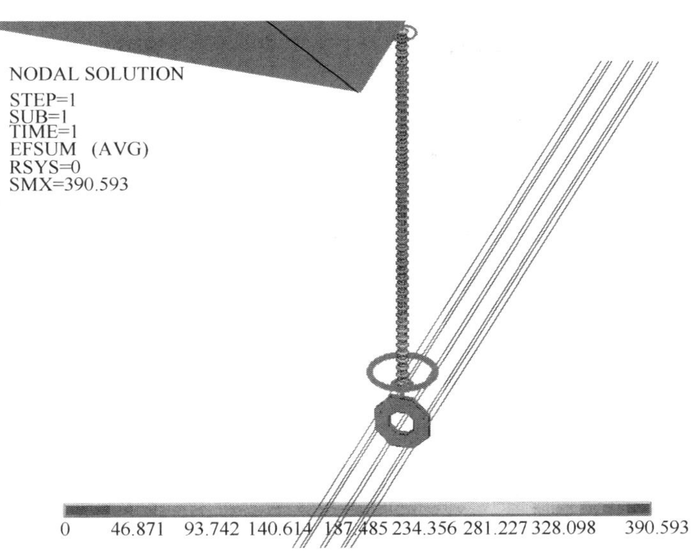

图 1.3.21　猫头型杆塔-三相输电线-复合绝缘子串边相复合绝缘子串电场强度分布云图（单位：kV/m）

1.4　开关站的电场计算

我国 YM 电厂的 500kV 配电装置采用铝管母线配单柱式隔离开关，并且每串中断路器之间的隔离开关也采用单柱式，共 9 回进出线，占地 217m×164m，共 25600m²①。该布置有下列特点：

（1）采用支持式铝管母线，选用直径为 168.2mm 的铝合金管，设备间连接线采用双分裂钢芯铝合金导线（2×LHGJ-800/100），导线直径为 38.92mm，相间距离为 7m，分裂间距为 400mm；

（2）管型母线相间距离为 7m，硬母线跨度与间隔宽度一样，为 28m，布置方案为一台半断路器三列式顺序布置。

按单母线运行时，对开关站进行三维工频电场计算研究。实际计算时，三相电压赋值为

$$U_A = \frac{500\sqrt{2}}{\sqrt{3}}\cos\theta \tag{1.4.1}$$

$$U_B = \frac{500\sqrt{2}}{\sqrt{3}}\cos(\theta+120°) \tag{1.4.2}$$

$$U_C = \frac{500\sqrt{2}}{\sqrt{3}}\cos(\theta-120°) \tag{1.4.3}$$

开关站正常运行时，地表电位为 0。不同时刻开关站电场的分布情况，可以通过改变赋值电压的相角 θ 来计算。

---

① 这个是两个方向上的最大距离，但由于地形的限制，图纸上的开关站并不是一个规则的方形面积，所以开关站的实际占地面积要小于两个方向上最大距离的乘积。

完整的开关站三维仿真模型如图 1.4.1 所示[6]。

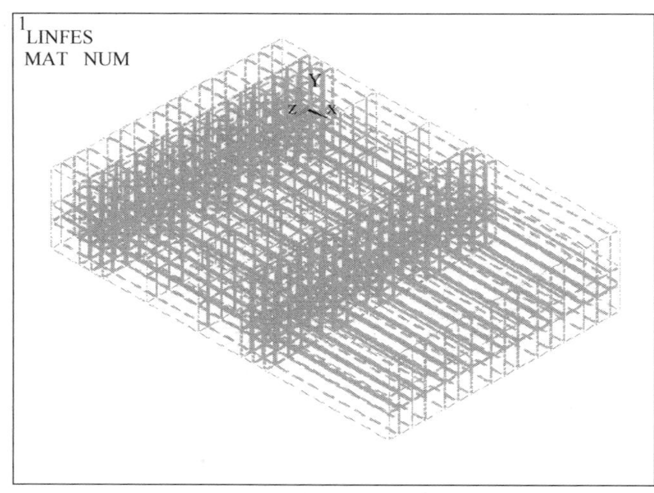

图 1.4.1 500kV 开关站三维仿真模型图

当θ分别为 30°、60°、90°和 120°时，地面上方 1.5m 处的电场强度分布如图 1.4.2～图 1.4.5 所示。

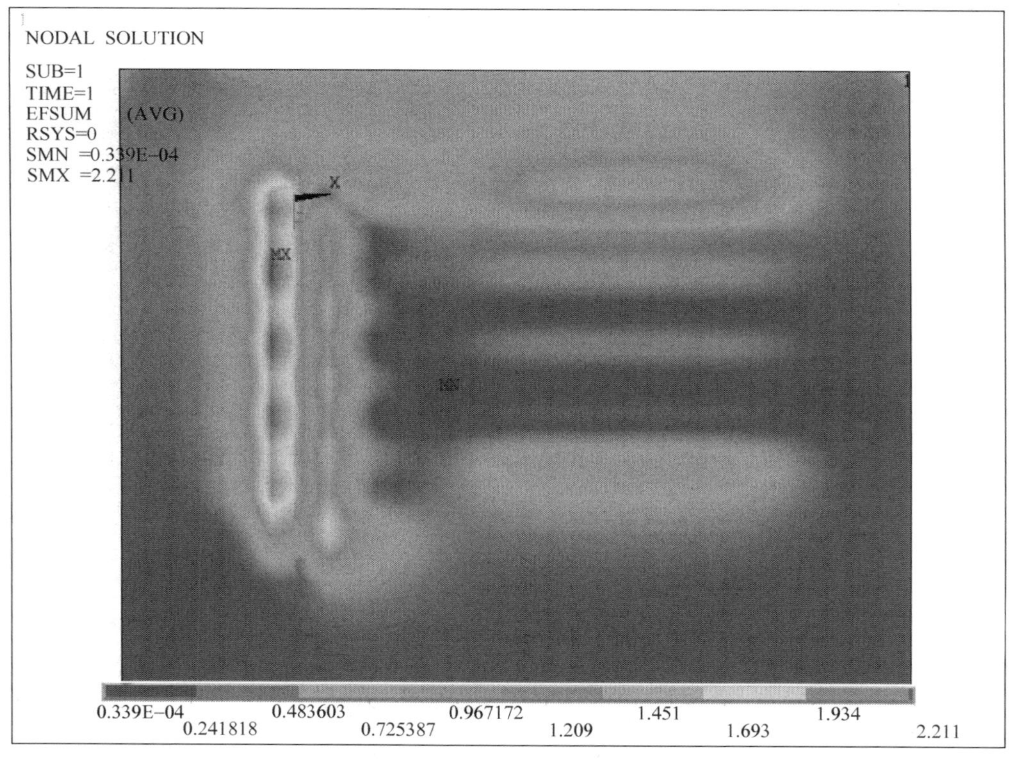

图 1.4.2 $\theta = 30°$ 时地面上方 1.5m 处电场强度分布云图（单位：kV/m）

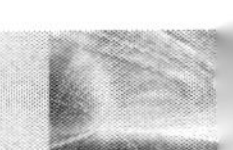

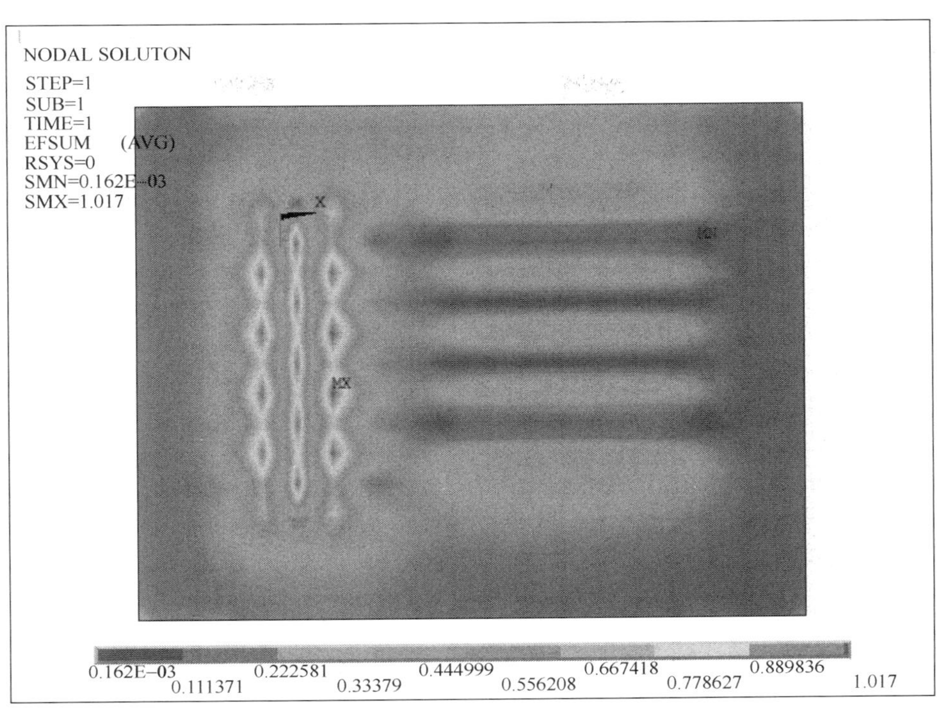

图 1.4.3　$\theta=60°$ 时地面上方 1.5m 处电场强度分布云图（单位：kV/m）

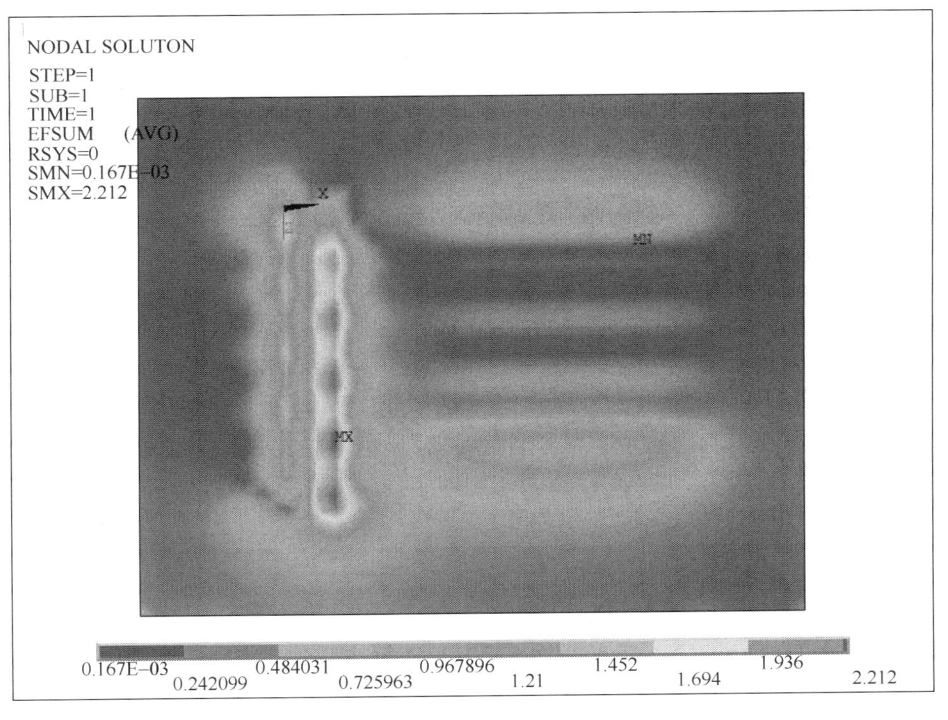

图 1.4.4　$\theta=90°$ 时地面上方 1.5m 处电场强度分布云图（单位：kV/m）

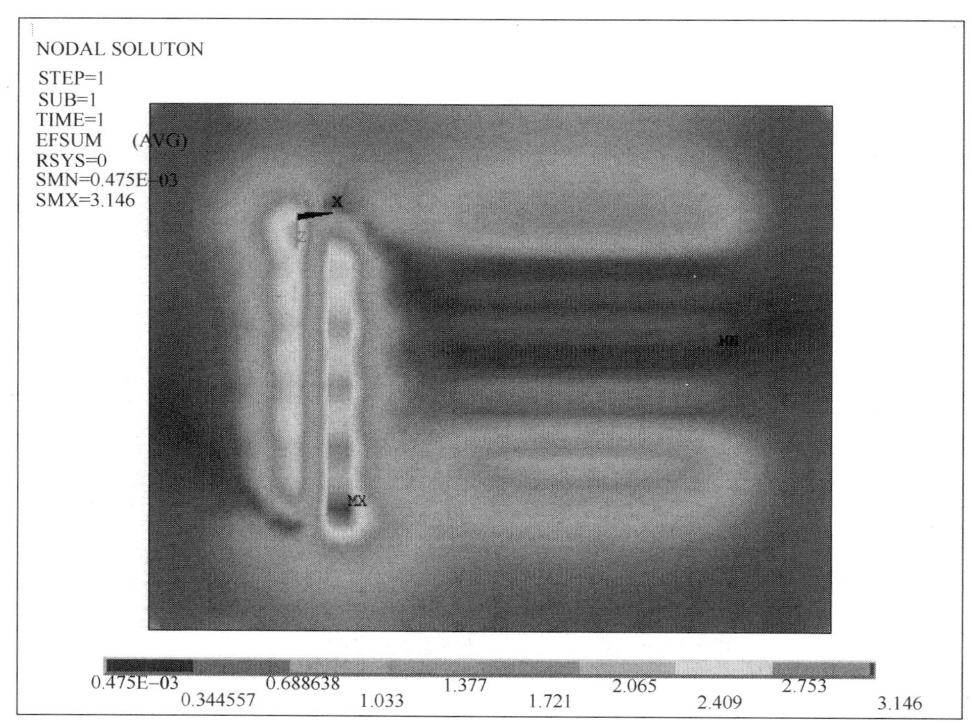

图 1.4.5　$\theta=120°$ 时地面上方 1.5m 处电场强度分布云图（单位：kV/m）

由图 1.4.2～图 1.4.5 可以大致看出，地面上方 1.5m 处的电场强度最大值在母线边相下方走廊附近交替出现，母线中间相下方的电场强度较旁边两相下方的电场强度弱。

以 $\theta=30°$ 为例，计算得到的变电站地面上方 1.5m 处的电场强度分布三维曲面和等值线图如图 1.4.6 和图 1.4.7 所示。

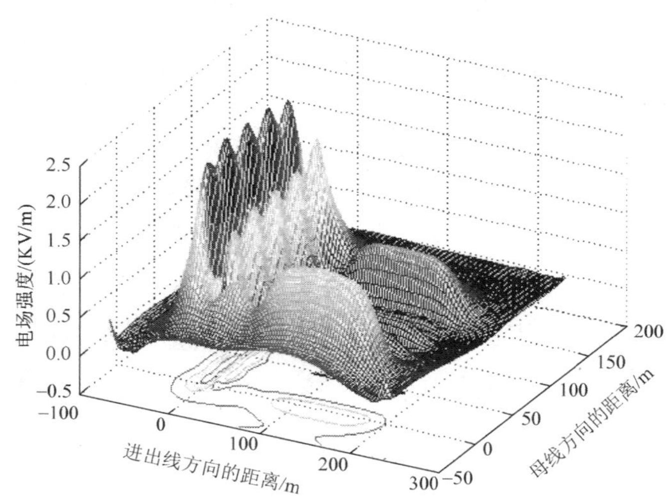

图 1.4.6　$\theta=30°$ 时变电站地面上方 1.5m 处电场分布三维曲面图

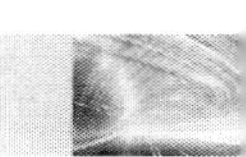

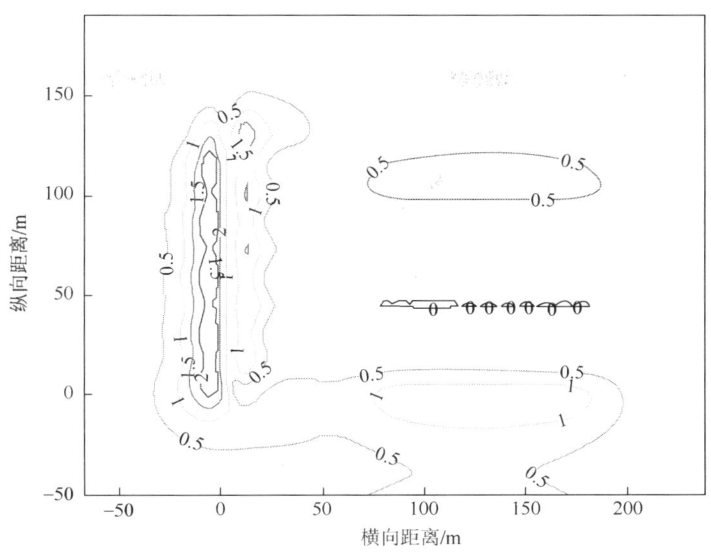

图 1.4.7　$\theta = 30°$ 时变电站地面上方 1.5m 处的电场强度分布等值线图（单位：kV/m）

1.5　接地电阻的计算

对于埋入地下的接地电极，设流入接地电极的电流为 I，接地电极的电位为 U，则接地电极的接地电阻定义为

$$R = \frac{U}{I} \tag{1.5.1}$$

根据接地电阻的定义，可通过两种途径计算接地电极的接地电阻。

1）已知电压求电流

首先通过电压求电场强度，然后通过电场强度求电流密度，最后通过电流密度求电流。步骤为$U \to \boldsymbol{E} \to \boldsymbol{J} \to I$，计算公式如下：

$$R = \frac{U}{I} = \frac{U}{\iint_S \boldsymbol{J} \cdot \mathrm{d}\boldsymbol{S}} = \frac{U}{\iint_S \gamma \boldsymbol{E} \cdot \mathrm{d}\boldsymbol{S}} \tag{1.5.2}$$

2）已知电流求电压

首先通过电流求电流密度，然后通过电流密度求电场强度，最后通过电场强度求电压。步骤为$I \to \boldsymbol{J} \to \boldsymbol{E} \to U$，计算公式如下：

$$R = \frac{U}{I} = \frac{\int_l \boldsymbol{E} \cdot \mathrm{d}\boldsymbol{l}}{I} = \frac{\int_l \frac{1}{\gamma} \boldsymbol{J} \cdot \mathrm{d}\boldsymbol{l}}{I} \tag{1.5.3}$$

1.5.1 变电站接地网接地电阻计算与分析

电力系统的接地就是将电气设备的某些部件、电力系统的某点与大地相连，提供故障电流及雷电流的泄流通道，稳定电位，提供零电位参考点，以确保电力系统、电气设备的安全运行，同时确保电力系统运行人员的人身安全。接地功能是通过接地装置或接地系统来实现的。电力系统的接地装置可以分为两类，一类为输电线路杆塔或微波塔的比较简单的接地装置，如水平接地体、垂直接地体、环形接地体等，另一类为发电站、变电站的接地网。

简单而言，接地装置就是包括引线在内的埋设在地中的一个或一组金属体（包括金属水平埋设或垂直埋设的接地电极、金属构件、金属管道、钢筋混凝土构筑物基础、金属设备等），或由金属导体组成的金属网，其功能是泄放故障电流、雷电或其他冲击电流，稳定电位。而接地系统则是指包括发电站和变电站接地装置、电气设备及电缆接地、架空地线及中性线接地、低压及二次系统接地在内的系统。

表征接地装置电气性能的参数为接地电阻。接地电阻的数值等于接地装置相对无穷远处零电位点的电压与通过接地装置流入地中的电流的比值。如果通过的电流为工频电流，那么对应的接地电阻为工频接地电阻；如果流入的电流为冲击电流，那么对应的接地电阻为冲击接地电阻。冲击接地电阻是时变暂态电阻，一般将接地装置的冲击电压幅值与通过其流入地中的冲击电流幅值的比值作为接地装置的冲击接地电阻。接地电阻的大小反映了接地装置流散电流和稳定电位能力的高低及保护性能的好坏。接地电阻越小，保护性能越好。

变电站长方形接地网模型[6]，其尺寸为200m×160m，接地网孔尺寸为10m×10m，水平接地体为60mm×8mm扁钢，垂直接地体为60mm×8mm角钢。接地体埋深0.8m，土壤电阻率按单层考虑为500Ω·m，入地电流为10kA。直角坐标系中，接地网的4个顶点坐标分别是（0，0）、（200，0）、（200，160）和（0，160）。研究接地网及其周围向外延伸50m范围内地表电位、电场分布情况。改变以下参数，对影响接地网性能的因素进行分析：

（1）短路电流入地点的影响，分别计算短路电流从接地网中心、接地网顶角和一非特殊点流入接地网时，地表电位、电场分布情况；

（2）土壤电阻率的影响，在不同土壤电阻率下，计算接地网电阻大小及地表电位、电场分布情况；

（3）接地网孔的影响，在网孔间距分别为5m、10m、20m及其网孔间距不等的情况下，计算地表电位、电场分布情况；

（4）垂直接地体的影响，在接地网边缘加上一定长度与间距的垂直接地体，改变垂直接地体的长度与间距，计算地表电位、电场分布情况。

按以上参数建立接地网模型，模型高50m，模型底部等效于地底无穷远零电位处。图1.5.1为接地网三维模型，图1.5.2为接地网模型的细节图。

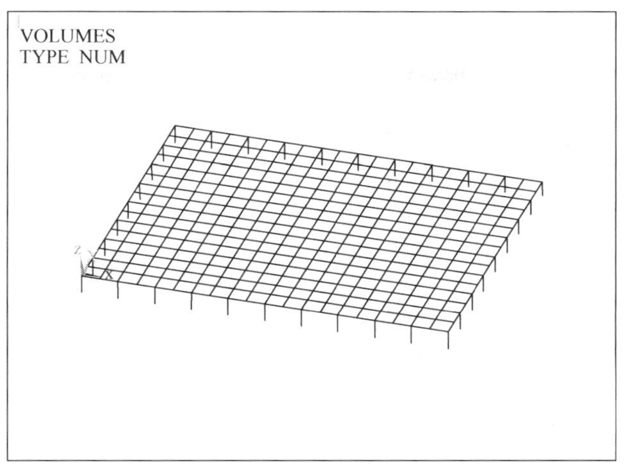

图 1.5.1　接地网三维模型

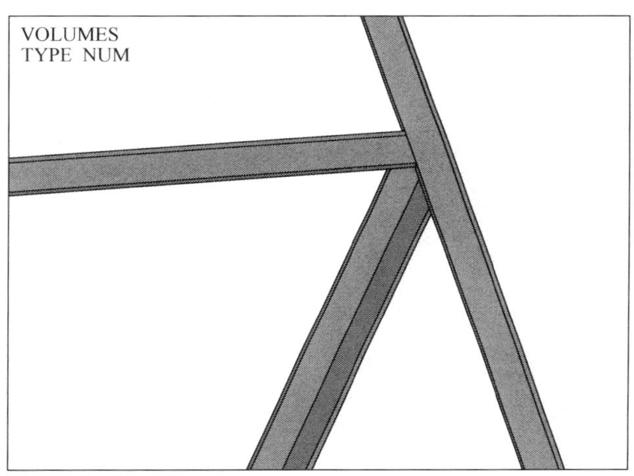

图 1.5.2　接地网模型的细节图

1. 短路电流入地点的影响

（1）短路电流入地点坐标为（100，80），位于接地网中心。入地点加载 2000V 电压，模型底部等效于地底无穷远处，加载 0 电压。接地点处导体截面为 60mm×8mm，计算得到接地点电流密度为 $0.814\times10^7\,\mathrm{A/m^2}$，简单计算可得接地点电流为 3907.2A，所以接地网的接地电阻为

$$R=\frac{U}{I}=\frac{2000}{3907.2}=0.5119(\Omega) \tag{1.5.4}$$

接地网模型整体电位、电场强度和电流密度分布如图 1.5.3～图 1.5.5 所示。由图可以看出接地网范围内，电位值较大，接地网边缘以外电位迅速衰减；电场强度较大的部分分布在接地网边角处，最大值处于接地网顶角。

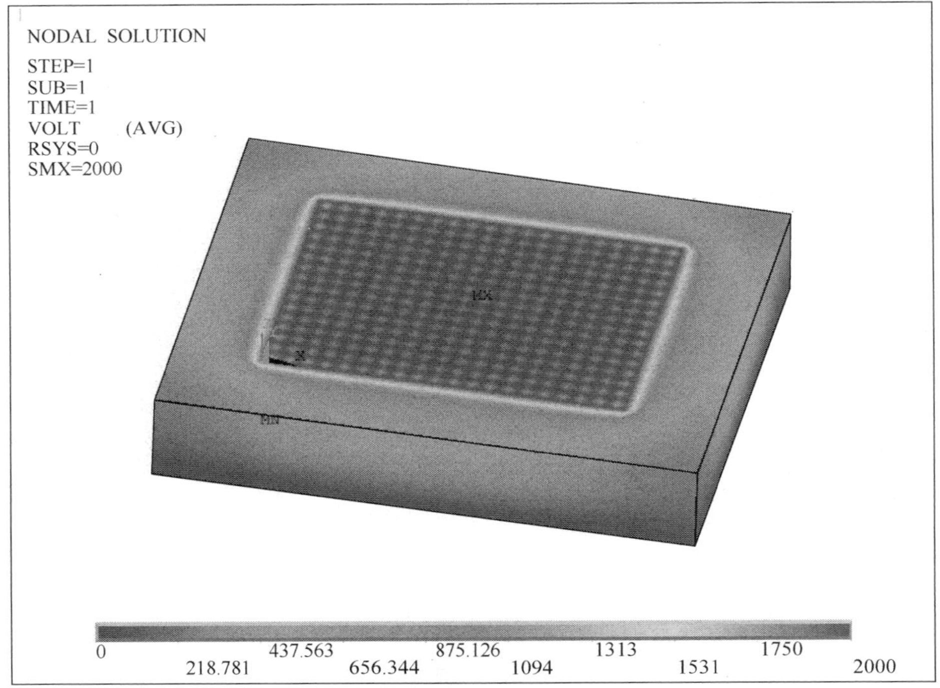

图 1.5.3 接地网电位分布（单位：V）

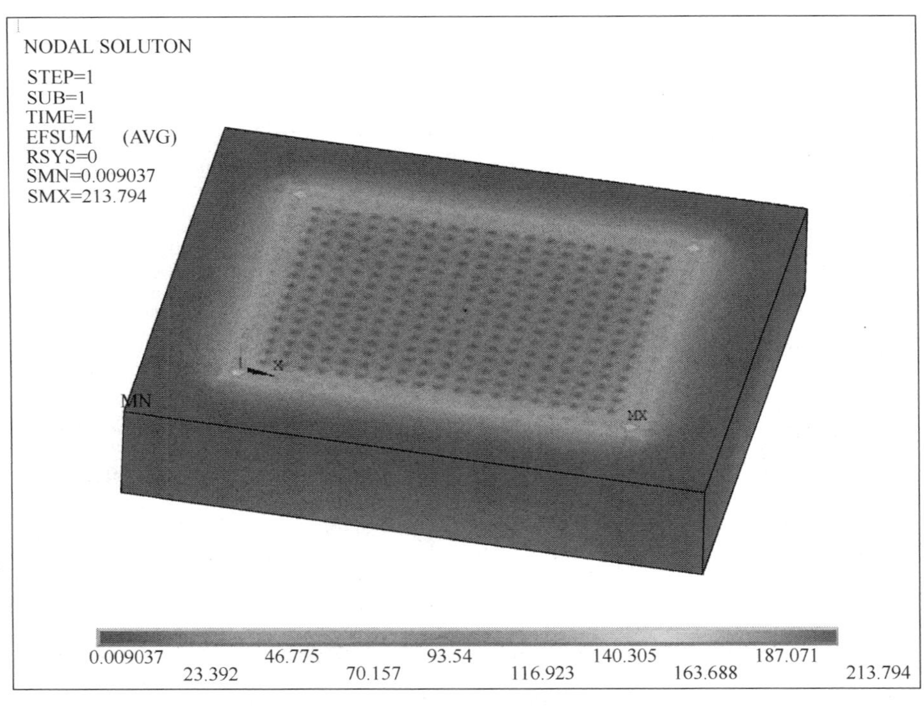

图 1.5.4 接地网电场强度分布（单位：V/m）

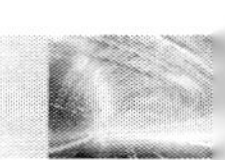

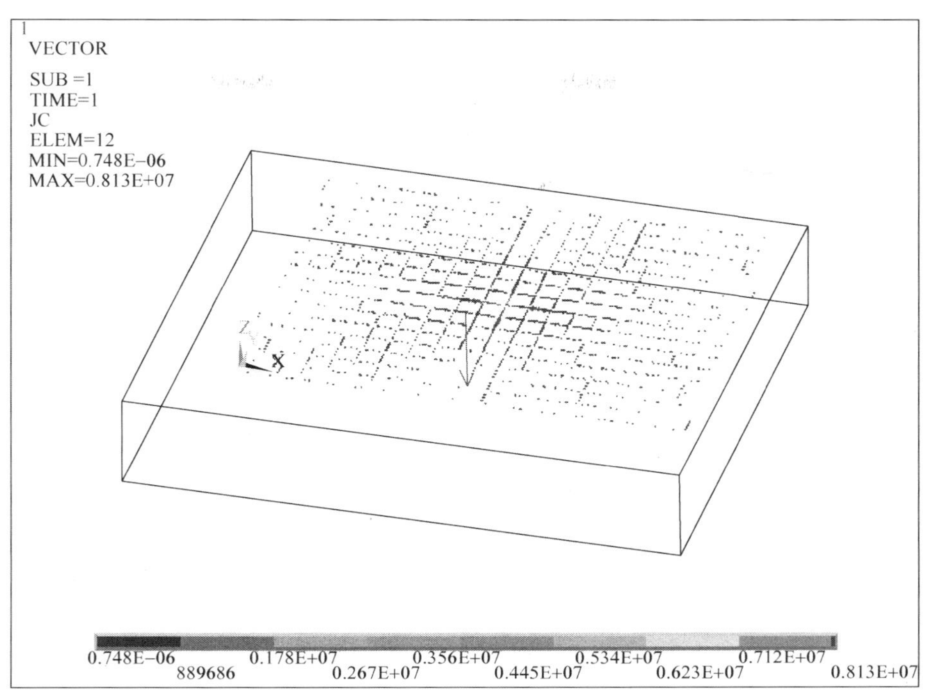

图 1.5.5　接地网电流密度分布（单位：A/m^2）

当入地电流值为 10kA 时再次计算，并取接地网对角线路径来观察地表电位、电场强度的变化情况，如图 1.5.6 和图 1.5.7 所示。当短路电流从接地网中心点注入时，地表电位、电场强度分布是关于中心点对称的，从外围到接地网边角电位曲线越来越陡，说明电位的变化率越来越大，到接地网边角时达到最大。从仿真数据结果中可以看出，比较

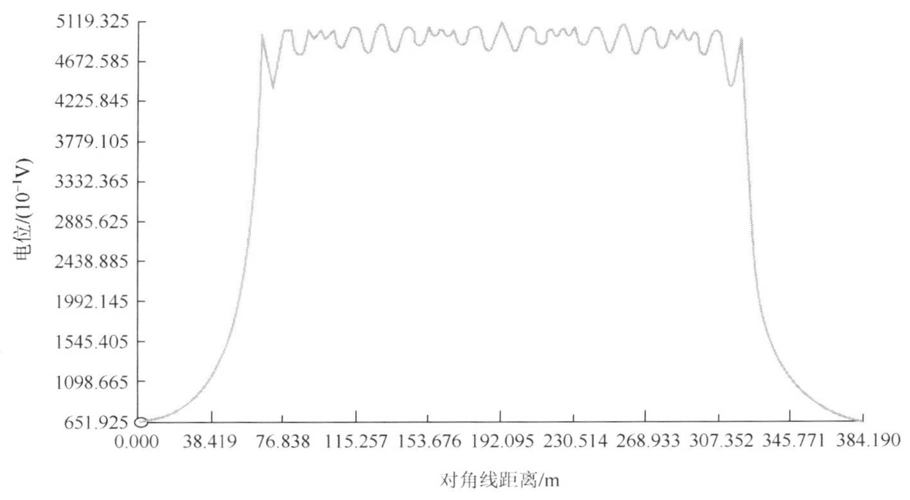

图 1.5.6　短路电流在接地网中心注入时接地网对角线路径的电位分布

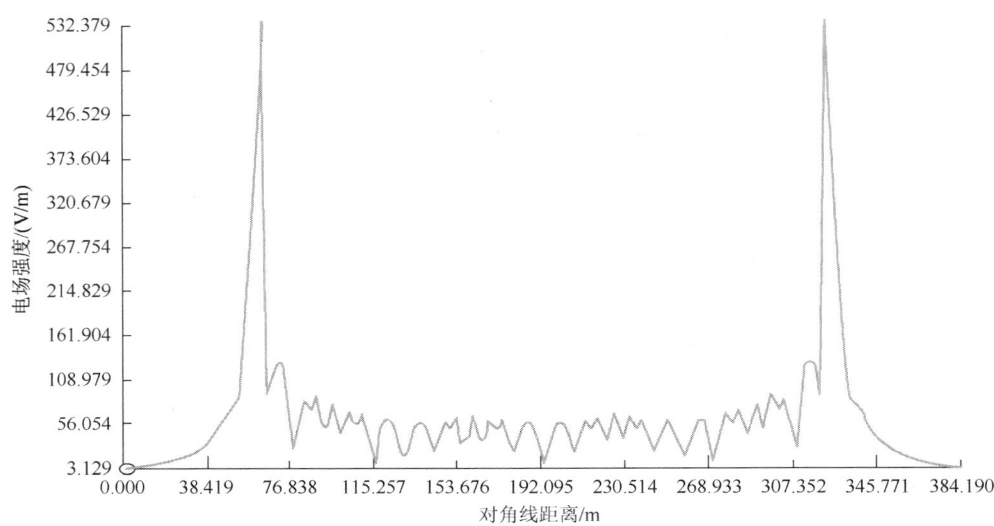

图 1.5.7 短路电流在接地网中心注入时接地网对角线路径上的电场强度分布

从接地网顶角（0，0）向外跨步时，顶角向外 45°电位变化最快，以 0.8m 为跨步距离，计算该方向跨步电压。第一步跨步电压为 529.39V，第二步跨步电压为 460.52V，第三步跨步电压为 397.15V。这说明最大跨步电压在接地网顶角向外 45°的第一步跨步上。因此，分析接地网参数影响时主要比较接地电阻、顶角向外 45°第一步跨步电压和电场强度最大值。

（2）短路电流入地点坐标为（0，0），位于接地网左下的顶角处。加载方法同（1），接地网对角线路径的电位、电场强度分布如图 1.5.8 和图 1.5.9 所示。

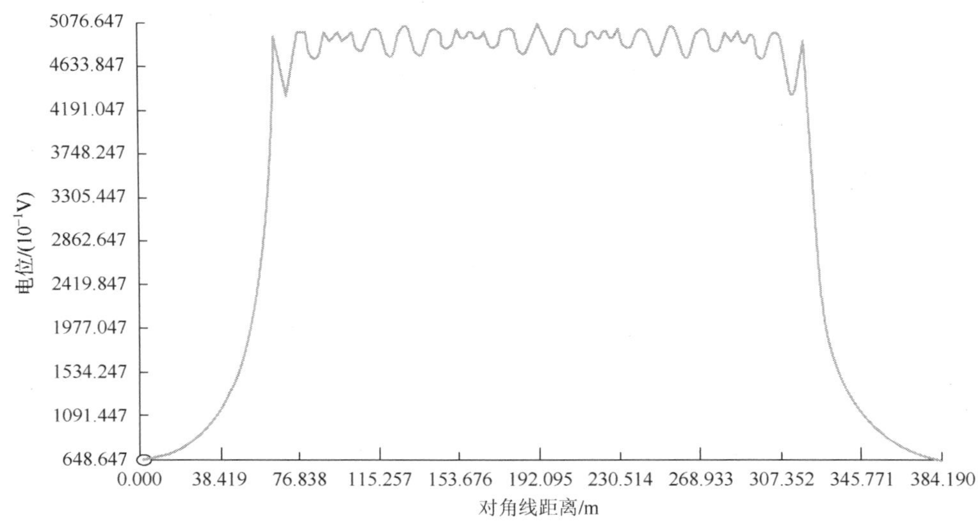

图 1.5.8 短路电流在接地网角点注入时接地网对角线路径上的电位分布

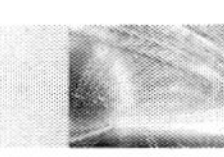

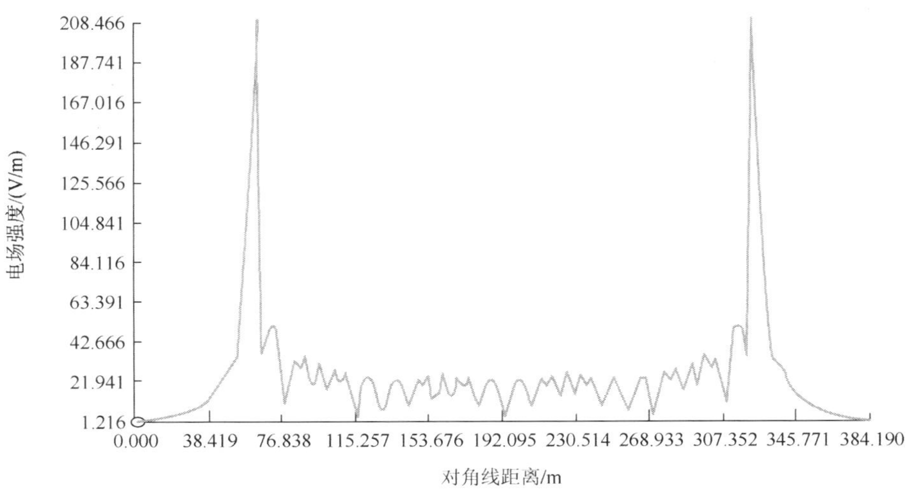

图 1.5.9 短路电流在接地网角点注入时接地网对角线路径上的电场强度分布

由图 1.5.8 和图 1.5.9 可以看出，接地网对角线路径上的电位、电场强度分布不再对称，对接地网四个顶角处的跨步电压比较发现，最大跨步电压在电流入地点的接地网顶角处。最大跨步电压为 580.64V，最大电场强度值为 551.717V/m，比短路电流从接地网中心点注入时，跨步电压高出 51.25V，增长了 9.7%，电场强度高出 4.511V/m。

2. 土壤电阻率的影响

取土壤电阻率为 100Ω·m、500Ω·m、1000Ω·m、2000Ω·m，入地电流位于接地网中心，分别计算接地电阻、地表电位、电场强度分布。由图 1.5.10 与表 1.5.1 可以看出，接地电阻、最大跨步电压与地表最大电场强度均与土壤电阻率呈线性关系。

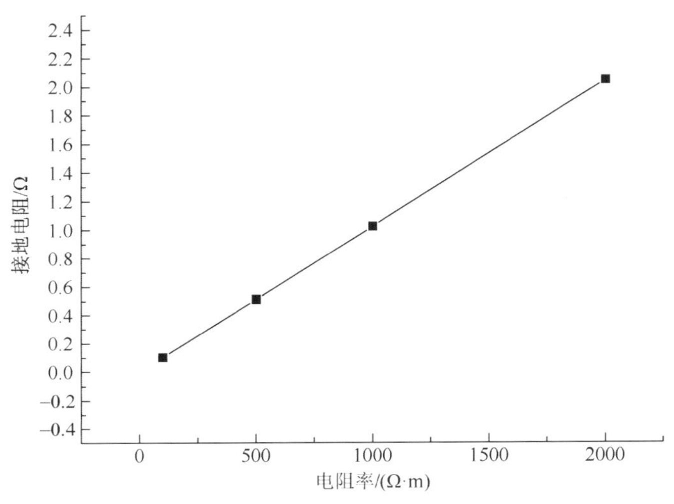

图 1.5.10 不同电阻率下的接地电阻

表 1.5.1 不同电阻率对应的最大跨步电压与最大电场强度值

电阻率/(Ω·m)	最大跨步电压/V	最大电场强度/(V/m)
100	105.88	109.44
500	529.39	547.21
1000	1058.78	1094.41
2000	2117.56	2188.82

3. 接地网孔大小的影响

取接地网孔间距分别为 5m、10m、20m，入地电流位于接地网中心。经计算接地网孔对接地电阻影响很小，接地网孔较小时，接地电阻也较小。接地网对角线路径上电位、电场强度分布如图 1.5.11、图 1.5.12 所示。

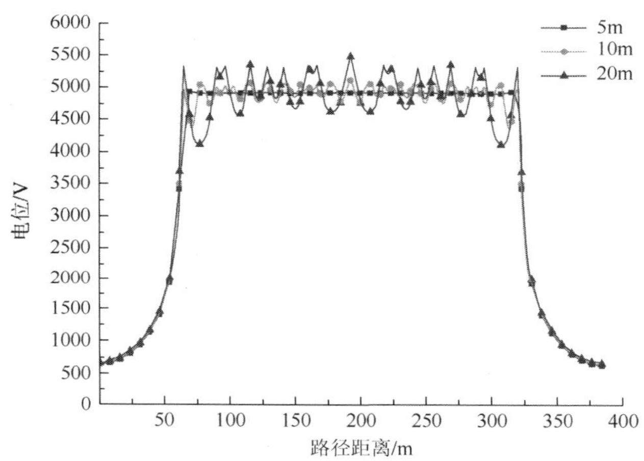

图 1.5.11 接地网孔分别为 5m、10m、20m 的接地网对角线路径上的电位分布

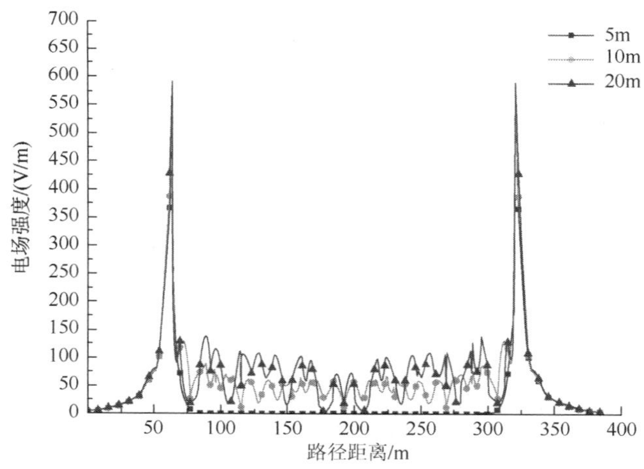

图 1.5.12 接地网孔分别为 5m、10m、20m 的接地网对角线路径上的电场强度分布

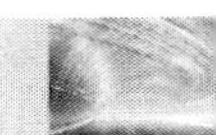

4. 垂直接地体的影响

在接地网边缘打下规格为 60mm×8mm 的角钢，对垂直接地体长度分别为 5m（间隔 10m）、10m（间隔 20m）、15m（间隔 40m）这三种情况进行仿真计算。接地网对角线路径上的电位、电场强度分布如图 1.5.13、图 1.5.14 所示。接地电阻、最大跨步电压、最大电场强度值如表 1.5.2 所示。由图 1.5.13、图 1.5.14 及表 1.5.2 可以看出，增加垂直接地体长度可以减小接地网接地电阻，减小最大跨步电压与最大电场强度。但随着垂直接地体的增长，减小效果会越来越不明显。

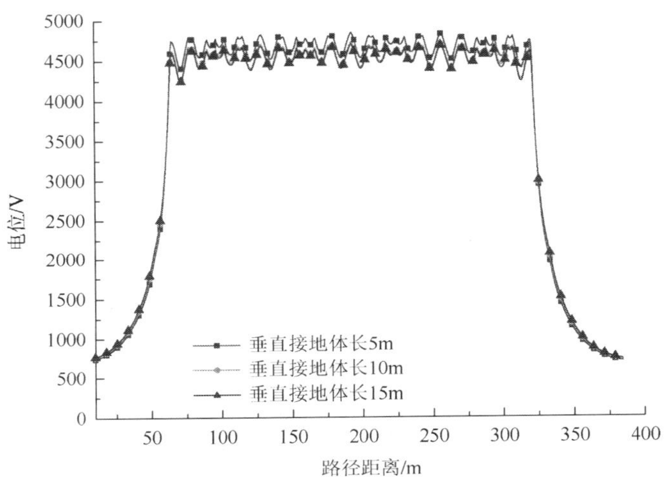

图 1.5.13　垂直接地体长分别为 5m、10m、15m 的接地网对角线路径上的电位分布

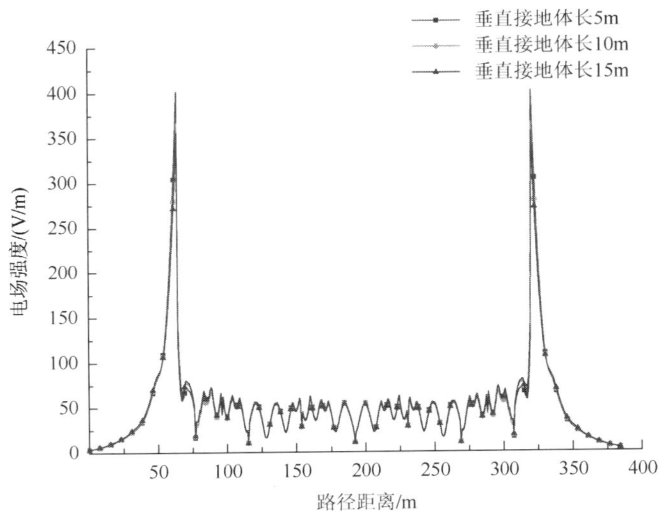

图 1.5.14　垂直接地体长分别为 5m、10m、15m 的接地网对角线路径上的电场强度分布

表 1.5.2　垂直接地体长度对接地电阻、最大跨步电压及最大电场强度的影响

垂直接地体长度/m	接地电阻/Ω	最大跨步电压/V	最大电场强度/（V/m）
5	0.49226	496.28	515.156
10	0.5119	529.39	547.206
5	0.549	588.18	608.278
不等间距	0.5119	519.31	539.423

1.5.2　水电站接地网接地电阻计算与分析

以瀑布沟水电站大坝接地网为例[7]，坝体的高度为 191m，横向宽度为 500m，纵向宽度为 30m，最下面土壤的尺寸为 500m×760m，厚度为 7.4m。坝体模型如图 1.5.15 所示。

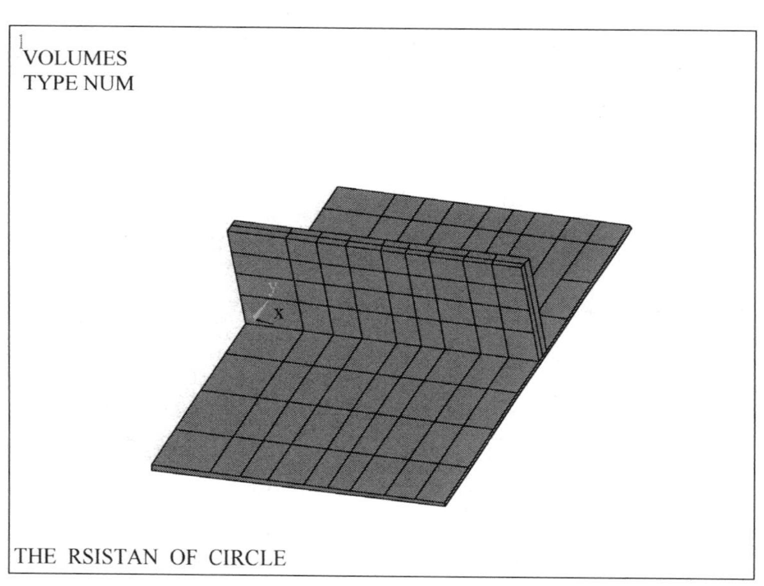

图 1.5.15　坝体模型

模型采用六面体单元剖分，在接地网交叉处增加降阻剂，降阻剂电阻率取为 $0.56\Omega\cdot\text{m}$，铁的电阻率取为 $9.8\times10^{-8}\Omega\cdot\text{m}$。内部接地网结构如图 1.5.16 所示。根据厂家提供的数据，蓄水前坝体砾土的电阻率取为 $400\Omega\cdot\text{m}$，下部岩石河床的电阻率取为 $5000\Omega\cdot\text{m}$。在坝体顶部接近中间设一接地点，加 2000V 电压，计算大坝电位分布如图 1.5.17 所示，大坝顶部电位和电场强度分布如图 1.5.18、图 1.5.19 所示，电流密度场分布如图 1.5.20 所示。

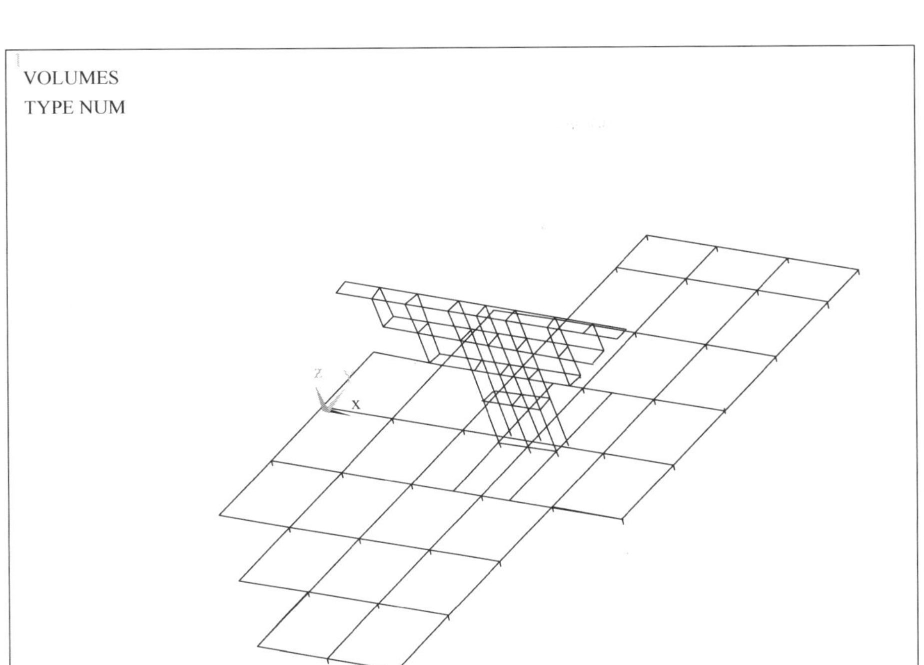

图 1.5.16　内部接地网结构

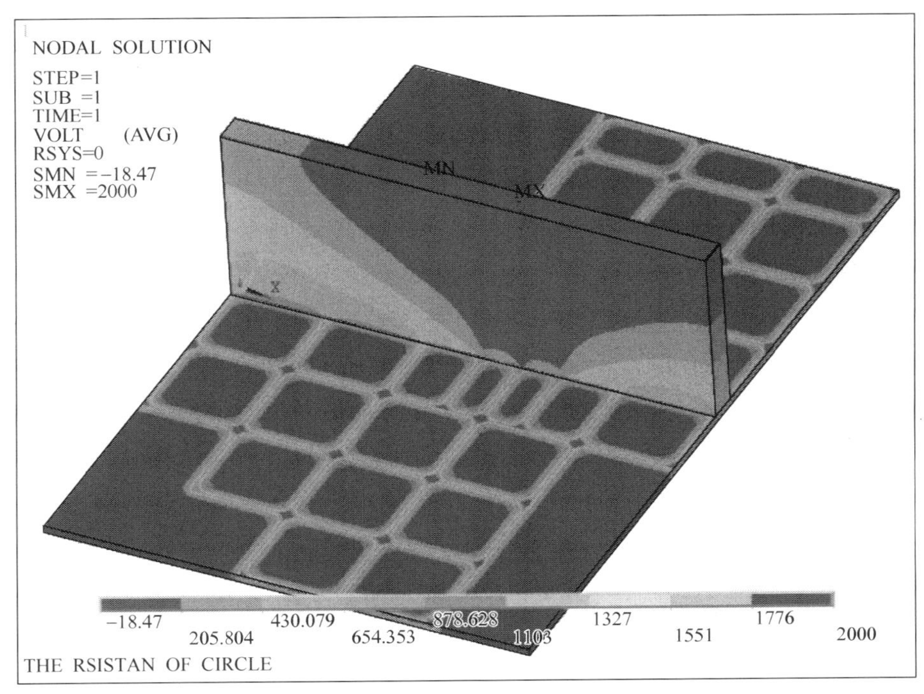

图 1.5.17　大坝电位分布（单位：V）

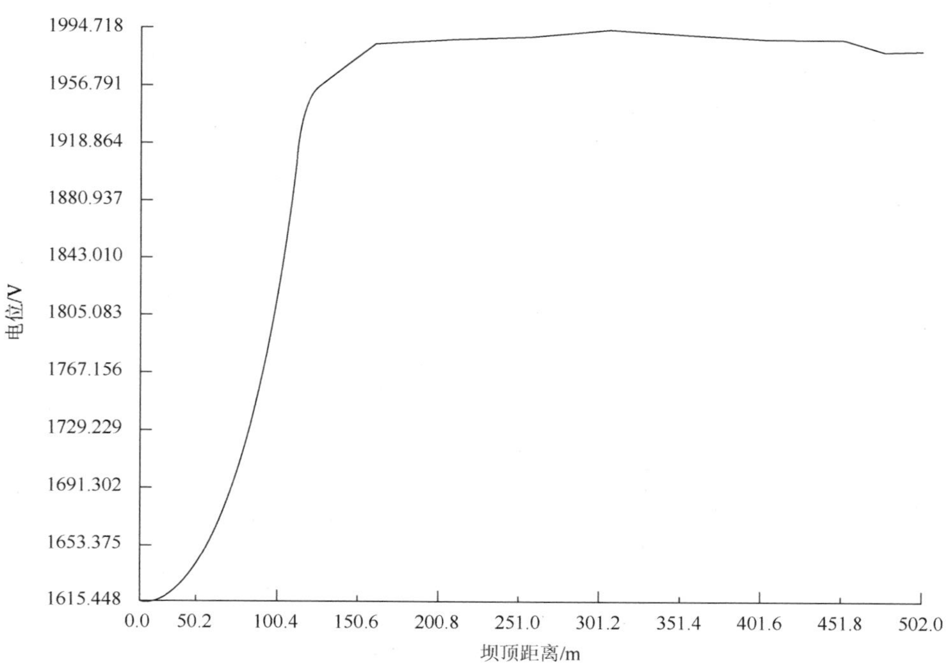

图 1.5.18　大坝顶部电位分布

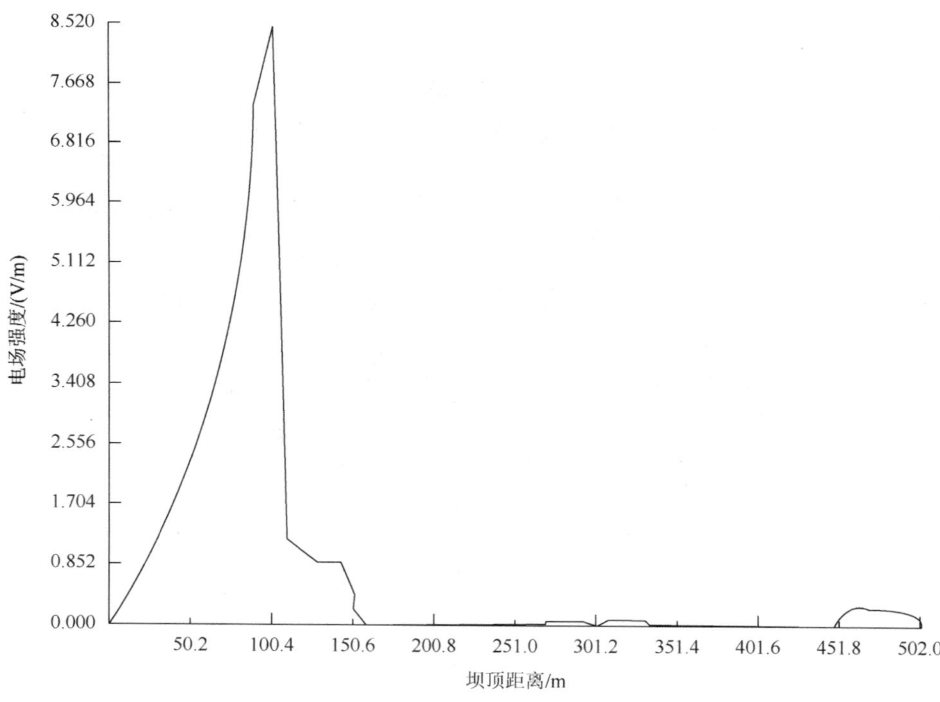

图 1.5.19　大坝顶部电场强度分布

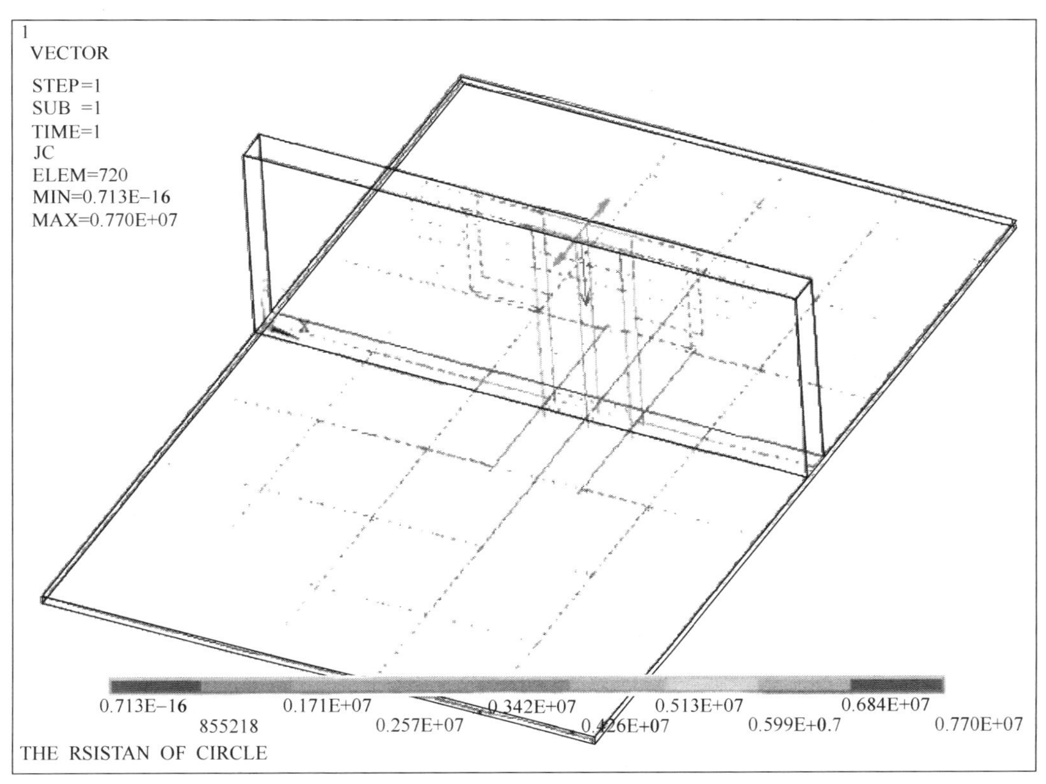

图 1.5.20　大坝电流密度场分布（单位：A/m^2）

由图 1.5.18 可知，大坝顶部电位在 50～100m 变化最快，电位从 1670V 增加到 1920V，增加了 250V，平均每米间的电位为 5V。这样的电位对人体和设备是安全的。从图 1.5.19 可以看出，大坝顶部的最大电场强度值为 8.518V/m，这样的电场强度值对人体也是安全的。由图 1.5.20 的电流密度场分布计算得到接地点入地电流大小为 3080A，则接地电阻为

$$R = \frac{U}{I} = \frac{2000}{3080} = 0.6494\ (\Omega) \tag{1.5.5}$$

对于交流工作接地，接地电阻应控制在 0.5Ω 以下。在高土壤电阻率地区，当接地装置按照要求做到规定的电阻值在技术上极不合理时，允许接地电阻值进一步提高。在大接地短路电流系统中允许提高到≤5 Ω，在小接地短路电流系统中允许提高到≤15 Ω。接地网上部地表电位在大接地短路电流系统中应控制在 2000V 以下，人和设备才是安全的。在 0.5Ω 接地电阻下，安全的接地电流应控制在 4000A 以下。今接地电阻略大于 0.5Ω，主要是由河床岩石的电阻率较大引起的。考虑到蓄水后水的电阻率较低，接地电阻会进一步降低。另外，将大坝接地网与水电站其他接地网相连，以及与混凝土结构的钢筋相连可以有效地降低接地电阻的数值。

1.6 交联聚乙烯电缆绝缘缺陷电场和空间电荷的计算

电力电缆是电能传输的重要设备。在城市配电网中，架空线路由于比较浪费土地资源，容易遭受外力破坏，以及影响城市的美观等，已经越来越少在城市电网中应用。电力电缆由于具有占地面积小、不容易遭受外力破坏、不影响城市地表建设等优点，在城市电网中得到了广泛的应用。随着中国现在城镇化建设的快速发展，今后电力电缆的使用量将非常巨大，电力电缆的安全性将变得非常重要。按绝缘材料分类，电力电缆可分为油纸绝缘电缆、橡胶绝缘电缆、充气电缆和塑料绝缘电缆。塑料绝缘电缆主要包括交联聚乙烯（XLPE）绝缘电缆、聚乙烯（PE）绝缘电缆、聚氯乙烯（PVC）绝缘电缆。PVC 绝缘电缆工艺性能好，稳定性高，成本低；但火灾时会释放有毒气体，且 PVC 废料会造成环境污染。PE 绝缘电缆耐湿性好，具有良好的介电性能，介质损耗角正切值小，绝缘电阻高；但 PE 绝缘电缆抗电晕及耐热性能差，受热易变形或开裂，容易形成气隙且燃烧。XLPE 绝缘电缆的绝缘材料是聚乙烯树脂绝缘材料经辐射或化学方法进行交联处理制成的，使原来的线状分子结构变成网状立体结构，改善了 PE 材料的力学性能和电气性能。XLPE 绝缘电缆具有击穿场强高、介质损耗角正切值小、绝缘电阻高等优越的电气性能，并且具有允许工作温度高、载流量大、安装维护方便等良好的热性能和力学性能。XLPE 绝缘电缆不仅广泛应用于中低压，还可应用于高压和超高压输电系统中，是未来电力电缆的主要发展方向。

聚合物绝缘材料在强电场的长期作用下，受到环境、电、热、机械、化学等诸多因素的综合作用而发生老化，其绝缘性能下降，随着电压作用时间的增长，其击穿场强降低，最终导致绝缘介质击穿。XLPE 绝缘电缆因其良好的电气绝缘性能、力学性能而被广泛地应用。电缆在施工过程中，受外力作用也会在绝缘介质中产生一些细小裂纹；在电缆制造过程中，出于各种原因会在其结构内部残留有一些气泡、杂质、交联副产物等；在电压作用下，气泡、杂质、交联副产物等物质周围的空间电荷累积[8-9]，造成局部场强集中，形成局部高场强，进而引发电树枝，形成树枝状的放电通道。XLPE 绝缘电缆绝缘材料老化的一个重要原因就是在电场的长时间作用下，聚合物中产生了电树枝，使电缆绝缘性能下降或击穿，最终导致电缆运行故障。由此可见，这些绝缘介质层的内部缺陷对电缆的长期稳定运行非常不利。

1.6.1 气泡缺陷下 XLPE 绝缘电缆电场和空间电荷计算

XLPE 绝缘电缆应用广泛，其绝缘材料的老化、击穿与内部电荷的累积有密切联系。本节选用型号为 YJLV22-8.7/10kV 的单芯 XLPE 绝缘电缆进行建模计算，电缆结构剖面图如图 1.6.1 所示，因为包带层非常薄，所以在建模时忽略了包带层，只考虑绝缘层和护套，其中导体芯的半径为 4.7mm，绝缘层厚度为 4.5mm，护套厚 1.8mm。为了研究气泡对 XLPE 绝缘电缆内部电场和电荷分布的影响，假定有一个半径为 0.1mm 的气泡位于绝缘层，与导体芯中心轴线的距离为 $5\sqrt{2}$mm 。电缆各部分的电阻率和相对介电常数如表 1.6.1 所示。

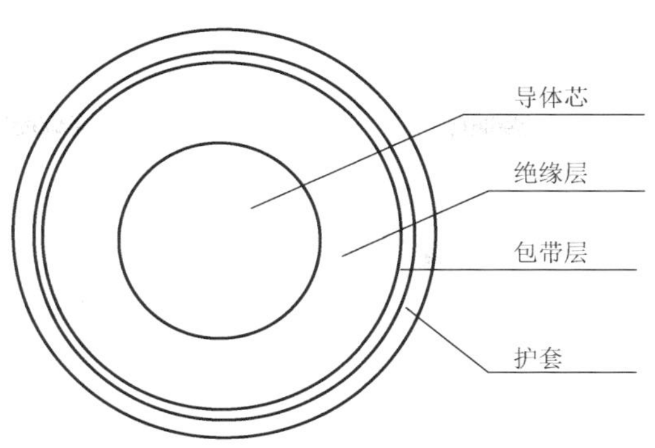

图 1.6.1　电缆结构剖面图

表 1.6.1　不同介质的电阻率和相对介电常数

名称	电阻率/(Ω·m)	相对介电常数
XLPE	10^{15}	2.25
护套	10^{9}	3
气泡	10^{14}	1

在有限元分析软件中建立电缆模型，在靠近导体芯一侧的绝缘层上加 10kV 的电压，在电缆护套外侧施加零电位，采用二阶四面体单元剖分的有限元方法进行计算，计算后得到气泡附近的电场强度和电荷密度分布，如图 1.6.2、图 1.6.3 所示。从图 1.6.2 可以看出，与周围绝缘电介质的电场强度相比，气泡内部的电场强度比较小。在绝缘介质与气

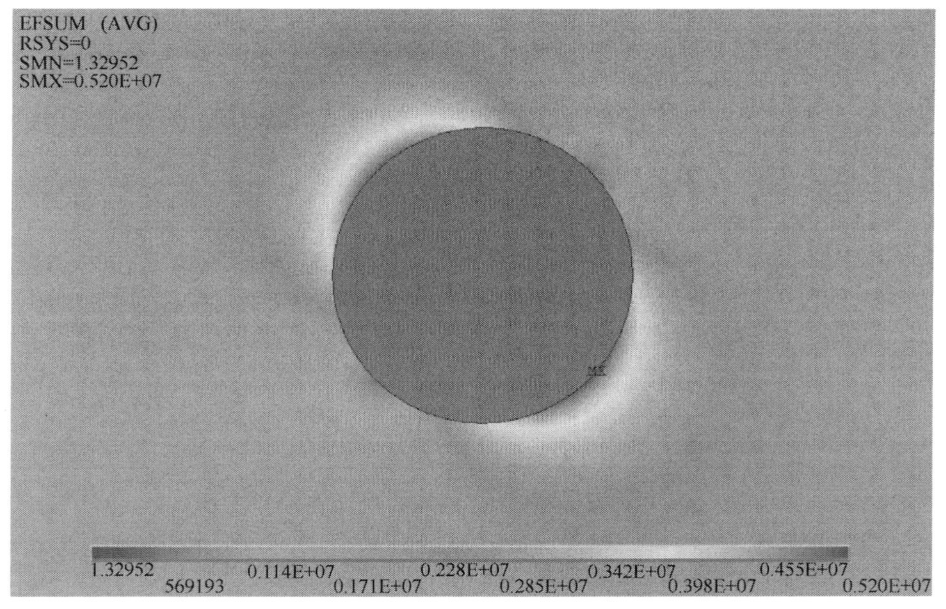

图 1.6.2　气泡附近的电场强度分布云图（单位：V/m）

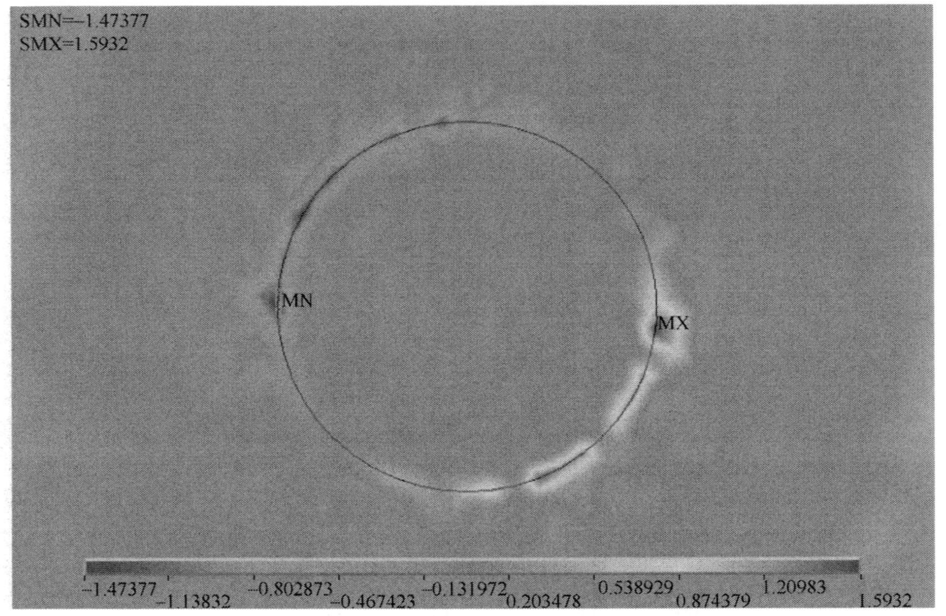

图 1.6.3　气泡附近的电荷密度分布云图（单位：C/m^3）

泡的边界上，电场强度的方向都是从高压侧穿过气泡指向低压侧的，从而表现为沿电缆径向方向上，气泡外围的绝缘介质中电场强度大，而气泡内部的电场强度小。气泡边界最大电场强度出现在气泡靠近高压侧的边缘上，其值为5.20×10^6 V/m。

从图 1.6.3 中可以看出，正电荷主要分布在气泡靠近高电压一侧的边缘上，负电荷主要分布在气泡靠近低电压一侧的边缘上。在靠近高压侧气泡的边界上，正电荷密度的最大值为 1.5932C/m^3，负电荷密度的最大值为–1.47377C/m^3。在距离气泡较远的绝缘介质区域，电荷密度几乎为零。

1. 气泡大小对电荷分布的影响

在上述模型的基础上，将气泡的半径分别改为 0.2mm、0.3mm 和 0.5mm，探究气泡大小对电荷分布的影响。从图 1.6.4 中可以看出，半径为 0.1mm 的气泡在高压侧的电荷密度明显大于其他三种半径气泡周围的电荷密度值，在低压侧的电荷密度明显小于其他三种半径气泡周围的电荷密度值，气泡靠近高压侧的电荷密度值为正，靠近低压侧的电荷密度值为负，从高压侧到低压侧电荷密度值呈现下降的趋势。半径为 0.2mm 的气泡的高压侧电荷密度值大于半径为 0.3mm 的气泡的高压侧电荷密度值，其低压侧的电荷密度值分布正好相反，它们的分布趋势都是由高压侧到低压侧依次递减。半径为 0.3mm 和半径为 0.5mm 的气泡周围的电荷密度分布趋势比较接近，高压侧和低压侧的电荷密度值的差别并不像半径为 0.1mm 的气泡周围电荷密度值的差别那么大，即气泡一周的电荷密度分布比较均匀。

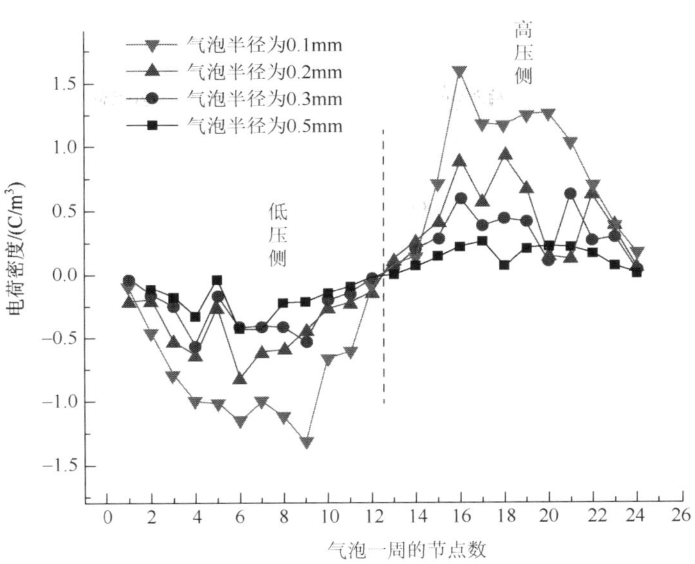

图 1.6.4　不同半径的气泡周围电荷密度分布

2. 气泡位置对电荷分布的影响

改变半径为 0.1mm 的气泡在绝缘层中的位置，使其与电缆轴线的距离依次为 $4\sqrt{2}$mm、$5\sqrt{2}$mm、$6\sqrt{2}$mm。从图 1.6.5 中可以看出三种位置下的气泡周围的电荷密度均是从高压侧向低压侧递减，随着气泡到电缆轴线距离的增加，气泡周围电荷密度值分布的差别不是特别明显，与电缆轴线距离为 $4\sqrt{2}$mm、$5\sqrt{2}$mm、$6\sqrt{2}$mm 的气泡在高压侧的电荷密度依次略有降低，这三个位置处的气泡在低压侧的电荷密度分布与高压侧恰好相反，它们的分布趋势依次略有升高。

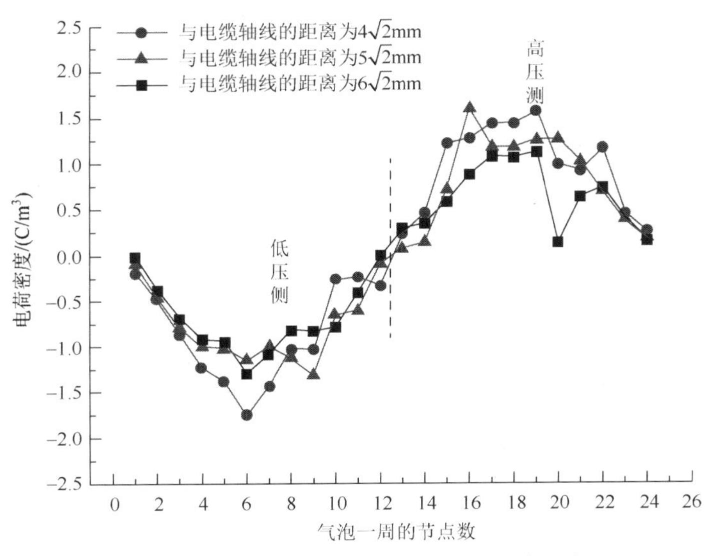

图 1.6.5　不同位置的气泡周围电荷密度分布

1.6.2 裂缝缺陷下 XLPE 绝缘电缆电场和空间电荷计算

XLPE 绝缘电缆在施工过程中可能遭受外力作用或者在长期运行过程中在电场作用下而产生裂缝，裂缝的存在不利于电缆的长期稳定运行，本节主要研究在电场作用下，裂缝对 XLPE 绝缘电缆内部电场强度和电荷分布的影响。

选用型号为 YJLV22-8.7/10kV 的单芯 XLPE 绝缘电缆进行建模计算，因为包带层非常薄，所以在建模时忽略了包带层，只考虑绝缘层和护套，其中导体芯的半径为 4.7mm，绝缘层厚度为 4.5mm，护套厚 1.8mm。为了研究裂缝对 XLPE 绝缘电缆内部电场和电荷分布的影响，假定有一个长为 1.5mm，宽为 0.1mm 的裂缝位于绝缘层靠近高压侧的边缘上。裂缝的参数设置和气泡相同，见表 1.6.1。

在有限元分析软件中建立电缆模型，由于裂缝非常窄，在建模时采用 1μm 为一个单位，在靠近导体芯一侧的绝缘层上加 10kV 的电压，在电缆护套外侧施加零电位，裂缝附近的电场强度分布如图 1.6.6 所示，在裂缝末端与绝缘介质接触的地方，裂缝内电场强度值很小，而绝缘介质上的电场强度较大，其中电场强度最大值也出现在这个位置，其值为 5.67341×10^{6} V/m，由传导电流场中介质分界面条件可知电流密度法向连续，而裂缝的电导率大于绝缘介质的电导率，所以裂缝内的电场强度小于绝缘介质上的电场强度。在裂缝末端与绝缘介质接触之外的地方，裂缝内部与周围绝缘电介质的电场强度相差不大。

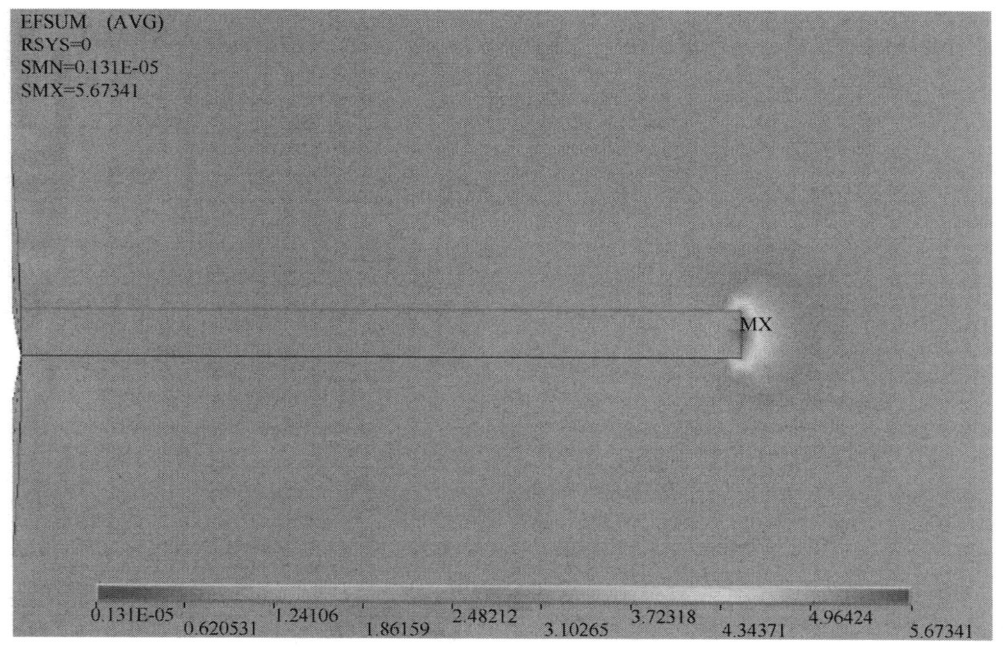

图 1.6.6 裂缝附近的电场强度分布云图（单位：10^{6}V/m）

裂缝周围的电荷密度分布如图 1.6.7 所示，从图 1.6.7 中可以看出，电荷主要集中在裂缝始端和末端处的介质边缘上，其中正电荷密度的最大值出现在高压侧裂缝与介质的边缘上，负电荷密度的最大值出现在侧裂缝末端与介质的边缘上。正电荷密度的最大值为 1.45409C/m^3，负电荷密度的最大值为–1.24658C/m^3。在距离裂缝较远的绝缘介质区域，电荷密度几乎为零。

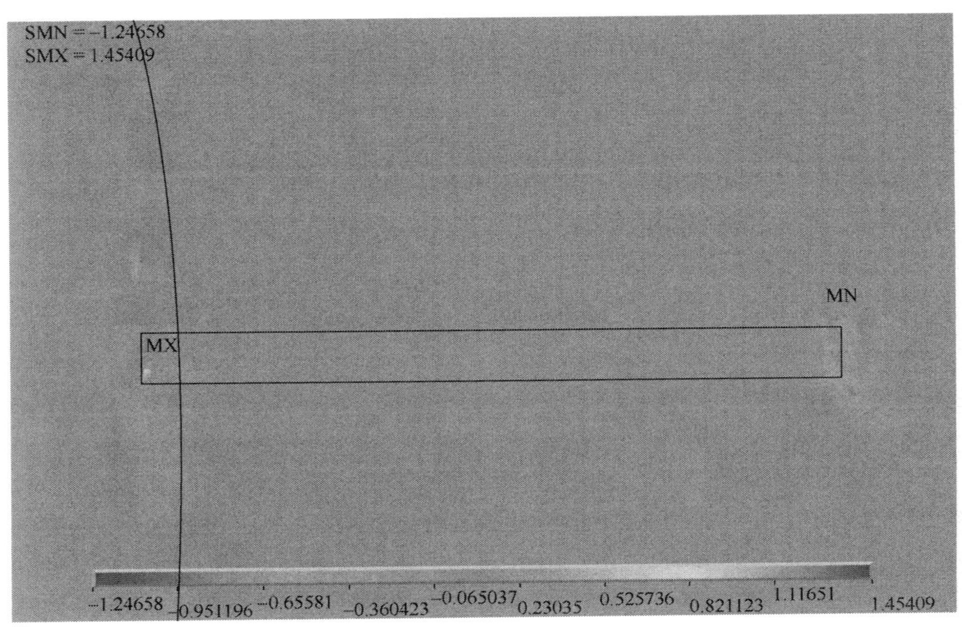

图 1.6.7　裂缝周围的电荷密度分布云图（单位：C/m^3）

1. 裂缝长度对电荷分布的影响

由于裂缝对 XLPE 绝缘电缆内部电场强度和电荷的分布有较大的影响，电缆内部裂缝长度和宽度的不同必然对电缆内部电场强度与电荷的分布有不同的影响。探究不同参数的裂缝对电荷分布的影响十分必要。

在上述模型的基础上，将裂缝的长度分别改为 2.0mm 和 2.5mm，探究裂缝长度对电荷分布的影响。在图 1.6.8 中横坐标表示在裂缝一周所取的节点数，虽然裂缝长度不相同，为了便于比较裂缝末端的电荷密度值，在裂缝一周取了相同数量的节点，即横坐标长度相同。从图 1.6.8 中可以看出，除裂缝首端和末端电荷分布有较明显不同外，裂缝其他部分的电荷分布非常接近。在裂缝的末端，主要分布的是负电荷，随着裂缝长度的增加，裂缝末端的电荷密度有减小的趋势，因为裂缝越长，裂缝末端的电场强度越小。在裂缝首端，三种位置下正、负电荷都存在，长度变化对电荷分布的影响未见明显规律。

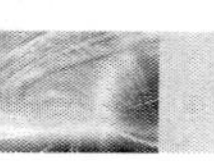

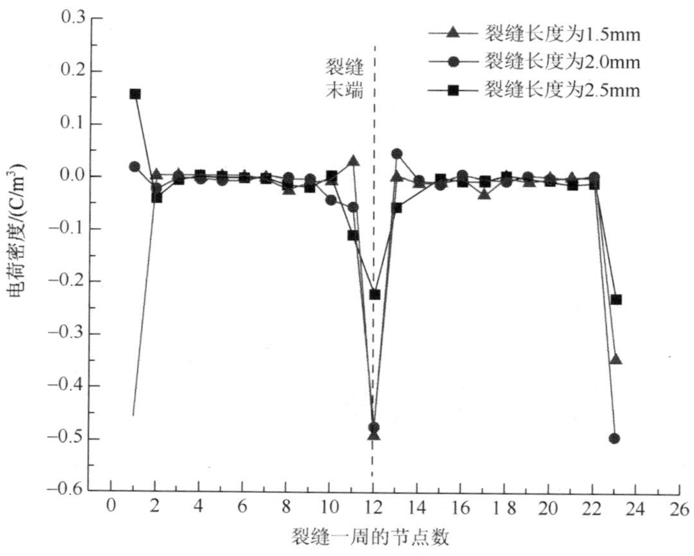

图 1.6.8　不同长度的裂缝对电荷分布的影响

2. 裂缝宽度对电荷分布的影响

将上述模型中的裂缝宽度分别改为 0.05mm 和 0.15mm，探究裂缝宽度对电荷分布的影响。从图 1.6.9 中可以看出，除裂缝首端和末端电荷分布有较明显不同外，裂缝其他部分的电荷分布非常接近。在裂缝的末端，主要分布的是负电荷，随着裂缝宽度的增加，裂缝末端的电荷密度呈增加的趋势。在裂缝首端，电荷密度分布也主要是负值，因为图中所取的点是沿电缆轴向裂缝宽度中间所取，而正电荷的最大值出现在电缆轴向裂缝的两侧。

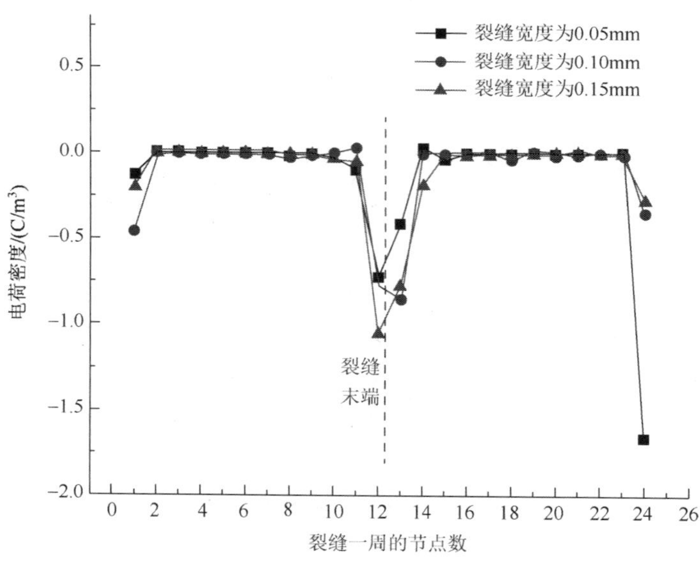

图 1.6.9　不同宽度的裂缝对电荷分布的影响

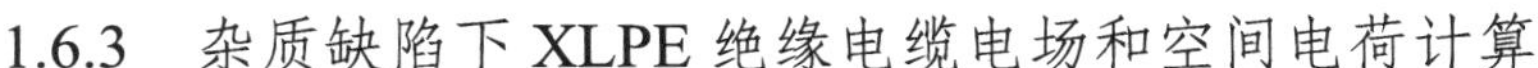

1.6.3　杂质缺陷下 XLPE 绝缘电缆电场和空间电荷计算

由于生产工艺或实际运行条件等，会在 XLPE 绝缘电缆结构内部残留有一些气泡、交联副产物等杂质。气泡、交联副产物等杂质在电压作用下容易解离，导致聚合物内部空间电荷的累积，进而导致绝缘材料中局部电场强度明显增大，引起绝缘材料老化，严重时甚至在绝缘介质中引发局部放电和绝缘介质的击穿。电力电缆在运行过程中，导体芯分别处于空载、负载、满载状态下时，其温度分布差异非常大，并且电缆中绝缘材料外层的温度会随着外部环境（土壤、湿度、气候、季节等环境因素）的变化而发生变化。直流电缆绝缘的电导与温度和电场强度分布有关，温度分布的差异会使绝缘介质的电阻率发生变化，从而导致绝缘介质材料内电场强度的分布发生变化。

1. 电场作用下杂质颗粒对电荷分布的影响

选用型号为 YJLV22-8.7/10kV 的单芯 XLPE 绝缘电缆进行建模计算，本次建模仍然忽略了包带层，只考虑绝缘层和护套，其中导体芯的半径为 4.7mm，绝缘层厚度为 4.5mm，护套厚 1.8mm。为了研究杂质颗粒对 XLPE 绝缘电缆内部电场强度和电荷的影响，假定有一个半径为 0.1mm 的杂质颗粒位于绝缘层，与电缆轴线的距离为 $5\sqrt{2}$mm 。电缆各部分的电阻率和相对介电常数如表 1.6.2 所示。

表 1.6.2　不同介质的电阻率和相对介电常数

名称	电阻率/ (Ω·m)	相对介电常数
XLPE	10^{15}	2.25
护套	10^{9}	3
杂质	10	6

在有限元分析软件中建立电缆模型，在靠近导体芯一侧的绝缘层上加 10kV 的电压，在电缆护套外侧施加零电位，采用二阶四面体单元剖分的有限元方法进行计算，计算后得到电缆整体的电位和电场强度分布，如图 1.6.10、图 1.6.11 所示。从图中可以看出，电位和电场强度的最大值均分布在靠近导体芯一侧的绝缘层边缘上，它们的分布趋势都是从高压侧向低压侧依次递减。

为进一步了解电缆内部杂质颗粒处的电场强度和电荷分布，将电缆模型沿穿过杂质颗粒中心的面剖开，可以看到杂质颗粒附近的电场强度分布如图 1.6.12 所示，与周围绝缘电介质的电场强度相比，杂质颗粒内部的电场强度非常小。在绝缘介质与杂质颗粒的边界上，电场强度的方向都是从绝缘介质侧指向杂质颗粒内部的，从而表现为杂质颗粒外围的绝缘介质中电场强度大，而杂质颗粒内部的电场强度小。在电场的作用下，杂质颗粒与绝缘介质接触的边界层附近会发生电离过程，负的带电粒子离开杂质颗粒注入靠近杂质颗粒周围的绝缘介质的内部，从而使杂质颗粒带正电荷。杂质颗粒边界最大电场强度出现在杂质颗粒靠近高压侧的边缘上，其值为2.28×10^7 V/m，电场强度最小值出现在杂质颗粒靠近低压侧的边缘上。

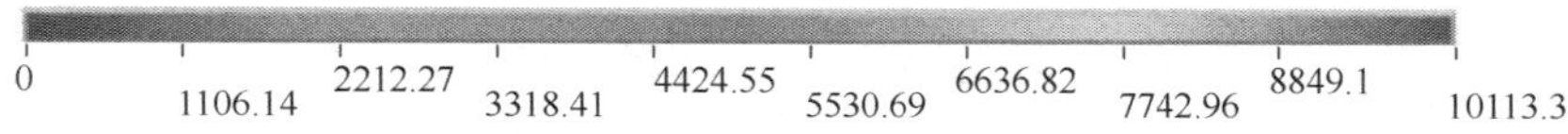

图 1.6.10　电缆的电位分布云图（单位：V）

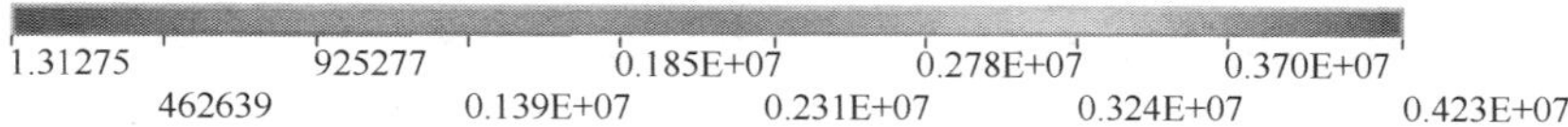

图 1.6.11　电缆的电场强度分布云图（单位：V/m）

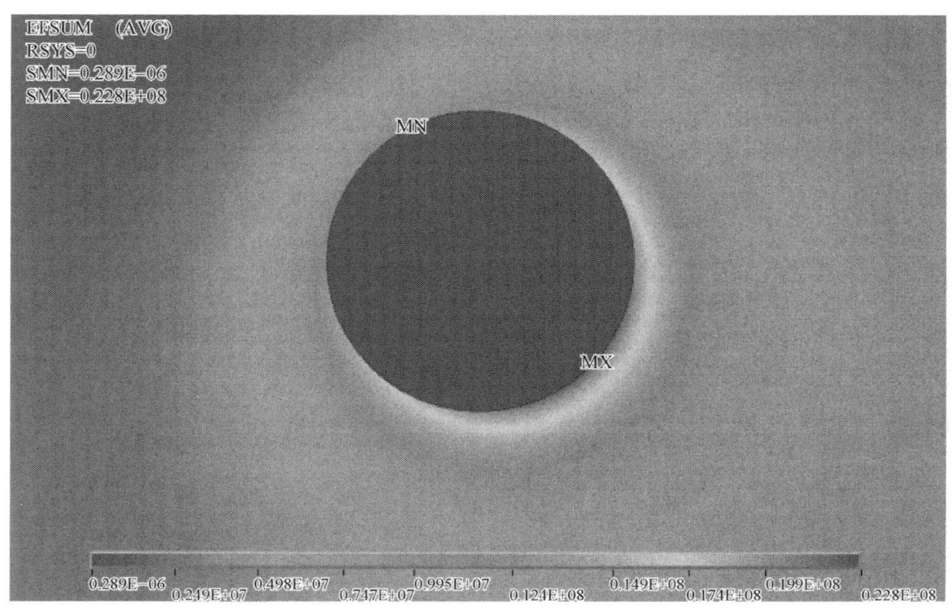

图 1.6.12　杂质颗粒附近的电场强度分布云图（单位：V/m）

XLPE 介电性能优良，在电压作用下其内部的传导电流密度十分微弱，但杂质颗粒的电导率较高，其内部的传导电流密度比周围 XLPE 绝缘介质中的传导电流密度高三个数量级，计算结果如图 1.6.13 所示。虽然杂质颗粒内部的电流密度值相对杂质颗粒外部的绝缘介质来说非常大，但因为杂质颗粒内部电场强度非常小，所以在杂质颗粒内部不会引起杂质的离解。

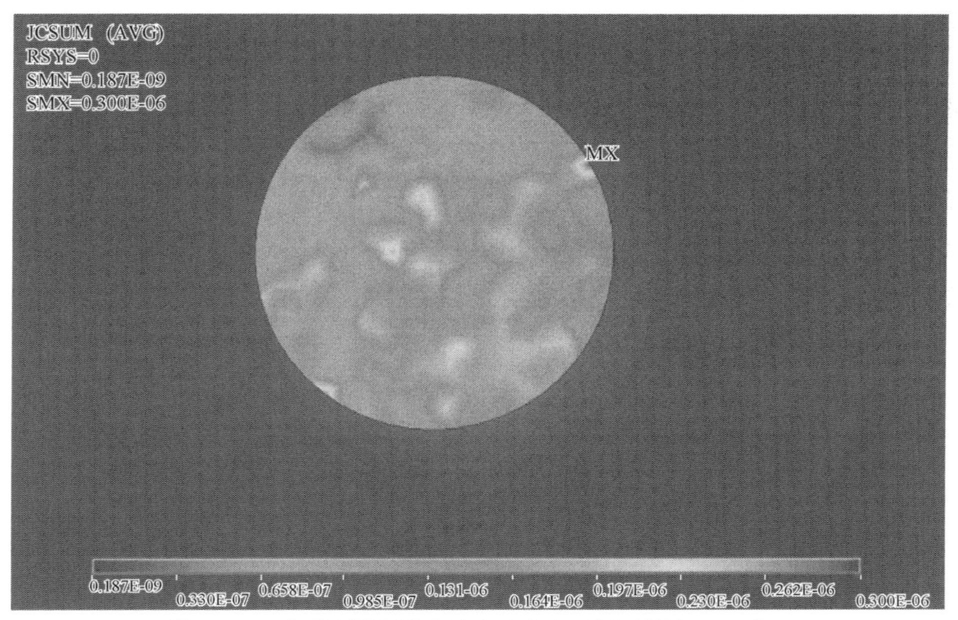

图 1.6.13　杂质颗粒周围电流密度分布云图（单位：A/m^2）

从图 1.6.14 可以看出，杂质颗粒带的正电荷主要分布在杂质颗粒的外表面上，且杂质颗粒靠近高压侧的边缘上聚集的正电荷更多一些，表明对电离起主要作用的还是边界的强电场区域。在靠近高压侧杂质颗粒的边界上，正电荷密度的最大值为 7.93297C/m^3，绝缘介质中负电荷密度的最大值为–0.865727C/m^3。在距离杂质颗粒较远的绝缘介质区域，电荷密度几乎为零。

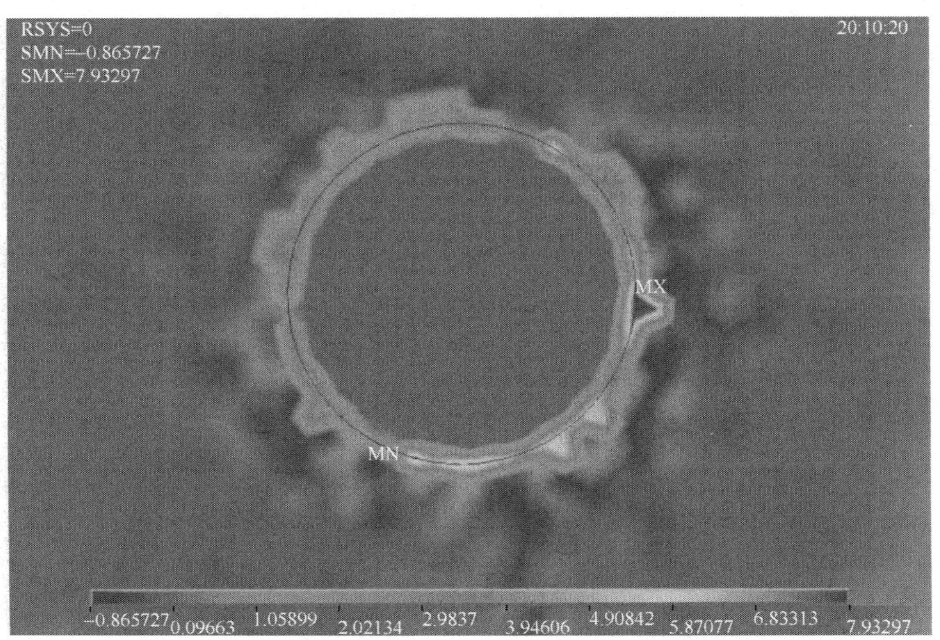

图 1.6.14　杂质颗粒附近的电荷密度分布云图（单位：C/m^3）

由于杂质颗粒对 XLPE 绝缘电缆内部电场强度和电荷的分布有较大的影响，但电缆内部杂质颗粒的种类并不唯一，其粒径大小、在绝缘层中的位置、相对介电常数、电阻率等的不同必然对电缆内部电场强度和电荷的分布有不同的影响。

1）杂质颗粒大小对电荷分布的影响

在上述模型的基础上，将杂质颗粒的半径分别改为 0.2mm、0.3mm 和 0.5mm，探究粒径大小对电场强度和电荷分布的影响。

从图 1.6.15 中可以看出，半径为 0.1mm 的杂质颗粒周围的电荷密度明显大于其他三种粒径杂质颗粒周围的电荷密度值，杂质颗粒一周的电荷均为正电荷，从高压侧到低压侧电荷密度值呈现先下降后上升的趋势，且靠近高压侧的电荷密度值大于靠近低压侧的。半径为 0.2mm 的杂质颗粒周围的电荷密度值大于半径为 0.3mm 的杂质颗粒周围的电荷密度值，它们的分布趋势都是由高压侧到低压侧依次递减，都为正电荷。在低压侧，半径为 0.5mm 的杂质颗粒的电荷密度分布略低于半径为 0.3mm 的杂质颗粒的电荷密度分布，而在高压侧，半径为 0.3mm 的杂质颗粒的电荷密度分布明显高于半径为 0.5mm 的杂质颗粒电荷密度分布。半径为 0.5mm 的杂质颗粒的低压侧电荷密度分布为负值，这是因为杂质颗粒边界低压侧的电场强度方向已经改变，边界两侧的电场强度方向都由杂质颗粒侧指向介质侧。不同大小的杂质颗粒周围的电场强度分布如图 1.6.16 所示，半径为 0.1mm、0.2mm、0.3mm 的杂质颗粒周围的电场强度分布从低压侧到高压侧都是递增的，半径为 0.5mm 的杂质颗粒周围的电场强度从低压侧到高压侧先下降后上升。计算得到半径为 0.1mm、0.2mm、0.3mm、0.5mm 的杂质颗粒表面的电荷量分别为 41.4×10^{-12}C、99.7×10^{-12}C、137.9×10^{-12}C 和 209.5×10^{-12}C，电荷量随半径的增大而增大。

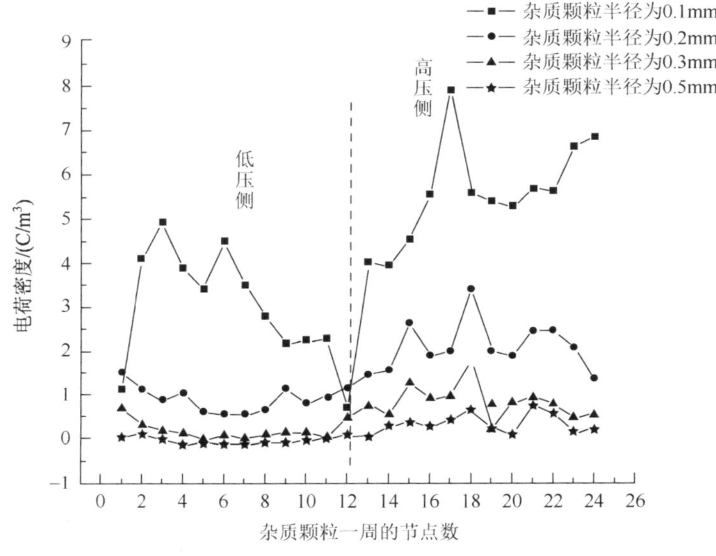

图 1.6.15　不同粒径杂质颗粒周围电荷密度的分布

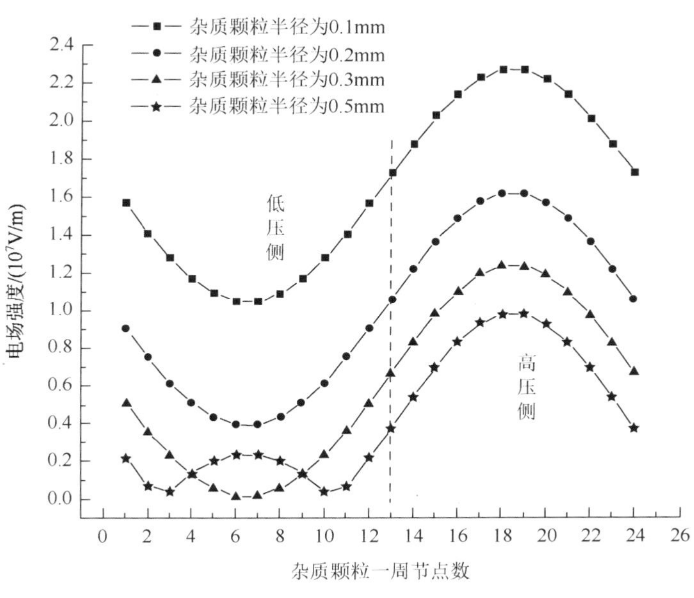

图 1.6.16　不同粒径杂质颗粒周围电场强度的分布

2）杂质颗粒位置对电荷分布的影响

改变半径为 0.1mm 的杂质颗粒在绝缘层中的位置，使其与电缆轴线的距离依次为 $4\sqrt{2}$mm、$5\sqrt{2}$mm、$6\sqrt{2}$mm。从图 1.6.17 中可以看出，随着杂质颗粒到电缆轴线距离的增加，杂质颗粒周围的电荷密度值分布曲线依次降低，距离为$4\sqrt{2}$mm 和$5\sqrt{2}$mm 的两个位置的杂质颗粒周围的电荷分布趋势相近，从高压侧到低压侧电荷密度值都呈现先下降后上升的趋势，只是电荷密度值不同。距离电缆轴线$6\sqrt{2}$mm 的杂质颗粒周围的电荷密度从高压侧到低压侧呈递减的趋势。杂质颗粒越靠近高压侧，受到的电场强度越大，所以其周围聚集的电荷越多。距电缆轴线由近到远的三个位置的杂质颗粒表面的电荷量分别为 50×10^{-12}C、41.4×10^{-12}C、14.4×10^{-12}C。

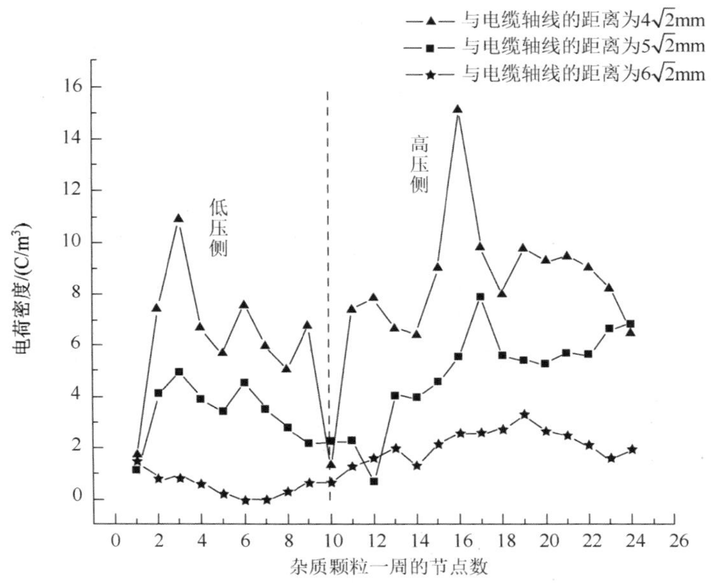

图 1.6.17　不同位置的杂质颗粒周围电荷密度的分布

3）杂质颗粒相对介电常数对电荷分布的影响

改变半径为 0.1mm 的杂质颗粒的相对介电常数，在相同电压条件下，不同相对介电常数的变化对杂质颗粒周围的电荷分布影响不大，如图 1.6.18 所示，电荷密度仍然是从杂质颗粒高压侧到低压侧都呈现先下降后上升的趋势，靠近高压侧的电荷密度值高于靠近低压侧的。其主要原因是电缆绝缘介质中的电场是传导电流场，电场强度由电导率和边界条件决定。

4）杂质颗粒电阻率对电荷分布的影响

为探究电阻率对杂质颗粒周围电荷密度分布的影响，将上述模型中杂质颗粒的电阻率依次改为 0.1Ω·m、10^{-3}Ω·m 和 10^{-5}Ω·m，由图 1.6.19 可知，杂质颗粒电阻率为 0.1Ω·m 时，杂质颗粒周围的电荷密度最大，杂质颗粒电阻率为 10^{-3}Ω·m 和 10^{-5}Ω·m 时，其电荷密度曲线几乎重合，比杂质颗粒电阻率为 0.1Ω·m 时的电荷密度曲线稍低，明显大于杂

质颗粒电阻率为 10Ω·m 时的电荷密度值。电荷密度从杂质颗粒高压侧到低压侧都呈现先下降后上升的趋势，靠近高压侧的电荷密度值高于低压侧的。电阻率为 10Ω·m、0.1Ω·m、10^{-3}Ω·m 和 10^{-5}Ω·m 的杂质颗粒表面的电荷量分别为 41.4×10^{-12}C、106×10^{-12}C、99.4×10^{-12}C 和 99.6×10^{-12}C。随着电阻率的减小，杂质颗粒表面电荷量有趋于饱和的趋势。

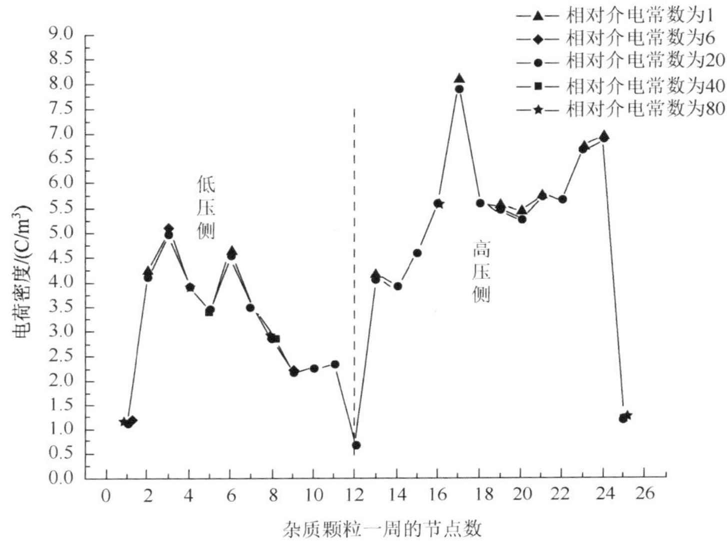

图 1.6.18　不同相对介电常数的杂质颗粒周围电荷密度的分布

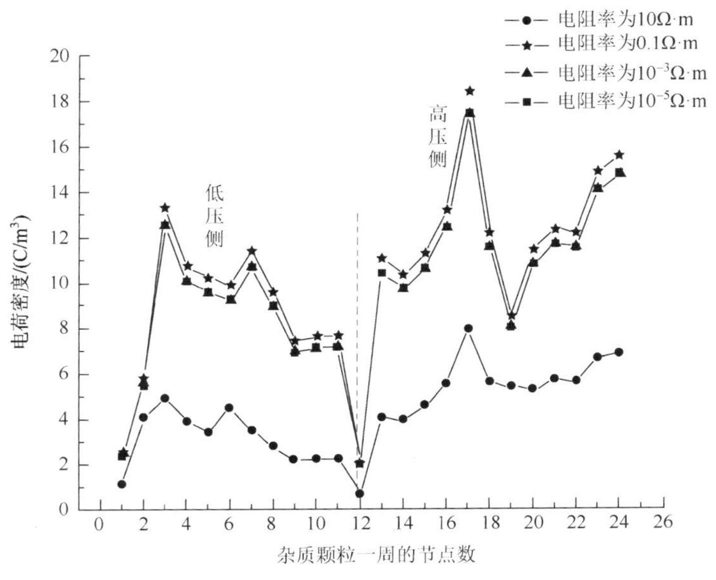

图 1.6.19　不同电阻率的杂质颗粒周围电荷密度的分布

2. 电场和温度梯度场共同作用下杂质颗粒对电荷分布的影响

在本部分依然是选用型号为 YJLV22-8.7/10kV 的单芯 XLPE 绝缘电缆进行建模计算，为了简化模型，仍然是不考虑比较薄的包带层的影响，模型中导体芯的半径为 4.7mm，绝缘层厚度为 4.5mm，护套厚 1.8mm。因为在实际电缆中杂质颗粒非常小，所以在本节第 1 部分的基础上，把杂质颗粒的尺寸进一步缩小，假定位于绝缘层中的杂质颗粒的半径为 50μm，其与电缆轴线的距离仍然为 $5\sqrt{2}$mm。因为要考虑温度梯度的影响，所以在模型高压侧的绝缘介质上施加 10kV 的电压和 90℃的高温，在护套的低压侧施加零电位和 20℃的常温。电缆各部分的电阻率、相对介电常数和热传导系数如表 1.6.3 所示。

表 1.6.3　不同介质的电阻率、相对介电常数和热传导系数

名称	电阻率/ (Ω·m)	相对介电常数	热传导系数/[W/(m·K)]
XLPE	—	2.3	0.3
护套	10^9	6	0.16
杂质颗粒	10^3	7	4

XLPE 的电阻率随温度的升高而减小，具体变化关系参考 Arrhenius-type 关系[10]方程 $\gamma(T) = A\exp\left(-\dfrac{B}{T}\right)$，其中 γ 为材料电导率，T 为热力学温度，A、B 为与材料有关的常数，对于 XLPE 材料分别为 3.707×10^{-5} 、8.650×10^{3} 。

在有限元分析软件中建立上述电缆模型，采用二阶四面体单元进行剖分，经有限元分析计算得到的电缆整体的电位和电场强度分布如图 1.6.20、图 1.6.21 所示。从图中可以看出，电缆中电位分布从高压侧向低压侧依次递减，而电场强度大小在 XLPE 绝缘层中发生反转，即高压、高温侧的电场强度值较小，低压、低温侧的电场强度值较大，从其电场强度矢量图中得知电场强度方向依然是由高压侧指向低压侧。这与大部分文献报道的内容是一致的。杂质颗粒截面处电缆整体的电场强度分布如图 1.6.22 所示，从该图中可以更清晰地看出，在除杂质颗粒之外的绝缘层中，电场强度数值分布发生了反转，但在杂质颗粒附近，其电场强度分布与不考虑温度影响情况下杂质颗粒周围的电场强度分布规律一致。

杂质颗粒截面处局部电场强度分布云图如图 1.6.23 所示，与周围绝缘电介质的电场强度相比，杂质颗粒内部的电场强度非常小。在绝缘介质与杂质颗粒的边界上，电场强度的方向都是从绝缘介质侧指向杂质颗粒内部的，从而表现为杂质颗粒外围的绝缘介质中电场强度大，而杂质颗粒内部电场强度小。在电场的作用下，杂质颗粒与绝缘介质接触的边界层附近会发生电离过程，负的带电粒子离开杂质颗粒注入靠近杂质颗粒周围绝缘介质的内部，从而使杂质颗粒带正电荷。杂质颗粒边界最大电场强度出现在杂质颗粒靠近高压侧的边缘上，其值为1.69×10^{7} V/m，电场强度最小值出现杂质颗粒靠近低压侧的边缘上。

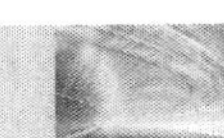

VOLT (AVG)
RSYS = 0
SMX = 10099.3

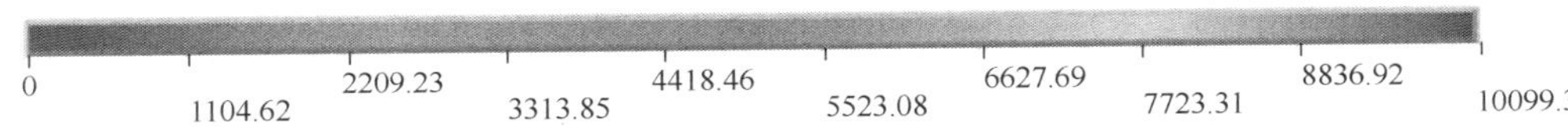

图 1.6.20　考虑温度梯度场下电缆电位分布云图（单位：V）

EFSUM (AVG)
RSYS=0
SMN=0.236843
SMX=0.452E+07

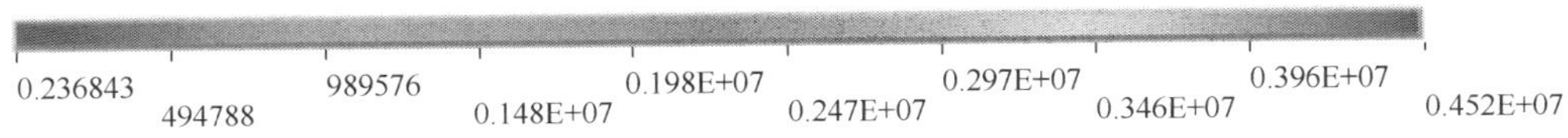

图 1.6.21　考虑温度梯度场下电缆电场强度分布云图（单位：V/m）

图 1.6.22　杂质颗粒截面处电缆整体电场强度分布云图（单位：V/m）

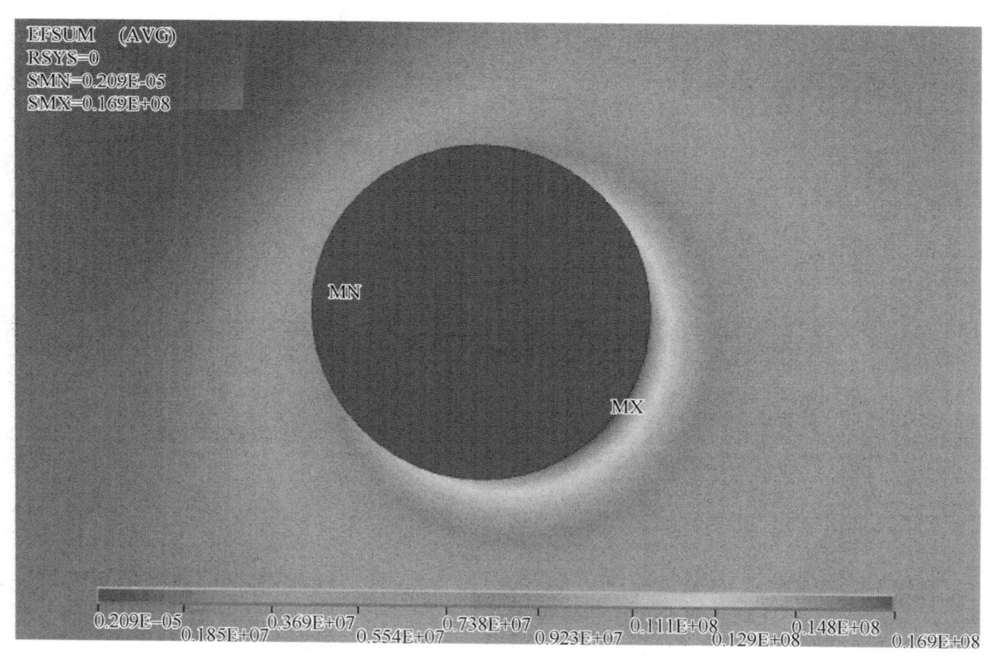

图 1.6.23　杂质颗粒截面处局部电场强度分布云图（单位：V/m）

XLPE 介电性能优良，在电压作用下其内部的传导电流十分微弱，但杂质颗粒电导率较高，其内部的传导电流密度比周围XLPE绝缘介质中的传导电流密度高三个数量级，计算结果如图 1.6.24 所示。由于杂质颗粒内部电场强度较小，在其内部不会引起电离。

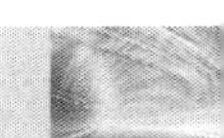

从图 1.6.25 中可以看出，杂质颗粒带的正电荷主要分布在杂质颗粒的表面上，表明对电离起主要作用的还是边界的强电场区域。在靠近高压侧杂质颗粒的边界上，正电荷密度的最大值为 15.0701C/m^3，绝缘介质侧负电荷密度的最大值为–1.75739C/m^3。距离杂质颗粒较远的绝缘介质区域，电荷密度几乎为零。

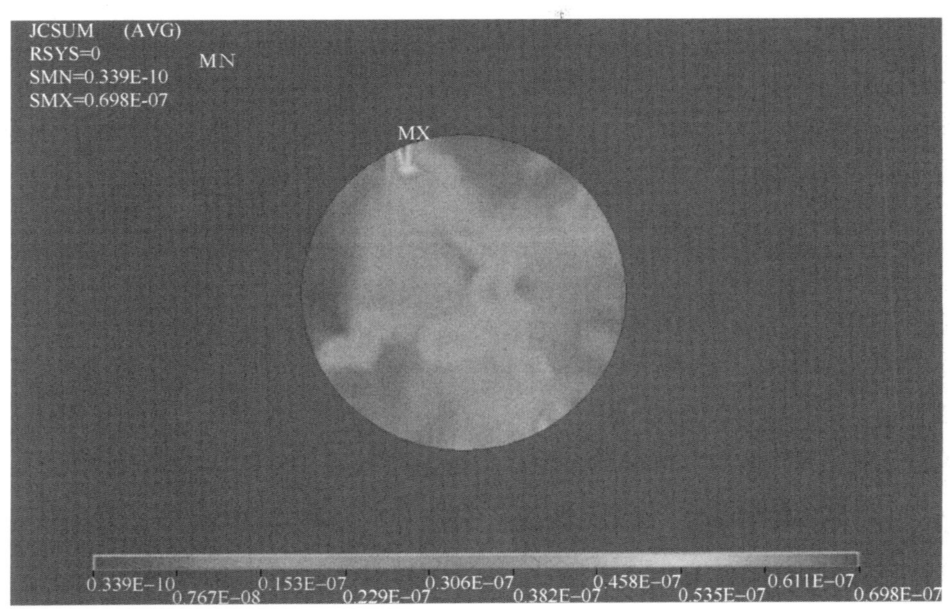

图 1.6.24　温度梯度场下杂质颗粒周围电流密度分布云图（单位：A/m^2）

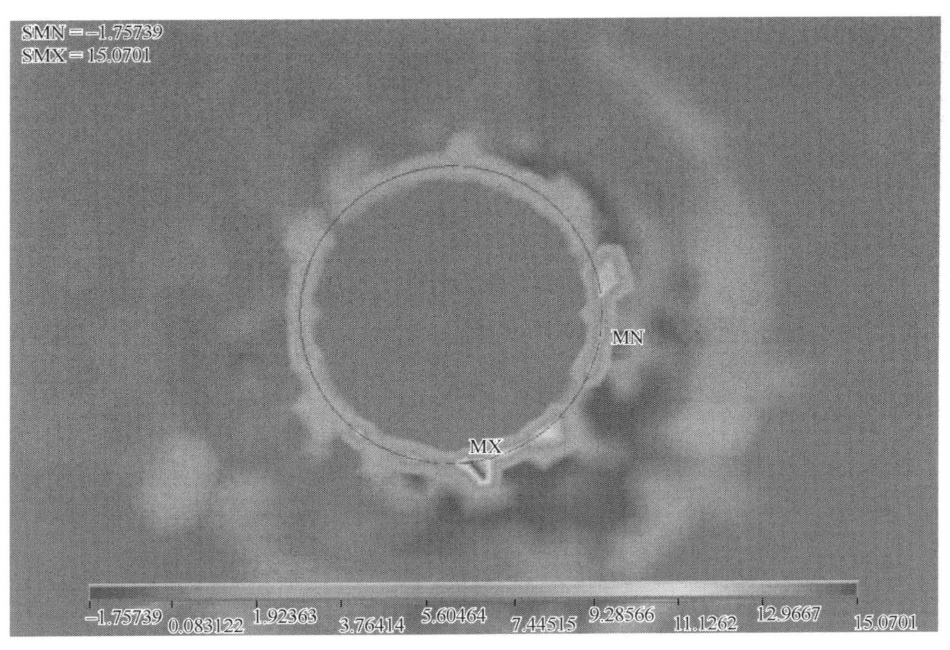

图 1.6.25　温度梯度场下杂质颗粒附近的电荷密度分布云图（单位：C/m^3）

由于温度梯度下杂质颗粒对XLPE绝缘电缆内部电场强度和电荷的分布有较大的影响，其粒径大小、在绝缘层中的位置、相对介电常数、电阻率等必然对电缆内部电场强度和电荷分布有不同的影响。

1）杂质颗粒大小对电荷分布的影响

在上述模型的基础上，将杂质颗粒的半径分别改为 30μm、70μm 和 100μm，探究粒径大小对电场强度和电荷分布的影响。从图 1.6.26 中可以看出，半径为 30μm 的杂质颗粒周围电荷密度远大于其他三种粒径杂质颗粒周围的电荷密度值，电荷密度分布由高压侧向低压侧递减。半径为 50μm 的杂质颗粒周围的电荷密度值大于半径为 70μm 和 100μm 的杂质颗粒周围的电荷密度值，电荷密度分布趋势也是由高压侧向低压侧递减。半径为 70μm 和 100μm 的杂质颗粒周围的电荷密度值比较接近，稍有不同的是半径为 100μm 的杂质颗粒低压侧的电荷密度分布为负值，这是因为杂质颗粒低压侧边界的电场强度方向已经改变，边界两侧的电场强度方向都由杂质侧指向介质侧。

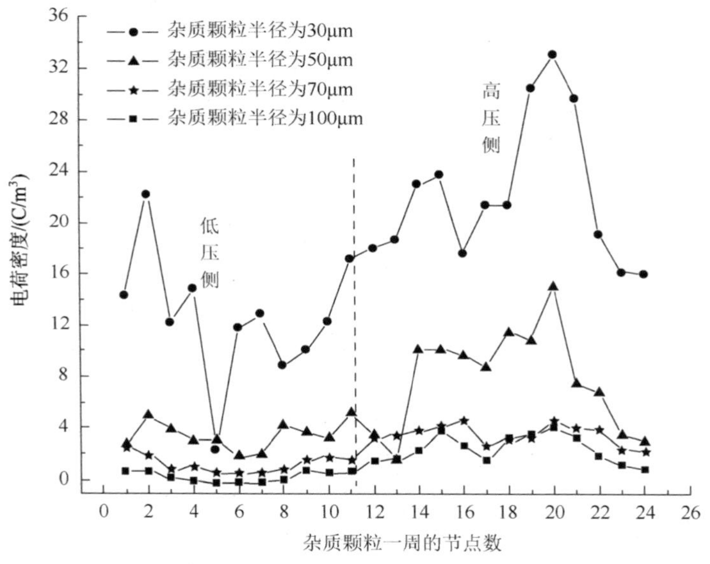

图 1.6.26 温度梯度场下不同粒径的杂质颗粒周围电荷密度的分布

不同粒径的杂质颗粒周围的电场强度如图 1.6.27 所示，半径为 30μm、50μm、70μm 的杂质颗粒周围的电场强度分布都是从低压侧到高压侧递增，而半径为 100μm 的杂质颗粒周围的电场强度从低压侧到高压侧先下降后上升。计算得到半径为 30μm、50μm、70μm、100μm 的杂质颗粒表面的电荷量分别为 4.35×10^{-12}C、6.97×10^{-12}C、8.39×10^{-12}C 和 11.72×10^{-12}C，电荷量随半径的增大而增大。

2）杂质颗粒位置对电荷分布的影响

改变半径为 50μm 的杂质颗粒在绝缘层中的位置，使其与电缆轴线的距离依次为 $4\sqrt{2}$ mm、$5\sqrt{2}$ mm、$6\sqrt{2}$ mm。从图 1.6.28 中可以看出三种位置的杂质颗粒周围的电荷密度值都是由高压侧向低压侧递减，其中距离电缆轴线 $6\sqrt{2}$ mm 的杂质颗粒在高压侧的电荷密度值最大，在低压侧的电荷密度值最小，且在低压侧出现了负电荷，距离电缆轴线 $5\sqrt{2}$ mm 的杂质颗粒周围的电荷密度值均大于距离电缆轴线 $4\sqrt{2}$ mm 的杂质颗粒周围的电荷密度值。由于在温度梯度下，XLPE 中电场强度数值发生反转，高温、高压侧的电场强度较小，低温、低压侧的电场强度较大，杂质颗粒周围电场强度方向由绝缘层指向杂质颗粒内部。

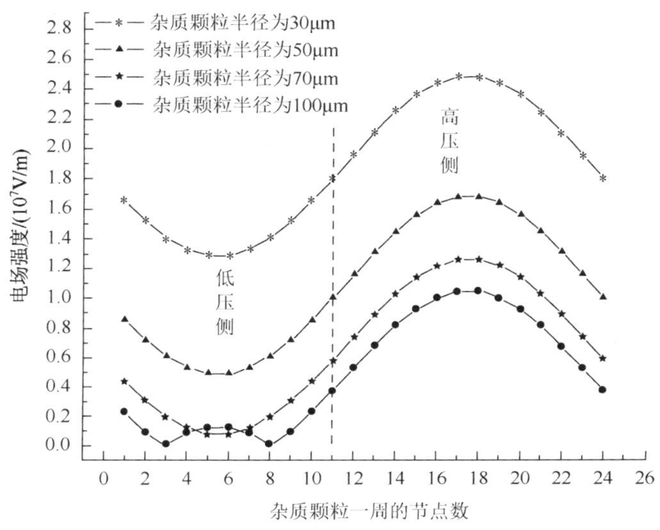

图 1.6.27　温度梯度场下不同粒径的杂质颗粒周围电场强度的分布

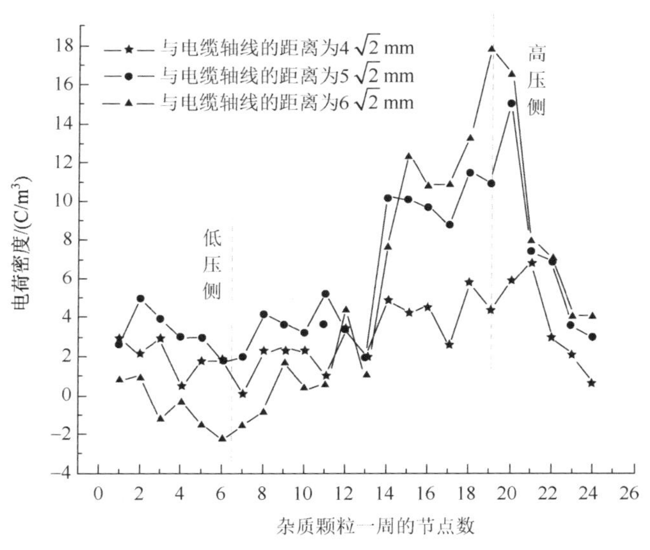

图 1.6.28　温度梯度场下不同位置的杂质颗粒周围电荷密度的分布

从图 1.6.29 中电场强度分布来看，距离电缆轴线 $6\sqrt{2}$ mm 的杂质颗粒高压侧电场强度最大，低压侧电场强度发生反向，即由杂质颗粒内部指向绝缘层，这就是该位置的杂质颗粒在低压侧出现了负电荷的原因。距离电缆轴线 $4\sqrt{2}$ mm 的杂质颗粒周围的电场强度分布较平缓，其值小于距离电缆轴线 $5\sqrt{2}$ mm 的杂质颗粒周围的电场强度值，两者都是由低压侧到高压侧呈递增的趋势。距电缆轴线由近到远的三个位置的杂质颗粒表面的电荷量分别为 3.66×10^{-12}C、6.97×10^{-12}C、5.29×10^{-12}C，其中较远处杂质颗粒虽然高压侧电场强度较大，但由于其低压侧表面出现了负电荷，总的电荷量较中间位置杂质颗粒的电荷量有所下降。

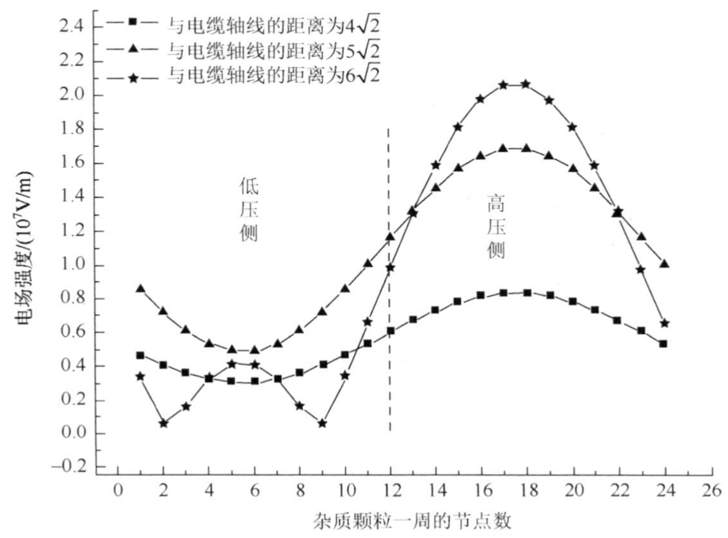

图 1.6.29　不同位置的杂质颗粒周围电场强度的分布

3）杂质颗粒相对介电常数对电荷分布的影响

改变半径为 50μm 的杂质颗粒的相对介电常数，在相同电压条件下，不同相对介电常数对杂质颗粒周围的电荷分布影响不大，如图 1.6.30 所示，各种相对介电常数的杂质颗粒周围的电荷密度分布趋势一致，均为由高压侧向低压侧递减。

4）杂质颗粒电阻率对电荷分布的影响

为探究电阻率对杂质颗粒周围电荷密度分布的影响，将上述模型中杂质颗粒的电阻率依次改为 $10^5\Omega\cdot$m、$10\Omega\cdot$m、$0.1\Omega\cdot$m、$10^{-3}\Omega\cdot$m 和 $10^{-5}\Omega\cdot$m，由图 1.6.31 可知，杂质颗粒电阻率为 $0.1\Omega\cdot$m 时，杂质颗粒的电荷密度最大，杂质颗粒电阻率为 $10^{-3}\Omega\cdot$m 和 $10^{-5}\Omega\cdot$m 时，其周围的电荷密度相差不大，曲线几乎重合，数值略小于杂质颗粒电阻率为 $0.1\Omega\cdot$m 时的电荷密度值，明显大于杂质颗粒电阻率为 $10\Omega\cdot$m、$10^3\Omega\cdot$m 和 $10^5\Omega\cdot$m 时的电荷密度值。它们的分布趋势都是由高压侧向低压侧递减。电阻率为 $10^5\Omega\cdot$m、$10^3\Omega\cdot$m、$10\Omega\cdot$m、$0.1\Omega\cdot$m、$10^{-3}\Omega\cdot$m 和 $10^{-5}\Omega\cdot$m 的杂质颗粒表面的电荷量分别为 0.24×10^{-12}C、6.97×10^{-12}C、51.24×10^{-12}C、104.69×10^{-12}C、99.38×10^{-12}C 和 99.54×10^{-12}C。随着电阻率的减小，杂质颗粒表面的电荷量有趋于饱和的趋势。

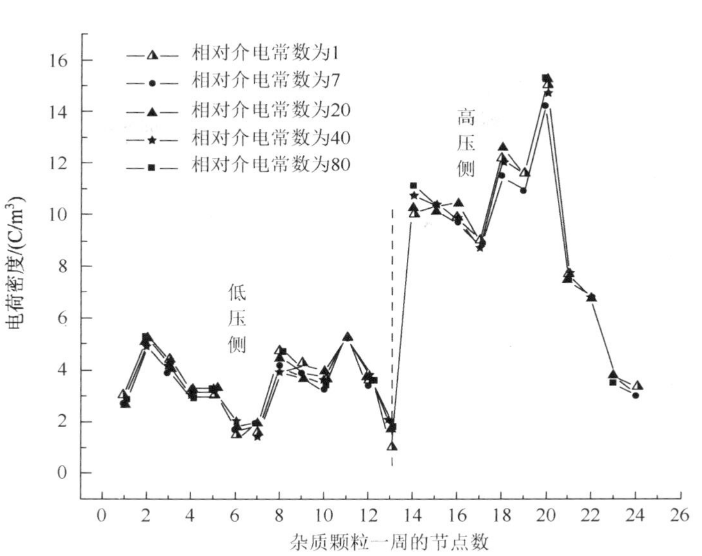

图 1.6.30　温度梯度场下不同相对介电常数的杂质颗粒周围电荷密度的分布

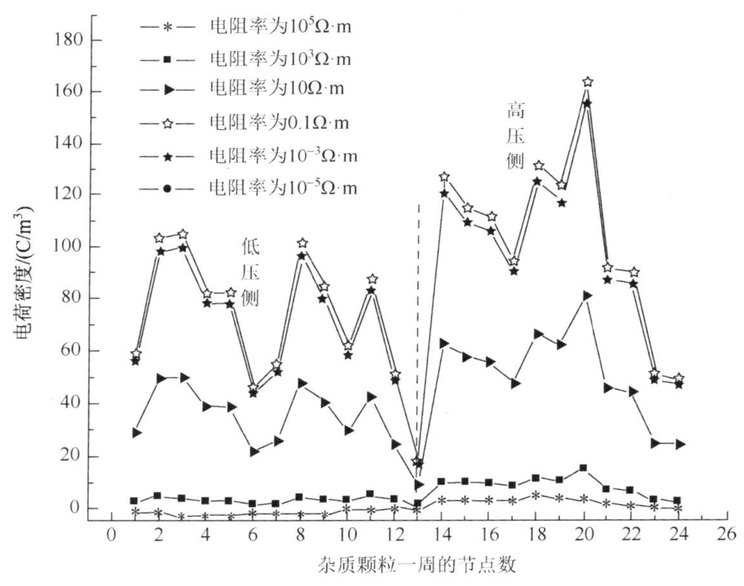

图 1.6.31　温度梯度场下不同电阻率的杂质颗粒周围电荷密度的分布

1.6.4　电树枝缺陷下 XLPE 绝缘电缆电场和空间电荷计算

电树枝按树枝的形状可分为枝状、密状（混合状）和丛状，根据电树枝的通道特性又可分为非导电型电树枝和导电型电树枝。导电型电树枝的通道内由于有导电性碳化物质的存在，其材料薄片试样在反射光下观察时呈黑色；非导电型电树枝通道由于没有或者仅有少量的导电性物质，其材料薄片试样在反射光下呈白色。

在电压作用下，绝缘介质中电树枝的引发位置在电极之前几微米的范围内，电树枝的树枝直径约为0.1μm，电树枝在刚引发时是检测不到的，当在电压作用下慢慢生长，长度大约达到10μm时，才能够检测到0.05×10^{-12}～0.1×10^{-12}C的局部放电脉冲，同时能够观测到比电树枝引发前的电致发光现象更强烈的局部放电发光现象。

由于XLPE绝缘电缆应用广泛，其绝缘材料的老化、击穿与内部电荷的累积有密切联系。选用型号为YJLV22-8.7/10kV的单芯XLPE绝缘电缆进行建模计算，因为包带层非常薄，所以在建模时忽略包带层，只考虑绝缘层和护套，其中导体芯的半径为4.7mm，绝缘层厚度为4.5mm，护套厚1.8mm。由于实际电缆中电树枝的形状复杂多变，研究电树枝对XLPE绝缘电缆内部电场强度和电荷分布的影响时取枝状电树枝进行建模并对模型进行简化处理，假定位于绝缘层的电树枝的主干长度为1.5mm，两侧各有两个分支，电树枝宽度为10μm，与导体芯的距离为0.3mm。电缆各部分的电阻率和相对介电常数见表1.6.4。

表1.6.4　不同介质的电阻率和相对介电常数

名称	电阻率/(Ω·m)	相对介电常数
XLPE	10^{15}	2.25
护套	10^{9}	6
电树枝	10^{4}	1

在有限元分析软件中建立电缆模型，由于电树枝宽度很窄，为了便于剖分，建模时的单位为0.1μm，在靠近导体芯一侧的绝缘层上加10kV的电压，在电缆护套外侧施加零电位，采用二阶四面体单元剖分的有限元方法进行计算，计算后得到电树枝附近的电场强度和电荷密度分布，如图1.6.32、图1.6.33所示。从图1.6.32中可以看出，在电树枝的首端和末端电场强度较大，电树枝内部与外部绝缘介质中的电场强度相差不大，其中电场强度的最大值出现在电树枝的始端（图1.6.32中①号位置），其值为1.32883×10^{8} V/m，其他分支末端的电场强度值均大于周围绝缘介质内的电场强度值。电荷密度的最大值和电场强度的最大值出现在同一个位置，其值为$4.9121\times10^{5}\text{C}/\mu\text{m}^{3}$。在树枝的末端，电荷密度值大部分都为负值，其负电荷的最大值为$-6.37167\times10^{5}\text{C}/\mu\text{m}^{3}$。

1. 电树枝长度对电场和电荷分布的影响

在上述模型的基础上，将电树枝的主干长度分别改为1.7mm、2.0mm和2.5mm，探究不同长度的电树枝对电场强度和电荷密度分布的影响。从图1.6.34中可以看出，在电树枝主干长度为1.5mm时，①号位置处的电场强度值最大，随着电树枝主干长度的增长，①和④号位置处的电场强度都呈上升趋势，且④号位置处的电场强度值上升速度更快，大概在电树枝主干长度大于 2.0mm 后，④号位置处的电场强度大于①号位置处的电场强度。图 1.6.34 中②和⑥号位置的电场强度分布比较接近，而③和⑤号位置处的电场强度分布比较接近。从图 1.6.35 中可以看出，①号位置处的电荷密度明显大于其他位置处的电荷密度值，不同长度电树枝在②和⑥号位置处的电荷密度值比较接近，③和⑤号位置处的电荷密度值比较接近，④号位置处电荷密度值均小于上述几个位置处的电荷密度值。

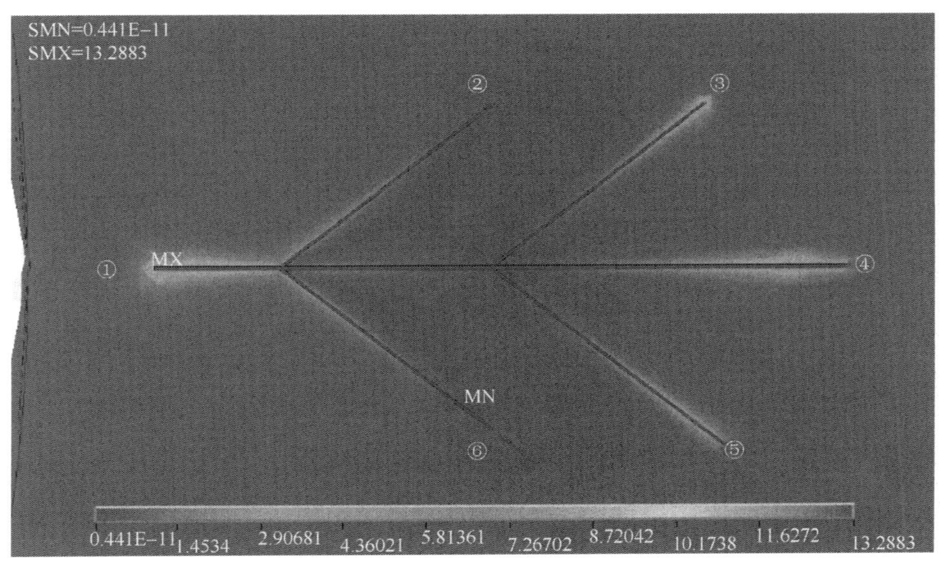

图 1.6.32　电树枝附近电场强度分布云图（单位：10^7V/m）

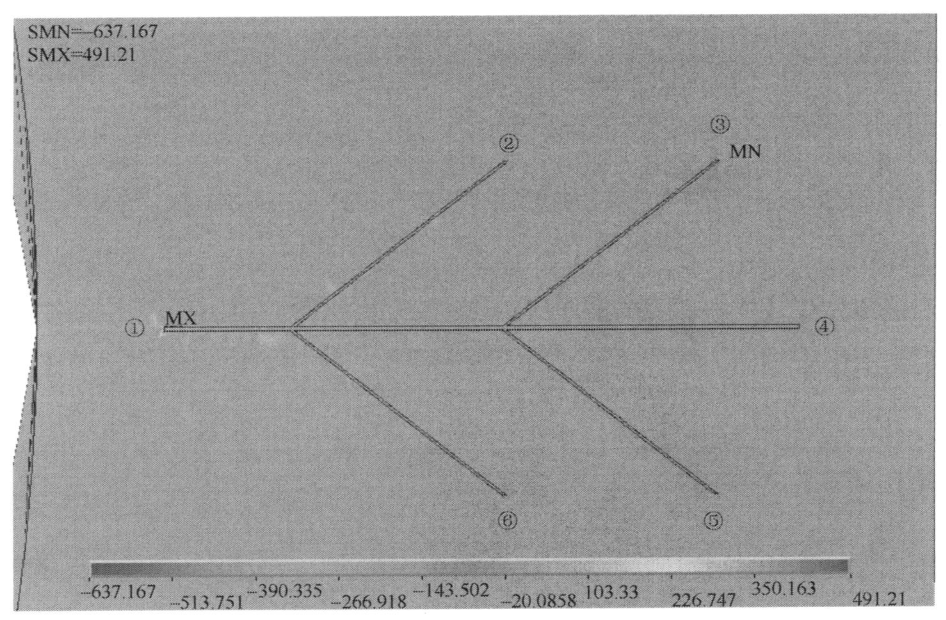

图 1.6.33　电树枝附近电荷密度分布云图（单位：10^3 C/μm^3）

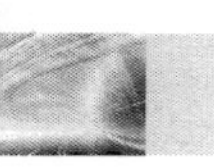

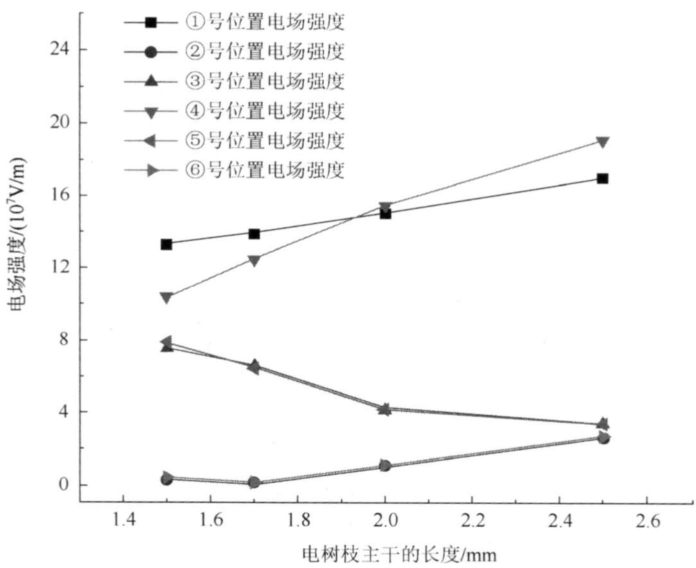

图 1.6.34　不同长度的电树枝的电场强度分布

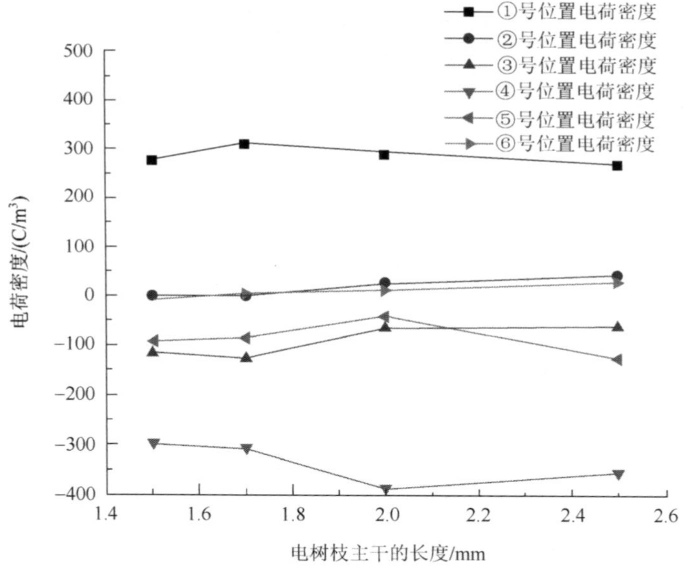

图 1.6.35　不同长度的电树枝的电荷密度分布

2. 电树枝位置对电场和电荷分布的影响

将电树枝的位置由原来的距介质高压侧边缘 0.3mm 分别改为距介质高压侧边缘 1.0mm 和 2.5mm，探究不同位置下的电树枝对电场强度和电荷密度分布的影响。从图 1.6.36 中可以看出，随着电树枝与介质高压侧边缘之间距离的增大，各个位置处的电场强度均呈现出下降的趋势。不管在哪种位置下，电场强度的分布都是电树枝主干上的①号位置处的电场强度明显大于其他位置处的电场强度值，电树枝主干上的④号位置处的电场强度小于①号位置处的电场强度，但还是明显大于其他位置处的电场强度值，在剩余四个位置中，电树枝两侧的分支末端的电场强度值都比较接近，即②和⑥号位置处的电场强度值比较接近，③和⑤号位置处的电场强度值比较接近。从图 1.6.37 可以看出，电树枝主干上的①号位置处的电荷密度值明显大于其他位置处的电荷密度值，②和⑥号位置处的电荷密度值比较接近，③和⑤号位置处的电荷密度分布趋势比较接近，④号位置处的电荷密度最小。

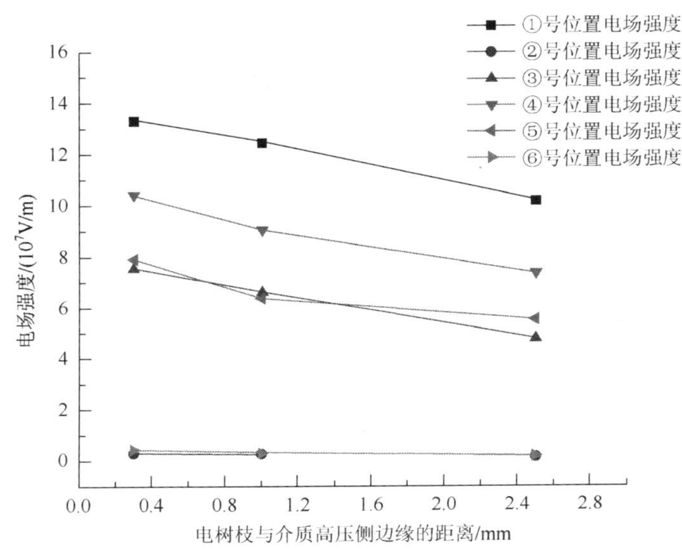

图 1.6.36　不同位置电树枝的电场强度分布

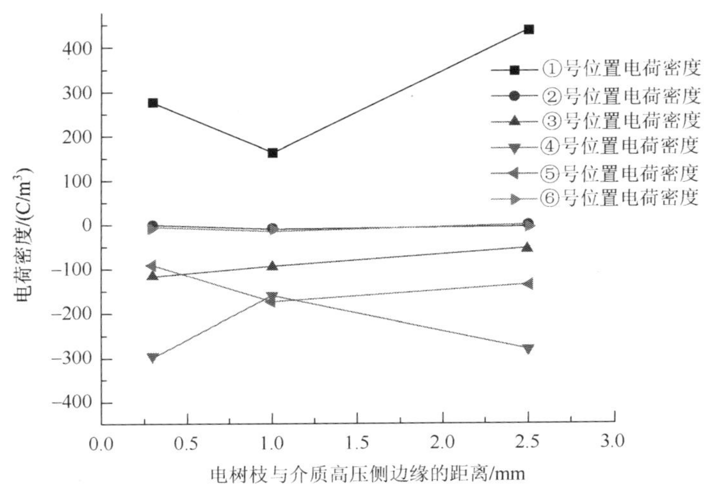

图 1.6.37　不同位置电树枝的电荷密度分布

3. 电树枝电阻率对电场和电荷分布的影响

将距离介质高压侧边缘 1.0mm，长度为 1.5mm 的电树枝的电阻率依次改为 $10^{-2}\Omega\cdot m$、$10\Omega\cdot m$、$10^{7}\Omega\cdot m$，探究电树枝的电阻率对电场强度和电荷密度分布的影响。图 1.6.38、图 1.6.39 中的横坐标 1、2、3、4 依次代表电树枝电阻率为 $10^{-2}\Omega\cdot m$、$10\Omega\cdot m$、$10^{4}\Omega\cdot m$、$10^{7}\Omega\cdot m$ 的情况。

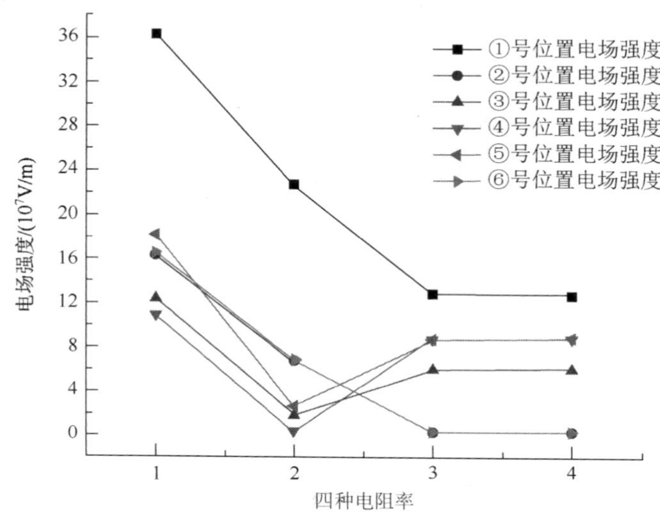

图 1.6.38　不同电阻率的电树枝电场强度分布

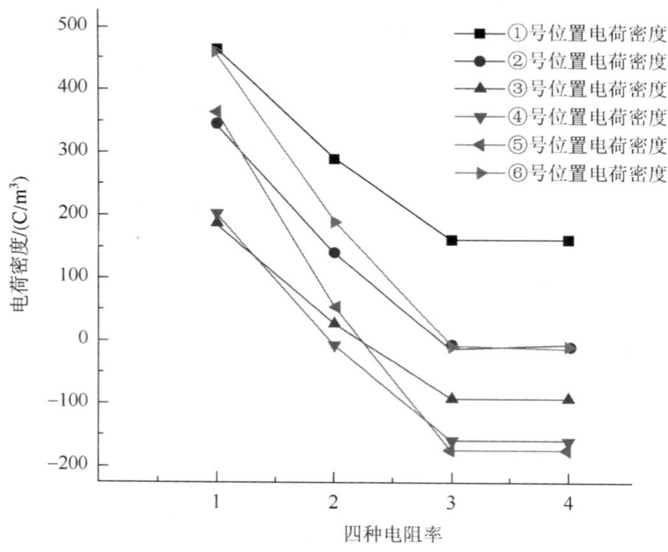

图 1.6.39　不同电阻率的电树枝电荷密度分布

从图 1.6.38 中可以看出，在四种电阻率情况下，均是电树枝的①号位置处的电场强度值最大，且在电树枝电阻率为 $10^{-2}\Omega\cdot m$ 、$10\Omega\cdot m$ 时，①号位置处的电场强度值远大于其他位置处的电场强度值。图 1.6.38 中②和⑥号位置处的电场强度非常接近，两条曲线几乎重合，③、④和⑤号位置的电场强度值比较接近。电树枝电阻率为 $10^4\Omega\cdot m$ 、$10^7\Omega\cdot m$ 时，各个位置处的电场强度都非常接近，表明随着电树枝电阻率的增大，各位置处的电场强度趋于稳定。从图 1.6.39 可以看出，在不同电阻率下，均是①号位置处的电荷密度值最大，随着电树枝电阻率的增加，各位置处的电荷密度下降并趋于稳定。

4. 温度梯度场对电树枝电场和电荷分布的影响

在前面模型的基础上，高压侧加 90℃的高温，低压侧加 20℃的常温，电缆各部分的电阻率、相对介电常数和热传导系数见表 1.6.5。

表 1.6.5 不同介质的电阻率、相对介电常数和热传导系数

名称	电阻率/(Ω·m)	相对介电常数	热传导系数/[W/(m·K)]
XLPE	—	2.3	0.3
护套	10^9	6	0.16
电树枝	10^4	1	0.028

电树枝附近的电场强度和电荷密度分布分别如图 1.6.40、图 1.6.41 所示，从图中可以看出，在电树枝的首端和末端电场强度值较大，而电树枝内部的电场强度值较小，且与周围绝缘介质的电场强度值相差并不明显。与不考虑温度梯度影响时的电场强度相比，温度梯度下的电场强度最大值不出现在电树枝主干的首端（图 1.6.40 中①号位置），而是出现在电树枝主干的末端（图 1.6.40 中④号位置），其值为 7.33018×10^7 V/m 。电荷密度的最大值仍出现在电树枝主干的①号位置，其值为 9.11273×10^4 C/μm^3 。在电树枝的末端，电荷密度值大部分都为负值，其中负电荷密度的最大值为 -6.47959×10^5 C/μm^3 。

由于温度梯度对电缆内部电场强度和电荷密度分布有较大影响，不同温度梯度下电缆内电场强度的分布必然不同。下面研究不同温度梯度下，电树枝对电缆内部电场强度和电荷密度分布的影响。

将高压侧温度分别改为 40℃和 60℃，低压侧的温度保持不变，探究不同温度梯度下电树枝对电场强度和电荷密度分布的影响。

从图 1.6.42 中可以看出，随着高压侧温度的升高，除②和⑥号位置处的电场强度有略微增加外，其他位置处的电场强度均呈下降的趋势。图 1.6.42 中③和⑤号位置处的电场强度比较接近，其值明显大于电场强度值比较接近的②和⑥号位置处的电场强度值。在 60℃、90℃温度下电树枝主干上的④号位置处的电场强度值均大于其他位置处的电场强度值，这是由于在温度梯度下，绝缘介质中的电场强度发生了反转。在高压侧温度为 90℃时，③和⑤号位置处的电场强度值略大于①号位置处的电场强度值。在高压侧温度为 40℃时，①号位置的电场强度大于④号位置，由于绝缘层两侧温差不大，对电场强度起主导作用的还是两侧的电压。从图 1.6.43 中可以看出，高压侧温度为 40℃时，各个位置处的电荷密度值相差较大，高压侧温度为 90℃时，各个位置处的电荷密度值的差距减小，随着温度的升高，①号位置处的电荷密度呈下降趋势，其余五个位置处电荷密度呈略微上升趋势，其中②和⑥号位置的电荷密度趋势非常接近，随着温度的上升，各位置处的电荷密度值的差距减小。

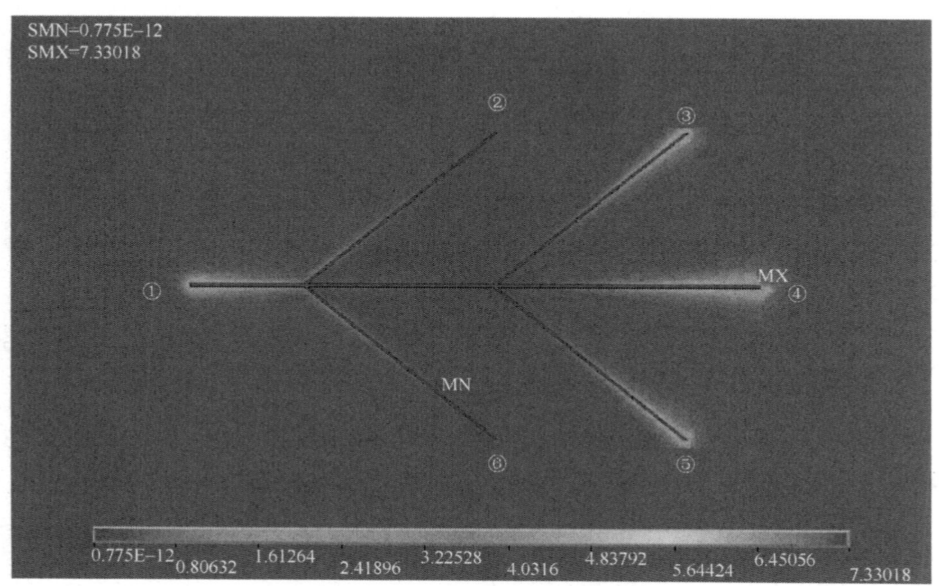

图 1.6.40　温度梯度场下电树枝附近电场强度分布云图（单位：10^7V/m）

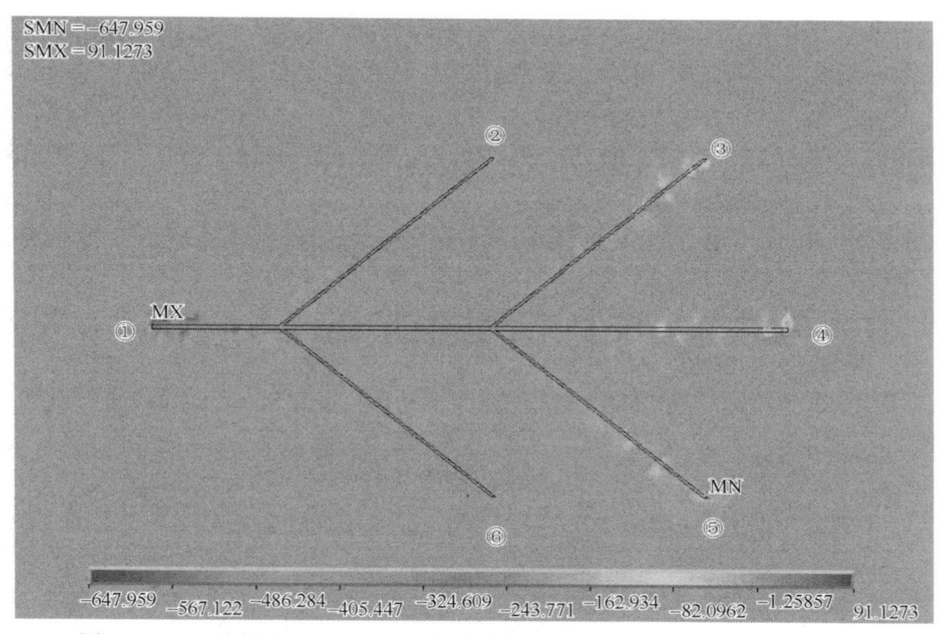

图 1.6.41　温度梯度场下电树枝附近电荷密度分布云图（单位：10^3 C/μm^3）

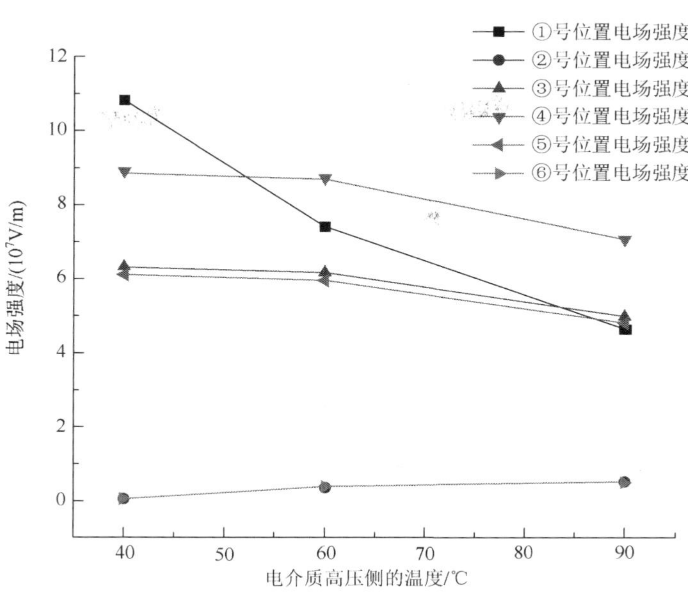

图 1.6.42　不同温度梯度下电树枝的电场强度分布

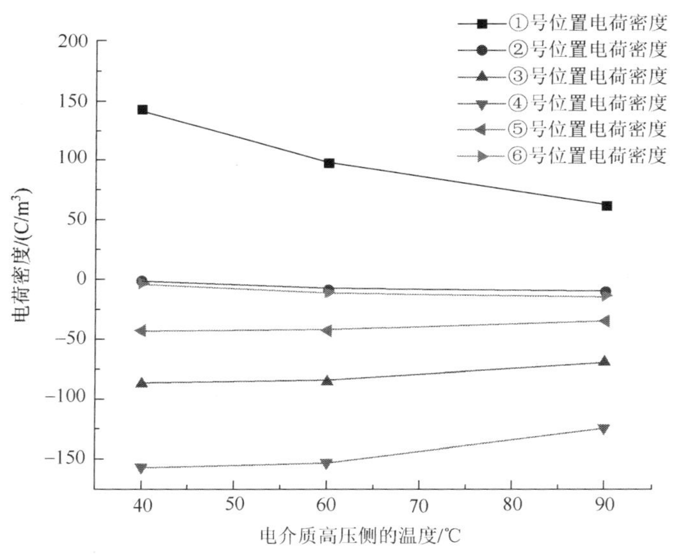

图 1.6.43　不同温度梯度下电树枝的电荷密度分布

第2章

绝缘计算的边界元方法

边界元方法是把边值问题等价地转化为边界积分方程问题，然后利用边界单元离散技术所构造的一种方法，其主要特点是：①降低问题求解的空间维数。边界元方法将给定空间区域的边值问题通过包围区域边界面上的边界积分方程来表示，从而降低了问题求解的空间维数。也就是说，三维问题可以利用边界表面积分降维为二维问题；而二维问题则利用边界的线积分降维为一维问题。因此，边界元离散仅对应于二维曲面或一维曲线，使方法的构造大为简化。②求解问题的自由度降低。边界元方法的待求量将仅限于边界节点，这不仅简化了问题的前处理过程，而且降低了待求离散方程组的阶数。③易于处理开域问题。边界元方法只对有限场域或无限场域的有限边界进行离散化处理并求解，故特别适合求解开域问题。

虽然边界元方法具有以上优点，但边界元方法也有其缺点。第一，边界元方法在形成系数矩阵时，存在奇异积分和接近奇异积分，如果对其处理不当，将严重影响最后结果的计算精度。第二，边界元方法中形成的系数矩阵为稠密矩阵，因为所有的源单元都对每一个场单元产生作用。在存储系数矩阵时，边界元方法要占用更多的内存，这是限制边界元方法求解自由度的主要原因。

本章的边界元计算步骤是，首先利用有限元软件 ANSYS 建模剖分，导出模型的节点和单元文件，然后导入作者编写的边界元程序进行计算，最后将边界元计算结果导入 ANSYS 剖分模型进行边界元计算结果显示。

2.1 边界元方法基本原理

边界元方法是求解边值问题的积分方法，把对整个问题的求解分成两步进行。首先根据边界条件计算边界上的未知量，然后利用求出的边界面上的值计算区域内部的未知量。边界元方法可分为直接边界元方法（direct boundary element method，DBEM）和间接边界元方法（indirect boundary element method，IBEM），两者既有区别又有联系。场域内含有介质和悬浮导体时，直接边界元和间接边界元的处理方法是不一样的，分别论述如下。

2.1.1 直接边界元基本原理

1. 直接边界元方程

设空间区域 V 的边界由曲面 S_1 和 S_2 组成，区域内的电荷体密度为 $\rho(\boldsymbol{r}')$。分别用 $\boldsymbol{r}$ 和 $\boldsymbol{r}'$ 表示场点和源点，$\boldsymbol{R}=\boldsymbol{r}-\boldsymbol{r}'$。当给出边界条件和区域内电荷分布时，求解区域内及边界上的电位和电场强度分布可表示为下面的边值问题[11-12]：

$$\begin{cases}\nabla^2\phi=-\dfrac{\rho}{\varepsilon}\\ \phi=\phi_0, & \phi\in S_1\\ -\dfrac{\partial\phi}{\partial\boldsymbol{n}}=E_0, & \phi\in S_2\end{cases} \tag{2.1.1}$$

式中：这里令 ϕ 为电位；ε 为区域内介质的介电常数；$\boldsymbol{n}$ 为边界的外法线方向；ϕ_0 为边界 S_1 上的电位；E_0 为边界 S_2 上的法向电场强度。

利用标量的格林第二恒等式，式（2.1.1）表示的微分方程可以转化为积分方程。标量的格林第二恒等式为

$$\iiint_V\left(\phi\nabla^2\psi-\psi\nabla^2\phi\right)\mathrm{d}V=\oint\!\!\!\oint_S\left(\phi\frac{\partial\psi}{\partial\boldsymbol{n}}-\psi\frac{\partial\phi}{\partial\boldsymbol{n}}\right)\mathrm{d}S \tag{2.1.2}$$

式中：ϕ、ψ 为任意标量函数。令 $\psi=1/R$，R 为距离矢量 $\boldsymbol{R}$ 的模，当场点在区域的内部时，

$$\nabla^2\psi=\nabla^2\left(\frac{1}{R}\right)=-4\pi\delta(R) \tag{2.1.3}$$

将式（2.1.1）和式（2.1.3）代入式（2.1.2）得

$$\phi(\boldsymbol{r})=\frac{1}{4\pi\varepsilon}\iiint_V\frac{\rho(\boldsymbol{r}')}{R}\mathrm{d}V+\frac{1}{4\pi}\oint\!\!\!\oint_S\left[\frac{1}{R}\frac{\partial\phi}{\partial\boldsymbol{n}}-\phi\frac{\partial}{\partial\boldsymbol{n}}\left(\frac{1}{R}\right)\right]\mathrm{d}S \tag{2.1.4}$$

式中：$\boldsymbol{r}$ 为区域内的场点。利用式（2.1.4），只要知道边界上的电位、电场强度和区域内的电荷分布，就可以计算出区域内任意一点处的电位，但是边界上的电位和电场强度不能同时得到。在第一类边界条件下，已知边界上的电位而电场强度未知；在第二类边界条件下，已知边界上的电场强度而电位未知，因此利用式（2.1.4）还不能计算区域内的电位。

将场点移到区域的边界上，这时边界积分方程为

$$\frac{1}{2}\phi(\boldsymbol{r})=\frac{1}{4\pi\varepsilon}\iiint_V\frac{\rho(\boldsymbol{r}')}{R}\mathrm{d}V+\frac{1}{4\pi}\iint_S\left[\frac{1}{R}\frac{\partial\phi}{\partial\boldsymbol{n}}-\phi\frac{\partial}{\partial\boldsymbol{n}}\left(\frac{1}{R}\right)\right]\mathrm{d}S \tag{2.1.5}$$

其中，$\boldsymbol{r}$ 位于区域的边界面上。由于式（2.1.5）右端的面积分是对源点进行的，

$$\frac{\partial}{\partial\boldsymbol{n}}\left(\frac{1}{R}\right)=\boldsymbol{e}_n\cdot\nabla'\left(\frac{1}{R}\right)=\frac{\boldsymbol{R}\cdot\boldsymbol{e}_n}{R^3} \tag{2.1.6}$$

式中：$\boldsymbol{e}_n$ 为外法线方向的单位向量；∇' 为对函数的源点坐标求梯度。将式（2.1.6）代入式（2.1.5），并且考虑区域内无电荷分布的拉普拉斯情况，则式（2.1.5）可简化为

$$\frac{1}{2}\phi(\boldsymbol{r})=\frac{1}{4\pi}\iint_S\left(\frac{1}{R}\frac{\partial\phi}{\partial\boldsymbol{n}}-\phi\frac{\boldsymbol{R}\cdot\boldsymbol{e}_n}{R^3}\right)\mathrm{d}S \tag{2.1.7}$$

将边界离散，并且采用伽辽金加权余量方法，将式（2.1.7）转化为

$$\frac{1}{2}\sum_{e}\sum_{j}\sum_{i}\iint_{S_e} N_j N_i \phi_i \mathrm{d}S = \frac{1}{4\pi}\sum_{e}\sum_{e'}\sum_{j}\sum_{i}\iint_{S_e} N_j \iint_{S_{e'}} \frac{N_i}{R}\frac{\partial \phi_i}{\partial \boldsymbol{n}} \mathrm{d}S'\mathrm{d}S - \frac{1}{4\pi}\sum_{e}\sum_{e'}\sum_{j}\sum_{i}\iint_{S_e} N_j \iint_{S_{e'}} N_i \frac{\boldsymbol{R}\cdot\boldsymbol{e}_n}{R^3}\phi_i \mathrm{d}S'\mathrm{d}S \tag{2.1.8}$$

式中：e为场单元的编号；e'为源单元的编号；S_e为场单元的积分区域；$S_{e'}$为源单元的积分区域。

令向量$\boldsymbol{E}=\left(-\frac{\partial \phi_1}{\partial \boldsymbol{n}},-\frac{\partial \phi_2}{\partial \boldsymbol{n}},\cdots\right)^{\mathrm{T}}$，$\boldsymbol{u}=(\phi_1,\phi_2,\cdots)^{\mathrm{T}}$，并且令矩阵

$$A_{ij}=2\pi\sum_{e}\iint_{S_e} N_j N_i \mathrm{d}S \tag{2.1.9}$$

$$C_{ij}=-\sum_{e}\sum_{e'}\iint_{S_e} N_j \iint_{S_{e'}} \frac{N_i}{R}\mathrm{d}S'\mathrm{d}S \tag{2.1.10}$$

$$D_{ij}=\sum_{e}\sum_{e'}\iint_{S_e} N_j \iint_{S_{e'}} N_i \frac{\boldsymbol{R}\cdot\boldsymbol{e}_n}{R^3}\mathrm{d}S'\mathrm{d}S \tag{2.1.11}$$

将式（2.1.8）写成矩阵的形式

$$\boldsymbol{CE}=(\boldsymbol{A}+\boldsymbol{D})\boldsymbol{u}=\boldsymbol{Bu} \tag{2.1.12}$$

因此，在第一类边界条件下，已知边界电位向量$\boldsymbol{u}$，通过式（2.1.12）即可求解边界电场强度向量$\boldsymbol{E}$；反过来，已知边界电场强度向量$\boldsymbol{E}$，通过式（2.1.12）即可求解边界电位向量$\boldsymbol{u}$。如果边界面的一部分已知电位，其余部分已知电场强度，则可将式（2.1.12）重新组合，使未知量在同一侧，而已知量在另一侧，求解方程组即可得到节点未知的电位和电场强度。边界面上全部节点的电位和电场强度求出后，就可以利用式（2.1.4）计算区域内部的电位了。

2. 含悬浮导体的附加方程

当空间含有悬浮导体时，由于悬浮导体表面的电位和电场强度未知，求解问题的自由度增加，必须增加方程的个数，方程组才能求解。对于每一个悬浮导体，其表面的自由电荷的代数和应为零。设第l个悬浮导体表面的自由电荷面密度为σ，则

$$\iint_{S_l}\sigma \mathrm{d}S=0 \tag{2.1.13}$$

式中：S_l为第l个悬浮导体表面。

考虑到$\sigma=\varepsilon_0 E$，离散后的式（2.1.13）应为

$$\sum_{e_l}\sum_{i}\iint_{S_{e_l}} N_i E_i \mathrm{d}S=0 \tag{2.1.14}$$

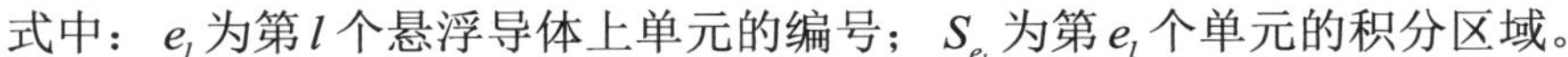

式中：e_l 为第 l 个悬浮导体上单元的编号；S_{e_l} 为第 e_l 个单元的积分区域。

令矩阵

$$(\boldsymbol{C}_{\mathrm{xf}})_{li} = \sum_{e_l} \iint_{S_{e_l}} N_i \mathrm{d}S \qquad (2.1.15)$$

式（2.1.14）写成矩阵的形式为

$$\boldsymbol{C}_{\mathrm{xf}} \boldsymbol{E} = \boldsymbol{0} \qquad (2.1.16)$$

式（2.1.16）即有悬浮导体存在时的附加方程。方程的个数等于悬浮导体的个数。

3. 含介质、悬浮导体和电极的方程耦合

当空间不仅含有电极和悬浮导体，而且含有介质时，由于介质表面上节点的电位和电场强度未知，求解问题的自由度进一步增大。由于边界积分方程只适用于均匀介质，对于含介质和空气的情况，应对空气边界和介质边界分别写出边界积分方程，然后将两组方程耦合在一起。

在图 2.1.1 中，求解区域内含有介质、悬浮导体、电极和空气。设边界上总的节点数为 n；电极边界上的节点数为 n_1，其中电极在空气中的节点数为 n_{11}，在介质中的节点数为 n_{12}，介质、电极与空气三种物质的交界处的节点数为 n_{10}；悬浮导体边界上的节点数为 n_2，其中在空气中的节点数为 n_{21}，在介质中的节点数为 n_{22}，介质、悬浮导体与空气三种物质交界处的节点数为 n_{20}；介质与空气边界上的节点数为 n_3，悬浮导体的个数为 m 。

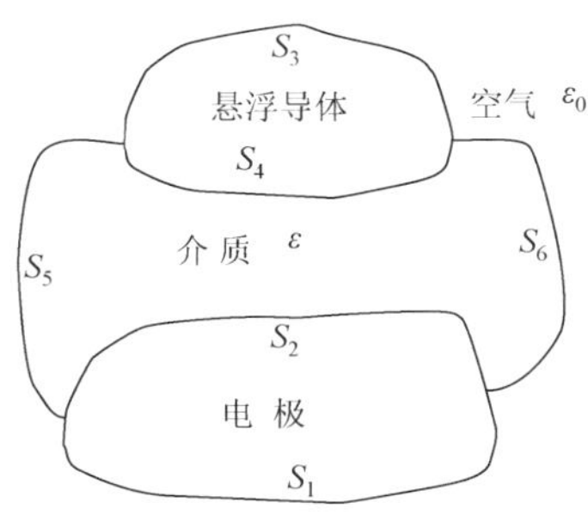

图 2.1.1　空间含有介质、悬浮导体和电极情况示意图

当求解区域为空气边界时，参照图 2.1.1，这时的边界由 S_1、S_3、S_5、S_6 组成，对应的矩阵方程为式（2.1.12），其中 $\boldsymbol{C}$、$\boldsymbol{B}$ 为 $n \times n$ 的方阵。当节点不在空气边界上时，该节点对应的矩阵的行和列的元素全部为零。这时矩阵方程中不为零的方程个数为 $n_{11} + n_{21} + n_{10} + n_{20} + n_3$。为了和介质边界的矩阵方程耦合，以 D_n / ε_0 为求解变量，其中 D_n 为电位移矢量的法向分量。当节点在空气侧时求解变量 D_n / ε_0 可以理解为空气

中电场强度的值，当节点在介质侧时求解变量 D_n/ε_0 可以理解为介质中的电场强度折算到空气中的值。因此，设电极、悬浮导体和介质边界上节点的 D_n/ε_0 分别为 E_1、E_2、E_3，将式（2.1.12）写成方程组的形式：

$$\begin{bmatrix} c_{11} & c_{12} & c_{13} \\ c_{21} & c_{22} & c_{23} \\ c_{31} & c_{32} & c_{33} \end{bmatrix} \begin{bmatrix} E_1 \\ E_2 \\ E_3 \end{bmatrix} = \begin{bmatrix} b_{11} & b_{12} & b_{13} \\ b_{21} & b_{22} & b_{23} \\ b_{31} & b_{32} & b_{33} \end{bmatrix} \begin{bmatrix} \phi_1 \\ \phi_2 \\ \phi_3 \end{bmatrix} \tag{2.1.17}$$

式中：ϕ_1、ϕ_2、ϕ_3 分别为电极、悬浮导体和介质边界上节点的电位。

当求解区域为介质边界时，参照图 2.1.1，这时的边界由 S_2、S_4、S_5、S_6 组成，对应的矩阵方程为

$$\boldsymbol{C}'\boldsymbol{E}' = \boldsymbol{B}'\boldsymbol{u} \tag{2.1.18}$$

式中：$\boldsymbol{C}'$、$\boldsymbol{B}'$ 为 $n\times n$ 的方阵。当节点不在介质边界上时，该节点对应的矩阵的行和列的元素全部为零。这时矩阵方程中不为零的方程的个数为 $n_{21}+n_{22}+n_{10}+n_{20}+n_3$，写成方程组的形式为

$$\begin{bmatrix} c'_{11} & c'_{12} & c'_{13} \\ c'_{21} & c'_{22} & c'_{23} \\ c'_{31} & c'_{32} & c'_{33} \end{bmatrix} \begin{bmatrix} E'_1 \\ E'_2 \\ E'_3 \end{bmatrix} = \begin{bmatrix} b'_{11} & b'_{12} & b'_{13} \\ b'_{21} & b'_{22} & b'_{23} \\ b'_{31} & b'_{32} & b'_{33} \end{bmatrix} \begin{bmatrix} \phi_1 \\ \phi_2 \\ \phi_3 \end{bmatrix} \tag{2.1.19}$$

式中：E'_1、E'_2、E'_3 为电极、悬浮导体和介质边界上介质侧的电场强度。将介质中的电场强度折算为空气中的电场强度，考虑到在介质与空气边界面 S_5、S_6 两侧，边界的外法线方向是相反的，$\varepsilon_r E'_3=-E_3$，这里 ε_r 是介质的相对介电常数，因此

$$\begin{bmatrix} E'_1 \\ E'_2 \\ E'_3 \end{bmatrix} = \frac{1}{\varepsilon_r} \begin{bmatrix} E_1 \\ E_2 \\ -E_3 \end{bmatrix} \tag{2.1.20}$$

有介质存在时，悬浮导体由与空气的边界 S_3 和与介质的边界 S_4 组成，如图 2.1.1 所示。这时，式（2.1.13）改写为

$$\iint_{S_3} \sigma \mathrm{d}S + \iint_{S_4} \sigma_c \mathrm{d}S = 0 \tag{2.1.21}$$

式中：σ、σ_c 分别为 S_3 和 S_4 面上的自由电荷面密度，$\sigma=\varepsilon_0 E_2$，$\sigma_c=\varepsilon_0\varepsilon_r E'_2$，将自由电荷面密度公式代入式（2.1.21）得

$$\iint_{S_3} E_2 \mathrm{d}S + \iint_{S_4} \varepsilon_r E'_2 \mathrm{d}S = 0 \tag{2.1.22}$$

将 E'_2 折算成 E_2 后得到的公式和式（2.1.16）完全相同。

将式（2.1.20）代入式（2.1.19），去掉 $n_{10}+n_{20}$ 个节点在悬浮导体、介质和空气三种物质交界处的方程，然后与式（2.1.17）合并，并将式（2.1.16）一起合并，得

$$
\begin{bmatrix}
c_{11} & c_{12} & c_{13} & -\sum_{l} b_{12} & -b_{13} \\
c_{21} & c_{22} & c_{23} & -\sum_{l} b_{22} & -b_{23} \\
c_{31} & c_{32} & c_{33} & -\sum_{l} b_{32} & -b_{33} \\
\dfrac{c'_{11}}{\varepsilon_{\mathrm{r}}} & \dfrac{c'_{12}}{\varepsilon_{\mathrm{r}}} & -\dfrac{c'_{13}}{\varepsilon_{\mathrm{r}}} & -\sum_{l} b'_{12} & -b'_{13} \\
\dfrac{c'_{21}}{\varepsilon_{\mathrm{r}}} & \dfrac{c'_{22}}{\varepsilon_{\mathrm{r}}} & -\dfrac{c'_{23}}{\varepsilon_{\mathrm{r}}} & -\sum_{l} b'_{22} & -b'_{23} \\
\dfrac{c'_{31}}{\varepsilon_{\mathrm{r}}} & \dfrac{c'_{32}}{\varepsilon_{\mathrm{r}}} & -\dfrac{c'_{33}}{\varepsilon_{\mathrm{r}}} & -\sum_{l} b'_{32} & -b'_{33} \\
\mathbf{0} & \boldsymbol{C}_{\mathrm{xf}} & \mathbf{0} & \mathbf{0} & \mathbf{0}
\end{bmatrix}
\begin{bmatrix} E_1 \\ E_2 \\ E_3 \\ \phi_2 \\ \phi_3 \end{bmatrix}
=
\begin{bmatrix} b_{11} \\ b_{21} \\ b_{31} \\ b'_{11} \\ b'_{21} \\ b'_{31} \\ \mathbf{0} \end{bmatrix} \phi_1
\tag{2.1.23}
$$

式(2.1.23)中把未知的悬浮导体边界上的节点电位ϕ_2和介质边界上的节点电位ϕ_3都移到了方程的左边。由于同一悬浮导体上节点的电位都相同，应将对应的矩阵元素累加在一起。系数矩阵中第四列的求和即表示对第l个悬浮导体上所有节点对应的矩阵元素求和，这样的列数应等于悬浮导体的个数m。系数矩阵中第五列与介质边界上节点的电位有关，包含的列数应等于介质边界上节点的个数。系数矩阵最后一行为悬浮导体约束方程的系数矩阵，包含的行数也等于悬浮导体的个数m。式（2.1.23）中方程的个数为

$$
\begin{aligned}
&n_{11}+n_{21}+n_3+n_{10}+n_{20}+n_{12}+n_{22}+n_3+m \\
&=n_1+n_2+2n_3+m \\
&=n+n_3+m
\end{aligned}
\tag{2.1.24}
$$

而未知量包括n个节点处的电场强度，m个悬浮导体的电位，空气与介质边界上n_3个节点处的电位，未知量总数正好等于方程的总数。求出边界上各节点的电场强度后，介质侧节点的电场强度可用相应节点的电场强度除以相对介电常数即可。

2.1.2　间接边界元基本原理

间接边界元是基于点电荷的基本解和叠加原理的边界元方法[12]。它不像直接边界元那样，边界积分方程只对一种均匀介质的边界面成立，不同介质需要不同的边界积分方程，间接边界元的积分方程是对区域内所有边界进行积分。

求解区域内含有电极、悬浮导体和介质时，在电极-空气和悬浮导体-空气的边界面上有自由电荷存在，在介质-空气的边界面上有极化电荷存在，在电极-介质和悬浮导体-介质的边界面上既有自由电荷又有极化电荷存在。周围空间的电场是由自由电荷和极化电荷共同产生的。在边界上，设场点为$\boldsymbol{r}$，源点为$\boldsymbol{r}'$，$\boldsymbol{R}=\boldsymbol{r}-\boldsymbol{r}'$，边界面上的电荷面密度为$\sigma$。这里的电荷面密度既包括自由电荷面密度，又包括极化电荷面密度，是两者的和。

1. 场点在电极边界上

当场点 $\boldsymbol{r}$ 在电极的表面上时，该场点的电位是已知的。由于区域内任意一点的电位是由区域内的所有电荷共同产生的，场点 $\boldsymbol{r}$ 处的电位表示为

$$\phi(\boldsymbol{r})=\iint_S \frac{\sigma(\boldsymbol{r}')}{4\pi\varepsilon_0 R}\mathrm{d}S \tag{2.1.25}$$

式（2.1.25）为场点在电极表面的边界积分方程。以 σ/ε_0 为求解变量，记为 E。将边界离散，并利用伽辽金加权余量法，将式（2.1.25）变为

$$4\pi\sum_e\sum_j\sum_i\iint_{S_e}N_jN_i\phi_i\mathrm{d}S=\sum_e\sum_{e'}\sum_j\sum_i\iint_{S_e}N_j\iint_{S_{e'}}\frac{N_i}{R}\cdot\frac{\sigma_i}{\varepsilon_0}\mathrm{d}S'\mathrm{d}S \tag{2.1.26}$$

式中符号与直接边界元中相同。令

$$A_{ij}=4\pi\sum_e\iint_{S_e}N_jN_i\mathrm{d}S \tag{2.1.27}$$

$$P_{ij}=\sum_e\sum_{e'}\iint_{S_e}N_j\iint_{S_{e'}}\frac{N_i}{R}\mathrm{d}S'\mathrm{d}S \tag{2.1.28}$$

则式（2.1.26）写成矩阵的形式为

$$\boldsymbol{PE}=\boldsymbol{A\phi} \tag{2.1.29}$$

式中：$\boldsymbol{P}$ 的行数等于电极上节点的个数，列数等于节点的总数；$\boldsymbol{E}$ 为所有节点上的 σ_i/ε_0 组成的列向量；$\boldsymbol{A}$ 为维数等于电极上节点数的方阵；$\boldsymbol{\phi}$ 为电极上节点电位 ϕ_i 组成的列向量。

2. 场点在介质边界上

在介质界面上，节点的电位是未知的，所以不能根据式（2.1.25）写出边界积分方程。但在介质分界面上电位移矢量的法向分量是连续的，根据这一边界条件即可写出边界积分方程。

设两种介质的介电常数分别为 ε_a、ε_b，分界面的正方向规定为从介质 a 到介质 b，如图 2.1.2 所示。

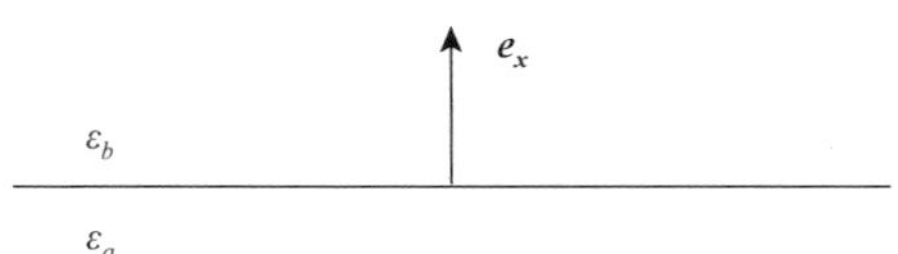

图 2.1.2　介质与介质边界的正方向

在场点 $\boldsymbol{r}$ 附近的两侧介质中分别有场点 $\boldsymbol{r}_a$ 和 $\boldsymbol{r}_b$，满足边界条件：

$$\varepsilon_b \frac{\partial \phi(\boldsymbol{r}_b)}{\partial \boldsymbol{n}} - \varepsilon_a \frac{\partial \phi(\boldsymbol{r}_a)}{\partial \boldsymbol{n}} = 0 \tag{2.1.30}$$

在场点 $\boldsymbol{r}$ 附近的微小边界可以看作平面边界，另外该平面边界相对于点 $\boldsymbol{r}$ 又可以看作无限大平面，因而该平面边界上的电荷在 $\boldsymbol{r}$ 两侧的 $\boldsymbol{r}_a$ 和 $\boldsymbol{r}_b$ 点产生的电场强度分别为

$$E(\boldsymbol{r}_b) = \frac{\sigma(\boldsymbol{r})}{2\varepsilon_0} \tag{2.1.31}$$

$$E(\boldsymbol{r}_a) = -\frac{\sigma(\boldsymbol{r})}{2\varepsilon_0} \tag{2.1.32}$$

将点 $\boldsymbol{r}_a$ 和 $\boldsymbol{r}_b$ 分别从介质的两侧趋于点 $\boldsymbol{r}$，使三者表示同一点，并且将式（2.1.25）、式（2.1.31）和式（2.1.32）代入式（2.1.30），化简后得

$$\iint_S \frac{\boldsymbol{R}\cdot\boldsymbol{e_n}}{R^3}\cdot\frac{\sigma(\boldsymbol{r}')}{\varepsilon_0}\mathrm{d}S + 2\pi\cdot\frac{\varepsilon_b+\varepsilon_a}{\varepsilon_b-\varepsilon_a}\cdot\frac{\sigma(\boldsymbol{r})}{\varepsilon_0} = 0 \tag{2.1.33}$$

式(2.1.33)中的积分区域应除去点 $\boldsymbol{r}$ 附近的平面区域，但在该平面区域内矢量 $\boldsymbol{R}$ 与 $\boldsymbol{e_n}$ 的夹角为 90°，此区域内的积分为 0，因而将积分区域变为全部边界曲面并不影响计算的结果。将边界离散，并利用伽辽金加权余量法，积分方程（2.1.33）变为

$$\begin{aligned}&\sum_e\sum_{e'}\sum_j\sum_i\iint_{S_e}N_j\iint_{S_{e'}}N_i\frac{\boldsymbol{R}\cdot\boldsymbol{e_n}}{R^3}\cdot\frac{\sigma(\boldsymbol{r}')}{\varepsilon_0}\mathrm{d}S'\mathrm{d}S\\&+2\pi\cdot\frac{\varepsilon_b+\varepsilon_a}{\varepsilon_b-\varepsilon_a}\cdot\sum_e\sum_j\sum_i\iint_{S_e}N_jN_i\frac{\sigma(\boldsymbol{r})}{\varepsilon_0}\mathrm{d}S=0\end{aligned} \tag{2.1.34}$$

令矩阵 $\boldsymbol{D}$ 的元素为

$$D_{ij} = \sum_e\sum_{e'}\iint_{S_e}\iint_{S_{e'}}N_jN_i\frac{\boldsymbol{R}\cdot\boldsymbol{e_n}}{R^3}\mathrm{d}S'\mathrm{d}S + 2\pi\frac{\varepsilon_b-\varepsilon_a}{\varepsilon_b+\varepsilon_a}\sum_e\iint_{S_e}N_jN_i\mathrm{d}S \tag{2.1.35}$$

则式（2.1.34）写成矩阵的形式为

$$\boldsymbol{DE} = \boldsymbol{0} \tag{2.1.36}$$

式（2.1.33）～式（2.1.35）中的 $\boldsymbol{e_n}$ 为场单元的单位法向量，而直接边界元式（2.1.11）中的法向量是源单元的法向量。边界被剖分成场单元或平面线性单元，当场单元和源单元重合时，由于矢量 $\boldsymbol{R}$ 与 $\boldsymbol{e_n}$ 的夹角为 90°，含 $\boldsymbol{R}\cdot\boldsymbol{e_n}$ 的项为 0，但当边界单元为二阶单元或其他曲面单元，且场单元和源单元重合时，含 $\boldsymbol{R}\cdot\boldsymbol{e_n}$ 的项并不为零。矩阵 $\boldsymbol{D}$ 的行数为介质边界上节点的个数，列数为总的节点数。

3. 场点在悬浮导体边界上

悬浮导体边界面上节点的电位也是未知的，将悬浮导体看作介电常数为无穷大的介质，即 $\varepsilon_b \to \infty$，对式（2.1.33）取极限得

$$\iint_S \frac{\boldsymbol{R}\cdot\boldsymbol{e_n}}{R^3}\cdot\frac{\sigma(\boldsymbol{r}')}{\varepsilon_0}\mathrm{d}S + 2\pi\frac{\sigma(\boldsymbol{r})}{\varepsilon_0} = 0 \tag{2.1.37}$$

对边界离散，并对式（2.1.37）利用伽辽金加权余量法，得

$$\sum_{e}\sum_{e'}\sum_{j}\sum_{i}\iint_{S_e}N_j\iint_{S_{e'}}N_i\frac{\boldsymbol{R}\cdot\boldsymbol{e_n}}{R^3}\cdot\frac{\sigma(\boldsymbol{r}')}{\varepsilon_0}\mathrm{d}S'\mathrm{d}S+2\pi\sum_{e}\sum_{j}\sum_{i}\iint_{S_e}N_jN_i\frac{\sigma(\boldsymbol{r})}{\varepsilon_0}\mathrm{d}S=0 \quad (2.1.38)$$

令矩阵 $\boldsymbol{F}$ 的元素为

$$F_{ij}=\sum_{e}\sum_{e'}\iint_{S_e}\iint_{S_{e'}}N_jN_i\frac{\boldsymbol{R}\cdot\boldsymbol{e_n}}{R^3}\mathrm{d}S'\mathrm{d}S+2\pi\sum_{e}\iint_{S_e}N_jN_i\mathrm{d}S \quad (2.1.39)$$

则式（2.1.38）写成矩阵的形式为

$$\boldsymbol{FE}=\boldsymbol{0} \quad (2.1.40)$$

式（2.1.37）～式（2.1.39）中的 $\boldsymbol{e_n}$ 为场单元的单位法向量。矩阵 $\boldsymbol{F}$ 的行数为悬浮导体边界上节点的个数，列数为总的节点数。

将式（2.1.29）、式（2.1.36）和式（2.1.40）结合在一起，形成包含边界全部节点的矩阵方程：

$$\begin{bmatrix}\boldsymbol{P}\\ \boldsymbol{D}\\ \boldsymbol{F}\end{bmatrix}\boldsymbol{E}=\begin{bmatrix}\boldsymbol{A\phi}\\ \boldsymbol{0}\\ \boldsymbol{0}\end{bmatrix} \quad (2.1.41)$$

求解式（2.1.41）即可得到所有节点上的 σ_i/ε_0，其中 σ_i 为节点 i 处的电荷面密度，既包括自由电荷面密度，又包括极化电荷面密度。

4. 边界上电场强度的计算

在电极–空气、电极–介质、悬浮导体–空气和悬浮导体–介质的边界上满足：

$$-\varepsilon\frac{\partial\phi(\boldsymbol{r})}{\partial\boldsymbol{n}}=\sigma_{\mathrm{c}}(\boldsymbol{r}) \quad (2.1.42)$$

式中，σ_{c} 为悬浮导体表面场点 $\boldsymbol{r}$ 处的自由电荷面密度。

式（2.1.42）两端同时加上场点 $\boldsymbol{r}$ 处的极化电荷面密度 $\sigma_{\mathrm{p}}(\boldsymbol{r})$ 得

$$-\varepsilon\frac{\partial\phi(\boldsymbol{r})}{\partial\boldsymbol{n}}+\sigma_{\mathrm{p}}(\boldsymbol{r})=\sigma_{\mathrm{c}}(\boldsymbol{r})+\sigma_{\mathrm{p}}(\boldsymbol{r})=\sigma(\boldsymbol{r}) \quad (2.1.43)$$

又已知介质和悬浮导体表面的极化电荷面密度为

$$\sigma_{\mathrm{p}}(\boldsymbol{r})=P_{1\boldsymbol{n}}-P_{2\boldsymbol{n}}=-P_{2\boldsymbol{n}}=-(\varepsilon-\varepsilon_0)E_{2\boldsymbol{n}}=(\varepsilon-\varepsilon_0)\frac{\partial\phi(\boldsymbol{r})}{\partial\boldsymbol{n}} \quad (2.1.44)$$

将式（2.1.44）代入式（2.1.43）中得到

$$-\frac{\partial\phi(\boldsymbol{r})}{\partial\boldsymbol{n}}=\frac{\sigma(\boldsymbol{r})}{\varepsilon_0} \quad (2.1.45)$$

式（2.1.45）即电极和悬浮导体边界上电场强度的计算公式。

在介质-介质边界上，只有极化电荷，其极化电荷面密度为

$$\sigma=\sigma_{\mathrm{p}}=P_{\boldsymbol{n}a}-P_{\boldsymbol{n}b}=\frac{\varepsilon_a-\varepsilon_0}{\varepsilon_a}D_{\boldsymbol{n}}-\frac{\varepsilon_b-\varepsilon_0}{\varepsilon_b}D_{\boldsymbol{n}}=\frac{\varepsilon_0(\varepsilon_a-\varepsilon_b)}{\varepsilon_a\varepsilon_b}D_{\boldsymbol{n}} \tag{2.1.46}$$

其中：$D_{\boldsymbol{n}}$ 为介质-介质边界上法向电位移矢量，则法向电位移矢量为

$$D_{\boldsymbol{n}}=\frac{\varepsilon_a\varepsilon_b}{\varepsilon_a-\varepsilon_b}\cdot\frac{\sigma}{\varepsilon_0} \tag{2.1.47}$$

由于介质-介质边界上法向电位移矢量连续，由电位移矢量得两侧介质中的电场强度分别为

$$E_i(\boldsymbol{r}_a)=\frac{\varepsilon_b}{\varepsilon_a-\varepsilon_b}\cdot\frac{\sigma_i}{\varepsilon_0} \tag{2.1.48}$$

$$E_i(\boldsymbol{r}_b)=\frac{\varepsilon_a}{\varepsilon_a-\varepsilon_b}\cdot\frac{\sigma_i}{\varepsilon_0} \tag{2.1.49}$$

式中：$\boldsymbol{r}_a$、$\boldsymbol{r}_b$ 为介质-介质边界上节点 i 处分别属于介质 ε_a 和介质 ε_b 的两点。

2.2　线性三角形边界元解析算法

在边界元积分方程中含有积分 $J_1=\iint_{S_{e'}}\frac{N_i}{R}\mathrm{d}S$、$J_2=\iint_{S_{e'}}N_i\frac{\boldsymbol{R}\cdot\boldsymbol{e}_{\boldsymbol{n}}}{R^3}\mathrm{d}S$，当场单元和源单元相距较远时，两积分为非奇异积分，利用数值积分方法可以得到比较精确的结果；当场单元和源单元相距较近时，两积分变为一阶和二阶接近奇异积分；当场单元和源单元重合时，两积分变为一阶和二阶奇异积分。利用数值积分的方法计算接近奇异积分和奇异积分会产生比较大的误差，而接近奇异积分和奇异积分代表了场点附近电荷对场点的作用，是对场点作用的主要部分，因此接近奇异积分和奇异积分计算精度的高低是影响计算结果精度的主要因素。为了提高接近奇异积分和奇异积分的计算精度，本节研究在线性三角形单元上两积分的解析解法。

2.2.1　线性三角形边界元解析积分公式

1. 接近奇异积分的解析公式

在 J_1、J_2 的积分表示式中，N_i 为第 i 个节点的形函数，对于线性三角形单元，在其单元平面内建立二维直角坐标系[13]，则形函数在该平面直角坐标系中的表达式为 $N_i=(a_i+b_ix+c_iy)/2\varDelta\ (i=1,2,3)$，其中 x、y 为单元内部一点的坐标，$\varDelta$ 为单元的面积，a_i、b_i、c_i 为与单元节点坐标有关的常数。设线性三角形单元的三个节点坐标为 (x_1,y_1)、

(x_2, y_2)、(x_3, y_3)，则形函数表达式中各常数与节点坐标的关系分别为

$$a_1 = x_2 y_3 - x_3 y_2, \quad b_1 = y_2 - y_3, \quad c_1 = x_3 - x_2$$

$$a_2 = x_3 y_1 - x_1 y_3, \quad b_2 = y_3 - y_1, \quad c_2 = x_1 - x_3$$

$$a_3 = x_1 y_2 - x_2 y_1, \quad b_3 = y_1 - y_2, \quad c_3 = x_2 - x_1$$

$$\varDelta = \frac{1}{2}(b_1 c_2 - b_2 c_1)$$

当源单元和场点都确定后，$\boldsymbol{R} \cdot \boldsymbol{e}_{\boldsymbol{n}}$ 的值将不随源点变化，其值等于场点到源单元所在平面的垂直距离，记为 h。将形函数在整体坐标中的表示式代入 J_1、J_2 的积分表示式中，并将 $\boldsymbol{R} \cdot \boldsymbol{e}_{\boldsymbol{n}}$ 用 h 替代，则 J_1、J_2 分解为

$$J_1 = \frac{a_i}{2\varDelta} \iint_{S_{e'}} \frac{1}{R} \mathrm{d}S + \frac{b_i}{2\varDelta} \iint_{S_{e'}} \frac{x}{R} \mathrm{d}S + \frac{c_i}{2\varDelta} \iint_{S_{e'}} \frac{y}{R} \mathrm{d}S \tag{2.2.1}$$

$$J_2 = \frac{a_i h}{2\varDelta} \iint_{S_{e'}} \frac{1}{R^3} \mathrm{d}S + \frac{b_i h}{2\varDelta} \iint_{S_{e'}} \frac{x}{R^3} \mathrm{d}S + \frac{c_i h}{2\varDelta} \iint_{S_{e'}} \frac{y}{R^3} \mathrm{d}S \tag{2.2.2}$$

由式（2.2.1）和式（2.2.2）知，积分 J_1、J_2 可以分解为

$$\iint_{S_{e'}} \frac{1}{R} \mathrm{d}S, \quad \iint_{S_{e'}} \frac{x}{R} \mathrm{d}S, \quad \iint_{S_{e'}} \frac{y}{R} \mathrm{d}S, \quad \iint_{S_{e'}} \frac{1}{R^3} \mathrm{d}S, \quad \iint_{S_{e'}} \frac{x}{R^3} \mathrm{d}S, \quad \iint_{S_{e'}} \frac{y}{R^3} \mathrm{d}S$$

六个基本积分。下面用解析的方法计算这六个基本积分。

图 2.2.1（a）中，$\triangle ijk$ 为边界源单元，p 为场点，o 为 p 在源单元平面上的投影点，$op = h$。连接 oi、oj、ok，将单元 $\triangle ijk$ 上的积分转化为 $\triangle oij$、$\triangle ojk$、$\triangle oki$ 上积分的代数和，其正负由相应的 s_1、s_2、s_3 确定，当三角形三顶点绕向与源单元三节点绕向 $(i \to j \to k)$ 一致时，取正号，反之取负号。设被积函数为 f，则

$$\iint_{\triangle ijk} f \mathrm{d}S = s_1 \iint_{\triangle oij} f \mathrm{d}S + s_2 \iint_{\triangle ojk} f \mathrm{d}S + s_3 \iint_{\triangle oki} f \mathrm{d}S \tag{2.2.3}$$

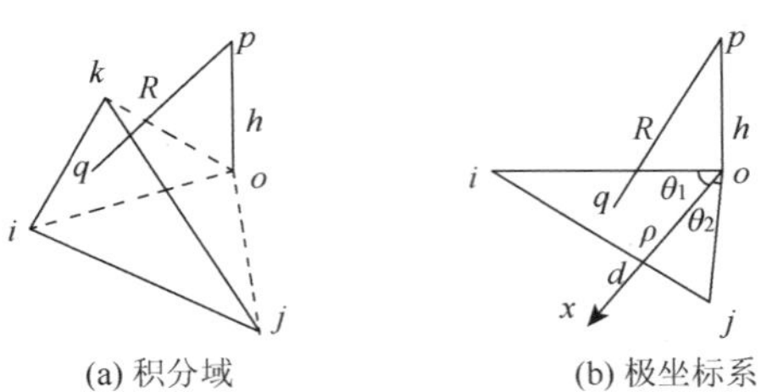

图 2.2.1　积分域和极坐标系

由于 $\triangle oij$、$\triangle ojk$、$\triangle oki$ 上的积分求解完全相同，下面研究 $\triangle oij$ 上积分的解析算法。作 od 垂直 ij 于 d，以 od 为极轴在源单元平面上建立极坐标系，令 $od = \rho$，od 与 oi、oj 的夹角分别为 θ_1、θ_2 [图 2.2.1（b）]，$\theta_1, \theta_2 \in (-\pi/2, \pi/2)$。在极坐标系中计算积分域为 $\triangle oij$ 的六个基本积分，得

$$\iint_{\triangle oij} \frac{1}{R} \mathrm{d}S = \int_{\theta_1}^{\theta_2} \mathrm{d}\theta \int_0^{\rho/\cos\theta} \frac{r}{\sqrt{r^2+h^2}} \mathrm{d}r \tag{2.2.4}$$

$$\iint_{\triangle oij} \frac{x}{R} \mathrm{d}S = \int_{\theta_1}^{\theta_2} \cos\theta \mathrm{d}\theta \int_0^{\rho/\cos\theta} \frac{r^2}{\sqrt{r^2+h^2}} \mathrm{d}r \tag{2.2.5}$$

$$\iint_{\triangle oij} \frac{y}{R} \mathrm{d}S = \int_{\theta_1}^{\theta_2} \sin\theta \mathrm{d}\theta \int_0^{\rho/\cos\theta} \frac{r^2}{\sqrt{r^2+h^2}} \mathrm{d}r \tag{2.2.6}$$

$$\iint_{\triangle oij} \frac{1}{R^3} \mathrm{d}S = \int_{\theta_1}^{\theta_2} \mathrm{d}\theta \int_0^{\rho/\cos\theta} \frac{r}{(r^2+h^2)^{3/2}} \mathrm{d}r \tag{2.2.7}$$

$$\iint_{\triangle oij} \frac{x}{R^3} \mathrm{d}S = \int_{\theta_1}^{\theta_2} \cos\theta \mathrm{d}\theta \int_0^{\rho/\cos\theta} \frac{r^2}{(r^2+h^2)^{3/2}} \mathrm{d}r \tag{2.2.8}$$

$$\iint_{\triangle oij} \frac{y}{R^3} \mathrm{d}S = \int_{\theta_1}^{\theta_2} \sin\theta \mathrm{d}\theta \int_0^{\rho/\cos\theta} \frac{r^2}{(r^2+h^2)^{3/2}} \mathrm{d}r \tag{2.2.9}$$

对式（2.2.4）～式（2.2.9）中的变量 r 积分有

$$\int_0^{\rho/\cos\theta} \frac{r}{\sqrt{r^2+h^2}} \mathrm{d}r = \frac{\sqrt{\rho^2+h^2\cos^2\theta}}{\cos\theta} - h \tag{2.2.10}$$

$$\int_0^{\rho/\cos\theta} \frac{r}{(r^2+h^2)^{3/2}} \mathrm{d}r = \frac{1}{h} - \frac{\cos\theta}{\sqrt{\rho^2+h^2\cos^2\theta}} \tag{2.2.11}$$

对式（2.2.10）、式（2.2.11）积分时，令 $r = h\tan u$，有

$$\begin{aligned}\int_0^{\rho/\cos\theta} \frac{r^2}{\sqrt{r^2+h^2}} \mathrm{d}r &= h^2 \int_0^{\arctan\frac{\rho}{h\cos\theta}} (\sec^3 u - \sec u) \mathrm{d}u \\ &= \frac{h^2}{2}\left(\frac{\rho\sqrt{\rho^2+h^2\cos^2\theta}}{h^2\cos^2\theta} - \ln\left|\frac{\sqrt{\rho^2+h^2\cos^2\theta}+\rho}{h\cos\theta}\right|\right)\end{aligned} \tag{2.2.12}$$

$$\begin{aligned}\int_0^{\rho/\cos\theta} \frac{r^2}{(r^2+h^2)^{3/2}} \mathrm{d}r &= \int_0^{\arctan\frac{\rho}{h\cos\theta}} (\sec u - \cos u) \mathrm{d}u \\ &= \ln\left|\frac{\sqrt{\rho^2+h^2\cos^2\theta}+\rho}{h\cos\theta}\right| - \frac{\rho}{\sqrt{\rho^2+h^2\cos^2\theta}}\end{aligned} \tag{2.2.13}$$

将式（2.2.10）～式（2.2.13）代入式（2.2.4）～式（2.2.9）中，并且令

$$I_1 = \int_{\theta_1}^{\theta_2} \frac{\sqrt{\rho^2+h^2\cos^2\theta}}{\cos\theta} \mathrm{d}\theta \tag{2.2.14}$$

$$I_2 = \int_{\theta_1}^{\theta_2} \cos\theta \ln\left|\frac{\sqrt{\rho^2+h^2\cos^2\theta}+\rho}{h\cos\theta}\right| \mathrm{d}\theta \tag{2.2.15}$$

$$I_3 = \int_{\theta_1}^{\theta_2} \frac{\sin\theta\sqrt{\rho^2+h^2\cos^2\theta}}{\cos^2\theta} \mathrm{d}\theta \tag{2.2.16}$$

$$I_4 = \int_{\theta_1}^{\theta_2} \sin\theta \ln\left|\frac{\sqrt{\rho^2 + h^2\cos^2\theta} + \rho}{h\cos\theta}\right| \mathrm{d}\theta \tag{2.2.17}$$

$$I_5 = \int_{\theta_1}^{\theta_2} \frac{\cos\theta}{\sqrt{\rho^2 + h^2\cos^2\theta}} \mathrm{d}\theta \tag{2.2.18}$$

$$I_6 = \int_{\theta_1}^{\theta_2} \frac{\sin\theta}{\sqrt{\rho^2 + h^2\cos^2\theta}} \mathrm{d}\theta \tag{2.2.19}$$

得到

$$\iint_{\triangle oij} \frac{1}{R} \mathrm{d}S = I_1 - h(\theta_2 - \theta_1) \tag{2.2.20}$$

$$\iint_{\triangle oij} \frac{x}{R} \mathrm{d}S = \frac{\rho}{2} I_1 - \frac{h^2}{2} I_2 \tag{2.2.21}$$

$$\iint_{\triangle oij} \frac{y}{R} \mathrm{d}S = \frac{\rho}{2} I_3 - \frac{h^2}{2} I_4 \tag{2.2.22}$$

$$\iint_{\triangle oij} \frac{1}{R^3} \mathrm{d}S = \frac{1}{h}(\theta_2 - \theta_1) - I_5 \tag{2.2.23}$$

$$\iint_{\triangle oij} \frac{x}{R^3} \mathrm{d}S = I_2 - \rho I_5 \tag{2.2.24}$$

$$\iint_{\triangle oij} \frac{y}{R^3} \mathrm{d}S = I_4 - \rho I_6 \tag{2.2.25}$$

式（2.2.14）～式（2.2.19）中积分 I_1～I_6 的详细推导过程见文献[12]中的附录，这里直接给出 I_1～I_6 的解析积分公式，即

$$I_1 = \left[\rho \ln\left(\rho\tan\theta + \sqrt{h^2 + \rho^2 + \rho^2\tan^2\theta} \right) + h \arcsin\left(\frac{h\sin\theta}{\sqrt{h^2 + \rho^2}} \right) \right]\Bigg|_{\theta_1}^{\theta_2} \tag{2.2.26}$$

$$\begin{aligned} I_2 = &\left[\sin\theta \ln\left| \frac{\sqrt{\rho^2 + h^2\cos^2\theta} + \rho}{h\cos\theta} \right| - \left(\ln\left|\sec\theta + \tan\theta\right| - \sin\theta \right) \right]\Bigg|_{\theta_1}^{\theta_2} \\ &- \left(\frac{2\sqrt{\rho^2 + h^2}}{h} \cdot \frac{1}{1+u^2} + \frac{2\rho}{h} \arctan u + \ln\left| \frac{u + \dfrac{\sqrt{\rho^2 + h^2} - h}{\rho}}{u + \dfrac{\sqrt{\rho^2 + h^2} + h}{\rho}} \right| \right)\Bigg|_{m_1}^{m_2} \end{aligned} \tag{2.2.27}$$

$$m_k = \tan\frac{1}{2}\arcsin\sqrt{\frac{\rho^2 + h^2\cos\theta_k}{\rho^2 + h^2}} \quad (k = 1, 2) \tag{2.2.28}$$

$$I_3=\left\{\frac{\sqrt{h^2u^2+\rho^2}}{u}-h\ln\left[u+\sqrt{u^2+\left(\frac{\rho}{h}\right)^2}\right]\right\}\Bigg|_{\cos\theta_1}^{\cos\theta_2} \tag{2.2.29}$$

$$I_4=-u\ln\left|\frac{\sqrt{\rho^2+h^2u^2}+\rho}{hu}\right|\Bigg|_{\cos\theta_1}^{\cos\theta_2}-\left(\cos\theta_2-\cos\theta_1\right)$$
$$+\frac{\rho}{h}\left(\ln\left|\frac{1-u}{1+u}\right|-\frac{1}{1+u}-\frac{1}{1-u}\right)\Bigg|_{n_1}^{n_2} \tag{2.2.30}$$

$$n_k=\sqrt{\frac{\sqrt{\rho^2+h^2\cos\theta_k}-\rho}{\sqrt{\rho^2+h^2\cos\theta_k}+\rho}}\quad(k=1,2) \tag{2.2.31}$$

$$I_5=\frac{1}{h}\arcsin\frac{hu}{\sqrt{\rho^2+h^2}}\Bigg|_{\sin\theta_1}^{\sin\theta_2} \tag{2.2.32}$$

$$I_6=-\frac{1}{h}\ln\left|u+\sqrt{u^2+\left(\frac{\rho}{h}\right)^2}\right|\Bigg|_{\cos\theta_1}^{\cos\theta_2} \tag{2.2.33}$$

式（2.2.27）等号右面第二项、式（2.2.29）、式（2.2.30）、式（2.2.32）、式（2.2.33）中的 u 为积分变量。

计算出 $I_1\sim I_6$ 的积分后就可以计算六个基本积分，将六个基本积分代入式（2.2.1）、式（2.2.2）即可计算非奇异积分和接近奇异积分情况下的积分 J_1 与 J_2。

2. 奇异积分的解析公式

当场单元和源单元重合时，$h=\boldsymbol{R}\cdot\boldsymbol{e}_n=0$，$J_2=0$，$J_1$ 变为奇异积分。在式（2.2.4）～式（2.2.6）中令 $h=0$，得奇异积分情况下的解析计算公式：

$$\iint_{\triangle oij}\frac{1}{R}\mathrm{d}S=\rho\ln\left|\sec\theta+\tan\theta\right|\Big|_{\theta_1}^{\theta_2} \tag{2.2.34}$$

$$\iint_{\triangle oij}\frac{x}{R}\mathrm{d}S=\frac{\rho^2}{2}\ln\left|\sec\theta+\tan\theta\right|\Big|_{\theta_1}^{\theta_2} \tag{2.2.35}$$

$$\iint_{\triangle oij}\frac{y}{R}\mathrm{d}S=\frac{\rho^2}{2}\sec\theta\Big|_{\theta_1}^{\theta_2} \tag{2.2.36}$$

式（2.2.34）～式（2.2.36）不仅适用于场点在源单元内部的情况，而且适用于场点在源单元所在平面上的情况，即适用于所有 $h=\boldsymbol{R}\cdot\boldsymbol{e}_n=0$ 的情况。

2.2.2 线性三角形边界元解析积分算例

用线性三角形边界元解析积分方法计算三个不同厚度的圆盘电极表面的电场强度分布。圆盘电极直径为0.4m，厚度分别为0.05m、0.03m、0.01m，电极加100V电压。边界网格剖分结果如图2.2.2所示。计算结果分别如图2.2.3～图2.2.5所示。作为比较，图中还给出了有限元方法（有限元解）和线性插值边界元数值积分方法（数值程序解）的计算结果。本例题中的圆盘具有轴对称性，有限元方法采用轴对称二维场解法，单元为二阶四边形单元。

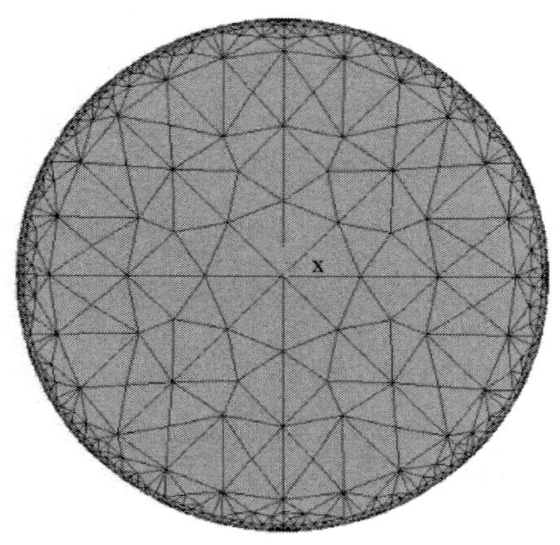

图2.2.2 边界网格剖分结果

由图2.2.3可以看出，三种方法的计算结果基本一致，说明在远离奇异积分的情况下，线性三角形边界元解析积分方法和线性插值边界元数值积分方法均能给出正确的计算结果。在图2.2.4中，出现了一定程度的接近奇异积分，在圆盘表面中心附近线性插值边界元数值积分方法的计算结果已出现较大的误差，到边缘部分，计算结果出现明显

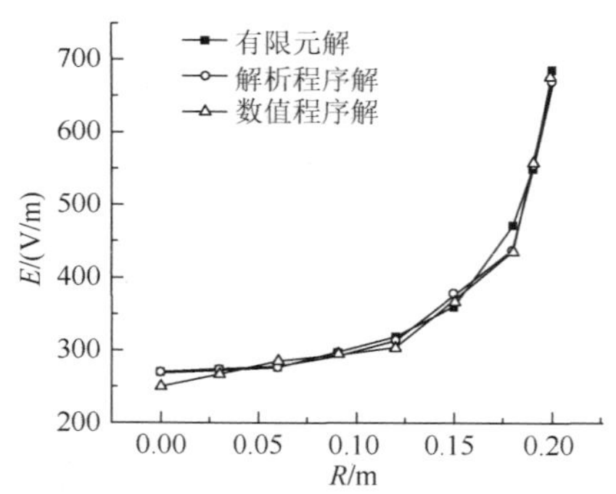

图2.2.3 电场强度E的径向分布（d=0.05m）

错误。这表明在接近奇异积分的情况下，线性插值边界元数值积分方法不能给出满意的积分结果。在图 2.2.5 中，接近奇异积分的因素进一步增强，线性插值边界元数值积分方法给出了完全错误的计算结果。相反，从图 2.2.3～图 2.2.5 可以看出，随着圆盘厚度的减小，线性三角形边界元解析积分方法与轴对称二维有限元方法的计算结果基本保持一致。这说明线性三角形边界元解析积分方法克服了接近奇异积分和奇异积分引起的误差，提高了边界元计算结果的精度。

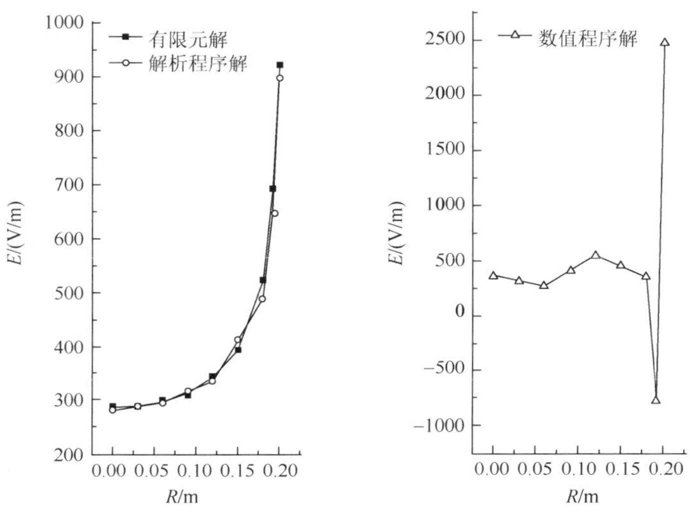

图 2.2.4　电场强度 E 的径向分布（d=0.03m）

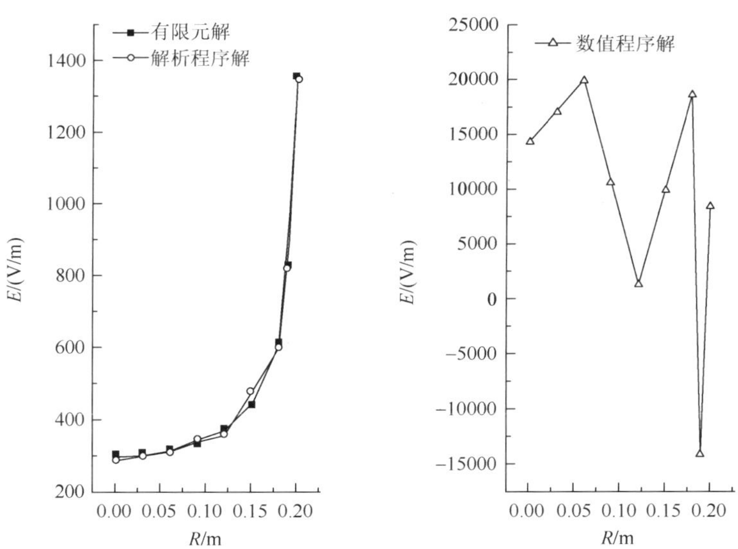

图 2.2.5　电场强度 E 的径向分布（d=0.01m）

2.3 规则曲面边界元

边界元积分解析算法可以准确计算线性三角形单元上的积分，但线性单元本身与实际的曲面边界存在一定的误差，因此边界元积分解析算法在提高边界元计算精度上是有一定限度的。如果要得到高精度的计算结果，必须增加单元的数量，使剖分后的边界面更加接近实际的边界面，但这同时增加了计算机内存的占用量，计算时间也大大增加。二阶单元是提高计算结果精度的另一途径，但二阶单元也不能完全模拟实际的边界曲面，并且二阶单元的节点数增加，计算时间加长。在实际的工程计算中，二阶单元不如一阶单元使用普遍。本节研究一些常见曲面的边界元积分，这些常见曲面包括球面、圆柱面、圆锥面和圆环面，实际模型的边界面绝大多数是这些曲面和平面围成的。以一阶剖分单元的节点数为基础，在不增加单元和节点数的条件下，将实际的边界曲面作为边界元积分的积分域，使得边界单元和实际边界面完全一致，这样就可消除由边界单元与实际边界的不同产生的误差，提高边界元的精度。同时，由于采用了曲面积分，在精度要求基本一致的情况下，可以采用较少的单元和节点数，这样做一方面减少了计算机内存的占用量，另一方面使计算速度大大加快。将曲面单元应用于直接边界元和间接边界元中，对特高压绝缘子电场进行了初步计算。

2.3.1 球坐标变换边界元

1. 球坐标变换边界元基本原理

球心在坐标系原点，半径为r的球面如图 2.3.1 所示。球面上任意一点既可以用直角坐标(x,y,z)表示，也可以用球坐标(r,θ,φ)表示。由于球面是一个二维问题，确定球面上任意一点只需两个独立变量就足够了。在直角坐标中，虽然球面上点的坐标用三个量表示，但点被约束在球面上，点的坐标必须满足球面约束方程，因而点的三个坐标并非独立，其中只有两个独立自由度。同样，当球面上的点用球坐标表示时，由于球面半径固定，只需两个角度坐标θ、φ就可唯一确定球面上一点的位置[14-15]。球面上的积分既可以在直角坐标系中计算，又可以在球坐标系中计算。直角坐标系中的面积微元用球坐标表示为

$$\mathrm{d}S = r^2\sin\theta\mathrm{d}\theta\mathrm{d}\varphi = |\boldsymbol{J}|\mathrm{d}\theta\mathrm{d}\varphi \tag{2.3.1}$$

其中，方位角$\varphi\in[0,2\pi]$，极角$\theta\in[0,\pi]$，$|\boldsymbol{J}|$为直角坐标系转换为球坐标系的雅可比行列式。

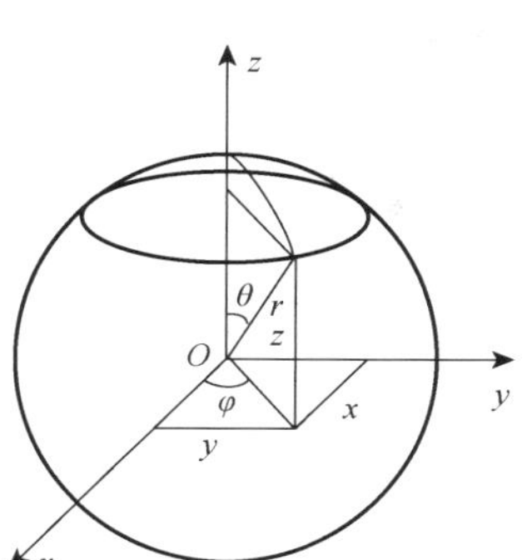

图 2.3.1　球面及球坐标系

直角坐标与球坐标具有如下转换关系：

$$\begin{cases} x = r\sin\theta\cos\varphi \\ y = r\sin\theta\sin\varphi \\ z = r\cos\theta \end{cases} \tag{2.3.2}$$

球面法向量 $\boldsymbol{e}_r = (e_{rx}, e_{ry}, e_{rz})$ 为

$$\begin{cases} e_{rx} = \sin\theta\cos\varphi \\ e_{ry} = \sin\theta\sin\varphi \\ e_{rz} = \cos\theta \end{cases} \tag{2.3.3}$$

在球面上，球坐标的三个单位矢量 $\boldsymbol{e}_r$、$\boldsymbol{e}_\theta$、$\boldsymbol{e}_\varphi$ 构成一正交的活动标架，在球半径 r 确定的情况下，将球坐标 (θ,φ) 的取值范围表示成图 2.3.2（b）所示的矩形区域。

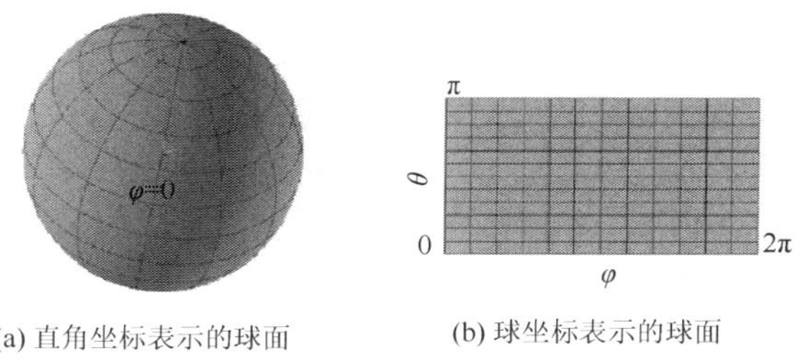

(a) 直角坐标表示的球面　　(b) 球坐标表示的球面

图 2.3.2　球面的直角坐标和球坐标表示

图 2.3.2（b）中矩形的下边和上边分别对应球面的上、下两个极点，除上、下边外，矩形区域上的点和球面上的点存在一一对应的关系。知道了点的球坐标，该点处球面的法向量可由式（2.3.3）给出，因此该矩形区域与直角坐标系中的球面是等价的。应该注意，此处的矩形区域是由两个角度围成的一个抽象平面，并非实际空间中的平面。对球面进行网格剖分时，由于上、下极点和 $\varphi = 0°$ 线为球坐标 θ、φ 的起始点与终止点，上、下极点应为单元的节点，$\varphi = 0°$ 线应为单元的边界。

1）球面规则网格剖分

按等φ线和等θ线将球面进行规则网格剖分，如图 2.3.2（a）所示，则球面上各曲面单元对应到(θ,φ)平面上为规则的矩形单元，如图 2.3.2（b）所示。球面上、下极点处为三角形单元，对应到(θ,φ)平面上同样为规则的矩形单元，如图 2.3.3 所示。

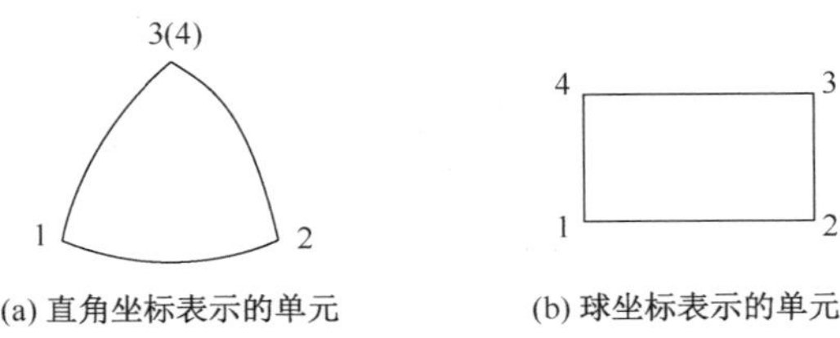

(a) 直角坐标表示的单元　(b) 球坐标表示的单元

图 2.3.3　极点的处理

图 2.3.3（a）中节点 3 为极点，这时用球坐标表示该单元时，应增加一个节点 4，如图 2.3.3 所示，并且令

$$\varphi_3=\varphi_2\,,\qquad \varphi_4=\varphi_1\,,\qquad \theta_4=\theta_3 \tag{2.3.4}$$

式中：φ_i、$\theta_i(i=1,2,3,4)$为四个节点处的球坐标。

2）球面任意三角形网格剖分

球面以任意三角形网格剖分时，除上、下极点外，球面上每个单元节点在(θ,φ)平面上都有唯一的点与之对应，如图 2.3.4 所示。在(θ,φ)平面上将单元的三个节点连接成平面直边三角形单元[图 2.3.5（b）中的$\triangle i'j'k'$]，则该三角形单元对应到球面上为球面曲边三角形[图 2.3.5（a）中以虚线表示的$\triangle ijk$]。在球面上，曲边三角形的形状是固定的，但很难确定它的具体形状，也没有必要确定它的具体形状，因为这并不妨碍计算它上面的积分。球面曲边三角形通过球坐标变换变为(θ,φ)平面上的平面直边三角形，该三角形单元上的积分即球面曲边三角形单元上的积分。极点处的三角形单元按式(2.3.4)处理，连接三角形单元在(θ,φ)平面上的四个对应点，形成一个直角梯形单元，该四边形单元对应到球面上则为极点处的球面曲边三角形单元。

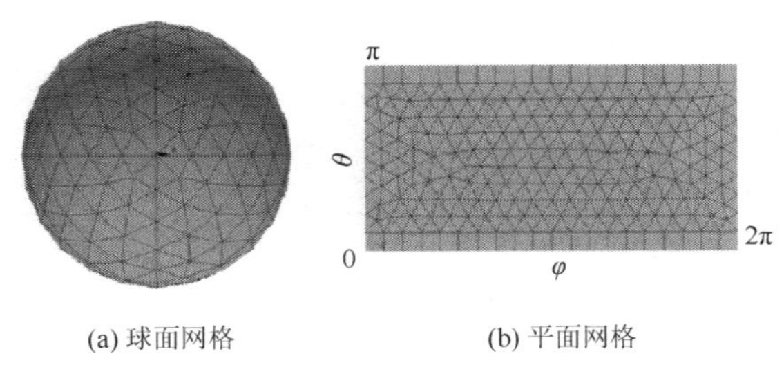

(a) 球面网格　(b) 平面网格

图 2.3.4　球面的三角形网格剖分

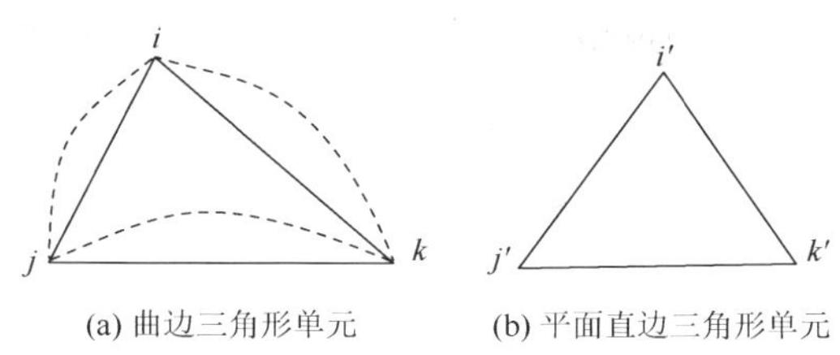

图 2.3.5　球面的曲边三角形单元和平面直边三角形单元

3）球面任意四边形网格剖分

球面以任意四边形网格剖分时，除上、下极点外，球面上每个单元节点在 (θ,φ) 平面上都有唯一的点与之对应。在 (θ,φ) 平面上将单元的四个节点连接成平面直边四边形单元，则该四边形单元对应到球面上为球面曲边四边形单元。对于极点处的四边形单元，应过极点将四边形单元分解为两个三角形单元，每个三角形单元极点处的球坐标按式（2.3.4）处理。连接三角形单元在 (θ,φ) 平面上的四个对应点，形成一个直角梯形单元，该四边形单元对应到球面上则为极点处的球面曲边三角形单元。

在球坐标变换下，球面曲边单元转换为球坐标表示的平面直边单元，相应的球面曲边单元上的积分转换为球坐标平面单元上的积分。球坐标平面单元的处理方法和直角坐标平面单元的处理方法完全相同，可以把直角坐标平面单元中的形函数应用于球坐标平面单元，只需将直角坐标 x 、 y 置换为球坐标 θ 、 φ 即可。单元上的任何积分最终都归结为对单元上的局部坐标积分，因此在球坐标变换下，单元的积分微元用局部坐标表示为

$$\mathrm{d}S = r^2 \sin\theta \mathrm{d}\theta \mathrm{d}\varphi = r^2 \sin\theta \left|\boldsymbol{J}_e\right| \mathrm{d}\xi \mathrm{d}\eta \tag{2.3.5}$$

式中：$\left|\boldsymbol{J}_e\right|$ 为球坐标单元 e 上坐标 θ 、 φ 到局部坐标 ξ 、 η 变换的雅可比行列式，其具体表达式为

$$\left|\boldsymbol{J}_e\right| = \frac{\partial\theta}{\partial\xi}\frac{\partial\varphi}{\partial\eta} - \frac{\partial\varphi}{\partial\xi}\frac{\partial\theta}{\partial\eta} \tag{2.3.6}$$

将式（2.3.5）代入式（2.1.8）的边界元积分方程，即可求解球形边界的边值问题。

区别于直角坐标系中的平面直边边界元，基于球坐标变换的球面曲边边界元方法具有以下特点：

（1）严格计算球面上的积分，球面曲边单元上的积分等于球坐标 (θ,φ) 平面上平面直边单元区域上的积分；

（2）求解函数在球面曲边单元上沿球坐标作线性插值，因为求解函数在球坐标 (θ,φ) 平面的直边单元上沿球坐标作线性插值；

（3）积分单元的外法线方向严格取为球面法线方向，由 (θ,φ) 平面上各点的球坐标，利用式（2.3.3）可得到各点准确的法线方向。

2. 球坐标变换边界元算例

1）球板电极中带电球表面的电场强度分布

将加 100V 电压，半径为 1m 的导体球置于零电位平板电极的上方 2m 处，形成一球板电极。假设平板电极无限大，这一问题可以用镜像法来求解。以球心为原点，向上的方向为极轴建立球坐标系。图 2.3.6（a）是球面被规则网格剖分成 72 个单元、67 个节点的情况下，用球面曲边四边形边界元计算的球面上各点处电场强度随极角的分布，图 2.3.6（b）是其相应的电场强度分布云图。图 2.3.6（c）、（d）为球面任意网格剖分成 132 个单元、134 个节点时球面曲边四边形和平面直边四边形边界元计算结果。图 2.3.6（e）为球面被网格剖分成 600 个单元、602 个节点时平面直边四边形边界元计算结果。图 2.3.6（f）为高精度二维轴对称场有限元方法的计算结果。

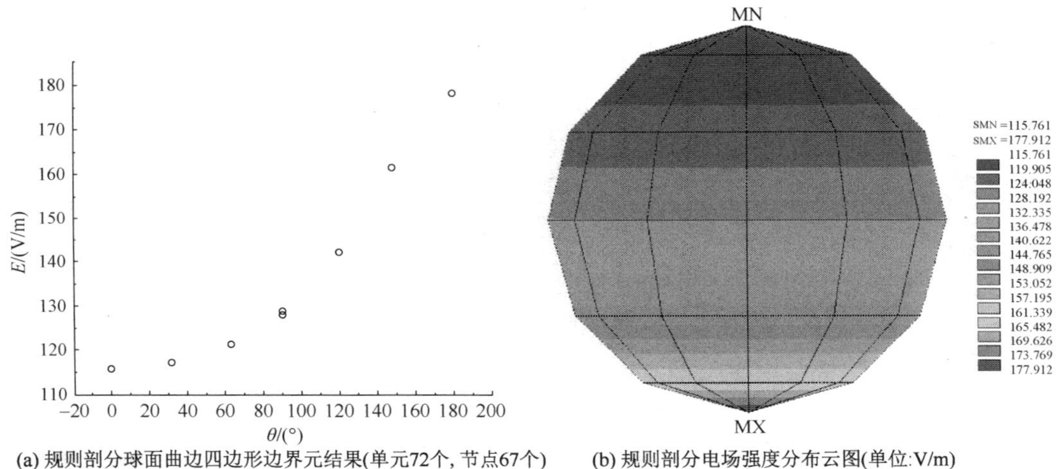

(a) 规则剖分球面曲边四边形边界元结果(单元72个, 节点67个)　　(b) 规则剖分电场强度分布云图(单位:V/m)

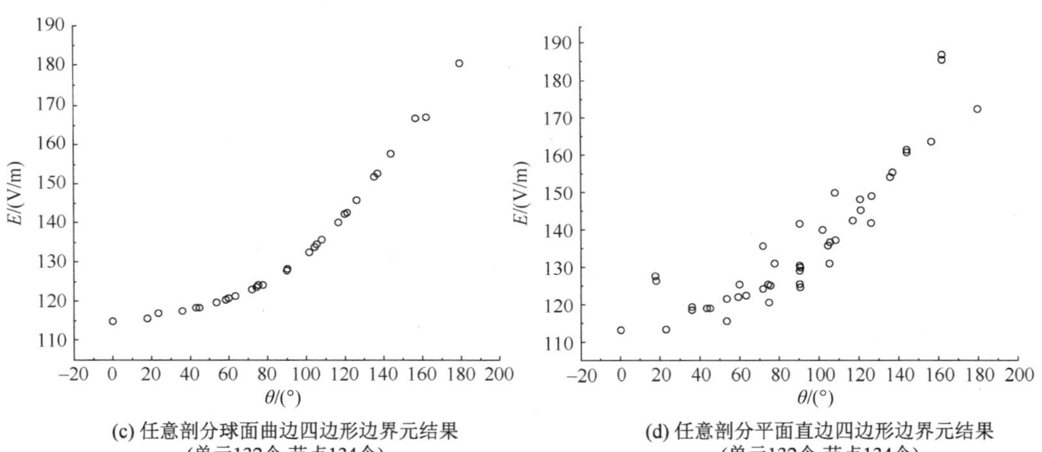

(c) 任意剖分球面曲边四边形边界元结果
(单元132个,节点134个)

(d) 任意剖分平面直边四边形边界元结果
(单元132个,节点134个)

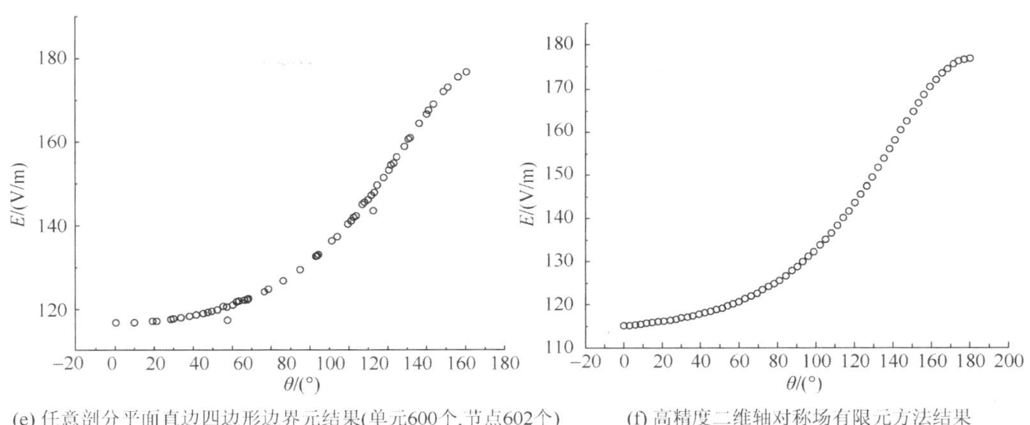

(e) 任意剖分平面直边四边形边界元结果(单元600个、节点602个)　　(f) 高精度二维轴对称场有限元方法结果

图 2.3.6　导体球表面电场强度随极角的分布

在二维轴对称有限元方法中，采用如下措施以确保计算结果的准确性：①用无限远单元等效人为划分的边界以外的影响；②人为划分的边界远在模型尺寸的十倍以外；③边界内采用 8 节点二阶四边形单元，边界外采用一层 8 节点二阶四边形无限远单元；④采用高密度网格剖分，边界内四边形单元个数为 20043。以轴对称有限元方法的高精度计算结果为基准，当节点数为 67 时，规则网格剖分球面曲边四边形边界元结果与有限元结果基本一致，电场强度云图呈规律性分布。节点数为 134 的任意网格剖分，球面曲边四边形边界元结果与有限元结果也基本一致，但平面直边四边形边界元结果与有限元结果差别明显，球面上极角相同的各点的电场强度值上下波动较大。当节点数增加到 602 时，平面直边四边形边界元结果与有限元结果基本一致，但节点数为球面曲边四边形边界元的 9 倍。因此，在节点分布相同时，球面曲边四边形边界元精度比平面直边四边形边界元精度显著提高。在节点分布大致相同时，规则网格剖分球面曲边四边形边界元比任意剖分球面曲边边界元精度高。其原因是球坐标变换后，在 (θ,φ) 平面上规则剖分对应规则的矩形单元，而任意剖分对应任意的四边形单元。在局部坐标变换中，矩形单元的计算误差小于任意四边形单元的计算误差。602 个节点时平面直边四边形边界元和 67 个节点时球面曲边四边形边界元的计算精度大致相同，而所用时间分别为 228s 和 3s。因此，在计算精度要求一致的情况下，球面曲边四边形边界元的节点数大幅度减少，计算时间大大减少。

2）球形电极的三维电场计算

三个半径为 1.0m 的导体球均加 100V 电压，球心分别在(0,0,0)、(3,0,0)、(0,0,3)处。三个导体球被网格剖分成 216 个单元，186 个节点。分别用球面曲边四边形边界元和平面直边四边形边界元计算导体表面的电场强度分布，如图 2.3.7 所示。

由图 2.3.7 可以看出，球面曲边四边形边界元计算的电场强度分布云图符合电场强度分布规律。电极内侧电场强度最小，外侧最大，电场强度由小到大逐渐变化，电场强度等值线无振荡。平面直边四边形边界元计算的三个电极的电场强度分布从内侧到外侧也是逐渐增大的，但分布云图比较紊乱，电场强度等值线振荡较大。球面曲边四边形边界元结果明显优于平面直边四边形边界元结果。

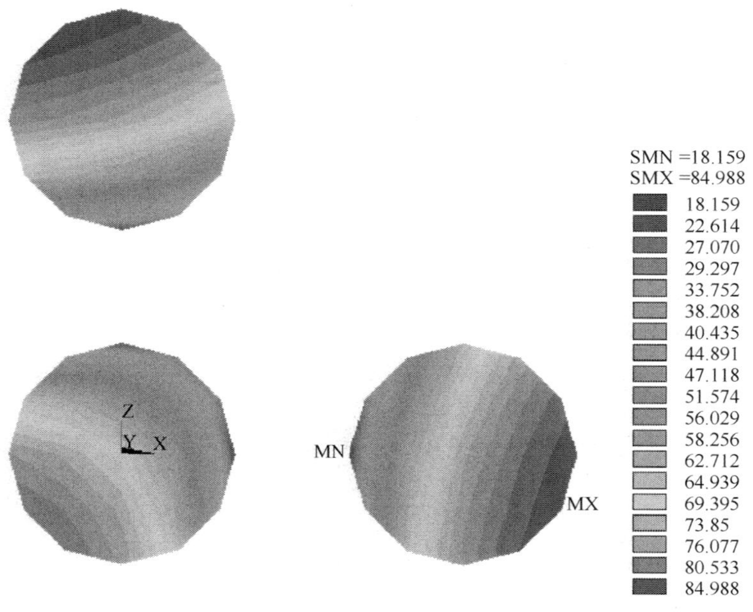

(a) 球面曲边四边形边界元结果

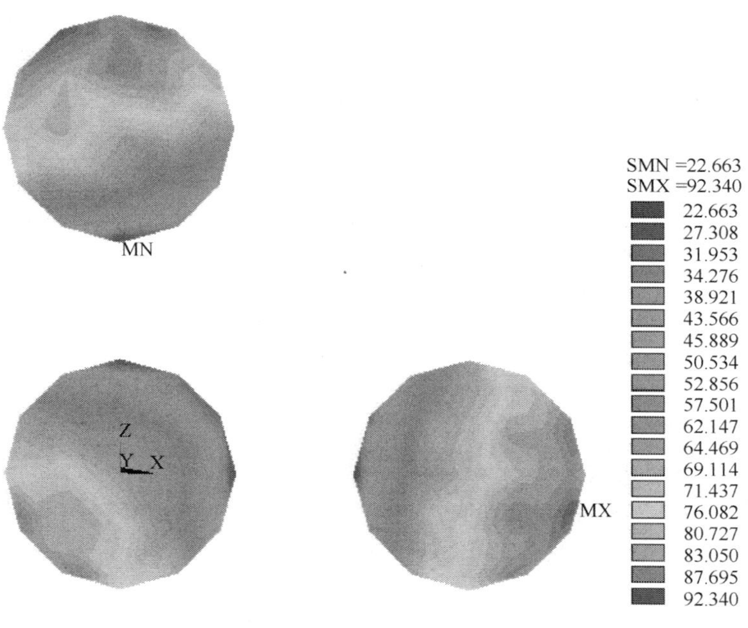

(b) 平面直边四边形边界元结果

图 2.3.7　电场强度分布云图（单位：V/m）

2.3.2　球面三角形边界元

1. 球面三角形边界元基本原理

球面三角形是球面上三点间每两点以大圆弧相连，由三条大圆弧围成的球面图形。球面三角形和由球面三角形三个顶点连成的平面直边三角形间存在一一对应的关系，已知两者之间面积微元间的关系，即可通过平面直边单元上的积分求得球面三角形单元上的积分[16]。

1）球面单元积分到平面单元积分的转换

图 2.3.8 中曲线围成的区域表示球面三角形单元△ijk（三条边为球面上的大圆弧），顶点相同的直线围成的区域表示平面直边三角形单元。o 为球心，r 为球半径，a 为直边三角形单元上一点，oa 的长为 r'，延长 oa 与球面相交于 b 点。设 b 点处球面的单位法向矢量为 $\boldsymbol{e}_r$，a 点处平面单元单位法向矢量为 $\boldsymbol{n}'$，$\boldsymbol{e}_r$ 与 $\boldsymbol{n}'$ 间的夹角为 α。

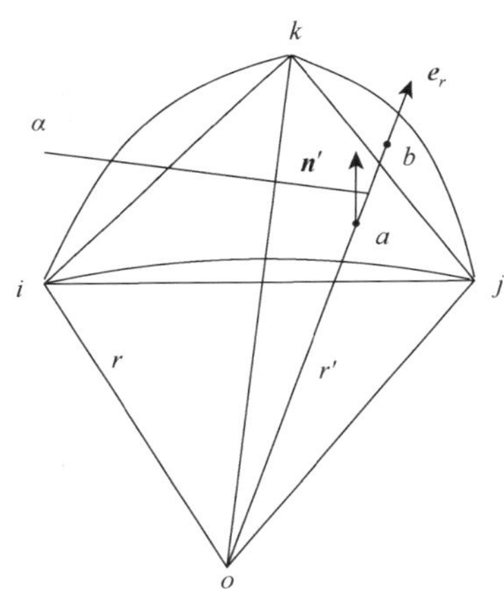

图 2.3.8　球面三角形单元与平面直边三角形单元

以 $\mathrm{d}S'$ 表示 a 点处平面直边三角形单元上的面积元，法线方向为 $\boldsymbol{n}'$，则 $\mathrm{d}S'$ 在 $\boldsymbol{e}_r$ 方向的大小为 $\cos\alpha\mathrm{d}S'$。以球心为辐射点，将 $\cos\alpha\mathrm{d}S'$ 投影到球面上，球面上的面积元记为 $\mathrm{d}S$，得到 $\cos\alpha\mathrm{d}S'$ 与 $\mathrm{d}S$ 的关系为

$$\mathrm{d}S=\left(\frac{r}{r'}\right)^2\cos\alpha\mathrm{d}S'=|\boldsymbol{J}|\mathrm{d}S' \tag{2.3.7}$$

式中：$|\boldsymbol{J}|$ 为球面三角形到平面直边三角形变换的雅可比行列式。

设 a 点坐标为 (x',y',z')，b 点坐标为 (x,y,z)，球心坐标为 (x_0,y_0,z_0)，则 a、b 两点的坐标转换关系为

$$\begin{cases} x = \dfrac{r}{r'}(x' - x_0) + x_0 \\ y = \dfrac{r}{r'}(y' - y_0) + y_0 \\ z = \dfrac{r}{r'}(z' - z_0) + z_0 \end{cases} \tag{2.3.8}$$

球面的外法线方向$\boldsymbol{e}_r(e_{rx}, e_{ry}, e_{rz})$为

$$\begin{cases} e_{rx} = \dfrac{x' - x_0}{r'} = \dfrac{x - x_0}{r} \\ e_{ry} = \dfrac{y' - y_0}{r'} = \dfrac{y - y_0}{r} \\ e_{rz} = \dfrac{z' - z_0}{r'} = \dfrac{z - z_0}{r} \end{cases} \tag{2.3.9}$$

由三角形顶点坐标容易求得$\boldsymbol{n}'$，由$\boldsymbol{n}'$和$\boldsymbol{e}_r$即可计算$\cos\alpha$。

2）球面三角形单元上的形函数

在上面的 1）中只是找出了球面三角形单元和平面直边三角形单元上面积微元的对应关系，通过计算平面直边三角形单元上的积分来达到计算球面三角形单元上积分的目的。但被积函数对应的是球面上各点的值，因此应给出球面三角形单元上的形函数。

图 2.3.9 中以i、j、k表示球面三角形的三个顶点，相应的大写字母I、J、K表示球面三角形的三个角度（即平面oij、ojk、oik间的夹角）。p为球面三角形上的点，图中的所有曲线均表示大圆弧，$\boldsymbol{i}$、$\boldsymbol{j}$、$\boldsymbol{k}$、$\boldsymbol{p}$分别表示矢量$\overrightarrow{oi}$、$\overrightarrow{oj}$、$\overrightarrow{ok}$、$\overrightarrow{op}$，θ为平面oid与平面ojd的夹角，即球面三角形ijd在顶点d处的角度。

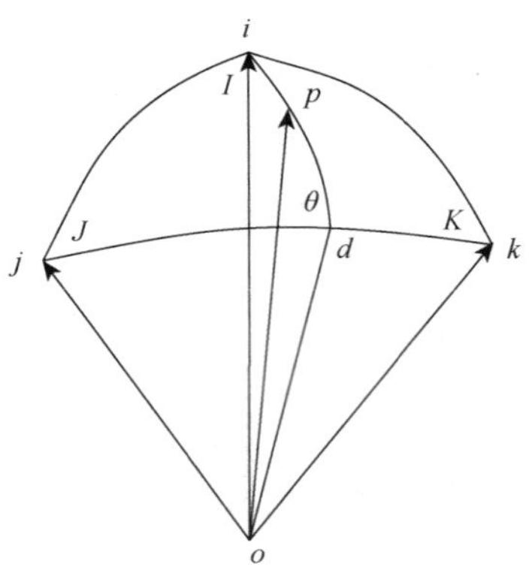

图 2.3.9　球面三角形单元形函数

参照平面直边三角形单元中形函数的定义方法，定义p点处的形函数N_1为

$$N_1 = \frac{\widehat{pd}}{\widehat{id}} = \frac{\widehat{id} - \widehat{ip}}{\widehat{id}} \tag{2.3.10}$$

式中：$\widehat{pd}$和$\widehat{id}$为大圆弧。

在扇形 oip、oij 中容易求得大圆弧

$$\widehat{ip} = r\arccos\left(\frac{\boldsymbol{i}\cdot\boldsymbol{p}}{r^2}\right) \tag{2.3.11}$$

$$\widehat{ij} = r\arccos\left(\frac{\boldsymbol{i}\cdot\boldsymbol{j}}{r^2}\right) \tag{2.3.12}$$

在球面△ijd 中，顶点 j、d 处角度的正弦为

$$\sin J = \left|\left(\frac{\boldsymbol{i}\times\boldsymbol{j}}{|\boldsymbol{i}\times\boldsymbol{j}|}\right)\times\left(\frac{\boldsymbol{j}\times\boldsymbol{k}}{|\boldsymbol{j}\times\boldsymbol{k}|}\right)\right| \tag{2.3.13}$$

$$\sin\theta = \left|\left(\frac{\boldsymbol{i}\times\boldsymbol{p}}{|\boldsymbol{i}\times\boldsymbol{p}|}\right)\times\left(\frac{\boldsymbol{j}\times\boldsymbol{k}}{|\boldsymbol{j}\times\boldsymbol{k}|}\right)\right| \tag{2.3.14}$$

在球面△ijd 中应用球面三角形的正弦定理，得大圆弧

$$\widehat{id} = r\arcsin\left[\frac{\sin(\widehat{ij}/r)\cdot\sin J}{\sin\theta}\right] \tag{2.3.15}$$

将式（2.3.12）～式（2.3.14）代入式（2.3.15），将式（2.3.11）和式（2.3.15）代入式（2.3.10）即可得到形函数 N_1。N_1 沿大圆弧 $\widehat{id}$ 线性变化，在点 i 处值为 1，在点 d 处值为 0，实际上在大圆弧 $\widehat{ij}$ 上 N_1 的值都为 0。p 点处 N_2、N_3 的定义与 N_1 的定义类似。形函数 N_1、N_2、N_3 满足

$$N_\lambda(\boldsymbol{x}_\mu) = \begin{cases} 1, & \lambda = \mu \\ 0, & \lambda \neq \mu \end{cases} \tag{2.3.16}$$

式中：$\lambda,\mu = 1,2,3$；$\boldsymbol{x}_1$、$\boldsymbol{x}_2$、$\boldsymbol{x}_3$ 为 i、j、k 三点的位置矢量。

在球面三角形的三条大圆弧边上满足：

$$N_1 + N_2 + N_3 = 1 \tag{2.3.17}$$

但在球面三角形的内部，式（2.3.17）并不满足。选取单位球面第一卦限内的一球面三角形，顶点直角坐标为 $(0.5,0,\sqrt{3}/2)$、$(\sqrt{2}/2,\sqrt{2}/2,0)$、$(0,\sqrt{3}/2,0.5)$，计算 N_1、N_2、N_3 的值见表 2.3.1。表 2.3.1 中 4 个高斯点是相应的平面直边三角形单元上 4 个高斯点在球面上的投影点。

表 2.3.1　球面三角形内部 N_1、N_2、N_3 的值

高斯点	N_1	N_2	N_3	$N_1+N_2+N_3$
1	0.342	0.361	0.370	1.073
2	0.190	0.650	0.210	1.050
3	0.190	0.206	0.655	1.051
4	0.639	0.200	0.207	1.046

由表 2.3.1 可以看出，N_1、N_2、N_3 的和接近于 1。将 N_1、N_2、N_3 归一化得

$$N_l' = \frac{N_l}{N_1 + N_2 + N_3} \quad (l = 1,2,3) \tag{2.3.18}$$

N_1'、N_2'、N_3'即球面三角形单元上的形函数。

将形函数N_1'、N_2'、N_3'和式（2.3.7）代入式（2.1.8）的边界积分方程，虽然积分方程的积分域为平面直边三角形单元，但最终计算的是球面三角形单元上的积分。区别于平面直边三角形边界元，球面三角形边界元方法具有以下特点：

（1）严格计算球面上的积分，球面三角形上的积分计算是通过计算平面直边三角形上的积分实现的；

（2）求解函数在球面三角形上沿大圆弧作线性插值，定义了球面三角形单元上的形函数；

（3）球面三角形单元的外法线方向严格取为球面的法线方向，由球面上点的坐标，利用式（2.3.9）可得到各点准确的法线方向。

2. 球面三角形边界元算例

1）单个球形电极表面电场强度分布

半径为 1m 的导体球加 100V 电压，则球面上的电场强度为 100V/m。将球面剖分成 80 个单元、42 个节点，如图 2.3.10 所示。用球面三角形边界元和平面直边三角形边界元两种方法计算球面上各节点的电场强度随极角θ的分布，如图 2.3.11 所示。

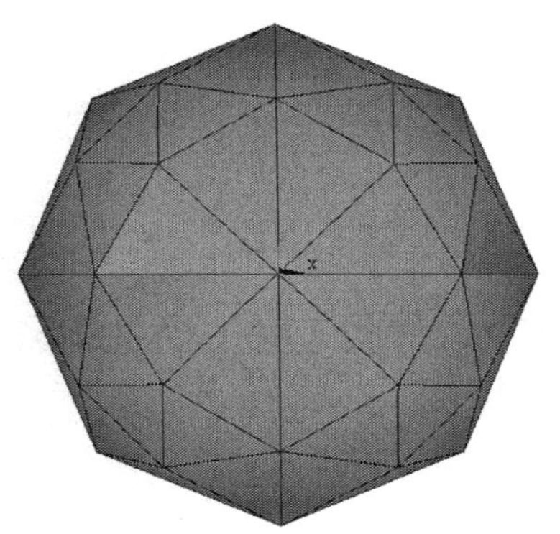

图 2.3.10　球形电极剖分模型

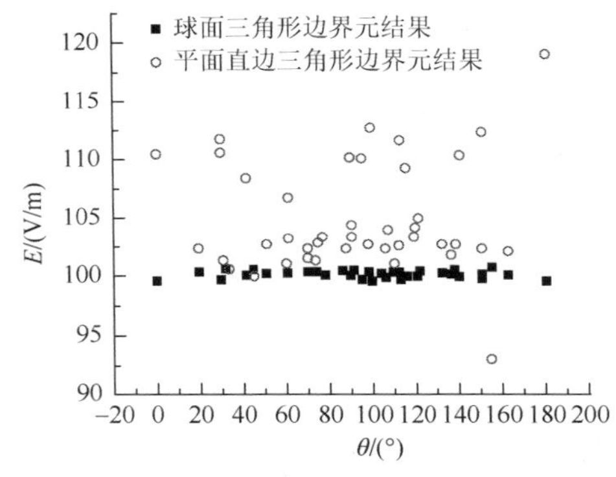

图 2.3.11　电场强度随极角的分布

球面三角形边界元最大相对误差为 0.64%，平面直边三角形边界元最大相对误差为 19.06%。由图 2.3.11 可以看出，在相同剖分情况下，球面三角形边界元计算精度明显高于平面直边三角形边界元。

2）球板电极中带电球表面电场强度分布

计算模型与球坐标变换边界元中的球板电极模型相同。在球面被网格剖分成 168 个单元、86 个节点的情况下，分别用球面三角形边界元和平面直边三角形边界元计算球面上各点处电场强度随极角的分布，如图 2.3.12（a）、（b）所示。图 2.3.12（c）为球面被网格剖分成 1132 个单元、568 个节点时平面直边三角形边界元计算结果。高精度有限元结果参考图 2.3.6（f）。

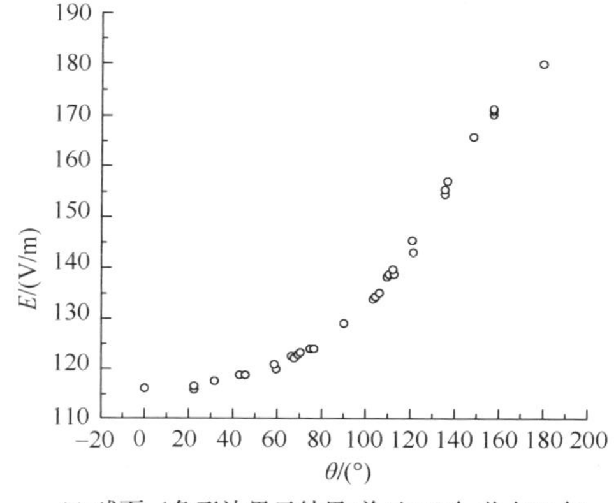

(a) 球面三角形边界元结果(单元168个,节点86个)

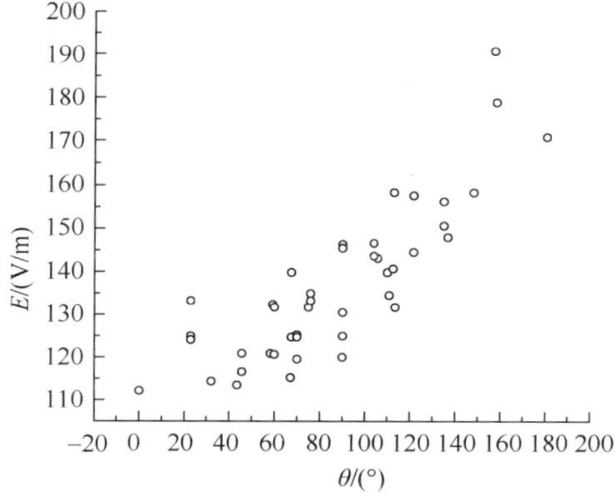

(b) 平面直边三角形边界元结果(单元168个,节点86个)

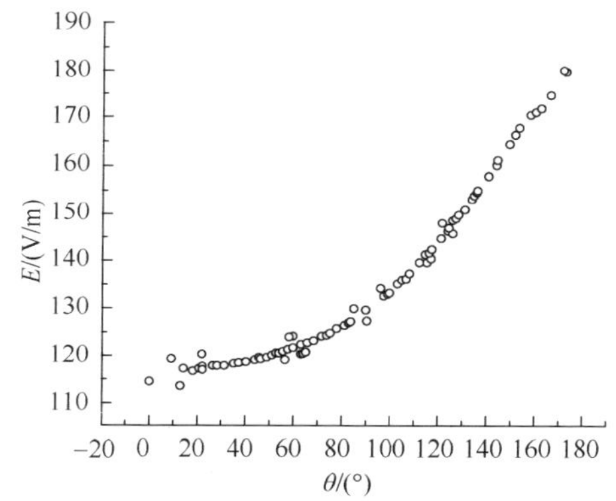

(c) 平面直边三角形边界元结果(单元1132个,节点568个)

图 2.3.12　电场强度随极角的分布

以轴对称有限元方法的高精度计算结果为基准，当节点数为 86 时，球面三角形边界元结果与有限元结果基本一致，但平面直边三角形边界元结果与有限元结果差别明显，上下波动较大。当节点数增加到 568 时，平面直边三角形边界元结果与有限元结果基本一致，但节点数为球面三角形边界元的 6.6 倍。568 个节点时平面直边三角形边界元和 86 个节点时球面三角形边界元所用时间分别为 632s 和 33s。因此，在计算精度要求一致的情况下，球面三角形边界元计算时间大大减少。

3）球形电极的三维电场计算

三个半径为 0.5m 的导体球，第一个球心在（0,0,1），加 10kV 电压；第二个球心在（0,0,–1），加–10kV 电压；第三个球心位于（1,0,0），导体球接地。三个导体球被网格剖分成 398 个单元、205 个节点。分别用球面三角形边界元和平面直边三角形边界元计算导体表面电场强度分布云图，如图 2.3.13 所示。

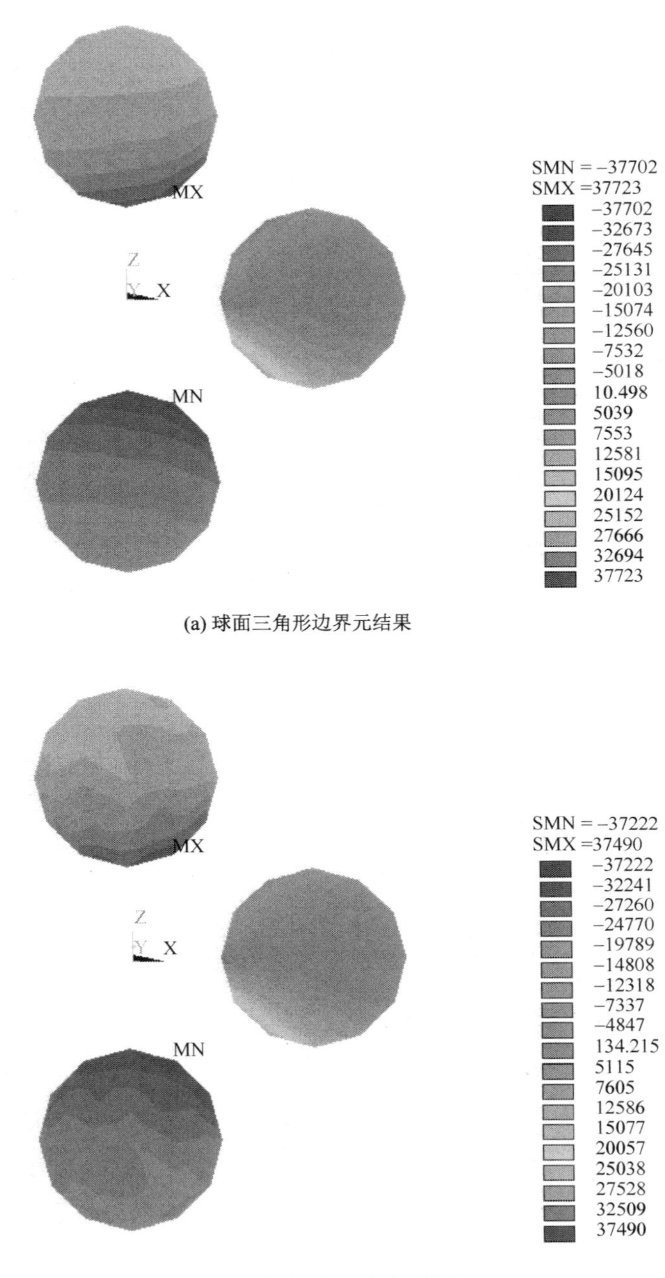

(a) 球面三角形边界元结果

(b) 平面直边三角形边界元结果

图 2.3.13 电场强度分布云图（单位：V/m）

由图 2.3.13 可以看出，球面三角形边界元计算的电场强度分布云图符合电场强度分布规律。高压电极和低压电极上电场强度的最大值向接地导体球偏移，电场强度由大到小逐渐变化，电场强度等值线无振荡。平面直边三角形边界元计算的高压电极和低压电

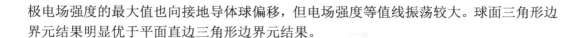

极电场强度的最大值也向接地导体球偏移，但电场强度等值线振荡较大。球面三角形边界元结果明显优于平面直边三角形边界元结果。

2.3.3　圆柱面边界元

1. 圆柱面边界元基本原理

圆柱面上任意一点的位置用直角坐标表示为(x,y,z)，由于点被约束在圆柱面上，点的三个直角坐标并不是独立的，表示圆柱面上点的位置只需两个独立自由度即可。圆柱面上的点也可用柱坐标(r,φ,z)表示，当圆柱面确定后，圆柱的半径r为常数，圆柱面上的点由柱坐标φ、z唯一确定[17]。圆柱面上的积分既可以在直角坐标系中计算，又可以在柱坐标系中计算，直角坐标系中的面积微元用柱坐标表示为

$$dS = r\mathrm{d}\varphi\mathrm{d}z = |\boldsymbol{J}|\mathrm{d}\varphi\mathrm{d}z \tag{2.3.19}$$

其中，方位角$\varphi\in[0,2\pi]$，$|\boldsymbol{J}|$为直角坐标到柱坐标变换的雅可比行列式。

直角坐标与柱坐标的转换关系为

$$\begin{cases} x = r\cos\varphi \\ y = r\sin\varphi \\ z = z \end{cases} \tag{2.3.20}$$

圆柱面法向量$\boldsymbol{e}_r=(e_{rx},e_{ry},e_{rz})$为

$$\begin{cases} e_{rx} = \cos\varphi \\ e_{ry} = \sin\varphi \\ e_{rz} = 0 \end{cases} \tag{2.3.21}$$

在圆柱面上，柱坐标的三个单位矢量$\boldsymbol{e}_r$、$\boldsymbol{e}_\varphi$、$\boldsymbol{e}_z$构成一正交的活动标架，在圆柱半径r确定的情况下，将柱坐标(φ,z)的取值范围表示成图 2.3.14（b）所示的矩形区域。

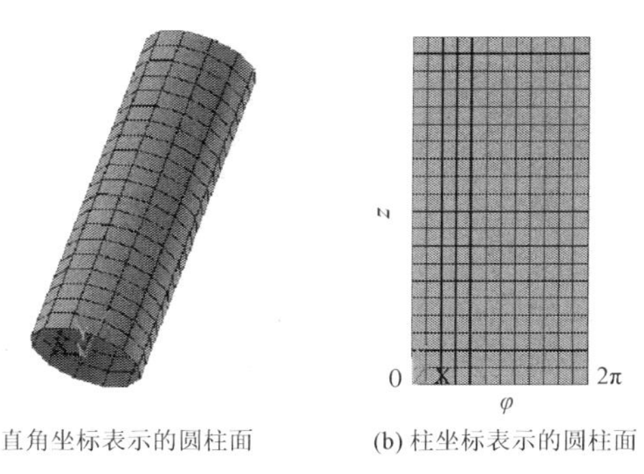

(a) 直角坐标表示的圆柱面　　(b) 柱坐标表示的圆柱面

图 2.3.14　圆柱面的直角坐标和柱坐标表示

在图 2.3.14 中，直角坐标表示的圆柱面上的点和柱坐标(φ,z)表示的矩形区域上的

点存在一一对应的关系。知道点的柱坐标后，该点处圆柱面的法线方向由式（2.3.21）给出，因此图 2.3.14（b）在表示圆柱面上与图 2.3.14（a）是等价的。通过式（2.3.20），圆柱曲面上的积分转化为(φ,z)平面上的积分，此处的(φ,z)平面也是一个抽象平面。

1）圆柱面规则网格剖分

按照等φ线和等z线将圆柱面进行规则网格剖分，如图 2.3.14（a）所示。根据点的一一对应关系，图 2.3.14（a）中圆柱面上各曲边四边形单元和图 2.3.14（b）中(φ,z)平面上各小矩形单元存在一一对应的关系。在柱坐标变换下，圆柱面曲边四边形单元上的积分转化为(φ,z)平面各小矩形单元上的积分。

2）圆柱面任意网格剖分

圆柱面可以用三角形或四边形单元进行任意网格剖分，现以四边形单元为例进行说明。当圆柱面按任意四边形单元剖分时，单元的四个顶点i、j、k、l在(φ,z)平面上有四个对应点i'、j'、k'、l'，如图 2.3.15 所示。将四点连接起来，在(φ,z)平面上围成一个直边四边形$i'j'k'l'$，如图 2.3.15（b）所示。与平面直边四边形区域相对应的圆柱面区域是圆柱面曲边四边形$ijkl$，如图 2.3.15（a）中虚线围成的区域所示。

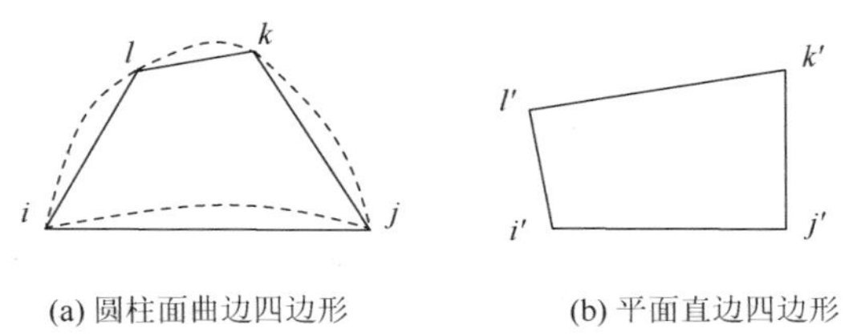

(a) 圆柱面曲边四边形　　(b) 平面直边四边形

图 2.3.15　圆柱面曲边四边形和(φ,z)平面直边四边形

(φ,z)平面上所有直边四边形组成整个(φ,z)平面，因此圆柱面上所有的曲边四边形组成整个圆柱面。相邻圆柱面曲边四边形间没有空隙，也没有叠加。圆柱面曲边四边形$ijkl$的确切形状很难确定，但这并不妨碍计算上面的积分，因为将圆柱面曲边四边形$ijkl$上的积分经过柱坐标变换转化为(φ,z)平面上直边四边形$i'j'k'l'$上的积分时，平面直边四边形$i'j'k'l'$的形状是确定的。

网格剖分时，圆柱面上的$\varphi=0°$线应为单元的边界。这是柱坐标变换下计算圆柱面积分对网格剖分的要求。

在柱坐标变换下，圆柱面曲边单元转换为柱坐标表示的平面直边单元，相应的圆柱面曲边单元上的积分转换为柱坐标平面直边单元上的积分。柱坐标平面直边单元的处理方法和直角坐标平面直边单元的处理方法完全相同，可以把直角坐标平面直边单元中的形函数应用于柱坐标平面直边单元，只需将直角坐标x、y置换为柱坐标φ、z即可。单元上的任何积分最终都归结为对单元上的局部坐标积分，因此在柱坐标变换下，单元的积分微元用局部坐标表示为

$$\mathrm{d}S=r\mathrm{d}\varphi\mathrm{d}z=r\left|\boldsymbol{J}_e\right|\mathrm{d}\xi\mathrm{d}\eta \tag{2.3.22}$$

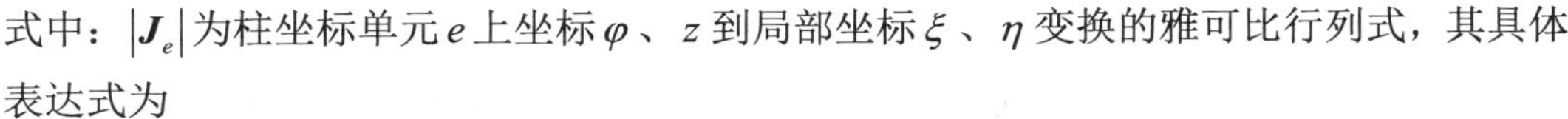

式中：$|\boldsymbol{J}_e|$为柱坐标单元e上坐标φ、z到局部坐标ξ、η变换的雅可比行列式，其具体表达式为

$$|\boldsymbol{J}_e| = \frac{\partial\varphi}{\partial\xi}\frac{\partial z}{\partial\eta} - \frac{\partial\varphi}{\partial\eta}\frac{\partial z}{\partial\xi} \tag{2.3.23}$$

将式（2.3.22）代入式（2.1.8）的边界元积分方程，即可求解圆柱形边界的边值问题。

区别于直角坐标系中的平面直边边界元，基于柱坐标变换的圆柱面曲边边界元方法具有以下特点：

（1）严格计算圆柱面上的积分，圆柱面曲边单元上的积分等于柱坐标(φ,z)平面上平面直边单元区域上的积分；

（2）求解函数在圆柱面曲边单元上沿柱坐标作线性插值，因为求解函数在柱坐标(φ,z)平面的直边单元上沿柱坐标作线性插值；

（3）积分单元的外法线方向严格取为圆柱面法线方向，由(φ,z)平面上各点的柱坐标，利用式（2.3.21）可得到各点准确的法线方向。

2. 圆柱面边界元算例

1）圆柱电极表面的电场强度分布

一孤立的圆柱电极，直径为 0.02m，高为 2.0m，两端为半球形。以电极的中心为原点，高的方向为z轴方向建立柱坐标系。电极网格剖分时，圆柱面单元用柱坐标变换处理，两端的球面单元用球坐标变换处理。电极加 100V 电压，以无限远处为电位参考点。圆柱表面各节点的电场强度分布如图 2.3.16 所示。图中分别给出了圆柱面被规则网格剖分成 552 个单元，用圆柱面曲边四边形单元和相应的平面直边四边形单元计算的结果，圆柱面被剖分成 2832 个平面直边四边形单元的计算结果，以及二维轴对称有限元方法的计算结果，有限元方法的剖分单元数为 30014。

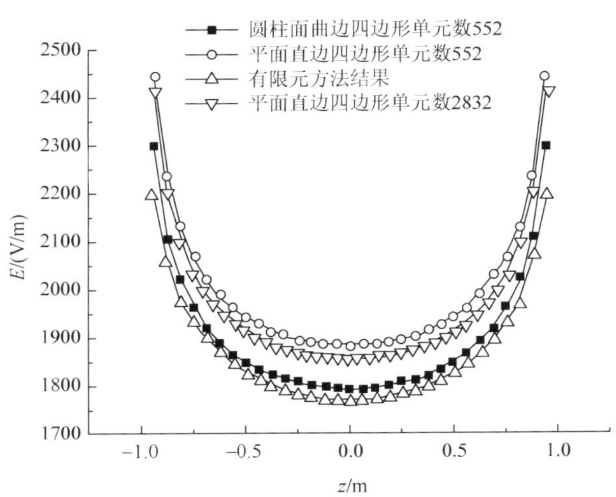

图 2.3.16　圆柱表面电场强度随z的分布

由于二维轴对称有限元方法采用高密度剖分，单元数较多，计算结果比较精确。在剖分单元数都为 552 时，圆柱面曲边四边形边界元结果与有限元结果符合较好，计算精度明显高于相应的平面直边四边形边界元结果。将平面直边四边形单元数增加到 2832，计算结果的精度提高较少。

2）针板电极中圆柱电极的电场强度分布

一圆柱电极，直径为 0.02m，高为 2.0m，两端为半球形，加 100V 电压。电极垂直置于零电位平板电极的上方，中心距平板电极 1.1m。假设平板电极无限大，这一问题可以用镜像法来求解。以平板电极为原点，向上的圆柱轴线方向为 z 轴建立柱坐标系。电极网格剖分时，圆柱面单元用柱坐标变换处理，两端的球面单元用球坐标变换处理。圆柱面上电场强度沿 z 的分布如图 2.3.17 所示。图中同时给出了圆柱面被规则网格剖分成 552 个单元，用圆柱面曲边四边形单元和相应的平面直边四边形单元计算的结果，圆柱面被剖分成 2832 个平面直边四边形单元的计算结果，以及二维轴对称有限元方法的计算结果，有限元方法的剖分单元数为 74471。

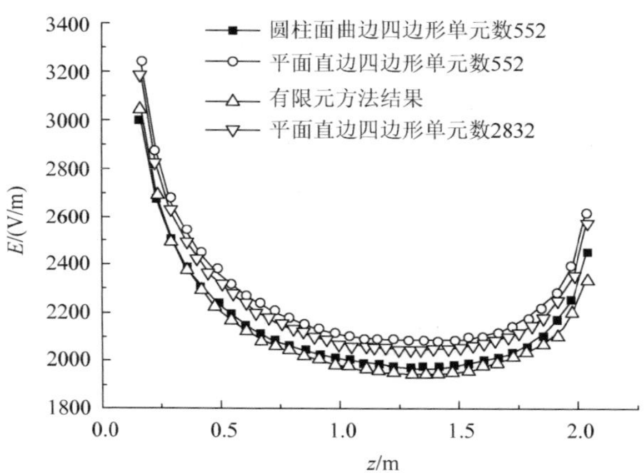

图 2.3.17　针板电极中圆柱表面电场强度随 z 的分布

在规则网格剖分成 552 个单元时，圆柱面曲边四边形单元的计算结果与有限元方法的结果符合得较好，精度较高，计算精度明显高于相应的 552 个平面直边四边形单元的结果，也明显高于 2832 个平面直边四边形单元的结果。

2.3.4　圆锥面边界元

圆锥面上任意一点的位置用直角坐标表示为 (x, y, z)，由于点被约束在圆锥面上，点的三个直角坐标并不是独立的，表示圆锥面上点的位置只需两个独立自由度即可。圆锥面上的点也可用柱坐标 (r, φ, z) 表示，当圆锥面确定后，圆锥面上的点由柱坐标 φ、z 唯一确定[12]。由于柱坐标系为正交坐标系，将 φ、z 的取值范围表示成图 2.3.18（b）所

示的矩形区域，则该矩形区域上的点和图 2.3.18（a）所示的圆锥面上的点存在一一对应的关系。

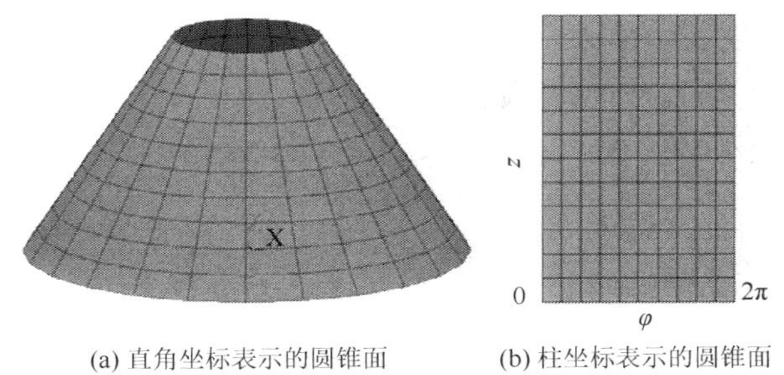

(a) 直角坐标表示的圆锥面　(b) 柱坐标表示的圆锥面

图 2.3.18　圆锥面的直角坐标和柱坐标表示

在圆锥曲面上建立柱坐标系，如图 2.3.19 所示，其中 r_1、r_2 为圆台的上、下底面半径，h 为圆锥的高，α 为母线与下底面的夹角。圆锥面上点的柱坐标 r 不是常数，但 r 和 z 有下面的关系：

$$r = r_2 - z\cot\alpha \tag{2.3.24}$$

圆锥面上的面积微元用柱坐标表示为

$$\mathrm{d}S = \frac{r}{\sin\alpha}\mathrm{d}\varphi\mathrm{d}z = \frac{r_2 - z\cot\alpha}{\sin\alpha}\mathrm{d}\varphi\mathrm{d}z = |\boldsymbol{J}|\mathrm{d}\varphi\mathrm{d}z \tag{2.3.25}$$

式中：$|\boldsymbol{J}|$ 为圆锥面到柱坐标表示的 (φ, z) 平面变换的雅可比行列式。

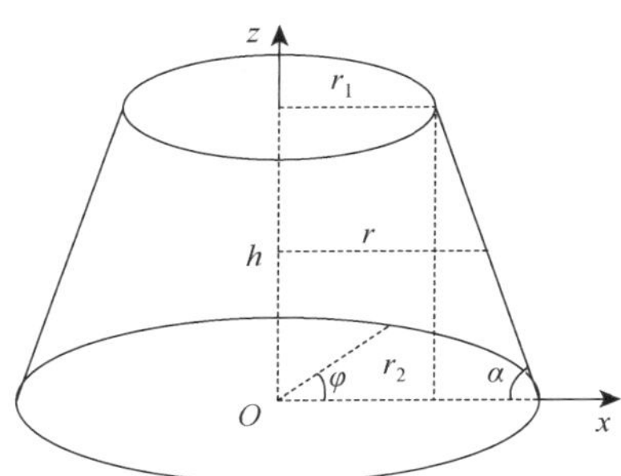

图 2.3.19　圆锥曲面和柱坐标系

圆锥面上直角坐标到柱坐标的转换关系由式（2.3.20）确定，圆锥面外法线方向 $\boldsymbol{e}_r(e_{rx}, e_{ry}, e_{rz})$ 的三个分量为

$$\begin{cases} e_{rx} = \sin\alpha\cos\varphi \\ e_{ry} = \sin\alpha\sin\varphi \\ e_{rz} = \cos\alpha \end{cases} \tag{2.3.26}$$

其中，

$$\tan\alpha = \frac{h}{r_2 - r_1} \tag{2.3.27}$$

根据式（2.3.26），若已知圆锥面上柱坐标的值，就可以计算该点处圆锥面的外法线方向，因此在表示圆锥面时，图 2.3.18（a）和（b）是等价的。通过柱坐标变换，将圆锥面上的积分转化为柱坐标表示的(φ, z)平面矩形区域上的积分。圆锥面的剖分也可分为规则网格剖分和任意网格剖分，情况与圆柱面类似，不再赘述。

对于r_2小于r_1的情况，式（2.3.24）～式（2.3.27）同样成立，这时对应于α大于90°的情况。当α等于90°时，圆锥面变为圆柱面，因而圆柱面是圆锥面的特殊情况。

绝缘子上的伞群是典型的圆锥面，后面要专门研究绝缘子的情况，在此不再列举圆锥曲面的算例。

2.3.5 圆环面边界元

1. 圆环面边界元基本原理

1）圆环坐标系

图 2.3.20 是直角坐标系和圆环坐标系的关系图[18-19]。r_0为圆环半径，r_1为圆环的主体半径。圆环坐标φ表示圆环截面的位置，以正x轴的圆环截面为起点，绕z轴旋转一周为整个圆环，$\varphi \in [0, 2\pi]$。圆环坐标θ表示截面上点的位置，以截面上最外侧的点为起点，半径r_0逆时针旋转一周为一圆环截面，$\theta \in [0, 2\pi]$。

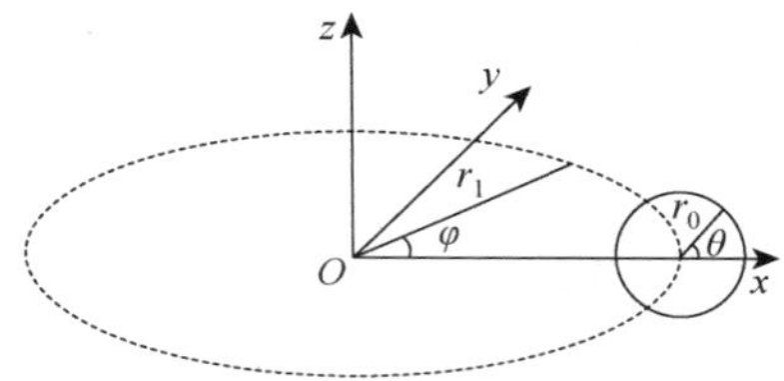

图 2.3.20　圆环坐标系

圆环上一点可由四个圆环坐标r_0、r_1、φ、θ确定，直角坐标与圆环坐标间的转换关系为

$$\begin{cases} x = (r_1 + r_0\cos\theta)\cos\varphi \\ y = (r_1 + r_0\cos\theta)\sin\varphi \\ z = r_0\sin\theta \end{cases} \tag{2.3.28}$$

由式（2.3.28）得到圆环坐标变换的雅可比行列式为

$$|\boldsymbol{J}| = r_0\left(r_1 + r_0\cos\theta\right) \tag{2.3.29}$$

通过式（2.3.28）和式（2.3.29）就可将对直角坐标的积分转化为对圆环坐标的积分。

2）圆环面积分域的转换

对于确定的圆环面，r_0、r_1 固定，圆环面上一点可由圆环坐标 (φ,θ) 唯一确定。圆环面上的点可用直角坐标 (x,y,z) 表示，由于点被约束在圆环面上，直角坐标的三个分量只有两个是独立的，用直角坐标 (x,y,z) 和圆环坐标 (φ,θ) 表示圆环面上的点是等价的。

在圆环面上沿圆环坐标 r_0、φ、θ 增加的方向建立活动标架 $\boldsymbol{e}_r$、$\boldsymbol{e}_\varphi$、$\boldsymbol{e}_\theta$，则该活动标架是正交的，圆环面的外法线方向为 $\boldsymbol{e}_r$ 的方向。将圆环坐标 (φ,θ) 的取值范围表示成图 2.3.21（b）所示的边长为 2π 的正方形区域，则该正方形区域内的点和圆环面上的点具有一一对应的关系。直角坐标系中的面积微元用圆环坐标表示为

$$\mathrm{d}S = r_0(r_1 + r_0\cos\theta)\mathrm{d}\varphi\mathrm{d}\theta = |\boldsymbol{J}|\mathrm{d}\varphi\mathrm{d}\theta \tag{2.3.30}$$

圆环面的外法线方向 $\boldsymbol{e}_r\left(e_{rx},e_{ry},e_{rz}\right)$ 为

$$\begin{cases} e_{rx} = \cos\theta\cos\varphi \\ e_{ry} = \cos\theta\sin\varphi \\ e_{rz} = \sin\theta \end{cases} \tag{2.3.31}$$

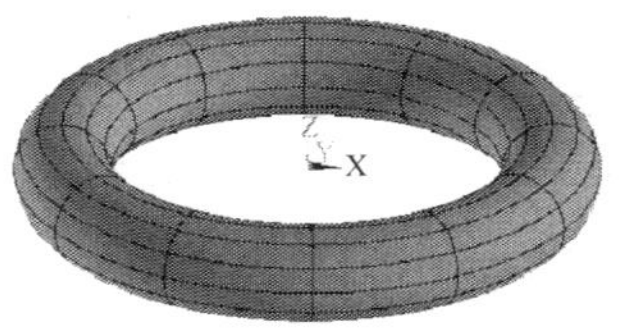

(a) 直角坐标表示的圆环面

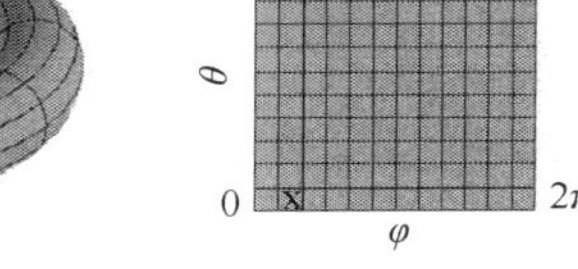

(b) 圆环坐标表示的圆环面

图 2.3.21　圆环面的直角坐标和圆环坐标表示

通过式（2.3.28）～式（2.3.31）就可以将圆环曲面上的积分转换为圆环坐标 (φ,θ) 表示的边长为 2π 的正方形区域上的积分。

3）圆环面的剖分

（1）规则网格剖分。

按照等 φ 线和等 θ 线将圆环面进行规则网格剖分，如图 2.3.21（a）所示。根据点的一一对应关系，图 2.3.21（a）中圆环面上各曲边四边形单元和图 2.3.21（b）中 (φ,θ) 平面上各小矩形单元存在一一对应的关系。在圆环坐标变换下，圆环面曲边四边形单元上的积分转化为 (φ,θ) 平面各小矩形单元上的积分。

（2）任意网格剖分。

圆环面可以用三角形或四边形单元进行任意网格剖分，现以三角形单元为例进行说

明，如图 2.3.22 所示。当圆环面按任意三角形单元剖分时，单元的三个顶点在(φ,θ)平面上有三个对应点，将三点连接起来，在(φ,θ)平面上围成一直边三角形，与直边三角形区域相对应的圆环面区域是圆环面曲边四边形。

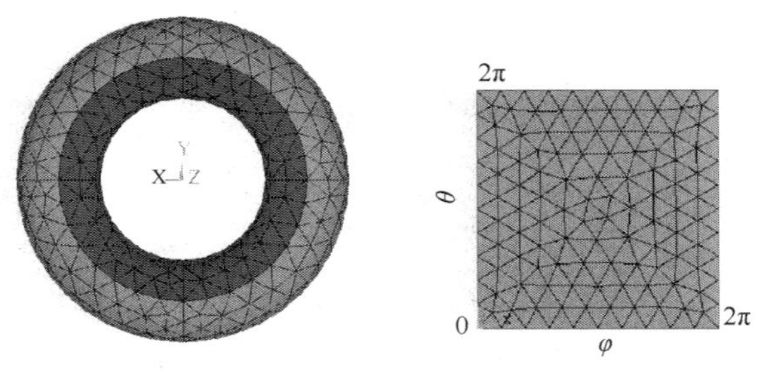

(a) 圆环面的任意三角形单元剖分　(b) 对应的圆环坐标平面三角形单元

图 2.3.22　圆环面的任意三角形网格剖分

(φ,θ)平面上所有直边三角形组成整个(φ,θ)平面，因此圆环面上所有的曲边三角形组成整个圆环面。相邻圆环面曲边三角形间没有空隙，也没有叠加。圆环面曲边三角形单元的确切形状很难确定，但这并不妨碍计算上面的积分，因为将圆环面曲边三角形上的积分经过圆环坐标变换转化为(φ,θ)平面上直边三角形上的积分时，平面直边三角形的形状是确定的。

网格剖分时，圆环面上的$\varphi=0°$线和$\theta=0°$线应为单元的边界。这是圆环坐标变换下计算圆环面积分对网格剖分的要求。

在圆环坐标变换下，圆环面曲边单元转换为圆环坐标表示的平面直边单元，相应的圆环面曲边单元上的积分转换为圆环坐标平面单元上的积分。圆环坐标平面单元的处理方法和直角坐标平面单元的处理方法完全相同，可以把直角坐标平面单元中的形函数应用于圆环坐标平面单元，只需将直角坐标x、y置换为圆环坐标φ、θ即可。单元上的任何积分最终都归结为对单元上的局部坐标积分，因此在圆环坐标变换下，单元的积分微元用局部坐标表示为

$$\mathrm{d}S=r_0\left(r_1+r_0\cos\theta\right)\mathrm{d}\varphi\mathrm{d}z=r_0\left(r_1+r_0\cos\theta\right)\left|\boldsymbol{J}_e\right|\mathrm{d}\xi\mathrm{d}\eta \qquad (2.3.32)$$

式中：$\left|\boldsymbol{J}_e\right|$为圆环坐标单元$e$上坐标$\varphi$、$\theta$到局部坐标$\xi$、$\eta$变换的雅可比行列式，其具体表达式为

$$\left|\boldsymbol{J}_e\right|=\begin{vmatrix}\dfrac{\partial\varphi}{\partial\xi} & \dfrac{\partial\varphi}{\partial\eta}\\ \dfrac{\partial\theta}{\partial\xi} & \dfrac{\partial\theta}{\partial\eta}\end{vmatrix} \qquad (2.3.33)$$

将式（2.3.32）代入式（2.1.8）的边界元积分方程，即可求解圆环形边界的边值问题。

区别于直角坐标系中的平面直边边界元，基于圆环坐标变换的圆环面曲边边界元方法具有以下特点：

（1）严格计算圆环面上的积分，圆环面曲边单元上的积分等于圆环坐标 (φ,θ) 平面上平面直边单元区域上的积分；

（2）求解函数在圆环面曲边单元上沿圆环坐标作线性插值，因为求解函数在圆环坐标 (φ,θ) 平面的直边单元上沿圆环坐标作线性插值；

（3）积分单元的外法线方向严格取为圆环面法线方向，由 (φ,θ) 平面上各点的圆环坐标，利用式（2.3.31）可得到各点准确的法线方向。

2. 圆环面边界元算例

1）单个带电圆环电极表面电场强度的分布

为了将圆环面曲边单元边界元和平面直边单元边界元进行比较，现用圆环面曲边单元边界元、平面直边单元边界元和高精度二维轴对称有限元三种方法计算单个圆环电极表面的电场强度分布。

圆环半径为 0.02m，主体半径为 0.2m，加 100V 电压。经过计算，圆环表面上圆环坐标 $\varphi=0°$ 处各节点的电场强度随 θ 角的分布如图 2.3.23 所示。图 2.3.23（a）是圆环面被剖

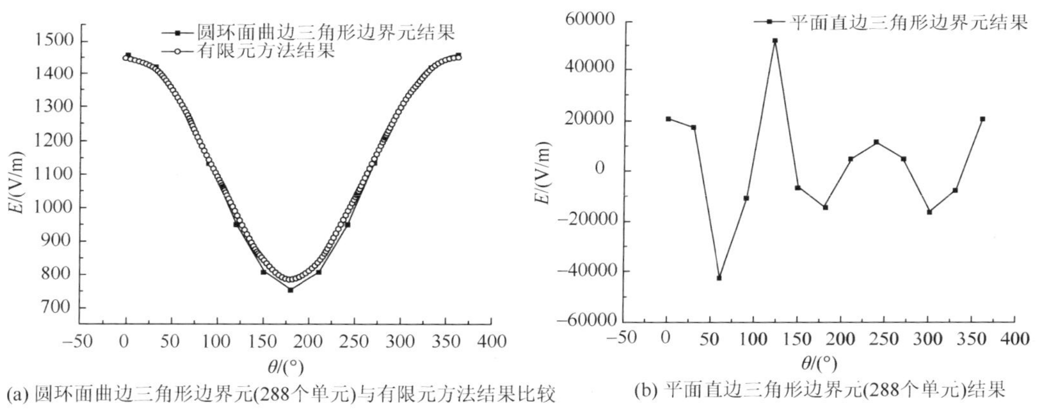

(a) 圆环面曲边三角形边界元(288个单元)与有限元方法结果比较　　(b) 平面直边三角形边界元(288个单元)结果

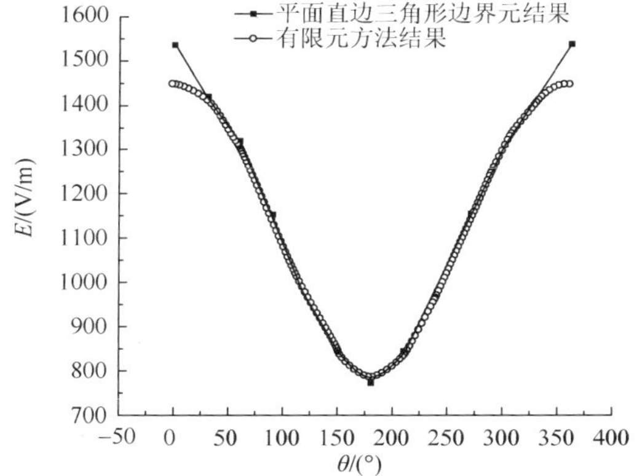

(c) 平面直边三角形边界元(1728个单元)与有限元方法结果比较

图 2.3.23　圆环表面电场强度随 θ 角的分布

分成288个单元、144个节点时，圆环面曲边三角形边界元的计算结果。图2.3.23（b）是相应剖分的平面直边三角形边界元的计算结果。图2.3.23（c）是圆环面被剖分成1728个单元、864个节点时平面直边三角形边界元的计算结果。为了便于比较，图2.3.23（a）、（c）中同时给出了二维轴对称有限元方法的高精度计算结果。

将二维轴对称有限元方法的高精度计算结果作为基准。由图2.3.23可以看出，当圆环面被剖分成288个单元、144个节点时，圆环面曲边三角形边界元计算结果与有限元方法结果基本一致，而同样剖分情况下的平面直边三角形边界元的计算误差很大，计算结果出现大幅振荡。将平面直边三角形单元的节点数增加到原来的6倍，即单元1728个、节点864个，平面直边三角形边界元的计算结果才基本接近有限元方法结果，但最大值处仍有一定误差。有限元方法计算的电场强度最大值为1446V/m，288个单元、144个节点时，圆环面曲边三角形边界元计算结果为1455V/m，而1728个单元、864个节点时平面直边三角形边界元计算结果为1532V/m。

由于边界元的系数矩阵为满阵，计算机内存的占用与节点数的平方成正比，运算量与节点数的3次方成正比。现将计算精度相同时两种方法在内存占用、计算量和总体计算时间的比较结果列于表2.3.2。所用计算机为Pentium4 PC，主频为3.0GHz，内存为1.0GB。

表2.3.2　相同计算精度下圆环面曲边三角形边界元和平面直边三角形边界元方法的比较

方法	节点数	内存占用/KB	运算次数	运算时间/s
圆环面曲边三角形边界元	144	20.7	3E6	10
平面直边三角形边界元	864	746.5	645E6	322

虽然圆环面曲边三角形边界元经过坐标变换增加了每个边界单元上数值积分的计算量，但在保证计算精度的条件下，总体计算时间比平面直边三角形边界元仍有大幅度减少，计算效率的提高是显著的。

2）两带电圆环的三维静电场计算

大圆环中心在（0,0,0），半径为0.1m，圆环主体半径为0.5m，轴线沿z轴方向。小圆环中心在（0.5,0,0.5），半径为0.1m，圆环主体半径为0.2m，轴线沿x轴方向。两圆环加相同的10kV电压。两圆环被网格剖分成576个单元、288个节点。图2.3.24为圆环表面电场强度分布云图，其中图2.3.24（a）为圆环面曲边三角形边界元的计算结果，图2.3.24（b）为平面直边三角形边界元的计算结果。由图2.3.24可以看出，在相同网格剖分条件下，圆环面曲边三角形计算结果符合电场强度分布规律，在两圆环的最近处，电场强度最小，小圆环的顶部远离大圆环一侧电场强度最大，电场强度由最小值到最大值逐渐变化，没有振荡。而平面直边三角形边界元的计算误差较大，电场强度分布比较紊乱，出现振荡，计算结果工程上无法使用。若要用平面直边三角形边界元获得较为精确的计算结果，必须大量增加单元和节点数。

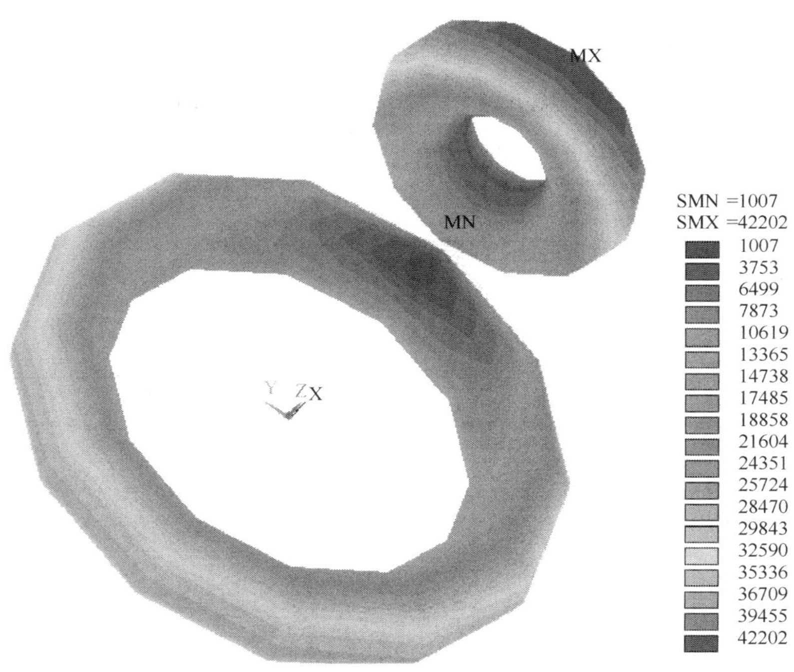

(a) 圆环面曲边三角形边界元计算结果

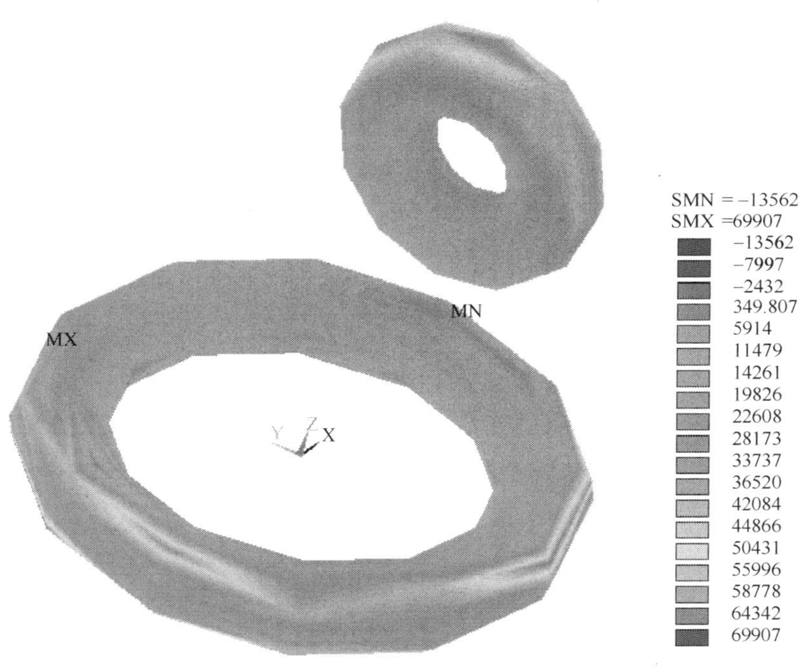

(b) 平面直边三角形边界元计算结果

图 2.3.24　圆环表面电场强度分布云图（单位：V/m）

2.4 Bezier 曲面边界元

本节将提出用双 2 次 Bezier 曲面拟合实际积分面的 Bezier 曲面边界元方法。该方法利用二阶剖分单元的节点坐标信息来构造双 2 次 Bezier 曲面参数方程，将二阶剖分单元的顶点节点重新编号，再利用 Bezier 曲面参数方程和面积比值法构造对应于 Bezier 曲面顶点节点（4 个或 3 个）的形函数；积分在 Bezier 曲面上进行，以 Bezier 曲面顶点节点（4 个或 3 个）为计算节点，大大减少了计算节点数；与一阶平面边界元法相比，双 2 次 Bezier 曲面能够更好地拟合实际积分面，提高计算精度。

Bezier 方法是在曲线、曲面造型中广为应用的基本方法和工具，它多用于曲面造型系统中，Bezier 曲面由于 Bernstein 基函数阶数的不同而有不同次，本节主要用 2 次 Bezier 曲面来拟合实际积分面，针对二阶四边形和三角形剖分单元各自构造相应的 Bezier 曲面和形函数。

2.4.1 Bezier 曲面四边形边界元

1. Bezier 曲面四边形理论基础

1）Bernstein 基函数

Bernstein 基函数满足非负性和单位分解性，以它为基础构造的曲线满足几何不变性，为了更好地拟合实际边界面，提出构造 Bezier 曲面作为积分曲面，这就需要用到 Bernstein 基函数[20]。矩形域上 n 次 Bernstein 基函数 $B_i^n(t)$ 定义为

$$B_i^n(t)=\binom{n}{i}t^i(1-t)^{n-i}\quad \left(t\in[0,1];\ i=0,1,\cdots,n\right) \tag{2.4.1}$$

其中，$\binom{n}{i}=\dfrac{n!}{i!(n-i)!}$。

剖分单元为四边形时，相应地要构造双 2 次 Bezier 曲面，需要用到 2 次 Bernstein 基函数，如图 2.4.1 所示为 $n=2$ 时的 Bernstein 基函数图像。

2）Bezier 曲线

基于 Bernstein 基函数，定义 n 次 Bezier 曲线为

$$P(t)=\sum_{i=0}^{n}P_iB_i^n(t)\quad (t\in[0,1];i=0,1,\cdots,n) \tag{2.4.2}$$

式中：P_i 为控制顶点。

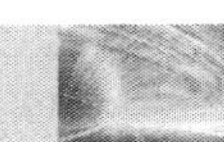

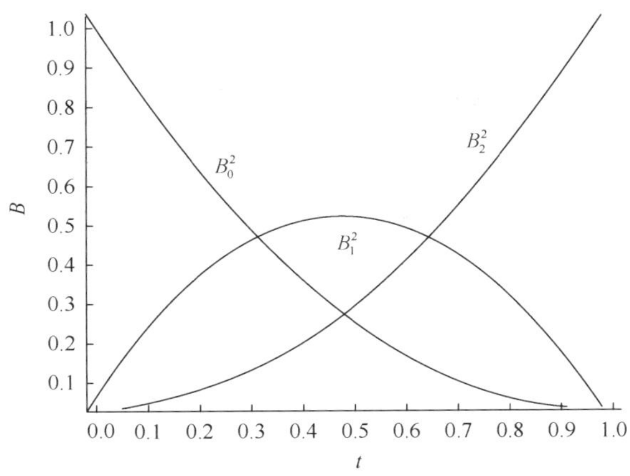

图 2.4.1　n=2 时的 Bernstein 基函数

依次用直线段连接相邻两个 P_i 所得的 n 边折线多边形称为Bezier多边形或者控制多边形。图 2.4.2 所示为 $n=2$ 时的 Bezier 曲线及其控制多边形。Bezier 曲线具有几何不变性和仿射不变性，即 Bezier 曲线不依赖于坐标系的选取，是几何不变的。

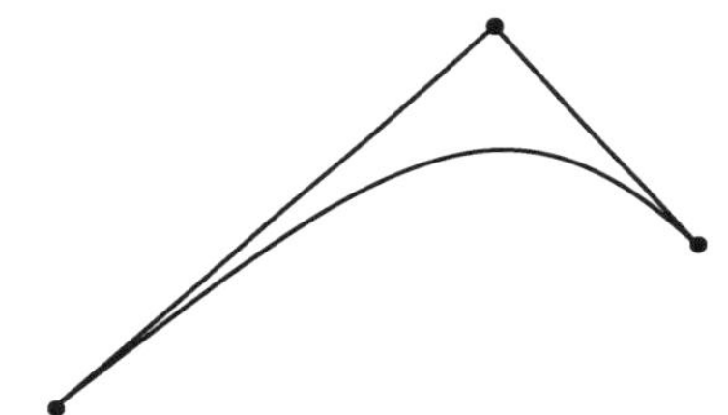

图 2.4.2　n=2 时的 Bezier 曲线及其控制多边形

3）Bezier 曲面

矩形域上 Bezier 曲面参数方程 $S(u,v)$ 定义为

$$S(u,v)=\sum_{i=0}^{m}\sum_{j=0}^{n}P_{ij}B_i^m(u)B_j^n(v)\quad (i=0,1,\cdots,m;j=0,1,\cdots,n) \tag{2.4.3}$$

式中：P_{ij} 为控制顶点；$(u,v)\in[0,1]\times[0,1]$。

依次用直线段连接同行同列相邻两个控制顶点所得的 $m\times n$ 边折线网格称为 Bezier 网或者控制网格。

2. 双 2 次 Bezier 曲面四边形

由 Bezier 曲面参数方程 $S(u,v)$ 的定义可知，为了构造双 2 次 Bezier 曲面四边形，需要用到 2 次 Bernstein 基函数和控制顶点。2 次 Bernstein 基函数为

$$\begin{cases} B_0^2(t) = (1-t)^2 \\ B_1^2(t) = 2t(1-t) \\ B_2^2(t) = t^2 \end{cases} \tag{2.4.4}$$

其中，$t \in [0,1]$。

控制顶点可由二阶四边形剖分单元的节点坐标信息求得。已知二阶四边形剖分单元由 8 个节点构成，4 个顶点节点记为Q_{00}、Q_{20}、Q_{22}、Q_{02}，四个边中点记为Q_{10}、Q_{21}、Q_{12}、Q_{01}。二阶四边形剖分单元的形函数为

$$\begin{cases} N_1 = -\frac{1}{4}(1-\xi)(1-\eta)(\xi+\eta+1) \\ N_2 = \frac{1}{4}(1+\xi)(1-\eta)(\xi-\eta-1) \\ N_3 = \frac{1}{4}(1+\xi)(1+\eta)(\xi+\eta-1) \\ N_4 = \frac{1}{4}(1-\xi)(1+\eta)(-\xi+\eta-1) \\ N_5 = \frac{1}{2}(1-\xi^2)(1-\eta) \\ N_6 = \frac{1}{2}(1-\eta^2)(1+\xi) \\ N_7 = \frac{1}{2}(1-\xi^2)(1+\eta) \\ N_8 = \frac{1}{2}(1-\eta^2)(1-\xi) \end{cases} \tag{2.4.5}$$

其中，$\xi \in [-1,1], \eta \in [-1,1]$。

对这 8 个节点的坐标信息进行插值，可以得到 Bezier 曲面中心点Q_{11}的坐标信息。这 9 个节点应该在 Bezier 曲面上，将这 9 个点的节点信息代入 Bezier 曲面参数方程式（2.4.3）左端，列方程组为

$$\begin{bmatrix} Q_{00} & Q_{01} & Q_{02} \\ Q_{10} & Q_{11} & Q_{12} \\ Q_{20} & Q_{21} & Q_{22} \end{bmatrix} = \begin{bmatrix} B_0^2(u) & B_1^2(u) & B_2^2(u) \end{bmatrix} \begin{bmatrix} P_{00} & P_{01} & P_{02} \\ P_{10} & P_{11} & P_{12} \\ P_{20} & P_{21} & P_{22} \end{bmatrix} \begin{bmatrix} B_0^2(v) \\ B_1^2(v) \\ B_2^2(v) \end{bmatrix} \tag{2.4.6}$$

解方程组（2.4.6），反求控制顶点P_{ij}，将控制顶点P_{ij}和式（2.4.4）代入式（2.4.3），即可求得双 2 次 Bezier 曲面四边形的参数方程。由 Bezier 曲面四边形的参数方程将边界面上的积分转化为标准正方形区间$[0,1]\times[0,1]$上的积分，如图 2.4.3 所示。为方便进行高斯积分，可以用换元法将积分区间转换到区间$[-1,1]\times[-1,1]$上去。

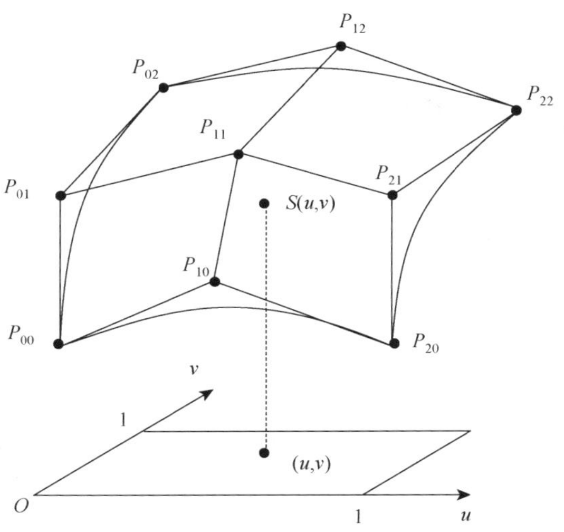

图 2.4.3　双 2 次 Bezier 曲面四边形及控制网格

3. 双 2 次 Bezier 曲面四边形的形函数

为了减少计算节点数，Bezier 曲面四边形边界元法以 Bezier 曲面四边形的 4 个顶点节点为计算节点，计算时需要用到相应的形函数。参照一阶平面单元定义形函数的方式，Bezier 曲面单元的形函数可以用面积比值法来定义。

取 Bezier 曲面四边形上任意一点，将曲面四边形细分为 4 个小单元，如图 2.4.4 所示。对应于这一点的形函数定义为

$$N_1 = \frac{A_1}{A},\qquad N_2 = \frac{A_2}{A},\qquad N_3 = \frac{A_3}{A},\qquad N_4 = \frac{A_4}{A} \tag{2.4.7}$$

式中：A_1、A_2、A_3、A_4 为对应 Bezier 曲面 4 个顶点 1、2、3、4 的小单元面积；A 为曲面总面积，$A = A_1 + A_2 + A_3 + A_4$。

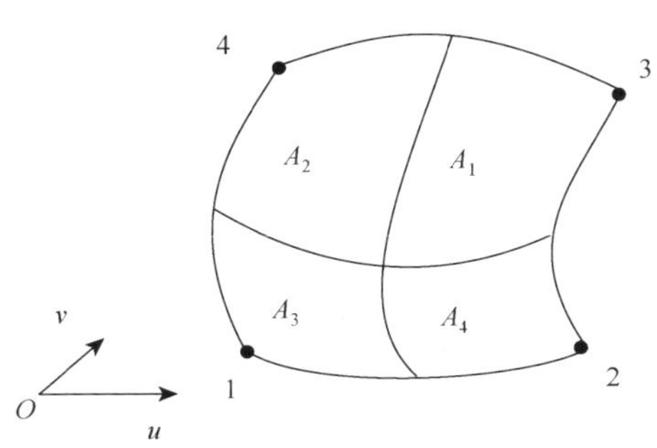

图 2.4.4　Bezier 曲面四边形细分

4. 双 2 次 Bezier 曲面四边形边界元算例

1）曲面拟合误差

取一圆柱面，如图 2.4.5 所示，该圆柱面的底半径为 1，高为 2，则1/4 圆柱面为实际积分面，面积为π。将1/4 圆柱面作为一个剖分单元，用一阶平面四边形边界元法计算1/4 圆柱面的面积为 2.8284，与实际积分面的相对误差为 9.97%；用 Bezier 曲面四边形边界元法计算1/4 圆柱面的面积为 3.1353，与实际积分面的相对误差为 0.2%，Bezier 曲面四边形边界元法的拟合精度大大提高。

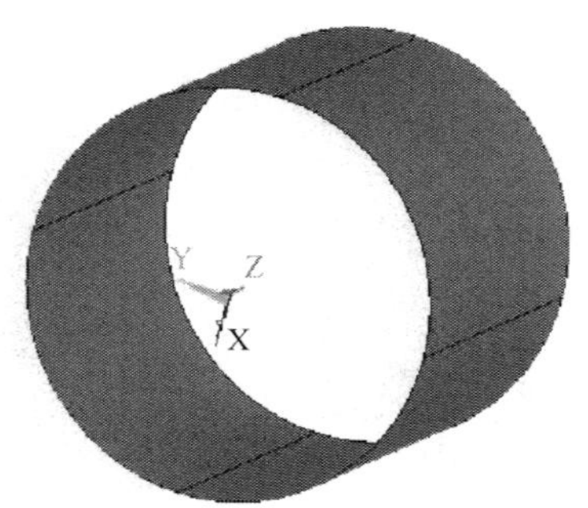

图 2.4.5　圆柱面

2）球板电极

导体球半径为 1m，位于平板电极上方 2m 处，形成球板电极。导体球加 100V 电位，假设平板电极电位设为 0，且无限大，用镜像法将球板电极等效为半径均为 1m 的两个导体球，球心相距 4m，镜像导体球上的电位为–100V。

将球面剖分成 192 个二阶四边形单元，球面上计算节点数为 196 个，分别用 Bezier 曲面四边形边界元法和一阶平面四边形边界元法计算节点的电场强度分布，所得结果及解析解结果沿球面 θ 角的分布如图 2.4.6 所示。参照图 2.4.6 中解析解的计算结果，当计算节点数是 196 个时，Bezier 曲面四边形边界元法和一阶平面四边形边界元法的计算结果的变化趋势与解析解基本一致，但一阶平面四边形边界元法的计算结果波动明显。Bezier 曲面四边形边界元法与解析解的最大误差为 1.52%，一阶平面四边形边界元法与解析解的最大误差为 4.45%。Bezier 曲面四边形边界元法提高了计算精度。

为提高一阶平面四边形边界元法的计算精度，对球面进行一阶剖分，得到 768 个一阶平面四边形单元，此时计算节点数为 772 个，图 2.4.7 所示为一阶平面四边形边界元法计算的电场强度值沿球面 θ 角的分布。由图 2.4.7 可见，一阶平面四边形边界元法计算结果分布与解析解基本一致。因此，计算精度要求相同时，一阶平面四边形边界元法需要计算的节点数是原来的 4 倍，Bezier 曲面四边形边界元法的计算节点数较少。

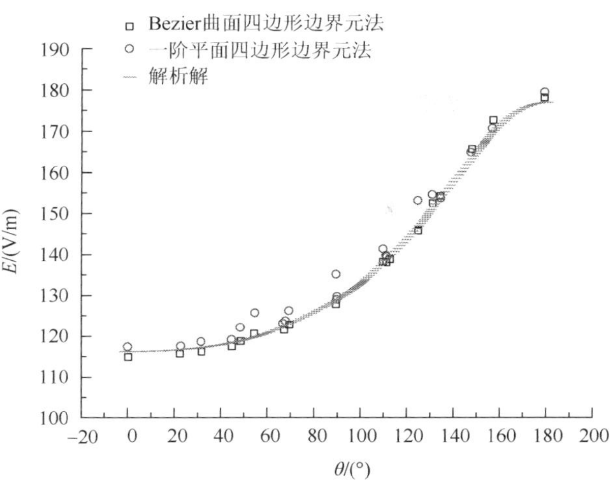

图 2.4.6　两种算法的结果及解析解结果

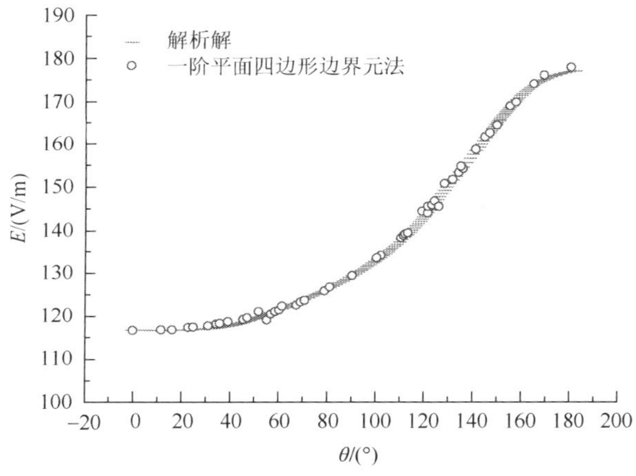

图 2.4.7　一阶平面四边形边界元法结果及解析解结果

与一阶平面四边形边界元法相比，Bezier 曲面四边形边界元法在单元积分曲面构造方面有显著改进，拟合精度有显著提高。计算结果表明，当计算节点数相同时，Bezier 曲面四边形边界元法比一阶平面四边形边界元法的计算精度高。达到相同的计算精度要求时，采用 Bezier 曲面四边形边界元法需要计算的节点数大量减少，占用的计算机内存也相对减少。在云图显示方面，Bezier 曲面四边形边界元法也优于一阶平面四边形边界元法。

2.4.2　Bezier 曲面三角形边界元

1. Bezier 曲面三角形理论基础

构造 Bezier 曲面三角形时，需要用到 Bernstein 基函数，在面积坐标系中定义

$B^n_{i,j,k}(u,v,w)$ 为 n 次 Bernstein 基函数[21]，即

$$B^n_{i,j,k}(u,v,w)=\frac{n!}{i!\,j!\,k!}u^i v^j w^k \tag{2.4.8}$$

其中，$i+j+k=n$；$u,v,w\geqslant 0$；$u+v+w=1$。

三角域上 Bezier 曲面参数方程 $S(u,v,w)$ 定义为

$$S(u,v,w)=\sum_{i+j+k=n} P_{i,j,k}B^n_{i,j,k}(u,v,w) \tag{2.4.9}$$

式中：$P_{i,j,k}$ 为曲面的控制顶点；$(u,v,w)\in T$。

依次用直线段连接相邻两个控制顶点所得到的由 n^2 个三角形组成的网格称为控制网格。

2. 双 2 次 Bezier 曲面三角形

由 Bezier 曲面参数方程 $S(u,v,w)$ 的定义可知，为了构造双 2 次 Bezier 曲面三角形，需要用到相应的 2 次 Bernstein 基函数和控制顶点。2 次 Bernstein 基函数为

$$\begin{cases} B^2_{0,2,0}(u,v,w)=v^2 \\ B^2_{0,0,2}(u,v,w)=w^2 \\ B^2_{2,0,0}(u,v,w)=u^2 \\ B^2_{0,1,1}(u,v,w)=2vw \\ B^2_{1,0,1}(u,v,w)=2uw \\ B^2_{1,1,0}(u,v,w)=2uv \end{cases} \tag{2.4.10}$$

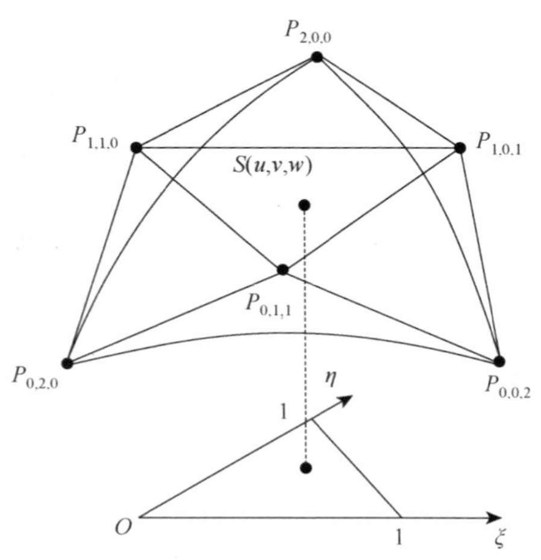

图 2.4.8　双 2 次 Bezier 曲面三角形及控制网格

控制顶点可由二阶三角形剖分单元的节点坐标信息求得。二阶三角形剖分单元由 6 个节点构成，3 个顶点节点记为 $Q_{2,0,0}$、$Q_{0,2,0}$、$Q_{0,0,2}$，3 个边中点记为 $Q_{1,1,0}$、$Q_{0,1,1}$、$Q_{1,0,1}$。这 6 个点应在边界曲面上，应满足 Bezier 曲面参数方程，将这 6 个点的节点信息代入式（2.4.9）左端，列方程组反求控制顶点 $P_{i,j,k}$，由控制顶点和 2 次 Bernstein 基函数即可求得双 2 次 Bezier 曲面三角形的参数方程。由 Bezier 曲面三角形的参数方程将边界面上的积分转化为面积坐标系上的积分。为方便进行高斯积分，可以将积分区间转换到标准三角形单元上去，如图 2.4.8 所示。

3. 双 2 次 Bezier 曲面三角形的形函数

参照 Bezier 曲面四边形边界元法，Bezier 曲面三角形边界元法以 Bezier 曲面三角形的 3 个顶点节点为计算节点，如图 2.4.9 所示。用面积比值法定义对应 3 个顶点的形函数为

$$N_1 = \frac{A_1}{A}, \qquad N_2 = \frac{A_2}{A}, \qquad N_3 = \frac{A_3}{A} \tag{2.4.11}$$

式中：A_1、A_2、A_3 为对应 Bezier 曲面 3 个顶点 1、2、3 的小单元面积；A 为曲面总面积，$A = A_1 + A_2 + A_3$。

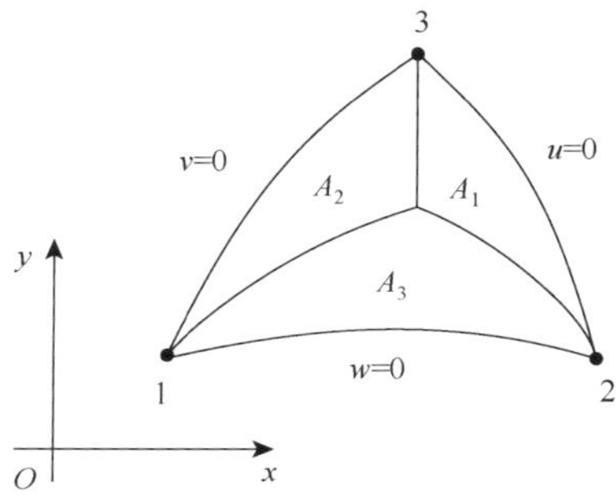

图 2.4.9　Bezier 曲面三角形细分

4. 双 2 次 Bezier 曲面三角形边界元算例

1）曲面拟合误差

取一圆柱面，圆柱面的底半径为 2，高为 2，1/4 圆柱面如图 2.4.10 所示，将1/4 圆柱面分为 2 个三角形剖分单元，则1/8 圆柱面即实际积分面，面积为π。

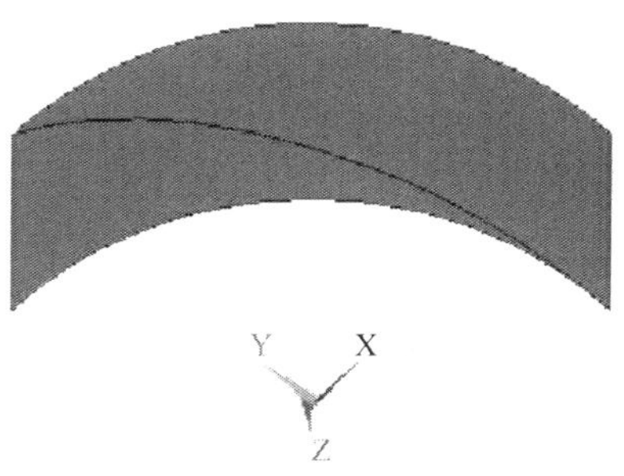

图 2.4.10　1/4 圆柱面

用一阶平面三角形边界元法计算1/8 圆柱面的面积为 2.8284，与实际积分面的相对

误差为 9.969%；用 Bezier 曲面三角形边界元法计算1/8 圆柱面的面积为 3.1329，与实际积分面的相对误差为 0.277%，Bezier 曲面三角形边界元法能更好地拟合实际边界面。

2）单球形电极

半径为 1m 的球形电极，假设其电位为 100V，则其表面上的电场强度值理论上应为 100V/m。对球面进行二阶三角形剖分，用 Bezier 曲面三角形边界元法计算得到 76 个单元，计算节点数为 40 个，再用一阶平面三角形边界元法计算球面上 40 个计算节点的电场强度。电场强度值沿球面 θ 角的分布结果如图 2.4.11 所示。

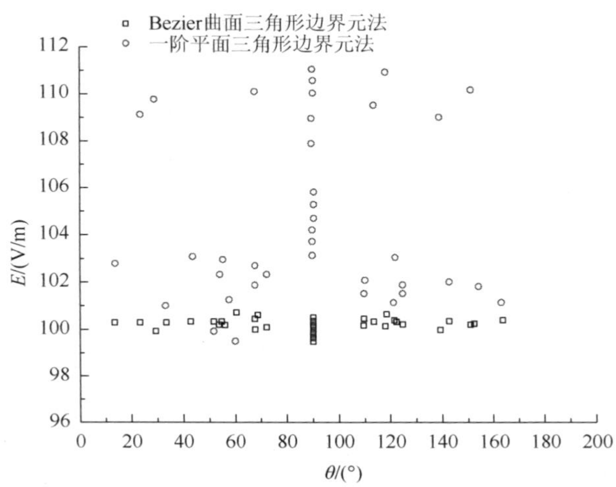

图 2.4.11　导体球表面电场强度沿球面 θ 角分布

图 2.4.11 中，Bezier 曲面三角形边界元法的计算结果分布相对集中，与 100V/m 的最大相对误差为 0.769%；而一阶平面三角形边界元法的计算结果分布较散乱，波动明显，最大相对误差为 11.028%。由此可以得出，在计算节点数相同的情况下，Bezier 曲面三角形边界元法的计算精度明显高于一阶平面三角形边界元法。

算例计算结果表明，与一阶平面三角形边界元法相比，Bezier 曲面三角形边界元法在单元积分曲面构造方面有显著改进，拟合精度有显著提高；在网格剖分节点分布相同的情况下，计算精度有显著提高。

2.4.3　Bezier 曲面边界元精细后处理技术

1. Bezier 曲面边界元精细后处理方法

在 Bezier 曲面边界元计算完成后，计算出剖分单元顶点节点（4 个或 3 个）的函数值。虽然顶点节点上的函数值计算比较精确，但由于 Bezier 曲面边界元采用高阶单元剖分，剖分比较粗糙，如果将顶点节点上的函数值直接导入模型中，只能以平面线性单元的形式显示，与实际边界面相差较大，不能详细地反映函数值在整个曲面单元上的变化规律，当网格剖分粗糙时，这种现象尤为明显。由此提出精细后处理方法，该方法利用

Bezier 曲面参数方程将边界曲面精细显示出来，利用顶点节点上的函数值和面积比值法构造的形函数能把曲面上的函数值分布精细显示出来。

要想精确地显示曲面单元上函数值的变化规律，必须首先把曲面单元显示出来，其次要把曲面单元上各点处的函数值显示出来，这就需要求解后的精细后处理技术。

根据曲面的参数方程可以方便地确定曲面上任一点的位置。若曲面参数方程的两个参数按一定步长增加，则等参数线在曲面上形成一张网。步长越小，网格也就越小，表示的曲面也就越精细，即根据曲面的参数方程将单个单元每边等分一定份数，整个单元细分为多个小单元。如果网格及其节点想以单元和节点的形式显示出来，必须对所有网格和节点重新编码，最后形成新的单元和节点。重新编码可以根据曲面参数变化的规律进行选择，相邻节点的一个参数相同，另一个参数相差一个步长。同一个单元中的所有节点相同参数的变化不会超过一个步长。对每个曲面单元的网格都进行重新编码后，最后可以形成整个模型的节点坐标文件和单元文件，其中单元文件记录每个单元由哪些节点组成。有节点坐标文件和单元文件就可以将曲面精细地显示出来。

由曲面单元顶点节点上的函数值和面积比值法定义的曲面单元上的形函数可以插值出重新编码后所有新节点上的函数值，最后形成所有节点上的结果文件。将结果文件导入模型就可以将计算结果精细地显示出来。本节将精细后处理方法分别与 Bezier 曲面四边形边界元法和 Bezier 曲面三角形边界元法相结合，最终形成带精细后处理技术的 Bezier 曲面边界元法。

2. Bezier 曲面边界元精细后处理算例

1）单个四边形单元

给出一个任意位置的二阶四边形单元，单元节点形成的网格如图 2.4.12（a）所示。图 2.4.12（b）是经过精细后处理的 Bezier 曲面四边形网格，单元每边细分为 50 份。设定 4 个顶点节点的函数值为 100、0、0、100，利用式（2.4.7）定义的形函数和 4 个顶点节点的函数值插值出 Bezier 曲面上新节点的函数值，曲面四边形上函数值的分布如图 2.4.12（c）所示。由图 2.4.12 可得，Bezier 曲面四边形网格明显比二阶四边形单元网格更接近实际边界面，并且能更好地精细显示曲面上函数值的分布规律。

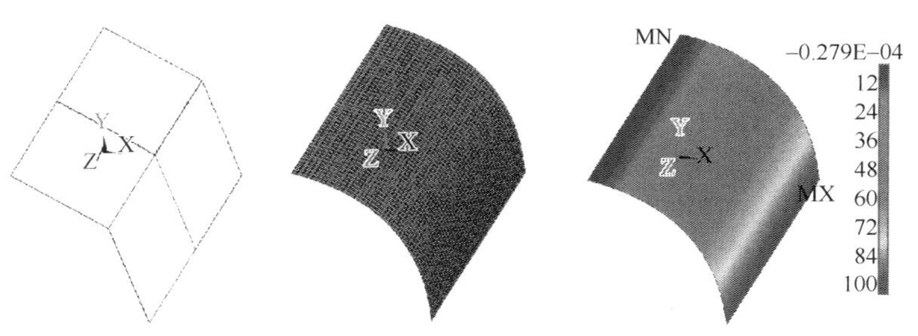

(a) 任意二阶四边形单元　(b) Bezier曲面四边形网格　(c) Bezier曲面四边形上函数值的分布

图 2.4.12　任意二阶四边形单元的精细显示

2）单个三角形单元

取一个任意位置的二阶三角形单元，单元节点形成的网格如图 2.4.13（a）所示。图 2.4.13（b）是经过精细后处理的 Bezier 曲面三角形网格，单元每边细分为 30 份。设定 3 个顶点节点的函数值为 0、100、100，再利用式（2.4.11）定义的形函数和 3 个顶点节点的函数值插值出 Bezier 曲面上新节点的函数值，曲面三角形上函数值的分布如图 2.4.13（c）所示。由图 2.4.13 可得，Bezier 曲面三角形网格明显比二阶三角形单元网格更接近实际边界面，并且能更好地精细显示曲面上函数值的分布规律。

(a) 任意二阶三角形单元　(b) Bezier曲面三角形网格　(c) Bezier曲面三角形的函数值分布

图 2.4.13　任意二阶三角形单元的精细显示

3）两个导体圆环

两导体圆环，大小相同，中心相距 2m，主半径 0.8m，圆环半径 0.4m，上圆环施加 100V 电位，下圆环施加–100V 电位。将两圆环规则剖分成 64 个二阶单元，用 Bezier 曲面三角形边界元法计算 32 个顶点节点的电场强度，云图显示如图 2.4.14 和图 2.4.15 所示。图 2.4.14 是未经过精细后处理的电场强度云图结果，边界面由多个平面构成，棱角鲜明，与圆环模型相差较大；而图 2.4.15 是经过精细后处理的电场强度云图，更接近实际的圆环模型。

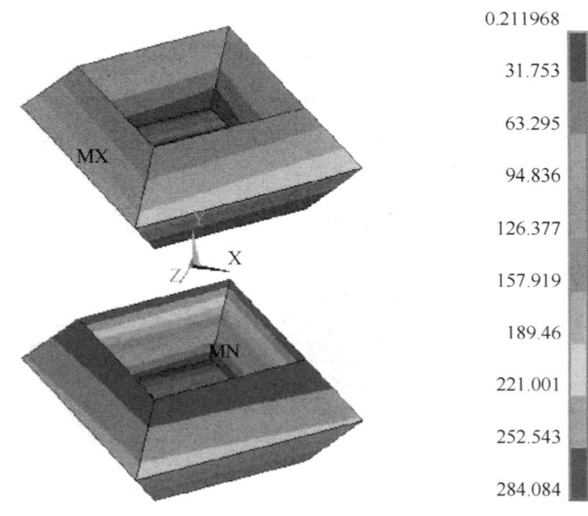

图 2.4.14　精细处理前的电场强度云图（单位：V/m）

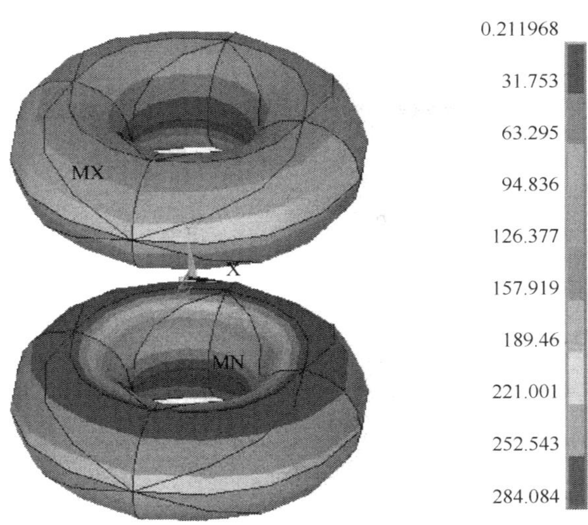

图 2.4.15　精细处理后的电场强度云图（单位：V/m）

4）特高压复合绝缘子串电场计算

将用 Bezier 曲面边界元法计算的有均压环时复合绝缘子串精细处理后的单元文件导入模型，得到双均压环作用下复合绝缘子串的电位分布云图，如图 2.4.16 和图 2.4.17 所示。图 2.4.16 是精细处理前的电位分布云图，图 2.4.17 是精细处理后的电位分布云图。由于采用二阶单元粗略剖分复合绝缘子串的边界面，用 Bezier 曲面边界元法计算的是顶点节点上的电位值，只能以平面单元的形式显示复合绝缘子串的边界面，如图 2.4.16 所示，显示的边界面与实际边界面相差甚远，不能详细反映实际边界面上电位分布的规律。图 2.4.17 中经精细处理后显示的模型与实际复合绝缘子串更为接近，能更详细地反映边界面上电位分布的变化。

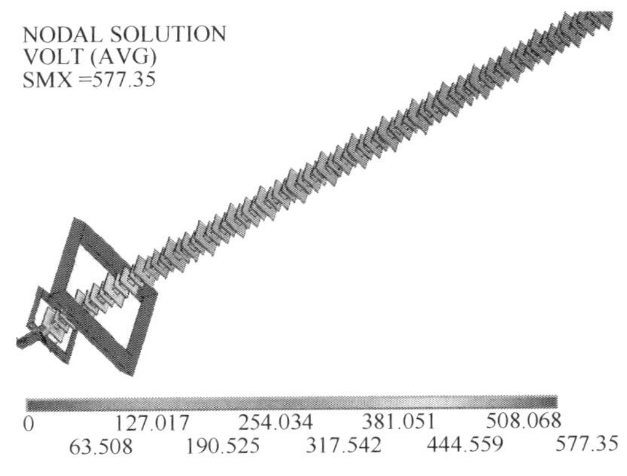

图 2.4.16　复合绝缘子串精细处理前电位分布（单位：kV）

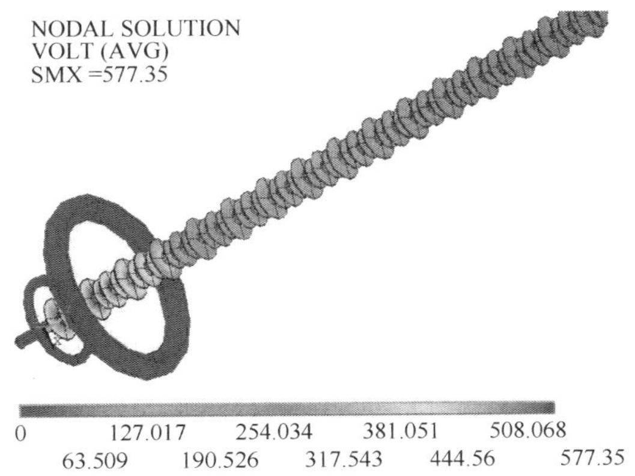

图 2.4.17　复合绝缘子串精细处理后电位分布（单位：kV）

2.5 B样条曲面边界元

2.5.1 B样条曲面边界元的理论基础

1. B样条基函数

B样条基函数在计算机辅助几何设计理论中应用最为广泛，其定义为[22]

$$\begin{cases} N_{i,0}(u)=\begin{cases}1, & u_i \leqslant u < u_{i+1} \\ 0, & \text{其他}\end{cases} \\ N_{i,p}(u)=\dfrac{u-u_i}{u_{i+p}-u_i}N_{i,p-1}(u)+\dfrac{u_{i+p+1}-u}{u_{i+p+1}-u_{i+1}}N_{i+1,p-1}(u), \quad p\geqslant 2 \\ \text{规定}\dfrac{0}{0}=0 \end{cases} \tag{2.5.1}$$

式中：$N_{i,p}(u)$中第一个下标i为序号，第二个下标p为次数。

式（2.5.1）表明，欲确定第i个p次B样条基函数$N_{i,p}(u)$，需要用到$u_i,u_{i+1},\cdots,u_{i+p+1}$共$p$+2个节点，称$[u_i,u_{i+p+1}]$为$N_{i,p}(u)$的支撑区间。

0次B样条基函数$N_{i,0}(u)$是阶梯函数，它在半开区间$[u_i,u_{i+p+1})$之外处处为0，如图2.5.1（a）所示。

$$N_{i,0}=\begin{cases}1, & u_i \leqslant u < u_{i+1} \\ 0, & \text{其他}\end{cases} \tag{2.5.2}$$

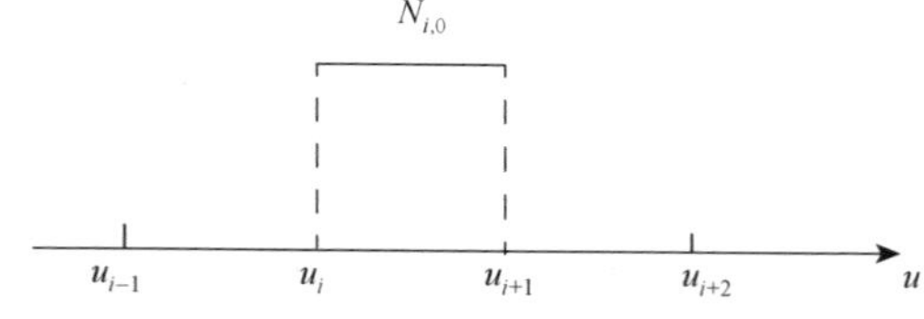

(a) 0次B样条基函数$N_{i,0}$

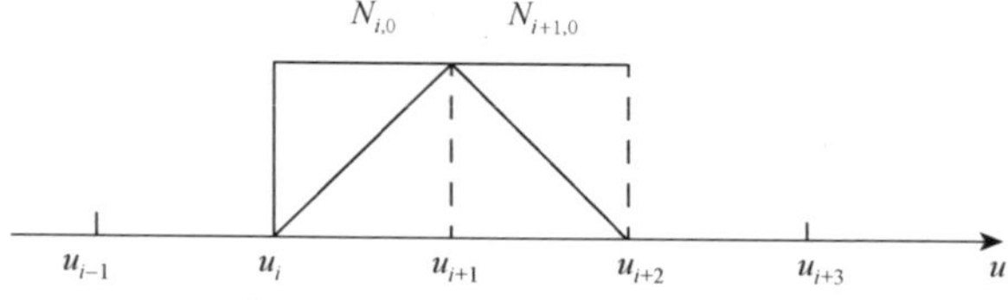

(b) 两个0次B样条基函数$N_{i,0}(u)$、$N_{i+1,0}(u)$组合得到1次B样条基函数$N_{i,1}(u)$

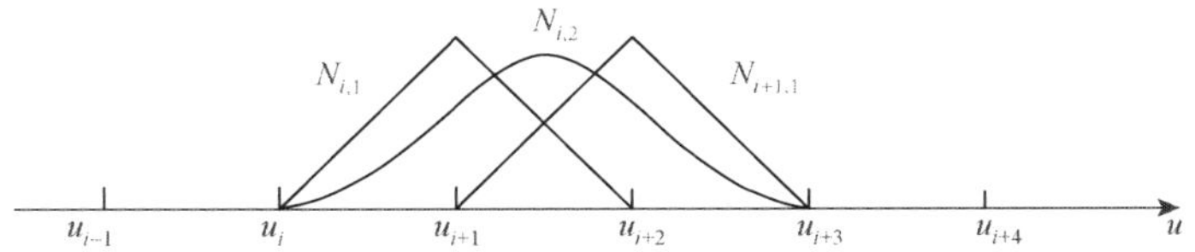

(c) 两个1次B样条基函数$N_{i,1}(u)$、$N_{i+1,1}(u)$组合得到2次B样条基函数$N_{i,2}(u)$

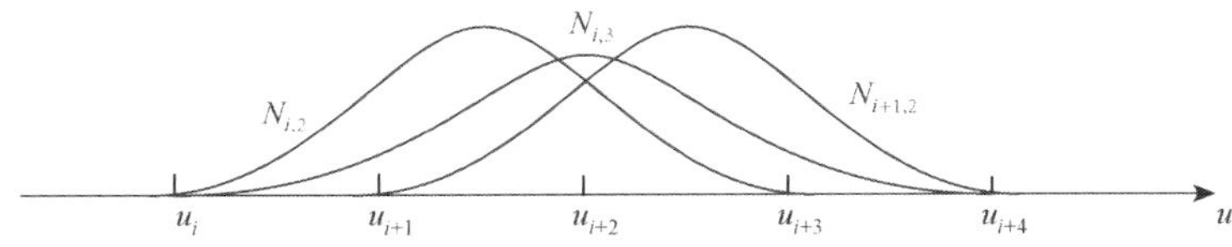

(d) 两个2次B样条基函数$N_{i,2}(u)$、$N_{i+1,2}(u)$组合得到3次B样条基函数$N_{i,3}(u)$

图 2.5.1　B 样条基函数及其递推关系

根据递推公式（2.5.1），由两个 0 次 B 样条基函数 $N_{i,0}(u)$、$N_{i+1,0}(u)$ 通过线性函数组合得到 1 次 B 样条基函数，如图 2.5.1（b）所示。

$$N_{i,1}(u)=\frac{u-u_i}{u_{i+1}-u_i}N_{i,0}(u)+\frac{u_{i+2}-u}{u_{i+2}-u_{i+1}}N_{i+1,0}(u)$$
$$=\begin{cases}\dfrac{u-u_i}{u_{i+1}-u_i}, & u_i\leqslant u<u_{i+1}\\ \dfrac{u_{i+2}-u}{u_{i+2}-u_{i+1}}, & u_{i+1}\leqslant u<u_{i+2}\\ 0, & \text{其他}\end{cases} \tag{2.5.3}$$

再由式（2.5.1）可递推 2 次 B 样条基函数，如图 2.5.1（c）所示。

$$N_{i,2}(u)=\frac{u-u_i}{u_{i+2}-u_i}N_{i,1}(u)+\frac{u_{i+3}-u}{u_{i+3}-u_{i+1}}N_{i+1,1}(u)$$
$$=\begin{cases}\dfrac{(u-u_i)^2}{(u_{i+1}-u_i)(u_{i+2}-u_i)}, & u_i\leqslant u<u_{i+1}\\ \dfrac{(u-u_i)(u_{i+2}-u)}{(u_{i+2}-u_i)(u_{i+2}-u_{i+1})}+\dfrac{(u-u_{i+1})(u_{i+3}-u)}{(u_{i+2}-u_{i+1})(u_{i+3}-u_{i+1})}, & u_{i+1}\leqslant u<u_{i+2}\\ \dfrac{(u_{i+3}-u)^2}{(u_{i+3}-u_{i+1})(u_{i+3}-u_{i+2})}, & u_{i+2}\leqslant u<u_{i+3}\\ 0, & \text{其他}\end{cases} \tag{2.5.4}$$

同样，通过下标 i 的平移可以得到其他 2 次 B 样条基函数，再通过递推式（2.5.1）组合得到 3 次 B 样条基函数：

$$N_{i,3}(u)=\frac{u-u_i}{u_{i+3}-u_i}N_{i,2}(u)+\frac{u_{i+4}-u}{u_{i+4}-u_{i+1}}N_{i+1,2}(u)$$

$$=\begin{cases}\dfrac{(u-u_i)^3}{(u_{i+1}-u_i)(u_{i+2}-u_i)(u_{i+3}-u_i)}, & u_i\leqslant u<u_{i+1}\\ \dfrac{(u-u_i)^2(u_{i+2}-u)}{(u_{i+2}-u_i)(u_{i+2}-u_{i+1})(u_{i+3}-u_i)}+\dfrac{(u-u_i)(u_{i+3}-u)(u-u_{i+1})}{(u_{i+3}-u_i)(u_{i+3}-u_{i+1})(u_{i+2}-u_{i+1})} & \\ +\dfrac{(u_{i+4}-u)(u-u_{i+1})^2}{(u_{i+2}-u_{i+1})(u_{i+3}-u_{i+1})(u_{i+4}-u_{i+1})}, & u_{i+1}\leqslant u<u_{i+2}\\ \dfrac{(u-u_i)(u_{i+3}-u)^2}{(u_{i+3}-u_i)(u_{i+3}-u_{i+1})(u_{i+3}-u_{i+2})}+\dfrac{(u-u_{i+1})(u_{i+3}-u)(u_{i+4}-u)}{(u_{i+3}-u_{i+1})(u_{i+3}-u_{i+2})(u_{i+4}-u_{i+1})} & \\ +\dfrac{(u_{i+4}-u)^2(u-u_{i+2})}{(u_{i+4}-u_{i+1})(u_{i+4}-u_{i+2})(u_{i+4}-u_{i+2})}, & u_{i+2}\leqslant u<u_{i+3}\\ \dfrac{(u_{i+4}-u_i)^3}{(u_{i+4}-u_{i+1})(u_{i+4}-u_{i+2})(u_{i+4}-u_{i+3})}, & u_{i+3}\leqslant u<u_{i+4}\\ 0, & \text{其他}\end{cases}\tag{2.5.5}$$

均匀B样条基函数的平移性质：当节点向量U={$\{u_i\}_{i=-\infty}^{+\infty}$}为均匀节点时，即$u_i=u_0+ih$，同次的B样条基函数可由其中一个B样条基函数平移得到，即$N_{i,p}(u)=N_{0,p}(u-ih)$。

取$u_i=i(i=\cdots,-5,-3,-1,1,3,5,\cdots)$，则按式（2.5.3）～式（2.5.5）可推出1次、2次、3次B样条基函数，有式（2.5.6）～式（2.5.8）：

$$N_{0,1}(u)=\begin{cases}\dfrac{1}{2}(u+1), & u\in[-1,1)\\ \dfrac{1}{2}(3-u), & u\in[1,3)\\ 0, & \text{其他}\end{cases}\tag{2.5.6}$$

$$N_{i,1}(u)=N_{0,1}(u-2i)\quad(i=\cdots,-1,0,1,\cdots)$$

$$N_{0,2}(u)=\begin{cases}\dfrac{1}{8}(u+1)^2, & u\in[-1,1)\\ \dfrac{1}{8}(-2u^2+8u-2), & u\in[1,3)\\ \dfrac{1}{8}(5-u)^2, & u\in[3,5)\\ 0, & \text{其他}\end{cases}\tag{2.5.7}$$

$$N_{i,2}(u)=N_{0,2}(u-2i)\quad(i=\cdots,-1,0,1,\cdots)$$

$$
N_{0,3}(u)=\begin{cases}\dfrac{1}{48}(u+1)^3, & u\in[-1,1)\\ \dfrac{1}{48}(-3u^3+15u^2-9u+5), & u\in[1,3)\\ \dfrac{1}{48}(-3u^3-39u^2+152u-157), & u\in[3,5)\\ \dfrac{1}{48}(7-u)^3, & u\in[5,7)\\ 0, & 其他\end{cases} \tag{2.5.8}
$$

$$
N_{i,3}(u)=N_{0,3}(u-2i)\quad (i=\cdots,-1,0,1,\cdots)
$$

图 2.5.2 分别显示了均匀 1 次、2 次和 3 次 B 样条基函数的图像。

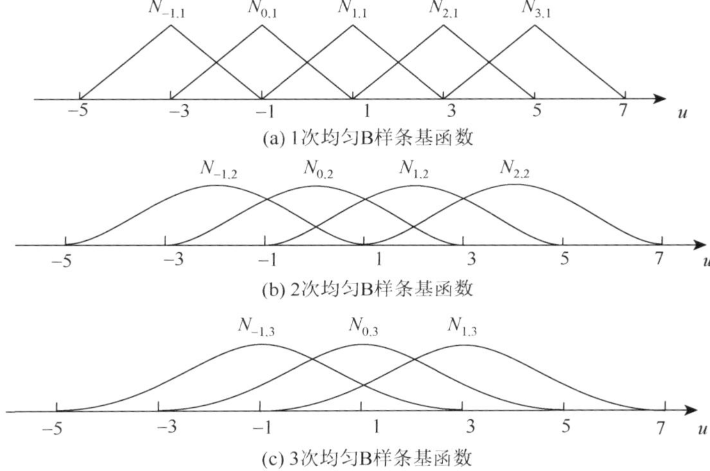

图 2.5.2　均匀 B 样条基函数

高斯积分法对应的积分区间为[−1,1]，所以考虑[−1,1]上的均匀 B 样条基函数，如图 2.5.3 所示。根据 B 样条基函数的性质，p 次 B 样条基函数只有 p+1 个基函数在[−1,1]上非零，它们在[−1,1]上都是多项式函数：

$$
\begin{cases}N_{-3,1}=\dfrac{1}{2}(u+1)\\ N_{-1,1}=\dfrac{1}{2}(1-u)\end{cases} \tag{2.5.9}
$$

$$
\begin{cases}N_{-5,2}(u)=\dfrac{1}{8}(u+1)^2\\ N_{-3,2}(u)=\dfrac{1}{8}(-2u^2+6)\\ N_{-1,2}(u)=\dfrac{1}{8}(1-u)^2\end{cases} \tag{2.5.10}
$$

$$\begin{cases} N_{-7,3}(u) = \dfrac{1}{48}(u+1)^3 \\ N_{-5,3}(u) = \dfrac{1}{48}(-3u^3 - 3u^2 + 15u + 23) \\ N_{-3,3}(u) = \dfrac{1}{48}(3u^3 - 3u^2 - 15u + 23) \\ N_{-1,3}(u) = \dfrac{1}{48}(1-u)^3 \end{cases} \tag{2.5.11}$$

其中，$u \in [-1,1]$。

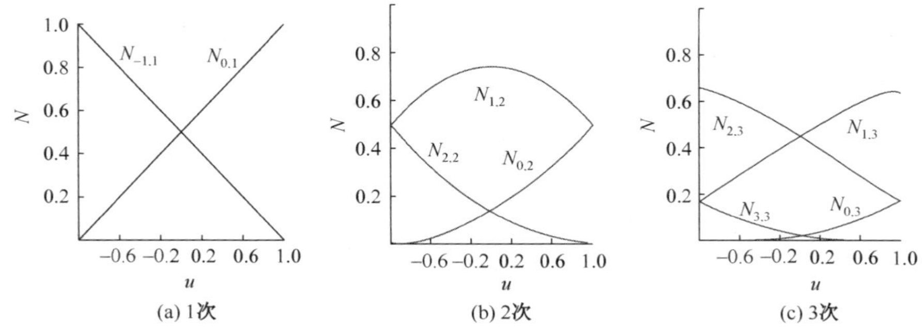

图 2.5.3　区间[−1,1]上的均匀 B 样条基函数

2. B 样条曲线

设有 n+1 个空间 $\{P_i\}_{i=0}^n \in \mathbf{R}^3$，$N_{i,p}(u)$ 是定义在节点向量 $\boldsymbol{U} = \{u_0, u_1, \cdots, u_{n+p+1}\}$ $(u_i \leqslant u_{i+1}; i = 0,1,\cdots,n+p)$ 上的 p 次 B 样条基函数 $(n \geqslant p)$，则称

$$P(u) = \sum_{i=0}^{n} P_i N_{i,p}(u) \quad (u \in [u_p, u_{n+1}]) \tag{2.5.12}$$

为相应于节点向量 $\boldsymbol{U}$ 的 p 次非均匀的 B 样条曲线，称 P_i 为控制顶点，折线 $P_0P_1\cdots P_n$ 为控制多边形。

3. B 样条曲面

B 样条曲面是 B 样条曲线的推广，给定 $(m+p)\times(n+q)$ 个空间向量 $P_{i,j} \in \mathbf{R}^3 (i = -p, -p+1, \cdots, m-1; j = -q, -q+1, \cdots, n-1)$, $N_{i,p}(u)$ 和 $N_{j,q}(v)$ 分别为定义在节点向量 $\boldsymbol{U} = \{u_{-p}, u_{-p+1}, \cdots, u_{m+p}\}$ 和 $\boldsymbol{V} = \{v_{-q}, v_{-q+1}, \cdots, v_{n+q}\}$ 上的一元 p 次和 q 次 B 样条基函数，则与其相应的张量积曲面

$$P(u,v) = \sum_{i=-p}^{m-1} \sum_{j=-q}^{n-1} P_{i,j} N_{i,p}(u) N_{j,q}(v) \quad ((u,v) \in [u_0, u_m] \times [v_0, v_n]) \tag{2.5.13}$$

称为一个 $p\times q$ 次 B 样条曲面。$P_{i,j}$ 称为控制顶点，依次用直线连接同行同列相邻两个控

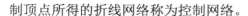

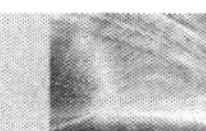

制顶点所得的折线网络称为控制网络。

B 样条曲面的矩阵形式为

$$\boldsymbol{P}(u,v)=\boldsymbol{U}_p\boldsymbol{N}_p\boldsymbol{P}_{(p+1)(q+1)}\boldsymbol{N}_q^{\mathrm{T}}\boldsymbol{V}_q^{\mathrm{T}} \tag{2.5.14}$$

式中：$\boldsymbol{U}_p=[u^p,u^{p-1},\cdots,u,1]$；$\boldsymbol{V}_q=[v^q,v^{q+1},\cdots,v,1]$；

$$\boldsymbol{P}_{(p+1)(q+1)}=\begin{bmatrix} p_{11} & p_{12} & \cdots & p_{1q} & p_{1,q+1} \\ p_{21} & p_{22} & \cdots & p_{2q} & p_{2,q+1} \\ \vdots & \vdots & & \vdots & \vdots \\ p_{p1} & p_{p2} & \cdots & p_{pq} & p_{p,q+1} \\ p_{p+1,1} & p_{p+1,2} & \cdots & p_{p+1,q} & p_{p+1,q+1} \end{bmatrix}$$

$\boldsymbol{N}_p$ 为 p 次 B 样条基函数的系数矩阵；$\boldsymbol{N}_q$ 为 q 次 B 样条基函数的系数矩阵。

4. B 样条曲面控制点计算

已知控制点，求解曲线、曲面上的点称为正算。而已知曲线、曲面上的数据点，求解曲面、曲线的控制点，称为反算问题。反算定义 B 样条插值曲线或曲面的控制顶点是构造 B 样条曲线或曲面的常用算法。

B 样条曲线反算的一般过程为，根据单元面在局部坐标系下已知节点的位置分布情况，计算该节点对应的 B 样条基函数。把已知点坐标信息和 B 样条基函数代入式（2.5.13），建立控制点反算方程组，求解控制点列。

以 2 次 B 样条曲面为例，已知边界二阶四边形单元剖分信息，即有 8 个节点（4 个顶点，4 个中点）坐标信息，利用二阶单元上的形函数得到中心点的位置坐标。这 9 个点都在构造的 B 样条曲面上，将这 9 个点的位置信息对应的 B 样条基函数代入式（2.5.13），得到一组线性方程组，方程个数和未知量个数相同（9 个），解方程组即可求出全部控制点。

5. B 样条曲面单元形函数

线性单元上形函数的几何意义都是面积比值的形式，与线性单元形函数的定义相似，曲面单元四个顶点的形函数采用面积比值法得到。

曲面四边形单元如图 2.5.4 所示，曲面四边形单元上任意一点 $P(\xi,\eta)$ 处的函数值由 4 个顶点节点 i、j、k、l 上的函数值和 P 点相对于 4 个顶点节点的形函数插值得到。在图 2.5.4 中，$P(\xi,\eta)$ 点处的两条参数等值线将曲面单元分成 A_1、A_2、A_3、A_4 4 部分，其中每一部分的面积都可以通过曲面参数方程得到。设曲面单元总的面积为 $A=A_1+A_2+A_3+A_4$，则 $P(\xi,\eta)$ 点处关于 4 个顶点的形函数定义为

$$N_1=\frac{A_1}{A},\qquad N_2=\frac{A_2}{A},\qquad N_3=\frac{A_3}{A},\qquad N_4=\frac{A_4}{A} \tag{2.5.15}$$

其中，定义的形函数数量与顶点节点数相同，比二阶单元形函数数量减少一半。因此，这种方法定义的形函数既减少了形函数的数量，又将曲面的影响因素考虑在内。

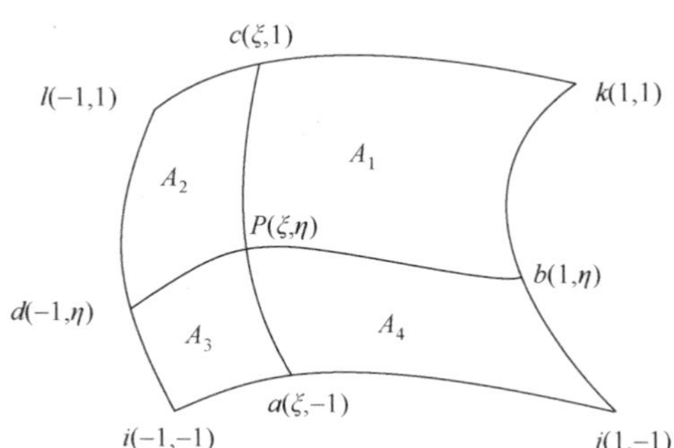

图 2.5.4　曲面四边形单元上的形函数

图 2.5.5（a）、（b）是利用 B 样条参数方程求出的半径为 1，高为 2 的 1/4 圆柱面上的函数值分布。图 2.5.5（a）是顶点函数值分别为 0、0、100、100 时曲面函数值的分布；

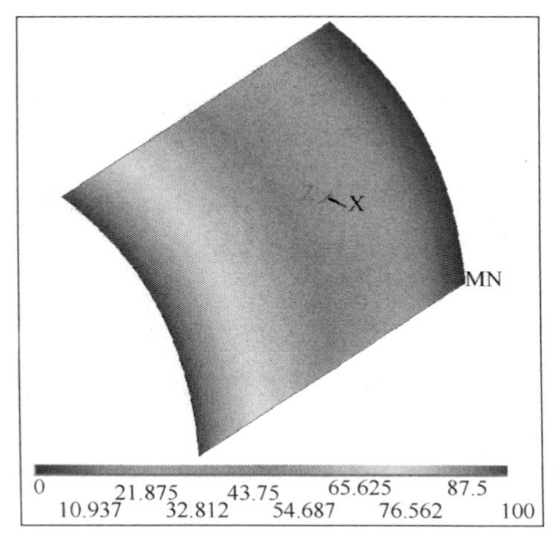

(a) 顶点函数值为0、0、100、100时曲面函数值分布

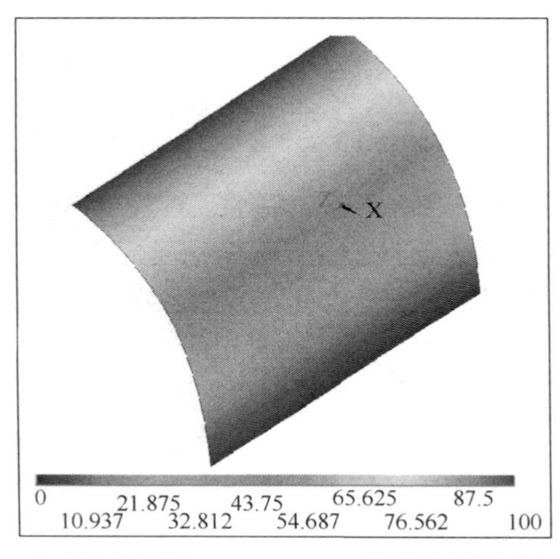

(b) 顶点函数值为0、100、100、0时曲面函数值分布

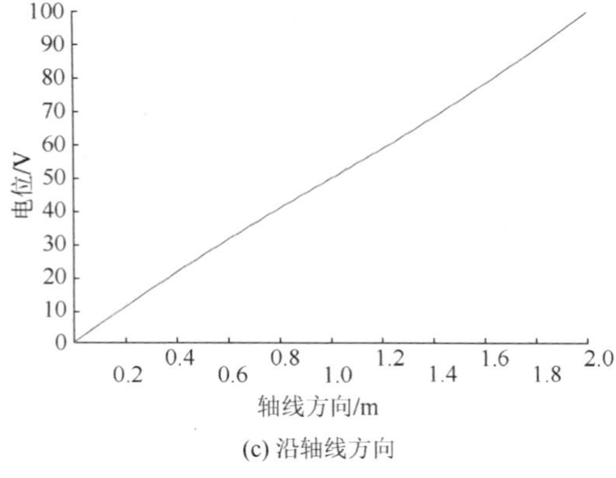

(c) 沿轴线方向

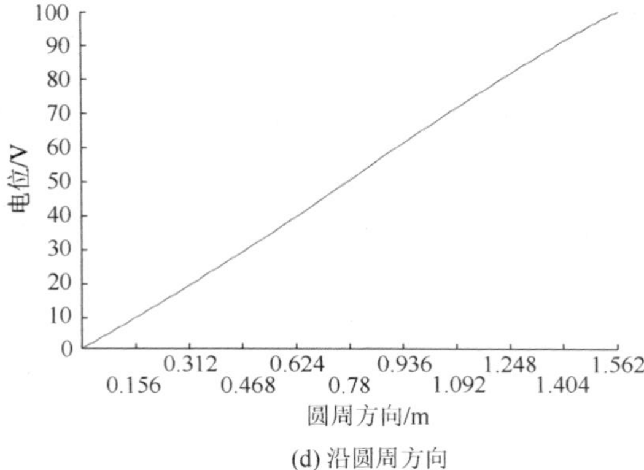

(d) 沿圆周方向

图 2.5.5　曲面形函数合理性的验证

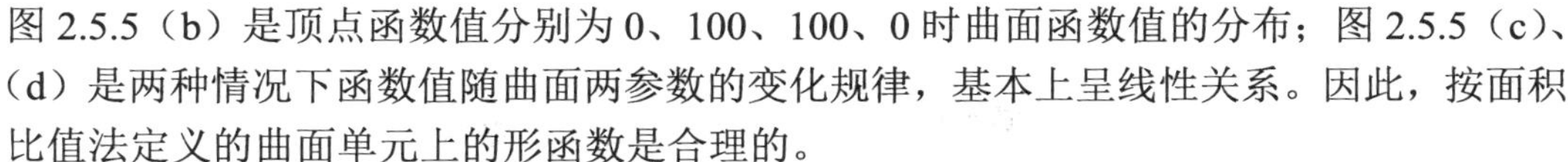

图 2.5.5（b）是顶点函数值分别为 0、100、100、0 时曲面函数值的分布；图 2.5.5（c）、（d）是两种情况下函数值随曲面两参数的变化规律，基本上呈线性关系。因此，按面积比值法定义的曲面单元上的形函数是合理的。

6. 双 2 次 B 样条曲面

根据式（2.5.14）可将 2 次 B 样条曲面参数方程写成如下矩阵形式：

$$\boldsymbol{P}(\xi,\eta)=[N_1(\xi),N_2(\xi),N_3(\xi)]\begin{bmatrix}P_{11} & P_{12} & P_{13}\\ P_{21} & P_{22} & P_{23}\\ P_{31} & P_{32} & P_{33}\end{bmatrix}\begin{bmatrix}N_1(\eta)\\ N_2(\eta)\\ N_3(\eta)\end{bmatrix}\tag{2.5.16}$$

式中：ξ、η 为局部坐标，其中基函数 $N_i(\xi)$、$N_i(\eta)$ 按式（2.5.7）可得

$$[N_1(\xi),N_2(\xi),N_3(\xi)]=[\xi^2,\xi,1]\frac{1}{8}\begin{bmatrix}1 & -2 & 1\\ 2 & 0 & -2\\ 1 & 6 & 1\end{bmatrix},\qquad \begin{bmatrix}N_1(\eta)\\ N_2(\eta)\\ N_3(\eta)\end{bmatrix}=\frac{1}{8}\begin{bmatrix}1 & 2 & 1\\ -2 & 0 & 6\\ 1 & -2 & 1\end{bmatrix}\begin{bmatrix}\eta^2\\ \eta\\ 1\end{bmatrix}\tag{2.5.17}$$

单元上的控制点 $P_{11},P_{12},\cdots,P_{33}$ 未知，为了表示单元的曲面参数方程，必须求出单元上的控制点。将控制点 $P_{11},P_{12},\cdots,P_{33}$ 排成一个列向量 $P_1,P_2,\cdots,P_9$，根据本节第 4 部分所述，可得到关于控制点的系数矩阵方程：

$$\begin{bmatrix}P_1\\ P_2\\ P_3\\ P_4\\ P_5\\ P_6\\ P_7\\ P_8\\ P_9\end{bmatrix}=\begin{bmatrix}0.25 & 1.25 & 6.25 & 1.25 & -1.0 & -5.0 & -5.0 & -1.0 & 4.0\\ -0.25 & -0.25 & -1.25 & -1.25 & 1.0 & 1.0 & 5.0 & 1.0 & -4.0\\ 1.25 & 0.25 & 1.25 & 6.25 & -1.0 & 1.0 & -5.0 & -5.0 & 4.0\\ -0.25 & -1.25 & -1.25 & -0.25 & 1.0 & 5.0 & 1.0 & 1.0 & -4.0\\ 0.25 & 0.25 & 0.25 & 0.25 & -1.0 & -1.0 & -1.0 & -1.0 & 4.0\\ -1.25 & -0.25 & -0.25 & -1.25 & 1.0 & 1.0 & 1.0 & 5.0 & -4.0\\ 1.25 & 6.25 & 1.25 & 0.25 & -5.0 & -5.0 & -1.0 & -1.0 & 4.0\\ -1.25 & -1.25 & -0.25 & -0.25 & 5.0 & 1.0 & 1.0 & 1.0 & -4.0\\ 6.25 & 1.25 & 0.25 & 1.25 & -5.0 & -1.0 & -1.0 & -5.0 & 4.0\end{bmatrix}\begin{bmatrix}Q_1\\ Q_2\\ Q_3\\ Q_4\\ Q_5\\ Q_6\\ Q_7\\ Q_8\\ Q_9\end{bmatrix}\tag{2.5.18}$$

式中：$Q_1,Q_2,\cdots,Q_9$ 为已知 B 样条曲面四边形上的 9 个点。控制点可以由式（2.5.18）得到，外加 2 次 B 样条基函数即可构造出双 2 次 B 样条曲面参数方程。

7. 双 2 次 B 样条曲面四边形边界元算例

1）曲面拟合误差

半径为 1，高为 2 的 1/4 圆柱面，如图 2.5.6 所示，其表面积为 π。把此圆柱面当作一个单元。用一阶平面四边形程序计算其表面积为 2.828427，误差为 9.97%。用双 2 次 B 样条曲面四边形边界元程序计算这个单元的面积为 3.135，误差为 0.2%。由此可见 B 样条曲面更接近实际边界，相应的 B 样条曲面积分比原来的线性单元积分更为精确。

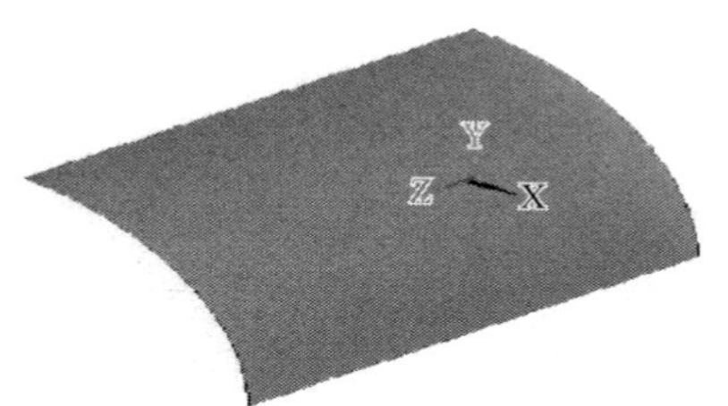

图 2.5.6　1/4 圆柱面

2）球板电极

将加 100V 电压、半径为 1m 的导体球置于零电位平板电极的上方 2m 处，形成一球板电极。假设平板电极无限大，这一问题可以用镜像法来求解。将其等效为相距为 4m，半径为 1m 的两导体球，上导体球（即原带电球电极）加 100V 电压，下导体球加−100V 电压。以球心为原点，以向上的方向为极轴建立球坐标系，在球面被规则剖分成 192 个单元的情况下，将两种方法的计算结果分别与解析解对比，对比结果如图 2.5.7 所示。

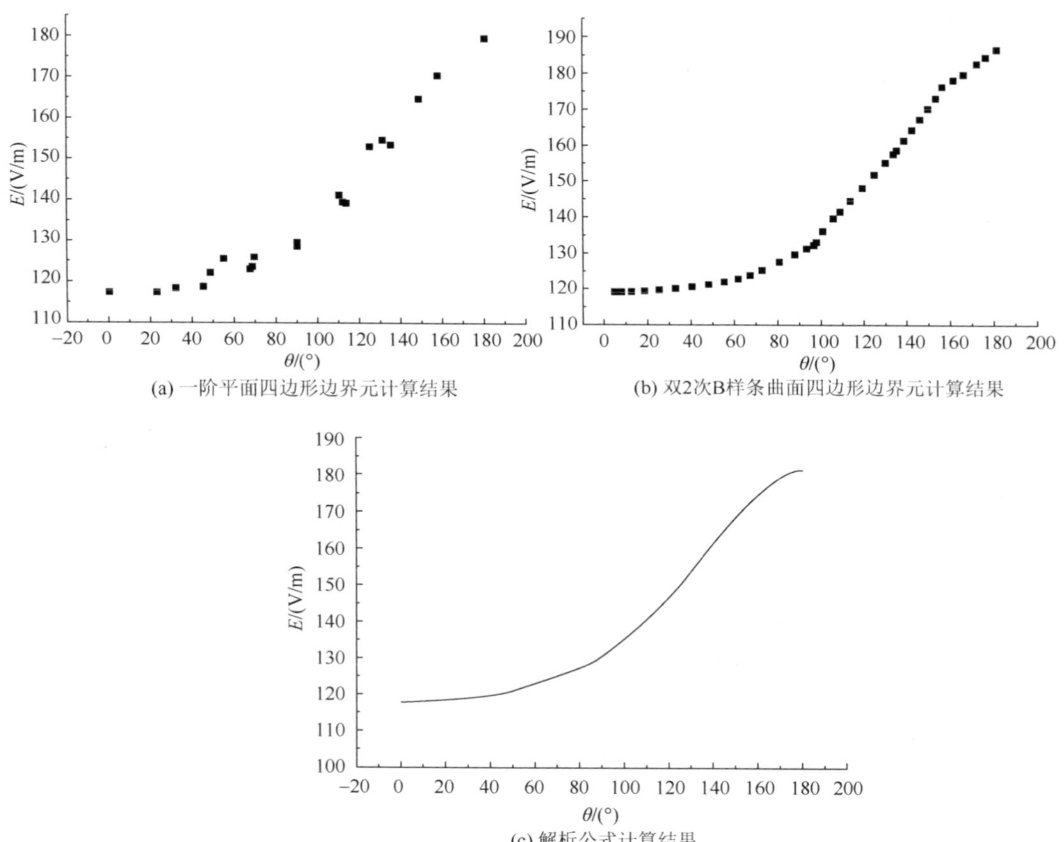

图 2.5.7　导体表面电场强度随极角的分布

由图 2.5.7 可以看出，双 2 次 B 样条曲面四边形边界元计算结果与解析解基本一致，但一阶平面四边形边界元结果与解析解相差明显。在相同网格划分情况下，双 2 次 B 样条曲面四边形边界元计算结果优于一阶平面四边形边界元计算结果。

2.5.2　B 样条曲面边界元的精细后处理技术

1. B 样条曲面边界元的精细后处理方法

B 样条曲面边界元法能在不增加节点的情况下提高计算的精度。但由于模型采用高阶单元粗略剖分，单元数量较少，剖分后的模型较粗糙。如果将顶点节点上的函数值直接导入模型中，虽然顶点节点上的函数值计算比较精确，但只能以平面线性单元的形式显示，不能详细反映函数值在整个曲面单元上的变化规律。为了精确显示曲面单元上函数值的变化规律，本节提出与 2.4.3 节思想相似的 B 样条曲面边界元精细后处理方法[23]。在该方法中，首先把曲面单元精细显示出来，其次把曲面单元上各点处的函数值显示出来，最后形成经精细显示后的 B 样条曲面边界元方法。具体实施步骤可参见 2.4.3 节内容。

2. B 样条曲面边界元算例

1）单个四边形单元

下面给出一个一般位置情况下的高阶单元，单元形成的网格如图 2.5.8（a）所示。图 2.5.8（b）是 2 次 B 样条曲面，精细结构的网格为$100\times100=10000$。图 2.5.8（c）、（d）是顶点函数值为 0、0、100、100 和 0、100、200、300 时，利用形函数插值出的曲面上函数值的分布。由此可见，高阶单元在未处理前以平面线性单元的形式显示，模型较粗糙，而经精细显示处理后高阶单元边界面更接近实际曲面，计算结果效果也比较理想。

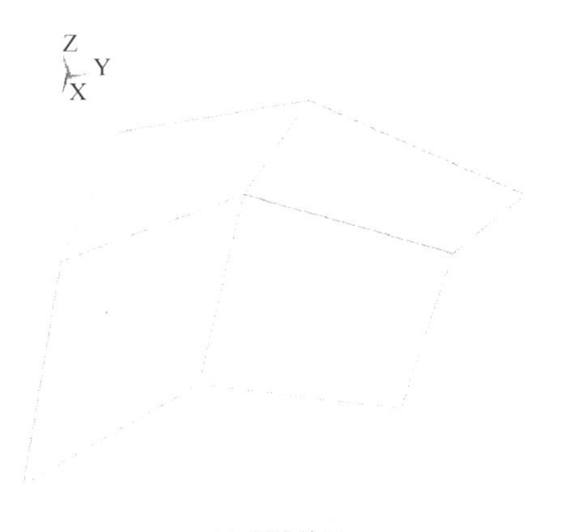

(a) 高阶单元

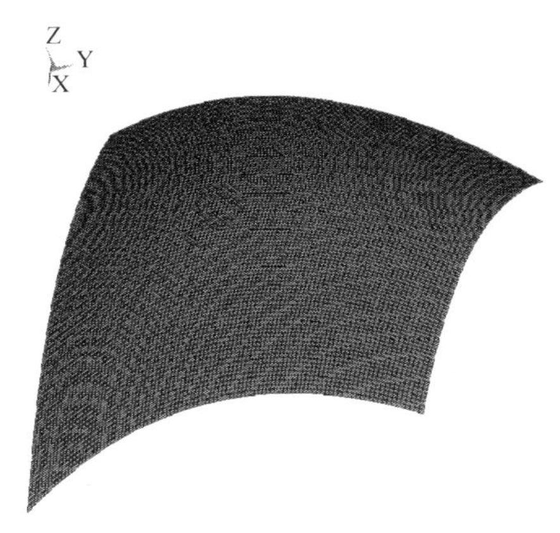

(b) 2次B样条曲面

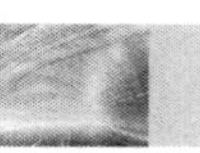

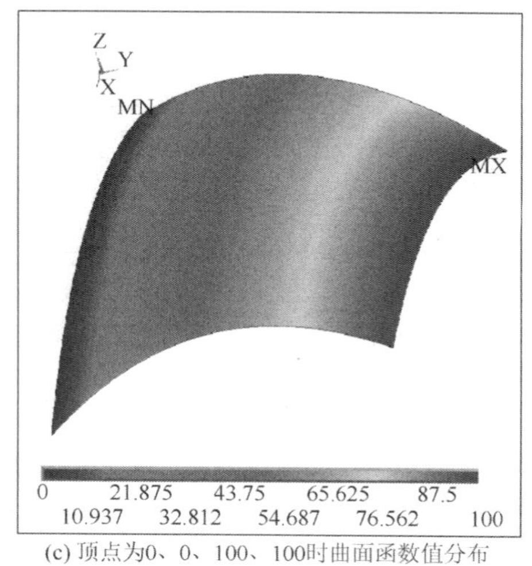

(c) 顶点为0、0、100、100时曲面函数值分布

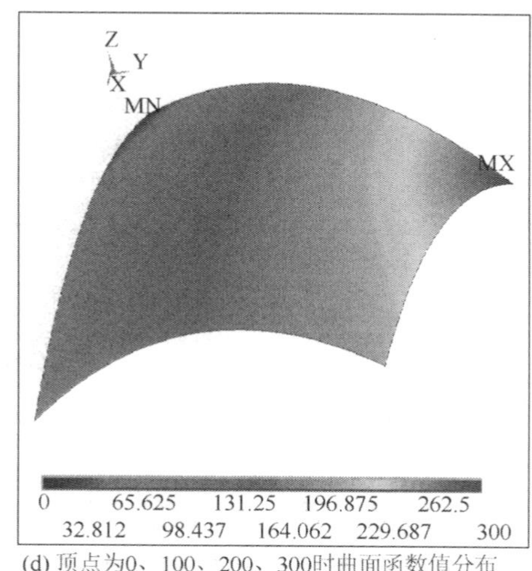

(d) 顶点为0、100、200、300时曲面函数值分布

图 2.5.8 任意高阶单元的 B 样条曲面及其函数值在曲面上的精细显示

2）单个圆环电极

半径为 1、主体半径为 3 的圆环导体加 100V 电压。规则剖分其边界面，剖分成 32 个单元。用 B 样条曲面边界元方程计算圆环表面的电场强度。图 2.5.9（a）为未处理前的结果，图 2.5.9（b）为边界单元每边细分成四份后的结果。

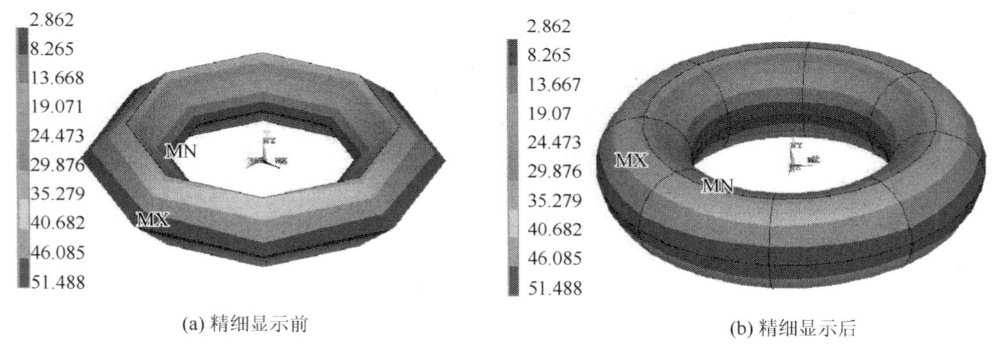

(a) 精细显示前

(b) 精细显示后

图 2.5.9 电场强度分布云图（单位：V/m）

由图 2.5.9 可以看出，B 样条曲面边界元计算结果的最小值为 2.862V/m，最大值为 51.488V/m。精细剖分前，模型较粗糙，棱角分明，与实际圆环表面差距较大。而精细剖分后，模型边界面较精细，更逼近实际圆环面。由此可见精细显示后，模型效果明显优于未处理前。

3）绝缘子串电场

陶瓷绝缘子串型号为 XP-120，绝缘件最大直径为 255mm，结构高度为 146mm，建立该绝缘子串模型。对边界面采用二阶四边形单元规则剖分，剖分成 464 个单元、1380 个节点，如图 2.5.10 所示。高压端金具施加 $110\times\sqrt{2}/\sqrt{3}$=89.815（kV）电压，低压端金具电压为 0。认为伞群和芯棒是一种介质，相对介电常数为 6.0。用双 2 次 B 样条精细显示程序计算该绝缘子串表面电场，模型粗剖分如图 2.5.10 所示，精细显示的剖分单元如图 2.5.11 所示，计算结果如图 2.5.12 所示。

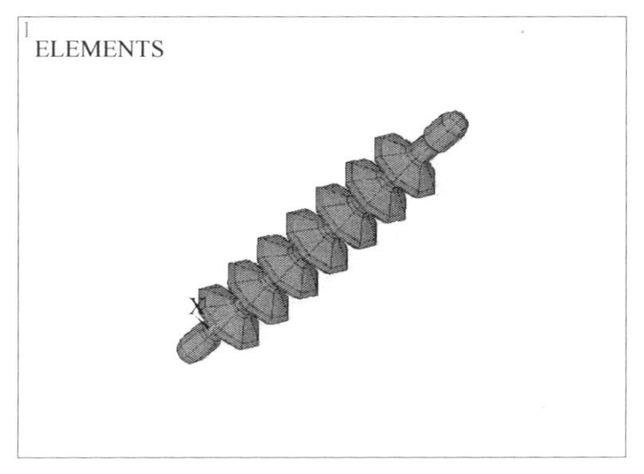

图 2.5.10　110kV 绝缘子串网格划分

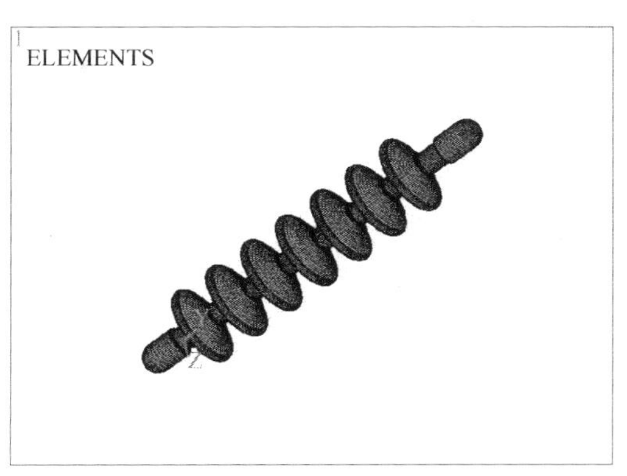

图 2.5.11　精细显示后的 110kV 绝缘子串模型

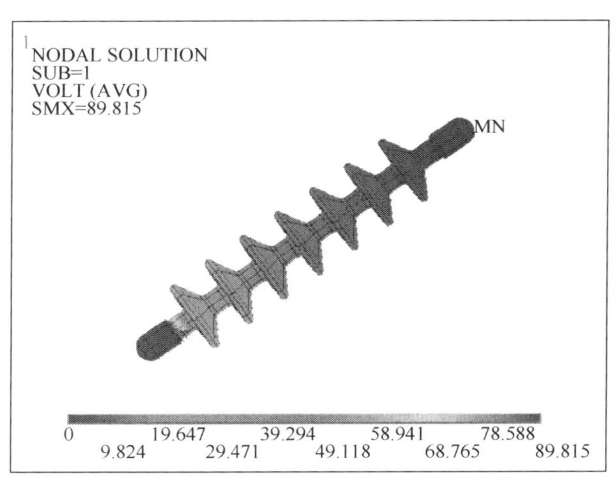

图 2.5.12　110kV 绝缘子串表面边界电位分布（单位：kV）

绝缘子串表面边界电位分布如图 2.5.12 所示，绝缘子串表面电位从高压端逐渐向低压端递减至零。由图 2.5.10 和图 2.5.11 可以看出，精细剖分前，模型较粗糙，棱角分明，与实际绝缘子串模型差距较大。而精细剖分后，模型边界面较精细，更逼近实际绝缘子串模型。由此可见，精细显示后，模型效果明显优于未处理前。

第3章

绝缘计算的分子动力学方法

分子、原子等微观粒子在外电场中的运动特性及其规律应该用量子力学和统计物理学的规律去解答。本章主要利用量子力学和统计物理学的方法计算绝缘材料分子系统的性质，进而分析绝缘材料的结构变化、分子极化、电荷布居、电负性、能级和能隙、红外光谱及分子系统的一些统计性质等，为绝缘材料的绝缘性能提供一些参考。

3.1 量子力学基础

量子力学理论是人类文明史上最伟大的理论之一，虽然量子力学的基本问题至今还没有一个确切的定论，但这并不妨碍量子力学在当今科学研究中的生命力，量子力学的正确性已经被无数的试验所证实。下面简要介绍一下在绝缘计算中用到的一些量子力学知识。

3.1.1 量子力学基础要点

1. 薛定谔方程

薛定谔方程是量子力学的几个基本假设之一，它不是推导出来的，而是将自由粒子的平面波解作为特例，再通过适当的假设推广到有势场而得到的[24]。但是薛定谔方程解的正确性已经被无数试验结果所证实。

自由粒子的平面波解为

$$\psi = A\mathrm{e}^{\mathrm{i}(\boldsymbol{k}\cdot\boldsymbol{r}-\omega t)} = A\mathrm{e}^{\frac{\mathrm{i}}{\hbar}(\boldsymbol{p}\cdot\boldsymbol{r}-Et)} \tag{3.1.1}$$

式（3.1.1）用到了德布罗意关系式$\boldsymbol{k}=\boldsymbol{p}/\hbar$，$\omega=E/\hbar$。将式（3.1.1）分别对$t$、$x$、$y$、$z$求导，得

$$\mathrm{i}\hbar\frac{\partial\psi}{\partial t}=E\psi \tag{3.1.2}$$

$$-\hbar^2\nabla^2\psi=p^2\psi \tag{3.1.3}$$

式中：$\nabla^2=\frac{\partial^2}{\partial x^2}+\frac{\partial^2}{\partial y^2}+\frac{\partial^2}{\partial z^2}$，为拉普拉斯算符。

由式（3.1.2）和式（3.1.3）可以看出，算符$\mathrm{i}\hbar\frac{\partial}{\partial t}$和$-\mathrm{i}\hbar\nabla$分别作用在函数$\psi$上，与能量$E$和动量$p$作用在$\psi$上的作用相同，这两个算符分别为能量算符和动量算符。

在非相对论的情况下，自由粒子的能量就是粒子的动能，即$E=p^2/2m$，由此得到

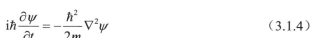

$$\mathrm{i}\hbar\frac{\partial\psi}{\partial t}=-\frac{\hbar^2}{2m}\nabla^2\psi \tag{3.1.4}$$

式（3.1.4）就是自由粒子的薛定谔方程。

1926 年，薛定谔将式（3.1.4）推广到存在势场 $U(\boldsymbol{r},t)$ 的情况，设单粒子的哈密顿量为

$$H=\frac{p^2}{2m}+U(\boldsymbol{r},t) \tag{3.1.5}$$

存在势场 $U(\boldsymbol{r},t)$ 的情况下，单粒子系统的薛定谔方程为

$$\mathrm{i}\hbar\frac{\partial\psi}{\partial t}=-\frac{\hbar^2}{2m}\nabla^2\psi+U(\boldsymbol{r},t)\psi=H\psi \tag{3.1.6}$$

推广到多粒子情况，薛定谔方程为

$$\mathrm{i}\hbar\frac{\partial\psi}{\partial t}=-\sum_{i=1}^{N}\frac{\hbar^2}{2m_i}\nabla_i^2\psi+U(\boldsymbol{r}_1,\boldsymbol{r}_2,\cdots,\boldsymbol{r}_N,t)\psi=H\psi \tag{3.1.7}$$

薛定谔方程的解称为波函数，下面给出波函数的解释。

2. 波函数的统计诠释

玻恩（M. Born）给出的波函数的统计诠释为，粒子在 t 时刻出现在空间 $\boldsymbol{r}$ 处的概率与波函数 $\psi(\boldsymbol{r},t)$ 的模的平方 $|\psi(\boldsymbol{r},t)|^2$ 成正比。将波函数归一化后，波函数的模的平方就表示粒子出现在空间的概率分布。

根据波函数的统计解释，物理量 A 的平均值可以表示为

$$\langle A\rangle=\frac{\int\psi^*A\psi\mathrm{d}\boldsymbol{r}}{\int\psi^*\psi\mathrm{d}\boldsymbol{r}} \tag{3.1.8}$$

式中：ψ^* 为波函数 ψ 的共轭。量子力学的第一个基本假设就是，可以用波函数 $\psi(\boldsymbol{r},t)$ 全面描述微观粒子的运动状态，由波函数 $\psi(\boldsymbol{r},t)$ 可以得知状态的全部物理性质，$\psi(\boldsymbol{r},t)$ 也称为态函数。

波函数具有连续性、唯一性和有限性的性质。

3. 力学量的算符表示

这是量子力学的另一个基本假设，在理论计算中，力学量可以用一个算符来表示。这是经典物理所没有的新概念，在量子物理中，状态用波函数来表示，力学量用算符来表示。

下面给出一些常用的算符：坐标算符 $\hat{\boldsymbol{r}}=\boldsymbol{r}$；动量算符 $\hat{\boldsymbol{p}}=-\mathrm{i}\hbar\nabla$；动能算符 $\hat{T}=-\hbar^2/2m\nabla^2$；势能算符 $\hat{V}=V(\boldsymbol{r},t)$；哈密顿算符 $\hat{H}=\hat{T}+\hat{V}=-\hbar^2/2m\nabla^2+V(\boldsymbol{r},t)$；能量算符 $\hat{E}=\mathrm{i}\hbar\partial/\partial t$；角动量算符 $\hat{\boldsymbol{L}}=\boldsymbol{r}\times\hat{\boldsymbol{p}}=-\mathrm{i}\hbar\boldsymbol{r}\times\nabla$。

4. 全同粒子

把质量、电荷、自旋、同位旋及其他所有内禀固有属性完全相同的粒子称为全同粒子。在经典力学中，即使是全同粒子，不同的粒子也是可以区分的。但在量子力学中，全同粒子是不可区分的，这称为量子力学的全同性原理，是量子力学特有的，也是量子力学的基本假设之一。

全同粒子按照自旋量子数可分为玻色子和费米子。自旋量子数为整数的粒子称为玻色子，如光子；自旋量子数为 1/2 奇数倍的粒子称为费米子，如电子、质子和中子等。玻色子组成的全同粒子体系服从玻色-爱因斯坦统计，费米子组成的全同粒子体系服从费米-狄拉克统计。

玻色子体系的波函数是对称的，即交换其中的任意两个玻色子，波函数不变。玻色子体系的波函数具有如下形式：

$$\psi_S = C\sum_P P\psi_i(q_1)\psi_j(q_2)\cdots\psi_k(q_N) \tag{3.1.9}$$

式中：C 为归一化常数；P 为 N 个玻色子在波函数中的某一个排列。

对于费米子体系，波函数具有下面的斯莱特（Slater）行列式形式：

$$\psi_A = \frac{1}{\sqrt{N!}}\begin{vmatrix} \psi_i(q_1) & \psi_i(q_2) & \cdots & \psi_i(q_N) \\ \psi_j(q_1) & \psi_j(q_2) & \cdots & \psi_j(q_N) \\ \vdots & \vdots & & \vdots \\ \psi_k(q_1) & \psi_k(q_2) & \cdots & \psi_k(q_N) \end{vmatrix} \tag{3.1.10}$$

由式（3.1.10）可以看出，任意交换两个粒子，相当于行列式的两列互换，波函数要改变正负号，因此波函数是反对称的。当两个或两个以上的粒子处在相同的状态时，相当于行列式的两行或多行相同，行列式的值也为零。这表明不能有两个或两个以上的费米子处在同一个状态，这个结果称为泡利不相容原理。

5. 自旋

自旋是基本粒子的一种内禀属性。最早发现电子具有自旋属性的试验是施特恩（Stern）-格拉赫（Gerlach）实验。1925 年，为了解释施特恩-格拉赫实验，以及碱金属光谱的双线结构和反常塞曼效应等试验事实，乌伦贝克（Uhlenbeck）和古德斯米脱（Goudsmit）提出了电子具有自旋角动量的说法，认为每个电子都具有自旋角动量 $\boldsymbol{S}$，自旋角动量 $\boldsymbol{S}$ 在空间任一方向上的投影只能取两个值。若将空间的方向取为 z 方向，则

$$S_z = \pm\frac{\hbar}{2} \tag{3.1.11}$$

考虑到自旋后，电子的波函数可以写成

$$\psi=\begin{bmatrix}\psi_1(x,y,z,t)\\ \psi_2(x,y,z,t)\end{bmatrix} \tag{3.1.12}$$

式中：$\psi_1(x,y,z,t)=\psi(x,y,z,\hbar/2,t)$，$\psi_2(x,y,z,t)=\psi(x,y,z,-\hbar/2,t)$。电子波函数归一化后具有下面的形式：

$$\int\psi^+\psi\,\mathrm{d}\boldsymbol{r}=\int[\psi_1^* \quad \psi_2^*]\begin{bmatrix}\psi_1\\ \psi_2\end{bmatrix}\mathrm{d}\boldsymbol{r}=\int\left(|\psi_1|^2+|\psi_2|^2\right)\mathrm{d}\boldsymbol{r}=1 \tag{3.1.13}$$

式中：ψ^+ 为波函数的共轭转置；ψ_1^*、ψ_2^* 为 ψ_1 、ψ_2 的共轭。电子波函数 ψ 给出的概率密度为

$$\psi^+\psi=|\psi_1|^2+|\psi_2|^2 \tag{3.1.14}$$

式中：$|\psi_1|^2$ 和 $|\psi_2|^2$ 分别为在 (x,y,z) 点周围单位体积内找到自旋 $S_z=\hbar/2$ 和自旋 $S_z=-\hbar/2$ 的电子的概率。

3.1.2　密度泛函理论基础

实际工程问题中所遇到的系统主要是多粒子系统，如多电子原子、分子和固体系统，包含多个或大量的电子和原子核。对于多粒子相互作用系统，其规律满足薛定谔方程，但由于粒子间相互作用的复杂性，精确求解薛定谔方程变得相当困难，甚至不可能。目前能够精确求解的薛定谔方程只有 H 原子系统。因此，对于多粒子相互作用系统，通常采用近似的方法求解薛定谔方程。

对多粒子相互作用系统进行求解，采用的第一个近似为绝热近似，也称玻恩-奥本海默（Born- Oppenheimer）近似。由于质子质量是电子质量的 1836 倍，对于多电子原子，原子核质量比电子质量大 3～5 个数量级，原子核运动的速度远远小于电子运动的速度，当计算电子在空间的分布时，可以将原子核看作静止不动，这就是绝热近似。绝热近似将电子的运动和原子核的运动分开，从而使问题得到简化。

求解多粒子相互作用系统的第二个近似为单电子近似。单电子近似是将其他电子和原子核对电子的作用看作一种外场对电子的作用。单电子近似的结果是将对多电子问题的求解转化为对单电子问题的求解，使问题得到简化。

密度泛函理论[25]是目前求解单电子问题的最严格、最精确的理论，其理论基础是霍恩伯格-科恩（Hohenberg-Kohn）第一定理，其内容如下：若多电子体系的基态是非简并的，则该基态体系中核与电子的相互作用势能 $V(\boldsymbol{r})$ 唯一地取决于体系的电子密度 $\rho(\boldsymbol{r})$（只差一个无关紧要的常数）。

霍恩伯格-科恩第一定理指出，体系的电子密度 $\rho(\boldsymbol{r})$ 唯一地决定了体系中核与电子的相互作用势能 $V(\boldsymbol{r})$，而核与电子的相互作用势能 $V(\boldsymbol{r})$ 唯一地决定了体系的所有性质，因而多电子体系的所有性质由体系的电子密度 $\rho(\boldsymbol{r})$ 唯一决定。因此，只要知道了体系的电子密度 $\rho(\boldsymbol{r})$ 的分布，理论上就可以计算体系的所有性质。

体系的基态能量等于能量泛函对电子密度 $\rho(\boldsymbol{r})$ 取极小值时的数值。体系的能量泛函

包括体系的动能泛函和势能泛函，其中势能泛函又包括电子间的势能泛函、电子和原子核间的势能泛函及原子核间的势能泛函。在绝热近似下，原子核间的势能泛函为常数，取能量泛函极小值时不起作用，计算时可以忽略。

在单电子近似下，用密度泛函理论计算单电子波函数时需要计算科恩-沙姆（Kohn-Sham）方程，方程的核心是用无相互作用电子系统的动能替代有相互作用系统的动能，而将有相互作用系统的全部复杂性归入交换关联相互作用泛函。Kohn-Sham 方程如下：

$$\left\{\frac{1}{2}\nabla^2 + V_{\mathrm{KS}}[\rho(\boldsymbol{r})]\right\}\varphi_i(\boldsymbol{r}) = E_i\varphi_i(\boldsymbol{r}) \tag{3.1.15}$$

$$\begin{aligned} V_{\mathrm{KS}}[\rho(\boldsymbol{r})] &= v(\boldsymbol{r}) + V_{\mathrm{coul}}[\rho(\boldsymbol{r})] + V_{\mathrm{xc}}[\rho(\boldsymbol{r})] \\ &= v(\boldsymbol{r}) + \int \mathrm{d}\boldsymbol{r}' \frac{\rho(\boldsymbol{r}')}{|\boldsymbol{r}-\boldsymbol{r}'|} + \frac{\delta E_{\mathrm{xc}}[\rho(\boldsymbol{r})]}{\delta\rho(\boldsymbol{r})} \end{aligned} \tag{3.1.16}$$

$$\rho(\boldsymbol{r}) = \sum_{i=1}^{N} |\varphi_i(\boldsymbol{r})|^2 \tag{3.1.17}$$

式中：$\varphi_i(\boldsymbol{r})$ 为单电子波函数；$v(\boldsymbol{r})$ 为外场势；$V_{\mathrm{coul}}[\rho(\boldsymbol{r})]$ 为库仑排斥势；$V_{\mathrm{xc}}[\rho(\boldsymbol{r})]$ 为交换关联势；$E_{\mathrm{xc}}[\rho(\boldsymbol{r})]$ 为交换关联能泛函。

交换关联能泛函和交换关联势利用局域密度近似，可以表示为

$$E_{\mathrm{xc}}[\rho(\boldsymbol{r})] = \int \mathrm{d}\boldsymbol{r}\,\rho(\boldsymbol{r})\varepsilon_{\mathrm{xc}}[\rho(\boldsymbol{r})] \tag{3.1.18}$$

$$V_{\mathrm{xc}}[\rho(\boldsymbol{r})] = \varepsilon_{\mathrm{xc}}[\rho(\boldsymbol{r})] + \rho(\boldsymbol{r})\frac{\mathrm{d}\varepsilon_{\mathrm{xc}}[\rho(\boldsymbol{r})]}{\mathrm{d}\rho} \tag{3.1.19}$$

式中：$\varepsilon_{\mathrm{xc}}[\rho(\boldsymbol{r})]$ 为均匀电子气的交换关联能密度。

3.2 SF_6 及其替代性气体计算

3.2.1 SF_6 气体在外电场下的特性

SF_6 气体灭弧性能优异，无色，无味，分子基态性质稳定，被作为绝缘气体电介质广泛应用在断路器和高压组合电器等电气设备中。但是 SF_6 温室效应潜在值（global warming potential，GWP）极高，约为 CO_2 的 23900 倍，于 1997 年在《京都议定书》上被列为限制性温室气体。目前对于减少 SF_6 的使用主要有两种方法：一是寻找与 SF_6 气体有相似特性的其他气体；二是将 SF_6 与其他气体（如 N_2、CO_2 等）混合作为高压断路器的绝缘气体，前者是目前气体绝缘方面的研究热点之一。

在高斯分子模拟软件中建立 SF_6 分子初始模型，选用密度泛函理论中的 B3LYP 泛函作为计算交换关联泛函的方法，取 6-311G 基组描述分子波函数，6-311G 基组对每个内层原子轨道采用 6 个高斯函数描述，对于价层原子轨道采用 3 组高斯函数描述[26]。

为了分析电场对 SF_6 分子的影响，对分子沿 x 轴方向加电场，进行优化计算，电场设置为 0～0.0015a.u.（1a.u. = 5.14225×10^{11}V/m），此电场作用于分子结构，大于 SF_6 的

气体击穿电场强度。对 SF_6 分子进行几何优化，使得 SF_6 的分子处于结构稳定且能量最低的状态。SF_6 分子模型如图 3.2.1 所示。

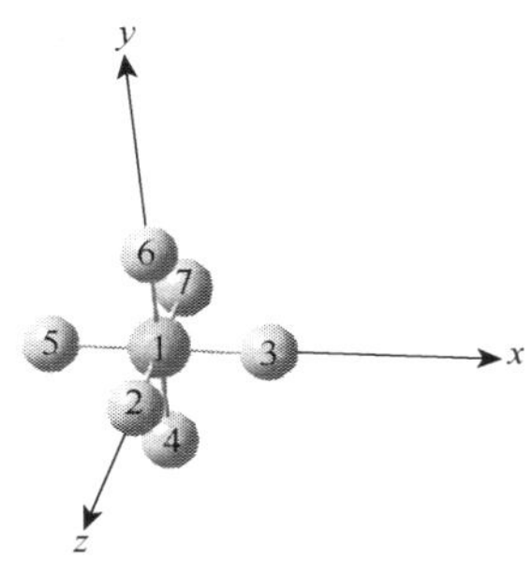

图 3.2.1　SF_6 分子模型

1. 外电场对 SF_6 分子结构的影响

键长和键角作为分子结构的基本数据之一，反映了分子键的强弱和分子结构的稳定，对于 SF_6 在电场作用下的微观结构观测极为重要，表 3.2.1 和表 3.2.2 为 SF_6 在不同电场作用下的键长与键角数据。由表 3.2.1 可知，SF_6 分子初始键长约为 0.176nm，与实际的测量值（0.156nm）比较，数据基本符合。分子几何参数的变化可以用电荷转移引起的分子内电场的变化来定性解释。结合表 3.2.1 中 SF_6 分子键长数据和图 3.2.2（a）中 SF_6 分子各个键长的数据变化可以看出，加电场后，其中 $F_3—S_1$ 的键长随着电场强度的增加而增加，$F_5—S_1$ 的键长随着电场强度的增加而减小，$F_2—S_1$、$F_4—S_1$、$F_6—S_1$ 和 $F_7—S_1$ 的键长随着电场强度的增加变化不明显，这表明在外电场的作用下，分子内的电子沿电场方向发生转移，使得 $F_3—S_1$ 的局部电场强度增大，$F_5—S_1$ 的局部电场强度减小，$F_2—S_1$、$F_4—S_1$、$F_6—S_1$ 和 $F_7—S_1$ 的局部电场强度变化较小。当分子键的键长大于原键长的 1.2 倍时，判定此时原子键断裂。在 0～0.0015a.u.电场强度内，键长均小于 1.2 倍初始键长，因此 SF_6 的分子结构没有被破坏，从而保证计算 SF_6 分子电负性的准确性。分析图 3.2.2（b）SF_6 分子各个键角数据的变化发现，$F_3—S_1—F_2$ 的键角随着电场强度的增大而减小，$F_5—S_1—F_4$、$F_6—S_1—F_5$ 和 $F_7—S_1—F_4$ 随着电场强度的增大而增大，$F_4—S_1—F_2$ 的键角变化不明显。可知，随着电场强度的增加，SF_6 分子的整体结构形变逐渐增大。

表 3.2.1　SF_6 在不同电场下的键长数据

电场强度/a.u.	$F_2—S_1$/nm	$F_3—S_1$/nm	$F_4—S_1$/nm	$F_5—S_1$/nm	$F_6—S_1$/nm	$F_7—S_1$/nm
0	0.175 960 93	0.175 960 93	0.175 960 93	0.175 960 93	0.175 960 93	0.175 960 93
0.000 3	0.175 960 99	0.176 005 68	0.175 960 99	0.175 916 47	0.175 960 99	0.175 960 99
0.000 6	0.175 961 18	0.176 050 72	0.175 961 18	0.175 872 29	0.175 961 18	0.175 961 18
0.000 9	0.175 967 37	0.176 114 35	0.175 967 37	0.175 822 46	0.175 967 37	0.175 967 37
0.001 2	0.175 967 47	0.176 163 92	0.175 967 47	0.175 774 71	0.175 967 47	0.175 967 47
0.001 5	0.175 967 39	0.176 253 85	0.175 967 39	0.175 690 11	0.175 967 39	0.175 967 39

表 3.2.2 SF_6在不同电场下的键角数据

电场强度/a.u.	$F_3—S_1—F_2$/ (°)	$F_4—S_1—F_2$/(°)	$F_5—S_1—F_4$/(°)	$F_6—S_1—F_5$/(°)	$F_7—S_1—F_4$/(°)
0	90	90	90	90	90
0.000 3	89.966 632 6	89.999 980 6	90.033 367 4	90.033 367 4	90.033 367 4
0.000 6	89.933 265 0	89.999 922 3	90.066 735 0	90.066 735 0	90.066 735 0
0.000 9	89.891 629 2	89.999 795 0	90.108 370 8	90.108 370 8	90.108 370 8
0.001 2	89.855 495 7	89.999 635 5	90.144 504 3	90.144 504 3	90.144 504 3
0.001 5	89.798 338 3	89.999 290 2	90.201 661 7	90.201 661 7	90.201 661 7

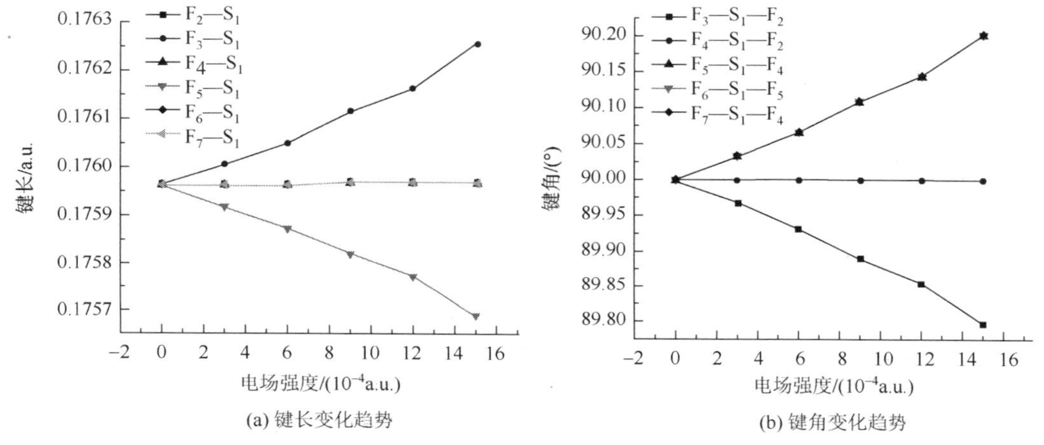

(a) 键长变化趋势 (b) 键角变化趋势

图 3.2.2 SF_6分子键长、键角变化

2. 外电场对 SF_6 分子 Mulliken 电荷布居分布的影响

表 3.2.3 和图 3.2.3 分别是在不同电场下 SF_6 分子的电荷布居数及其变化。S_1 初始电荷布居数为 1.677e，F 原子的初始电荷布居数都为−0.279e。施加外电场后，S_1、F_2、F_4、F_6 和 F_7 原子的电荷布居数不变，F_3 原子的电荷布居数随着电场强度的增大而减小，F_5 原子的电荷布居数随着电场强度的增加逐渐增大。这可由分子内原子的电负性变化来解释，原子电负性反映了分子中原子吸引电子的能力，电负性越大，吸引电子的能力越强，吸引的电子数越多，电荷布居数越小；反之，吸引电子的能力越小，吸引的电子数越少，电荷布居数越大。由此可知，在外电场作用下，分子内 F_3 原子的电负性增大，电子偏向 F_3，电荷布居数减小；F_5 原子的电负性减小，电子远离 F_5，电荷布居数增大，从而使分子上的电荷发生宏观上的转移，分子的电荷布居数明显由 F_5 原子转移到 F_3 原子上。

表 3.2.3　SF_6在外加均匀电场下的电荷布居数

电场强度/a.u.	S_1/a.u.	F_2/a.u.	F_3/a.u.	F_4/a.u.	F_5/a.u.	F_6/a.u.	F_7/a.u.
0	1.677	−0.279	−0.279	−0.279	−0.279	−0.279	−0.279
0.000 3	1.677	−0.279	−0.281	−0.279	−0.278	−0.279	−0.279
0.000 6	1.677	−0.279	−0.282	−0.279	−0.277	−0.279	−0.279
0.000 9	1.677	−0.279	−0.284	−0.279	−0.275	−0.279	−0.279
0.001 2	1.677	−0.279	−0.285	−0.279	−0.274	−0.279	−0.279
0.001 5	1.677	−0.279	−0.287	−0.279	−0.272	−0.279	−0.279

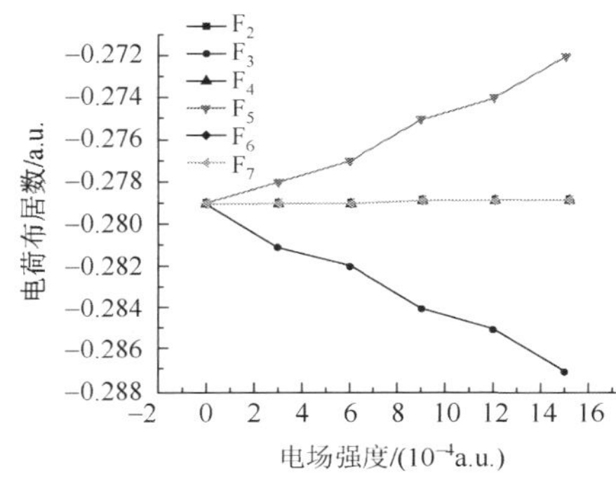

图 3.2.3　SF_6分子电荷布居数变化趋势

3. 外电场对 SF_6分子前线轨道能量的影响

分子活性与分子前线轨道能量密切相关，分子前线轨道分为最高占据轨道（highest occupied molecular orbital，HOMO）和最低未占据轨道（lowest unoccupied molecular orbital，LUMO）。HOMO 能量越高，分子越容易失去电子，LUMO 能量越低，越容易得到电子。

分子轨道的能隙反映了电子从占据轨道跃迁至空轨道所需的能量，其计算公式如下：

$$E_g = E_{LUMO} - E_{HOMO} \quad (3.2.1)$$

式中：E_g为 HOMO 与 LUMO 之间的能隙；E_{HOMO}为 HOMO 能量；E_{LUMO}为 LUMO 能量。

表 3.2.4、图 3.2.4 和图 3.2.5 分别是分子前线轨道能量及能级数据、分子前线轨道能量及能隙的变化。由图 3.2.4（a）、（b）可知，SF_6分子在外电场作用下 HOMO、LUMO 能量都随着电场强度的增加而增加，且呈现良好的线性关系；由图 3.2.5 可知分子能隙在外电场的作用下先减小后不变，在 0.0003～0.0009a.u.电场强度内随着电场强度的增加而减少，且减小的幅度较大，这说明外电场的作用使得 SF_6分子能隙减少，最外层电子从 HOMO 跃迁至 LUMO 所需的能量减少，分子活性增加。

表 3.2.4　分子前线轨道能量及能级数据

电场强度/a.u.	E_{HOMO}/a.u.	E_{LUMO}/a.u.	E_g/a.u.
0	−0.470 42	−0.287 48	0.182 94
0.000 3	−0.469 04	−0.286 10	0.182 94
0.000 6	−0.467 65	−0.284 72	0.182 93
0.000 9	−0.466 27	−0.283 37	0.182 90
0.001 2	−0.466 27	−0.283 37	0.182 90
0.001 5	−0.464 88	−0.281 98	0.182 90

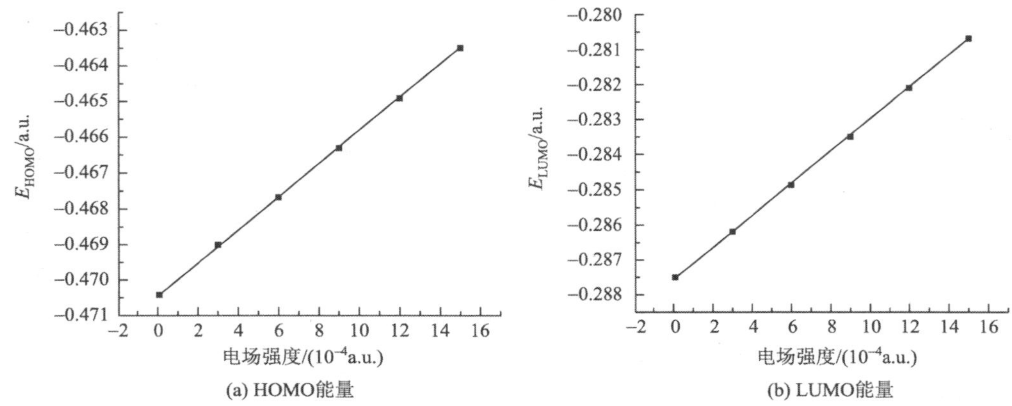

(a) HOMO能量　　(b) LUMO能量

图 3.2.4　SF_6分子前线轨道能量变化

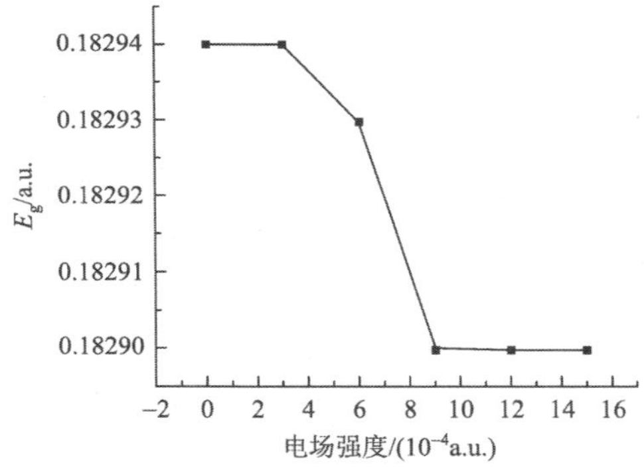

图 3.2.5　SF_6分子能隙变化

4. 外电场对 SF_6 分子电负性的影响

Mulliken 方法是计算分子、原子电负性标度的基本方式之一，这种方式主要是通过计算分子的电子亲和势和电离能的平均值作为电负性的标度，定义如下：

$$\chi_M = \frac{I + A}{2} \tag{3.2.2}$$

式中：χ_M 为分子或原子 Mulliken 标度下的电负性；I为分子或原子第一电离能（eV，1a.u. = 27.2114eV），第一电离能为分子或原子电离成为正 1 价离子所需要的能量；A为分子的电子亲和势，电子亲和势为分子或原子得到一个电子所释放出的能量，计算公式为

$$I = E(A^+) - E(A) \tag{3.2.3}$$

$$A = E(A^-) - E(A) \tag{3.2.4}$$

式中：E（A^+）为 SF_6 分子带一个正电荷所具有的总能量；E（A^-）为 SF_6 分子带一个负电荷所具有的总能量；E（A）为 SF_6 分子不带电荷时的能量。

式（3.2.2）计算的电负性为 Mulliken 电负性标度，根据式（3.2.5）可以将 Mulliken 电负性标度换算成泡利电负性标度：

$$\chi = 0.336\chi_M - 0.207 = 0.168(I + A - 0.123) \tag{3.2.5}$$

式中：χ 为泡利标度下的电负性标准。

为了分析 SF_6 分子第一电离能与电子亲和势的总体变化趋势，以这两者之差来显示分子总体对于外来电子的吸引能力的变化趋势，即

$$E_1 = I - A \tag{3.2.6}$$

式中：E_1 为第一电离能与电子亲和势之差。

表 3.2.5 为 SF_6 分子总能量、第一电离能、电子亲和势及电负性数据，图 3.2.6 为分子总能量、第一电离能、电子亲和势的变化。由图 3.2.6（a）可以看出，随着外电场强度的增加，SF_6 分子的总能量逐渐减小，这主要是因为随着外电场强度的增加，F_5 上的电子向 F_3 偏移，F_3 的电荷布居数的绝对值增加，从而使得体系的哈密顿量 H 的势能增大（数值上），进而使得体系的总能量减小。由图 3.2.6（b）可知，分子第一电离能在电场强度为 0～0.0003a.u.时急剧减少。图 3.2.6（c）中随着外电场强度的增加，SF_6 分子的电子亲和势在 0～0.0009a.u.增加，在电场强度为 0.0009～0.0012a.u.时急剧减小，之后急剧增加。由图 3.2.6（d）可知，SF_6 分子第一电离能与电子亲和势之差总体上呈现上升的趋势，分子的总体吸引外电子的能力是增强的趋势。图 3.2.7 为分子电负性变化规律，随着外电场强度的增加，分子的电负性在电场强度为 0～0.0003a.u.时急剧减小，在电场强度为 0.0003～0.0015a.u.时，电负性处于微弱的波动状态，这表明 SF_6 分子在电场强度为 0～0.0003a.u.时，吸引电子云的能力减小。外电场的作用使得分子内电子云的位置发生了变化，改变了分子总体的电负性。

表 3.2.5　SF_6 分子总能量、第一电离能、电子亲和势及电负性的计算数据

电场强度/a.u.	SF_6/a.u.	SF_6^+/a.u.	SF_6^-/a.u.	I/a.u.	A/a.u.	电负性/a.u.
0	−997.041 36	−996.472 67	−997.254 07	0.568 681 9	−0.212 709 5	1.606 7
0.000 3	−997.041 36	−996.517 10	−997.252 90	0.524 260 4	−0.211 545 3	1.408 9
0.000 6	−997.041 37	−996.518 30	−997.251 44	0.523 069 1	−0.210 076 5	1.410 2
0.000 9	−997.041 38	−996.520 80	−997.250 52	0.520 577 6	−0.209 143 1	1.403 1
0.001 2	−997.041 39	−996.520 15	−997.254 49	0.521 240 0	−0.213 098 5	1.388 0
0.001 5	−997.041 41	−996.520 66	−997.248 56	0.520 752 3	−0.207 152 6	1.413 0

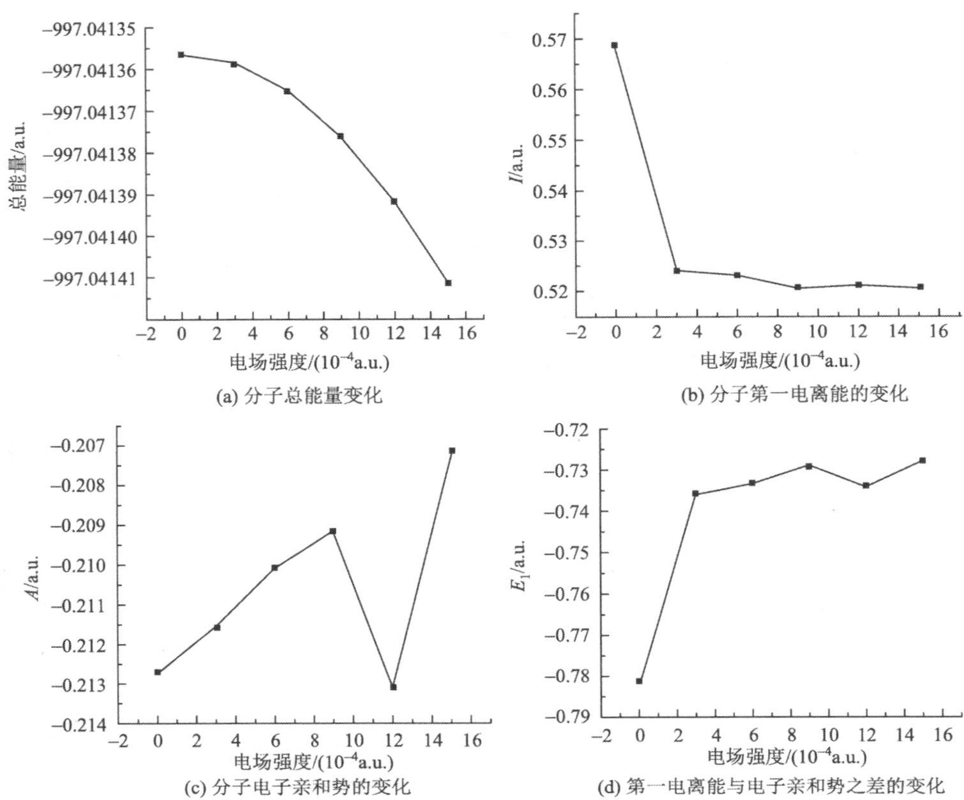

(a) 分子总能量变化　(b) 分子第一电离能的变化

(c) 分子电子亲和势的变化　(d) 第一电离能与电子亲和势之差的变化

图 3.2.6　分子总能量、第一电离能及电子亲和势的变化

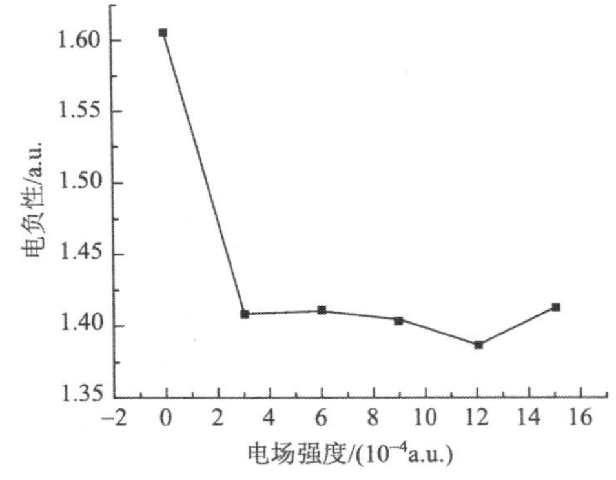

图 3.2.7　分子电负性变化规律

3.2.2　CF_3I 气体在外电场下的特性

CF_3I 作为一种潜在的 SF_6 替代性气体是近年来研究的热点，CF_3I 是一种无色、无味、无毒、具有较强电负性的气体，它的 GWP 小于 5，在大气中的寿命只有 0.005a。目前，

对于 CF_3I 及其混合气体的绝缘性能进行了大量的研究。

在高斯分子模拟软件中采用 DFT/B3LYP/6-311++G（d，p）优化 C、F 原子，再采用 DFT/DGDZVP 优化 I 原子（由于 CF_3I 中含有 I 原子，I 属于重原子，6-311++G 不适用，需要采用电子基组 DGDZVP 优化），计算 CF_3I 分子沿 z 轴加外电场的键长、Mulliken 电荷布居分布、偶极矩、平均静态电子极化率、分子前线轨道能量和总能量变化[27]。在优化基态 CF_3I 分子后计算 CF_3I 分子激发态，得到 CF_3I 分子激发态的激发能、激发波长和激发振子强度。CF_3I 分子模型如图 3.2.8 所示，其中 1 号原子为 C 原子，2、3、4 号原子为 F 原子，5 号为 I 原子。

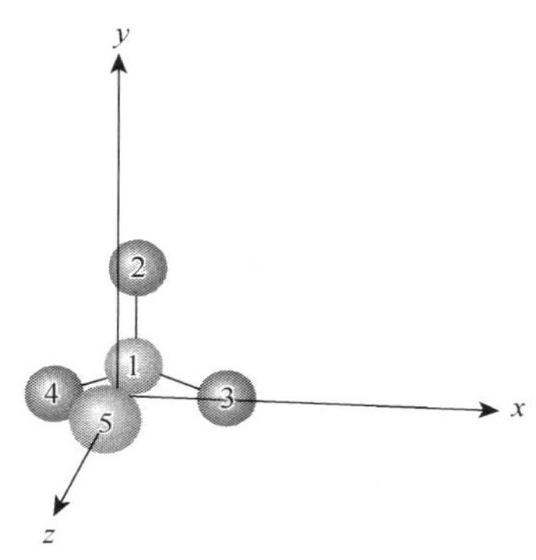

图 3.2.8　CF_3I 分子模型

1. 外电场作用对 CF_3I 分子键长的影响

CF_3I 分子优化后键长随电场强度的变化如图 3.2.9 所示，C_1—F_2、C_1—F_3 和 C_1—F_4 随着电场强度的增加逐渐减小，且变化趋势一致，C_1—I_5 随着电场强度的增加逐渐增大，这表明 CF_3I 分子具有良好的对称性，随着沿 z 轴电场强度的增加，C—F 键能增大，不易

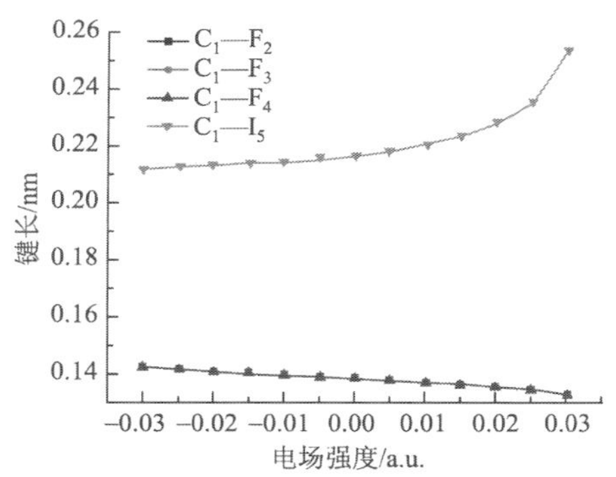

图 3.2.9　CF_3I 分子键长随电场强度的变化趋势

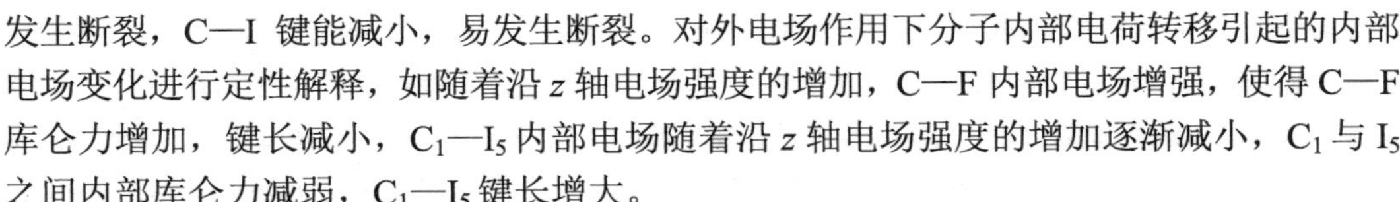

发生断裂，C—I 键能减小，易发生断裂。对外电场作用下分子内部电荷转移引起的内部电场变化进行定性解释，如随着沿 z 轴电场强度的增加，C—F 内部电场增强，使得 C—F 库仑力增加，键长减小，C_1—I_5 内部电场随着沿 z 轴电场强度的增加逐渐减小，C_1 与 I_5 之间内部库仑力减弱，C_1—I_5 键长增大。

2. 外电场作用对 CF_3I 分子 Mulliken 电荷布居分布的影响

如图 3.2.10 所示，CF_3I 分子 Mulliken 电荷布居数随电场强度变化的趋势呈现线性关系，且各原子变化趋势不同，未加电场时 C 和 I 呈现电正性，C 电荷布居数最高，F_2、F_3 和 F_4 为电负性，由此可知电负性较强的 F 原子对分子内电子云具有很强的库仑力作用，使得 F 原子周围的电子云较 C 和 I 原子密集，呈现电负性，C 原子电负性最弱，对周围的电子云库仑力较弱。施加电场后，C_1、F_2、F_3 和 F_4 的 Mulliken 电荷布居数随着沿 z 轴电场强度的增加逐渐增大，I_5 原子 Mulliken 电荷布居数随着电场强度的增大逐渐减小，外电场作用下，分子内部的电子云发生偏移，同时使得分子内部电场强度发生改变，促使分子结构发生改变，印证了上述分子键长变化的原因。

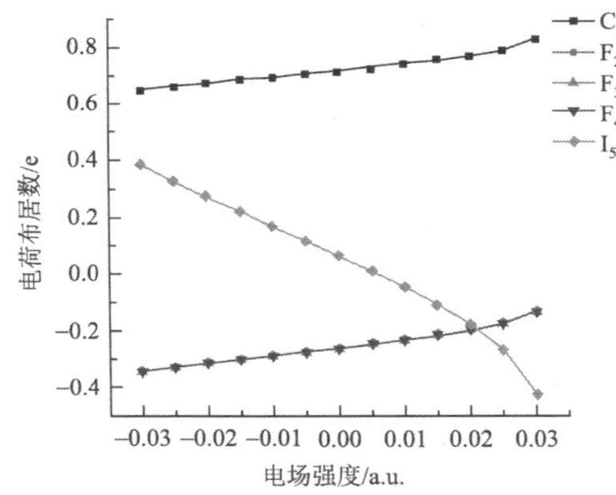

图 3.2.10 CF_3I 分子 Mulliken 电荷布居数随电场强度的变化趋势

3. 外电场作用对 CF_3I 分子偶极矩的影响

分子偶极矩表示分子内部正负电荷中心的重合度，是正负电荷中心距离与正负电荷量之积。偶极矩越大，分子极性越强，偶极矩越小，分子非极性越强。由图 3.2.11 可知，随着沿 z 轴电场强度的逐渐增加，CF_3I 分子偶极矩先减小后增大，且分子在外电场强度为 0.01a.u.时极性最小。由此可知电场强度越强，分子极性越大，分子结构越不稳定，同时有利于对外界电子施加库仑力作用，改变自由电子动能，从而影响气体绝缘性能。

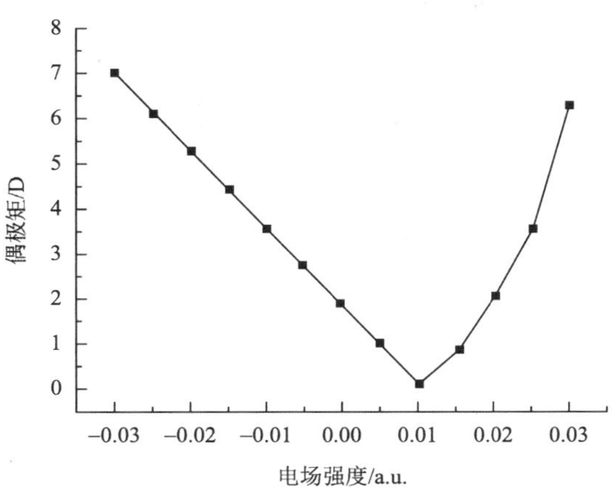

图 3.2.11　CF_3I 分子偶极矩随电场强度的变化趋势

4. 外电场作用对 CF_3I 分子平均静态电子极化率的影响

分子平均静态电子极化率是衡量分子内电子受外电场作用影响的参数，平均静态电子极化率越高，电子受外电场影响越大，平均静态电子极化率越低，分子内电子受电场作用的影响越小，同时平均静态电子极化率也与分子碰撞横截面具有一定的线性关系，平均静态电子极化率越高，分子碰撞截面越大，平均静态电子极化率越低，分子碰撞截面越小。如图 3.2.12 所示，CF_3I 分子随着沿 z 轴电场强度的增大，先减小后增大，且在电场强度为 0.01a.u.时分子平均静态电子极化率最小，这表明分子在电场强度为 0.01a.u.时，分子平均静态电子极化率最小，此时分子碰撞截面最小，自由电子自由行程最大，自由电子动能最大，有利于电子崩的产生，不利于分子绝缘性能，随着电场强度的增加，分子平均静态电子极化率逐渐增大，分子碰撞截面增大，减小了分子自由行程，不利于电子崩的产生，有利于绝缘。

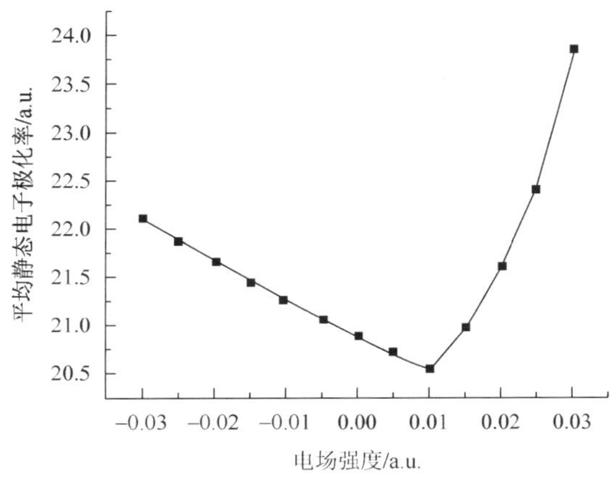

图 3.2.12　CF_3I 分子平均静态电子极化率随电场强度的变化趋势

5. 外电场作用对 CF_3I 分子 HOMO 能量、LUMO 能量、能隙和总能量的影响

分子前线轨道能量分为 HOMO 能量和 LUMO 能量，HOMO 能量越高，分子越容易失去电子，LUMO 能量越低，分子越容易得到电子，能隙（$E_g = E_{LUMO} - E_{HOMO}$）表征分子化学活性，LUMO 能量在数值上与分子电子亲和势相当，能隙越小，分子内电子易从 HOMO 跃迁到 LUMO，分子化学活性越强。由图 3.2.13 可知，CF_3I 分子 HOMO 能量和 LUMO 能量随着电场强度的增加逐渐减小，能隙逐渐减小，这表明分子随着电场强度的增加，分子得到电子和失去电子的能力都被削弱，但是总体来看，CF_3I 分子内电子随着沿 z 轴电场强度的增加更易从 HOMO 跃迁到 LUMO，分子化学活性增强，更易于与其他分子发生反应，这印证了前述分子键长变化、偶极矩变化使得分子结构不稳定的结论。

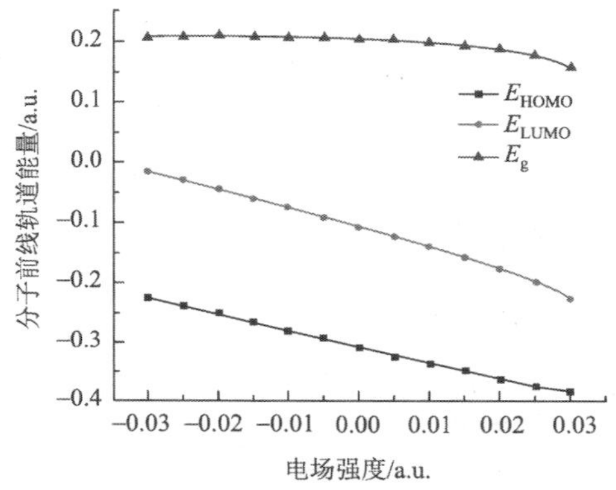

图 3.2.13 CF_3I 分子前线轨道能量随电场强度的变化趋势

分子总能量包括分子内能、分子中所有电子能量、分子内原子振动能、分子转动能和分子平动能。分子总能量直接反映了分子的稳定性，在分子优化中包括总能量最低的准则，即分子总能量越低，分子稳定性越高。由图 3.2.14 可知，CF_3I 分子总能量数值随着

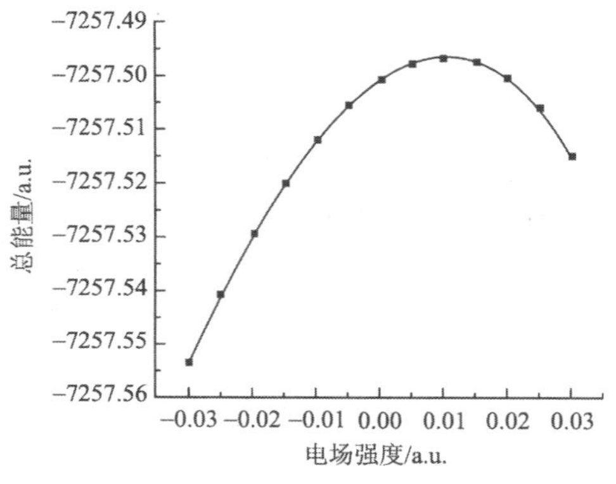

图 3.2.14 CF_3I 分子总能量随电场强度的变化趋势

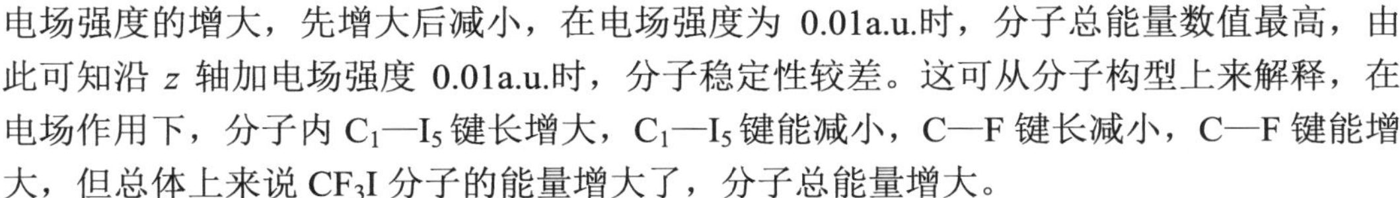

电场强度的增大，先增大后减小，在电场强度为 0.01a.u.时，分子总能量数值最高，由此可知沿 z 轴加电场强度 0.01a.u.时，分子稳定性较差。这可从分子构型上来解释，在电场作用下，分子内 C_1—I_5 键长增大，C_1—I_5 键能减小，C—F 键长减小，C—F 键能增大，但总体上来说 CF_3I 分子的能量增大了，分子总能量增大。

6. 外电场作用对 CF_3I 分子激发态的影响

采用 DFT/B3LYP/6-311++G（d，p）优化 C、F 原子，采用 DFT/DGDZVP 优化 I 原子，得到 CF_3I 分子基态，采用杂化相互作用单激发组态方法计算 CF_3I 分子激发态，得到了 CF_3I 分子激发能、激发波长和激发振子强度。

1）激发能的变化

由表 3.2.6 可知，未加电场时，CF_3I 分子激发态 1 的激发能最低，激发能为 4.4676eV，激发态 9 的激发能最高，激发能为 8.6611eV，从能量的角度上分析，激发态 1 最容易被激发，激发态 9 最不易被激发。从整体上来观察，激发态 1 和激发态 2 的激发能随着电场强度的增加先增加后逐渐减小，激发态 3～9 随着电场强度的增加呈现出波动性，从能量的角度上可以看出激发态 1 和激发态 2 可控制性较强，且随着电场强度的增强更易被激发。激发能的改变可由分子在外电场作用下，分子轨道能级的升降及分子轨道的跃迁状态来共同解释。例如，CF_3I 分子在未加电场时，激发态 2 的激发轨道为 43⟶44，在电场强度为 0.01a.u.时，激发态 2 的激发轨道为 42⟶44 和 43⟶44 两种，当电场强度为 0.03a.u.时，激发轨道仅有 42⟶44。

表 3.2.6　CF_3I 分子在外电场作用下的激发能

电场强度/a.u.	激发态 1/eV	激发态 2/eV	激发态 3/eV	激发态 4/eV	激发态 5/eV	激发态 6/eV	激发态 7/eV	激发态 8/eV	激发态 9/eV
−0.030	4.5598	4.5599	6.6373	6.7192	6.7193	7.1865	8.2948	8.295	9.4341
−0.025	4.5711	4.5712	6.9762	7.0494	7.0494	7.3737	8.5509	8.5509	9.2313
−0.020	4.5739	4.5740	7.3122	7.378	7.378	7.5471	8.8107	8.8107	9.0026
−0.015	4.5666	4.5667	7.6446	7.6908	7.7041	7.7042	8.7536	9.0696	9.0696
−0.010	4.5476	4.5476	7.7848	7.9727	8.0269	8.0269	8.4886	8.9378	8.9382
−0.005	4.4005	4.4005	7.6282	7.6423	8.1782	8.1784	8.9304	8.9701	8.9701
0.000	4.4676	4.4677	7.7604	7.9225	8.4375	8.4375	8.6168	8.6610	8.6611
0.005	4.4005	4.4005	7.6282	7.6423	8.1782	8.1784	8.9304	8.9701	8.9701
0.010	4.3103	4.3103	7.3315	7.4756	7.9197	7.9199	8.7017	8.7019	9.2414
0.015	4.1891	4.1892	7.0287	7.2759	7.6567	7.6575	8.4105	8.4120	9.5444
0.020	4.0233	4.0234	6.7592	7.059	7.4369	7.4372	8.1678	8.1682	9.8683
0.025	3.7910	3.7910	6.5217	6.8141	7.2561	7.2564	7.9803	7.9805	9.9355
0.030	3.2569	3.2571	6.3287	6.4163	7.2432	7.2435	8.0208	8.0211	9.5756

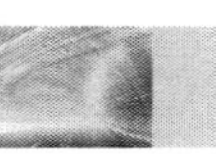

2）激发波长的变化

如表 3.2.7 所示，在未加电场时，CF_3I 的激发波长处于 120～300nm，属于远紫外光谱，激发态 1、2 的激发波长最长，为 277.52nm，激发态 5、6 的激发波长为 146.94nm，激发态 8、9 的激发波长最短，为 143.15nm，由此可知将激发态 1 和 2、5 和 6、8 和 9 分别简并，施加电场后激发波长都呈现出不同的变化。例如，激发态 1、2 激发波长随着电场强度的增大，大致呈现逐渐升高的状态，在电场强度为–0.02a.u.时，激发波长急剧减小；激发态 3 的激发波长随着电场强度的增大，总体上呈现出先减小后增大的趋势，在电场强度为–0.02a.u.时出现急剧减小；激发态 4、5 和 6 的激发波长随着电场强度的增大，呈现先减小后增大的趋势，且激发态 5 和 6 随着电场强度的变化趋势具有一致性；激发态 7、8 和 9 的激发波长随着电场强度的增大呈现出波动状态，且在电场强度为–0.02a.u.时具有急剧增大的趋势，在电场强度为–0.02a.u.时激发波长处于突变的地方，这是因为在电场强度为–0.02a.u.时，分子各个激发态的激发轨道发生剧变。根据分析可知，激发态 5 随着电场强度变化的趋势较为平滑，这有利于通过外电场来控制分子激发波长，也为通过光谱来分析 CF_3I 分子的激发状态提供了理论支持。

表 3.2.7　CF_3I 分子在外电场作用下激发波长的变化

电场强度 /a.u.	激发态 1 /nm	激发态 2 /nm	激发态 3 /nm	激发态 4 /nm	激发态 5 /nm	激发态 6 /nm	激发态 7 /nm	激发态 8 /nm	激发态 9 /nm
–0.03	271.91	271.90	186.80	184.52	184.52	172.52	149.47	149.47	131.42
–0.02	137.72	140.72	140.72	164.28	168.04	168.05	169.56	271.07	271.07
–0.01	272.64	272.63	159.26	155.51	154.46	154.46	146.06	138.72	138.71
0.00	277.52	277.52	159.77	156.50	146.94	146.94	143.89	143.15	143.15
0.01	281.75	281.75	162.53	162.23	151.60	151.60	138.83	138.22	138.22
0.02	295.97	295.96	176.40	170.40	161.93	161.91	147.42	147.39	129.90
0.03	327.05	327.05	190.11	181.95	170.87	170.86	155.36	155.36	124.79

3）激发振子强度的变化

表 3.2.8 为 CF_3I 在电场作用下激发振子强度的数据，激发振子强度表示分子被激发的概率的大小，激发振子强度越高，分子激发态被激发的概率越大，反之，激发振子强度越低，分子激发态被激发的可能性越低。由表 3.2.8 可知，在未加电场时，CF_3I 分子激发态 4 和 7 的激发振子强度为零，属于禁阻跃迁；激发态 1～3、5、6、8 和 9 的激发振子强度都不为零，属于允许跃迁，激发态 3 的激发振子强度最高，为 0.2091，被激发的可能性最大，激发态 1 和 2 在电场强度为–0.03～0a.u.时，激发振子强度处于波动状态，且数值最大，被激发的可能性最高，在电场强度为 0～0.03a.u.时，激发振子强度线性减小，激发态 3 在电场强度为–0.03～0.03a.u.时，仅在电场强度为–0.01 a.u.、0 和 0.03a.u.时激发振子强度不为零，其他电场强度下属于禁阻跃迁；激发态 4 在电场强度为 0.005～0.025a.u.时具有较高的激发振子强度，容易被激发；激发态 5 在电场强度为–0.025a.u.

和–0.03a.u.时激发振子强度为零，属于禁阻跃迁，在电场强度为–0.02～0.03a.u.时激发振子强度除了电场强度在 0.0a.u.和 0.03a.u.有波动外，总体趋势是随着电场强度的增大而增大；激发态 6 在电场强度为–0.03～0.03a.u.时都为允许跃迁状态，且随着电场强度的增加总的趋势是先减小后增大，中间略有波动；激发态 7 在电场强度为–0.015～0.005a.u 时属于禁阻跃迁状态，其他电场强度下属于允许跃迁状态；激发态 8 在电场强度为–0.03～0.03a.u.时都属于允许跃迁状态，且随着电场强度的增大先减小后增大；激发态 9 在–0.015～0.005a.u.和 0.025～0.03a.u.属于允许跃迁状态。综上所述，激发态 1、2、6 和 8 在电场强度为–0.03～0.03a.u.时都属于允许跃迁状态，其余激发态在不同电场强度下均有禁阻跃迁状态，根据不同激发态的激发波长及激发振子强度可判断分子激发态。

3.2.8　CF_3I 分子在外电场作用下激发振子强度的变化

电场强度/a.u.	激发态 1	激发态 2	激发态 3	激发态 4	激发态 5	激发态 6	激发态 7	激发态 8	激发态 9
–0.030	0.0017	0.0017	0.0000	0.0000	0.0000	0.0594	0.0080	0.0080	0.0000
–0.025	0.0019	0.0019	0.0000	0.0000	0.0000	0.0301	0.0071	0.0071	0.0000
–0.020	0.0020	0.0020	0.0000	0.0001	0.0001	0.0072	0.0062	0.0062	0.0000
–0.015	0.0021	0.0021	0.0000	0.0008	0.0001	0.0001	0.0000	0.0055	0.0055
–0.010	0.0020	0.0020	0.0272	0.0000	0.0001	0.0001	0.0000	0.0011	0.0011
–0.005	0.0014	0.0014	0.0000	0.3323	0.0026	0.0026	0.0000	0.0011	0.0011
0.000	0.0017	0.0017	0.2091	0.0000	0.0020	0.0020	0.0000	0.0003	0.0003
0.005	0.0014	0.0014	0.0000	0.3323	0.0026	0.0026	0.0000	0.0011	0.0011
0.010	0.0011	0.0011	0.0000	0.4526	0.0032	0.0032	0.0084	0.0084	0.0000
0.015	0.0008	0.0008	0.0000	0.5687	0.0037	0.0037	0.0109	0.0109	0.0000
0.020	0.0005	0.0005	0.0000	0.6957	0.0041	0.0041	0.0147	0.0147	0.0000
0.025	0.0003	0.0003	0.0000	0.8417	0.0041	0.0041	0.0207	0.0207	0.0062
0.030	0.0001	0.0001	1.0422	0.0000	0.0029	0.0029	0.0354	0.0354	0.0061

3.2.3　c-C_4F_8 气体在外电场下的特性

c-C_4F_8 在拥有较高绝缘强度的同时，环境污染效果也要比 SF_6 更低。将 c-C_4F_8 与 N_2、CO_2 等缓冲气体融合后形成的混合气体，将会在高压绝缘设备中普遍应用，因此对 c-C_4F_8 在外电场作用下的结构及其特性的研究变得尤为重要。

在高斯分子模拟软件中利用密度泛函理论，在 CAM-B3LYP/DGDZVP2 基组上对 c-C_4F_8 进行结构优化，研究在外电场（0～0.02a.u.）下，分子结构、总能量、偶极矩、极化率、前线轨道能量、键能和绝热电子亲和能的变化，并分析其红外光谱特征。

1. 外电场对 c-C_4F_8 分子结构的影响

经过优化计算，在能量最低时得到 c-C_4F_8 的分子结构，如图 3.2.15 所示，由于碳环的二面角不为 0°，c-C_4F_8 分子结构为有褶皱的高对称四面体，其点群为 D_{2d}（1 个 4 次反演轴，2 个 2 次旋转轴，2 个反映面）。

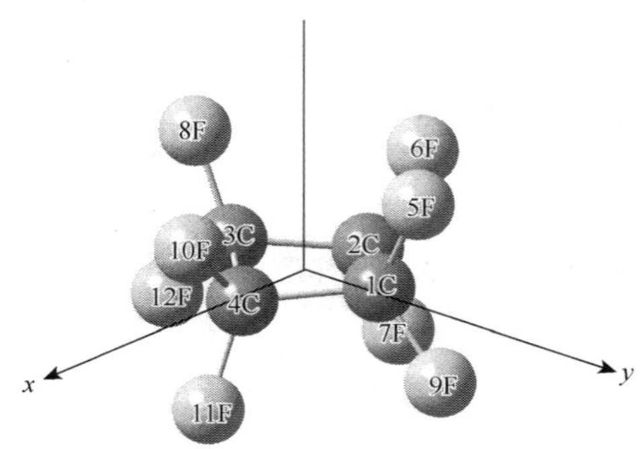

图 3.2.15 c-C_4F_8 分子结构

沿着 x 轴方向加入正向电场（0～0.02a.u.）后，可以得到关于 c-C_4F_8 分子键长、键角、碳环的二面角的变化数据见表 3.2.9。

表 3.2.9 不同电场下 c-C_4F_8 几何结构

电场强度/a.u.	R(2,6)/nm	R(1,2)/nm	A(1,2,3)/(°)	A(5,1,9)/(°)	A(2,1,5)/(°)	D(1,2,3,4)/(°)
0.000	0.133608	0.157115	89.5307	110.4339	112.2541	−10.3424
0.002	0.133400	0.157198	89.4715	110.6991	112.3820	−10.3447
0.004	0.133195	0.157285	89.4091	110.9614	112.5057	−10.3695
0.006	0.132993	0.157377	89.3439	111.2206	112.6275	−10.4112
0.008	0.132792	0.157474	89.2756	111.4769	112.7465	−10.4704
0.010	0.132592	0.157577	89.2044	111.7303	112.8634	−10.5468
0.012	0.132394	0.157685	89.1298	111.9806	112.9776	−10.6400
0.014	0.132197	0.157800	89.0521	112.2281	113.0898	−10.7489
0.016	0.132000	0.157920	88.9713	112.4728	113.2001	−10.8727
0.018	0.131804	0.158046	88.8872	112.7146	113.3088	−11.0106
0.020	0.131608	0.158179	88.8000	112.9537	113.4163	−11.1602

由表 3.2.9 可知，当外电场力朝着 x 轴正向增加时，C_2—F_6 键长逐渐减小，由 0.133608nm 变为 0.131608nm。而 C_1—C_2 键长不断增加，从 0.157115nm 变为 0.158179nm。其碳环二面角的绝对值则不断地在增大，分子的褶皱度逐渐增加，其对称性越来越低。

C_1—C_2—C_3 键角不断缩小，而 F_5—C_1—F_9 和 C_2—C_1—F_5 的键角逐渐地增大，F 原子之间的距离被拉远，分子被外电场力所“拉伸”。其中，键长的变化主要由电荷布居数的改变所导致。分子电荷布居数的改变导致各个原子之间的局部电场发生改变。由表 3.2.10 电荷布居数可知，随着外电场力的增加，C_2 与 F_6 的电荷布局所产生的吸引力逐渐增大，使其在外电场力和原子作用力的合力下，键能逐渐增加，导致其键长减小。相反，C_1—C_2 的电荷布局产生的排斥力增大，使其在外电场力和原子作用力的合力下，键能逐渐减小，导致其键长增大。

表 3.2.10　不同电场下 c-C_4F_8 的电荷布居数

电场强度/a.u.	C_1/e	C_2	C_3	C_4	F_5	F_6	F_7	F_8	F_9	F_{10}	F_{11}	F_{12}
0.000	0.376	0.376	0.376	0.376	−0.188	−0.189	−0.188	−0.188	−0.189	−0.189	−0.188	−0.189
0.002	0.376	0.380	0.376	0.373	−0.188	−0.183	−0.185	−0.188	−0.189	−0.194	−0.191	−0.189
0.004	0.376	0.383	0.376	0.370	−0.188	−0.177	−0.181	−0.188	−0.189	−0.200	−0.194	−0.189
0.006	0.376	0.386	0.376	0.366	−0.188	−0.171	−0.178	−0.188	−0.189	−0.206	−0.197	−0.189
0.008	0.376	0.389	0.376	0.363	−0.188	−0.166	−0.175	−0.188	−0.189	−0.212	−0.200	−0.189
0.010	0.377	0.393	0.377	0.360	−0.188	−0.160	−0.172	−0.188	−0.189	−0.217	−0.203	−0.189
0.012	0.377	0.396	0.377	0.356	−0.188	−0.154	−0.169	−0.188	−0.189	−0.223	−0.206	−0.189
0.014	0.377	0.399	0.377	0.353	−0.188	−0.148	−0.166	−0.188	−0.189	−0.229	−0.209	−0.189
0.016	0.377	0.402	0.377	0.349	−0.188	−0.142	−0.163	−0.188	−0.189	−0.235	−0.212	−0.189
0.018	0.377	0.406	0.377	0.346	−0.188	−0.136	−0.160	−0.188	−0.189	−0.241	−0.215	−0.189
0.020	0.377	0.409	0.377	0.343	−0.188	−0.130	−0.157	−0.188	−0.189	−0.247	−0.218	−0.189

同时，由表 3.2.10 可以看出，C_1、C_3、F_5、F_8、F_9、F_{12} 的电荷布居数只有微小的变化。这是因为由 C_1、C_3、F_5、F_8、F_9、F_{12} 组成的平面正好垂直于外电场力的作用方向，所以外电场的增加基本不会造成以上 6 个原子的电荷布居数的改变。

2. 外电场对 c-C_4F_8 分子总能量、偶极矩和极化率的影响

运用 CAM-B3LYP/DGDZVP2 基组，计算得到了不同电场下关于 c-C_4F_8 分子总能量、偶极矩及极化率的变化数据。由图 3.2.16～图 3.2.18 可知，随着外电场的增大，分子体系的总能量逐渐减小，而分子偶极矩和极化率则不断增大，分子的稳定性不断降低。这是由于在外电场力的作用下，c-C_4F_8 的极性发生了改变，其正负电荷中心的距离越来越远，从而增大了分子的偶极矩。同时，分子的极化率是偶极矩对外电场力的一阶导数，其随电场强度的增加逐渐变大。偶极矩和外电场力的增大会导致分子系统的哈密顿量减小，从而使分子总能量逐渐减小。

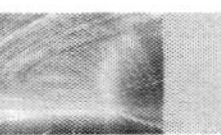

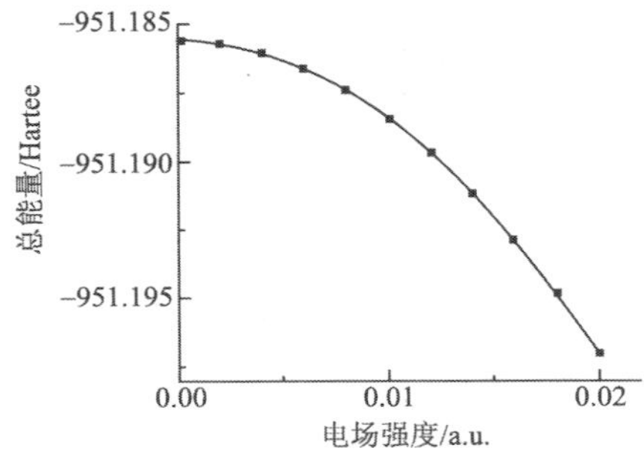

图 3.2.16　分子总能量随电场强度的变化

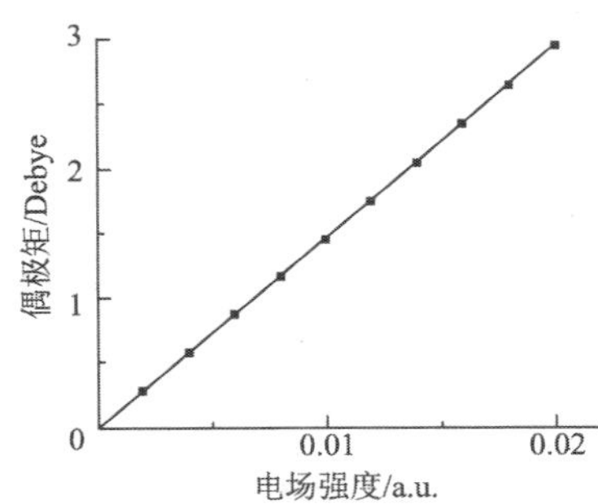

图 3.2.17　偶极矩随电场强度的变化

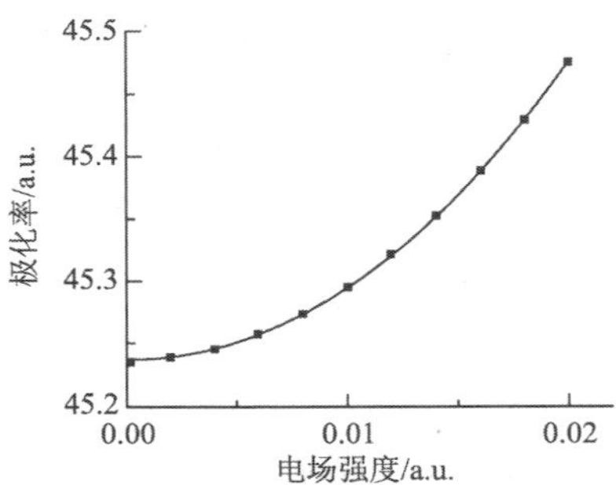

图 3.2.18　极化率随电场强度的变化

3. 外电场对 c-C_4F_8 前线轨道能量和键能的影响

采用相同的方法和基组，可以得到 c-C_4F_8 HOMO 能量 E_{HOMO} 和 LUMO 能量 E_{LUMO} 的数据，同时由 $E_g=(E_{LUMO}-E_{HOMO})\times 27.2114$ eV 可以得到 c-C_4F_8 分子能隙 E_g 的数据，如表 3.2.11 所示。

表 3.2.11　不同电场下 c-C_4F_8 前线轨道能量分布

电场强度/a.u.	E_{HOMO}/a.u.	E_{LUMO}/a.u.	E_g/a.u.
0.000	−0.42073	0.00134	11.48512
0.002	−0.42068	0.00129	11.48239
0.004	−0.42050	0.00113	11.47314
0.006	−0.42021	0.00086	11.45790
0.008	−0.41981	0.00049	11.43695
0.010	−0.41929	0.00000	11.40947
0.012	−0.41867	−0.00059	11.37654
0.014	−0.41795	−0.00128	11.33817
0.016	−0.41713	−0.00209	11.29382
0.018	−0.41622	−0.00300	11.24429
0.020	−0.41522	−0.00403	11.18906

由表 3.2.11 可知，随着外电场力的增加，HOMO 能量越来越大，位于其能级上的电子更容易丢失；相反，LUMO 能量则逐渐减小，使分子的亲电性增加，更加容易吸收电子。而 HOMO 和 LUMO 的能量差 E_g 越小，电子从 HOMO 跃迁到 LUMO 所需要的能量越小，分子越容易激发到激发态而参与到化学反应中，体系稳定化程度也就越小。

Mayer 键值（Mayer bond order，MBO）是以通过分子的电荷布局分析法和重叠矩阵为基础的，它可以近似地定义该处键级的强弱，其值越小，表明键能越弱，化学键越容易断裂。由表 3.2.12 所列数据可知，在无电场存在时，由于 c-C_4F_8 的高度对称性，处于对称位置的 $C_2—F_6$ 和 $C_4—F_{10}$ 的键能相同。而随着外电场的增加，位于 x 负半轴的 $C_2—F_6$ 的键能增加速度最快，从 1.057730 增加到 1.097070。而位于 x 正半轴的 $C_4—F_{10}$ 的键能下降程度最大，从 1.057730 减小至 1.018020，最有可能率先在外电场力的作用下断裂，导致 c-C_4F_8 分子结构的破坏。

表 3.2.12　不同电场下 c-C_4F_8 的 MBO 变化

电场强度/(kV/nm)	0.000	1.028	2.056	3.085	4.113	5.142	6.170	7.198	8.227	9.255	10.284
$C_1—C_2$	0.963530	0.962830	0.962073	0.961258	0.960385	0.959450	0.958455	0.957395	0.956269	0.955075	0.953810
$C_1—C_4$	0.963530	0.964179	0.964773	0.965315	0.965808	0.966250	0.966646	0.966994	0.967296	0.967552	0.967760
$C_1—F_5$	1.062170	1.062174	1.062163	1.062146	1.062121	1.062080	1.062045	1.061992	1.061926	1.061848	1.061750
$C_1—F_9$	1.057730	1.057728	1.057708	1.057668	1.057613	1.057540	1.057452	1.057346	1.057222	1.057080	1.056910
$C_2—F_6$	1.057730	1.061461	1.065200	1.068962	1.072761	1.076610	1.080527	1.084519	1.088599	1.092780	1.097070
$C_2—F_7$	1.062170	1.063152	1.064111	1.065049	1.065962	1.066840	1.067696	1.068509	1.069281	1.070009	1.070680
$C_4—F_{10}$	1.057730	1.054008	1.050267	1.046492	1.042673	1.034842	1.028740	1.030802	1.026661	1.022404	1.018020
$C_4—F_{11}$	1.062170	1.061191	1.060195	1.059198	1.058202	1.057200	1.056222	1.055243	1.054275	1.053317	1.052360

4. 外电场对 c-C_4F_8 绝热电子亲和能的影响

c-C_4F_8 是一种强电负性的绝缘气体，主要是由于其吸收空间中自由电子的能力较强。而绝热电子亲和能 AEA 的大小反映了分子由中性粒子获得电子，从而成为阴离子所释放的能量。在模拟计算中 AEA 应为中性粒子的总能量减去一价负离子的总能量（优化之后），即

$$\text{AEA} = [E(N) - E(N+1)] \times 27.2114\,\text{eV} \tag{3.2.7}$$

c-C_4F_8 在基态时的绝热电子亲和能由试验测得，值为 0.63eV±0.05eV，而模拟计算中的数据收敛于 0.67859eV，也验证了该基组计算方法的可靠性。

图 3.2.19 显示了 c-C_4F_8 在获得一个电子后的几何结构变化，其分子对称性得到提高，从 D_{2d} 点群变为 D_{4h} 点群，碳环二面角变为 0°，由原来的褶皱型分子变为高度对称型。同时，由图 3.2.20 可知，随着外电场力的增加，c-C_4F_8 分子的绝热电子亲和能不断增大，结合一个电子释放的能量越多，与电子的结合越稳定，阴离子能量越稳定。这是因为在

外电场力的作用下，分子极性越大，分子与电子间的静电相互作用力就越大，导致其绝热电子亲和能增加。

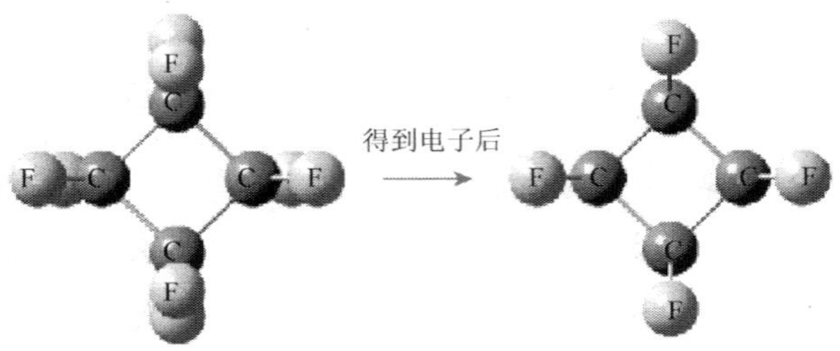

图 3.2.19　c-C_4F_8 得到电子后的几何结构变化

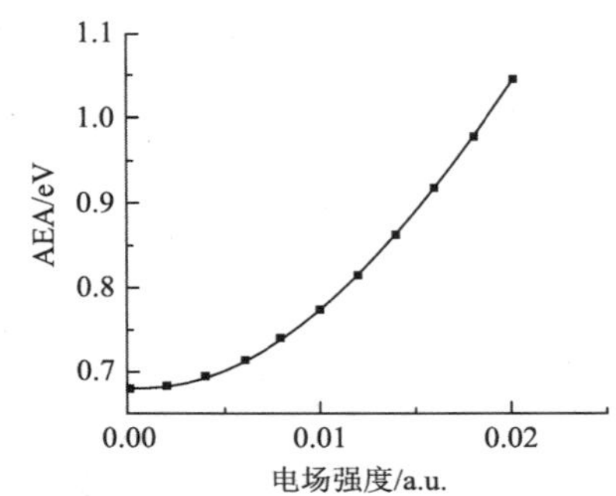

图 3.2.20　绝热电子亲和能 AEA 随电场强度的变化

5. 外电场对 c-C_4F_8 红外光谱的影响

使用相同的方法对 c-C_4F_8 在外电场作用下的红外光谱进行了计算，记录了其在外电场为 0、0.01a.u.和 0.02a.u.时的数据，其变化如图 3.2.21 所示。

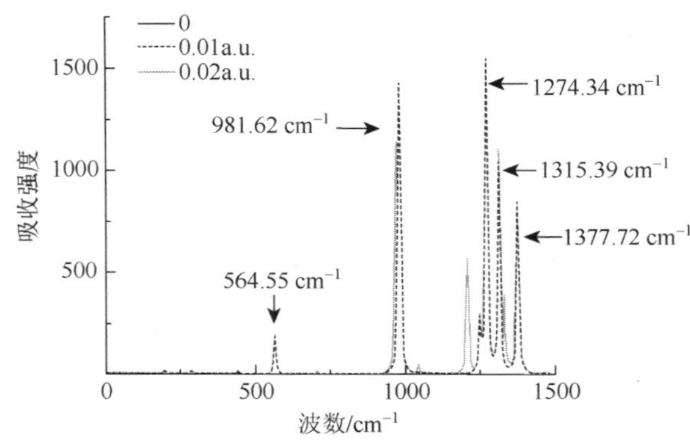

图 3.2.21　红外光谱随外电场的变化

当分子处于基态时，其主要的吸收峰位于 564.55cm^{-1}、981.62cm^{-1}、1274.34cm^{-1}、1315.39cm^{-1} 及 1377.72cm^{-1} 处。其中，564.55cm^{-1} 处的吸收峰对应 F—C—F 的对称剪式振动，981.62cm^{-1} 处的吸收峰对应碳环的对称伸缩振动，1274.34cm^{-1} 和 1315.39cm^{-1} 处的吸收峰对应碳环的向上面外扭曲振动和向下面外扭曲振动，而 1377.72cm^{-1} 处的吸收峰对应碳环的剪式振动。

由图 3.2.21 可知，在外加电场后，分子的红外光谱中，只有位于 564.55cm^{-1} 的对称剪式振动发生了微小的蓝移，主要是因为外电场的增加改变了分子电荷布居数，使得 F—C—F 处的键能增加，局部更加稳定，造成了红外光谱的蓝移。而其余 4 个吸收峰均发生红移，这是因为随着外电场的增加，碳环内部之间的键长逐渐增加，键能变小，吸收峰发生红移。同时，吸收峰的数目也随着外电场的增加而变多。这是由于在无外电场时，c-C_4F_8 为非极性分子，电荷分布是对称的，其偶极矩为 0，大部分振动模式不会引起偶极矩的变化，从而吸收强度为 0。而随着电场强度的增加，分子的偶极矩发生改变，更多的振动模式能引起偶极矩的变化，导致吸收峰数目增多。

3.3　变压器油对铜绕组的腐蚀及保护计算

3.3.1　二苄基二硫醚与二苄基硫醚对铜绕组腐蚀性能的对比

电力变压器在保障电网安全运行上起着至关重要的作用，而油纸绝缘系统性能的好坏决定了电力变压器的使用寿命。21 世纪以来，国内外报道了数起因变压器油中含有腐蚀性硫化物而引发的绝缘事故，通过对故障设备进行解体研究，分析在铜绕组及绝缘纸表面的沉积物，得出了 Cu_2S 是引发设备故障的主要原因的结论。Cu_2S 能沉积在绝缘纸表面，使绝缘纸表面的粗糙程度增加，增大了油纸间的接触面积，油纸间更容易因摩擦产生静电电荷[28]。铜类产物在绝缘纸上的沉淀会间接加重油流带电现象的产生。日本三菱公司的 Amimoto 在文献[29]中提出了 Cu_2S 在变压器内部的生成机理，指出首先油中的二苄基二硫醚（DBDS）与 Cu^{2+}结合形成 DBDS-Cu 复合物，其次 DBDS-Cu 复合物分解形成二苄基硫醚（DBS）、二苯乙烷（BiBZ）及 Cu_2S，其中 DBS 可再与 Cu 反应生成 Cu_2S 和 BiBZ。从 Cu_2S 在变压器内部的生成机理可以看出，DBDS 与 DBS 都能与 Cu 反应并生成 Cu_2S，即都能腐蚀铜绕组。本节运用密度泛函理论（density functional theory ，DFT）方法对比研究 DBDS 与 DBS 对 Cu 的腐蚀性能，为从分子层面研究腐蚀性硫化物的腐蚀性能提供微观信息。

1. 模型构建

Cu 晶体晶胞参数为 $a = b = c = 0.3614$nm，$\alpha=\beta=\gamma = 90°$，对 Cu 晶胞进行切面处理，并设置切面方向为（110），设定真空层厚度（vacuum thickness）为 15Å，切面完成后形成初始 Cu（110）表面，在其基础上设置 5×5×1 的 Cu（110）超晶胞模型，Cu 晶胞模型与 Cu（110）晶面模型如图 3.3.1 所示。

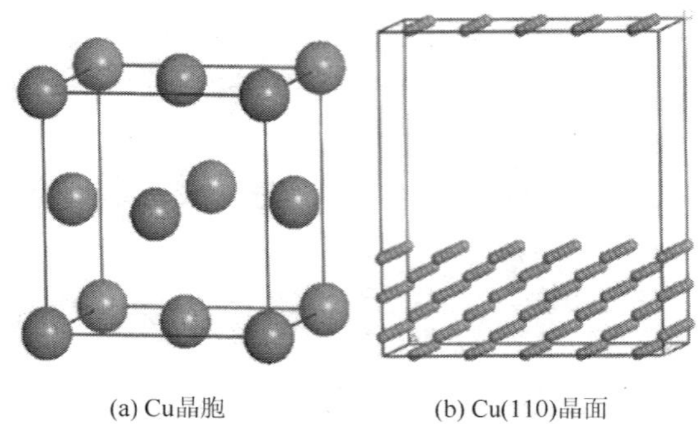

图 3.3.1　Cu 晶胞与 Cu（110）晶面模型

由 Cu_2S 的生成机理可知，在 Cu_2S 生成过程中伴随着几种重要的反应物与生成物，其中 DBDS、DBS 及 BiBZ 优化后的分子模型如图 3.3.2 所示，DBDS 的分子式为 $(C_6H_5CH_2)_2S_2$，DBS 的分子式为 $(C_6H_5CH_2)_2S$，BiBZ 的分子式为 $(C_6H_5CH_2)_2$。DBDS 和 Cu（110）晶面复合模型及 DBS 和 Cu（110）晶面复合模型如图 3.3.3 所示，在 Materials Studio 6.0 的 CASTEP 模块中，采用广义梯度近似（generalized gradient approximation，GGA）中的 PBE（Perdew-Burke-Ernzerhof）泛函方法，基于密度泛函理论的平面波超软赝势对图 3.3.1（b）、图 3.3.3 的模型进行结构优化（geometry optimization），优化选取的收敛精度为每原子 2×10^{-5}eV，原子内敛力小于 0.1GPa，倒易空间平面波截断能设置为 351eV，布里渊区积分采用 Monkhorst-Pack 形式的 K 点方法，K 点设为 $1\times2\times1$。

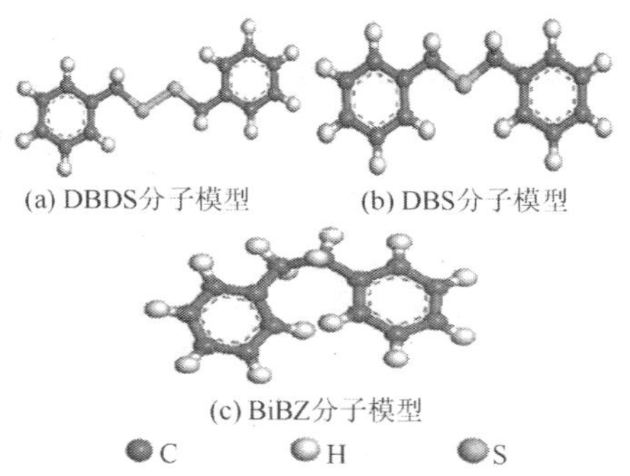

图 3.3.2　DBDS、DBS 和 BiBZ 分子模型

结构优化完成后可以得到 Cu（110）晶面模型、DBDS 和 Cu（110）晶面体系及 DBS 和 Cu（110）晶面体系的静电势曲线，用来计算功函数变化。为了分析 DBDS 分子与 DBS 分子的前线轨道分布，以及计算 DBDS 与 DBS 前线轨道能量差和电负性，在 Materials Studio 6.0 的 $DMol^3$ 模块中将图 3.3.2 中的 DBDS 分子与 DBS 分子进行结构优化，计算精度 Quality 设为 Medium，基组为 DND，采用电子分布热平滑（thermal smearing）加快结构优化收敛，泛函数设为 GGA，在结构优化后的模型上进行能量优化，能量优化时勾选 Orbital，计算完成后得到前线轨道分布和前线轨道能量值。

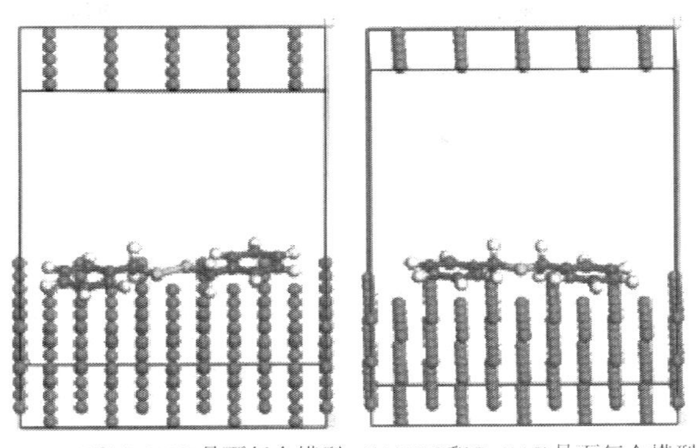

(a) DBDS和Cu(110)晶面复合模型
(b) DBS和Cu(110)晶面复合模型

图 3.3.3　复合模型

2. 计算结果分析

1）功函数

功函数（work function）可以理解为使一个电子逃逸出金属表面所需的最小能量或所做的最小功。功函数可表达为

$$W = V_{\text{vaccum}} - E_{\text{f}} \tag{3.3.1}$$

式中：W 为功函数；V_{vaccum} 为真空能级，即电子挣脱核的作用变成自由电子时的能级；E_{f} 为费米能级，其定义为在零开下，当内层填满时，最外层电子具有的能级。

材料表面功函数值越大，越不容易失去电子；材料表面功函数值越小，电子越容易从费米面跃出，越容易失去电子，材料表面的活性就越高。原子或分子在金属表面的吸附会引起基底功函数的变化，记为$\Delta\Phi$，该值能反映表面上分子吸附后电荷密度重排的趋势。为了探究 DBDS、DBS 在 Cu（110）表面吸附所引起的电荷密度发生重排的趋势，计算了功函数的变化。功函数变化定义如下：

$$\Delta\Phi_1 = \Phi_{\text{DBDS+Cu（110）}} - \Phi_{\text{Cu（110）}} \tag{3.3.2}$$

$$\Delta\Phi_2 = \Phi_{\text{DBS+Cu（110）}} - \Phi_{\text{Cu（110）}} \tag{3.3.3}$$

式中：$\Phi_{\text{DBDS+Cu（110）}}$ 为 DBDS 和 Cu（110）体系的功函数；$\Phi_{\text{Cu（110）}}$ 为 Cu（110）表面的功函数；$\Phi_{\text{DBS+Cu（110）}}$ 为 DBS 和 Cu（110）体系的功函数。$\Delta\Phi_1$、$\Delta\Phi_2$ 若为负，则说明有效电荷从 Cu（110）表面转移到了表面上方区域，即在表面和吸附物之间的区域电荷密度增加。DBDS 和 Cu（110）体系、DBS 和 Cu（110）体系及 Cu（110）表面的静电势曲线与功函数的大小如图 3.3.4 所示。从图 3.3.4 可以看出，DBDS 和 Cu（110）体系功函数的大小为 4.11eV；DBS 和 Cu（110）体系功函数的大小为 3.37eV；Cu（110）表面功函数数的大小是 4.498eV。根据式（3.3.2）、式（3.3.3）可知$\Delta\Phi_1$为–0.388eV，$\Delta\Phi_2$为–1.128eV。由于 S 原子电负性（2.58）高于 Cu 原子电负性（1.9），在 DBDS 和 Cu、DBS 和 Cu 界面处存在电荷密度的重排，降低了 Cu（110）表面的功函数，从而导致$\Delta\Phi_1$、$\Delta\Phi_2$为负值。$|\Delta\Phi_1| < |\Delta\Phi_2|$，说明 DBS 在 Cu（110）表面的吸附性强于 DBDS。

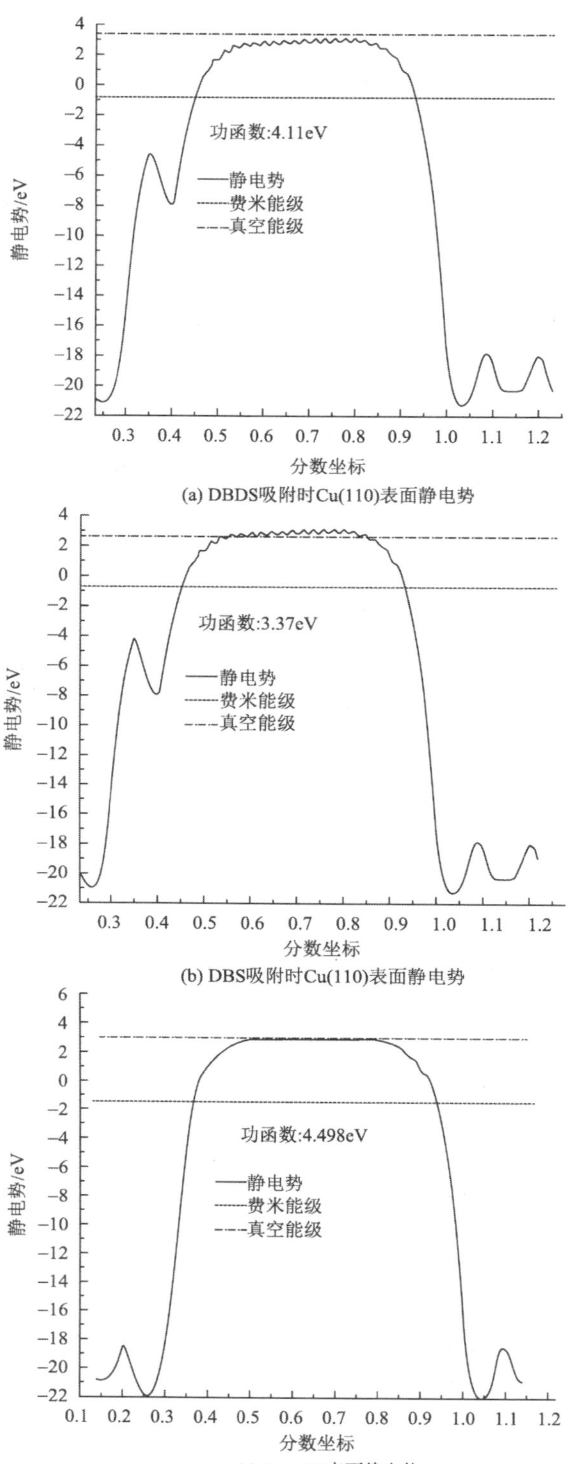

(a) DBDS吸附时Cu(110)表面静电势

(b) DBS吸附时Cu(110)表面静电势

(c) Cu(110)表面静电势

图 3.3.4　静电势曲线

2）吸附能

表征分子吸附能力强弱的一个指标是分子与表面结合强度的大小，可以通过吸附能（E_{ads}）来描述。吸附能的定义如下：

$$E_{ads1} = E_{DBDS+Cu(110)} - E_{DBDS} - E_{Cu(110)} \quad (3.3.4)$$

$$E_{ads2} = E_{DBS+Cu(110)} - E_{DBS} - E_{Cu(110)} \quad (3.3.5)$$

式中：$E_{DBDS+Cu(110)}$ 为吸附分子 DBDS 与 Cu（110）表面的总能量；$E_{DBS+Cu(110)}$ 为 DBS 与 Cu（110）表面的总能量；E_{DBDS}、E_{DBS} 分别为将 DBDS、DBS 分子放入一个 10Å×10Å 的立方盒子计算出来的能量；$E_{Cu(110)}$ 为纯 Cu（110）表面的能量。

根据定义，E_{ads} 为负值时，表示吸附过程是自发的，是一个放热的过程；E_{ads} 为正值时，表示吸附过程不是自发的，需要从外界吸取能量才能完成吸附过程，是一个吸热的过程，各能量变化如表 3.3.1 所示。由表 3.3.1 可知，E_{ads1} 的大小为 8.571eV，E_{ads2} 的大小为 6.102eV，E_{ads1}、E_{ads2} 均大于 0，说明 DBDS 与 DBS 不能自发地在 Cu 表面吸附，需要从外界吸收能量才能吸附。DBDS 需要从外界吸收 8.571eV 的能量进行继续吸附，而 DBS 需要从外界吸收 6.102eV 的能量。从吸附能来看，也是 DBS 更容易吸附在 Cu（110）表面。根据 Cu_2S 在变压器内部的生成机理可知，DBDS 和 DBS 都能与 Cu 发生反应形成新的物质，伴随化学键的断裂和生成，此时 DBDS 与 DBS 在 Cu（110）表面的吸附属于化学吸附。

表 3.3.1　DBDS 和 Cu（110）体系与 DBS 和 Cu（110）体系吸附能

DBDS 和 Cu（110）	$E_{DBDS+Cu(110)}$/eV	E_{DBDS}/eV	$E_{Cu(110)}$/eV	E_{ads1}/eV
	−215513.772	−2944.802	−212577.541	8.571
DBS 和 Cu（110）	$E_{DBS+Cu(110)}$/eV	E_{DBS}/eV	$E_{Cu(110)}$/eV	E_{ads2}/eV
	−215238.189	−2666.75	−212577.541	6.102

3）前线轨道分布与电负性

日本科学家福井谦一提出了前线轨道理论，该理论将分布在分子周围的电子云根据能量分为不同能级的分子轨道，福井谦一认为一个体系发生化学反应的关键是由有被电子占据的、能量最高的分子轨道（HOMO）和没有被电子占据的、能量最低的分子轨道（LUMO）所决定的，其中 HOMO 与 LUMO 称为前线轨道。DBDS 与 DBS 分子的前线轨道分布如图 3.3.5 所示。

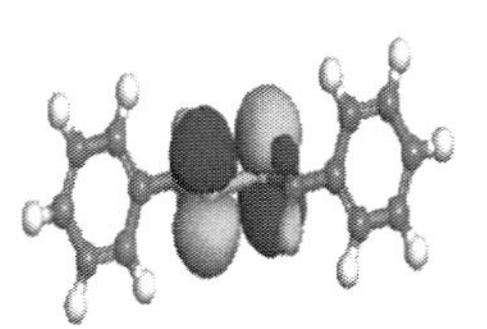
(a) DBDS分子HOMO

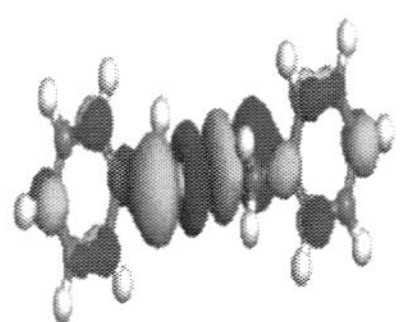
(b) DBDS分子LUMO

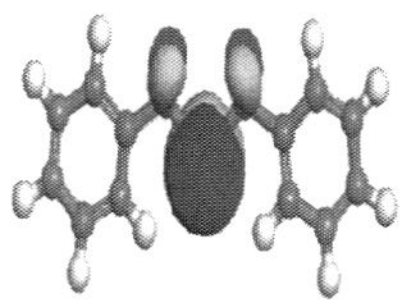
(c) DBS分子HOMO

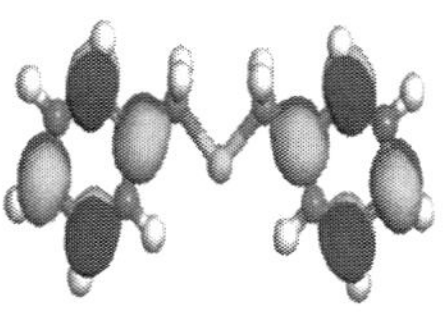
(d) DBS分子LUMO

图 3.3.5　DBDS 与 DBS 的前线轨道分布

从图 3.3.5 可以看出 DBDS 分子和 DBS 分子的 HOMO 主要集中在 S 原子附近，DBS 的 LUMO 主要分布在苯环上，而 DBDS 的 LUMO 除了分布在苯环上外，在 C—S 及 S—S 也有分布，说明 DBDS 分子接受 Cu 表面电子的区域更加广泛。此外，两个前线轨道的能量差ΔE 能衡量分子的稳定性，ΔE 数值越大，分子越稳定；ΔE 数值越小，分子越不稳定，越容易发生化学反应，其中$\Delta E = E_{\text{LUMO}} - E_{\text{HOMO}}$。分子的电负性可表示为分子束缚和控制电子的能力，电负性数值越大，分子束缚电子的能力越强，反之越弱。电负性χ可由下式表示：

$$\chi_{\text{M}} = (I+A)/2 \tag{3.3.6}$$

式中：$I = -E_{\text{HOMO}}$；$A = -E_{\text{LUMO}}$。DBDS 分子与 DBS 分子的 E_{HOMO}、E_{LUMO} 在软件中的显示如图 3.3.6 所示，ΔE、χ及 E_{HOMO}、E_{LUMO} 的汇总见表 3.3.2。

Field	N	s	Eigenvalue	Type
Yes	65	+	-.163056	HOMO
Yes	66	+	-.067146	LUMO

state				eigenvalue (a.u.)	(ev)
65	+	6	bg.1	−0.163056	−4.437
66	+	27	bu.1	−0.067146	−1.827

(a) DBDS前线轨道能量值

Field	N	s	Eigenvalue	Type
Yes	57	+	-.180257	HOMO
Yes	58	+	-.047604	LUMO

state				eigenvalue (a.u.)	(ev)
57	+	57	a	−0.180257	−4.905
58	+	58	a	−0.047604	−1.295

(b) DBS前线轨道能量值

图 3.3.6　DBDS 与 DBS 前线轨道能量值

表 3.3.2　DBDS 及 DBS 分子特性汇总

分子	E_{HOMO}/eV	E_{LUMO}/eV	ΔE/eV	χ/eV
DBDS	−4.437	−1.827	2.610	3.132
DBS	−4.905	−1.295	3.610	3.100

由表 3.3.2 可知，DBDS 的电负性大小为 3.132eV，DBS 的电负性大小为 3.100eV，两者相差 0.032eV，基本相等，说明 DBDS 和 DBS 分子束缚电子的能力基本相同。而 DBDS 分子的前线轨道能量差为 2.610eV，DBS 分子前线轨道能量差为 3.610eV，两者有 1eV 的差距，说明 DBDS 分子的稳定性要小于 DBS 分子，从ΔE 可以得出 DBDS 分子活性更大，不稳定性更高，DBDS 更容易与 Cu 发生反应。

4）Mulliken 电荷分布

能量优化完成后获取了 DBDS 和 Cu（110）体系中 DBDS 的电荷分布，同理也得到了 DBS 的电荷分布，由于原子数较多，限于表格篇幅，选取 H 原子电荷总量 Q_H、S 原子电荷总量 Q_S、C 原子电荷总量 Q_C 作为分析对象，见表 3.3.3。DBDS 中 C—S、S—S 的变化，DBS 中 C—S 的变化见表 3.3.4。

表 3.3.3 DBDS 与 DBS 电荷分布

分子	Q_H/e	Q_S/e	Q_C/e	电荷总量/e
DBDS	2.71	−0.13	−4.57	−1.99
DBS	2.56	0.20	−4.41	−1.65

表 3.3.4 C—S 和 S—S 的变化

分子	DBDS		DBS
化学键	C—S/Å	S—S/Å	C—S/Å
优化前	1.846	2.033	1.816
优化后	1.812	3.057	1.818

表 3.3.3 中电荷总量指的是该分子得失电荷后的总电荷量，负为得到电荷，正为失去电荷。从总体上看，DBDS 分子从 Cu 表面上获得了 1.99e 电荷，DBS 分子从 Cu 表面得到了 1.65e 电荷。由于 DBDS 分子电负性（3.132eV）略大于 DBS 分子电负性（3.100eV），DBDS 得到的电荷量稍大于 DBS，与电负性分析的结果一致。从电荷转移可知，DBDS 中 C 和 S 所得到的 4.70e 电荷来源于 H 原子向 C 和 S 提供的 2.71e 电荷及 Cu 表面向 C 和 S 提供的 1.99e 电荷；同理，DBS 中 C 原子得到了 4.41e 电荷，一部分来源于 H 原子提供的 2.56e 电荷，另一部分来源于 S 原子提供的 0.20e 电荷，其余部分是由 Cu 表面提供的 1.65e。可以看到，DBDS 分子中的 S 原子是得电子，DBS 分子中的 S 原子是失去电子，而 Cu 表面带正电，说明 DBDS 分子的 S 原子更容易与 Cu 结合，如图 3.3.7（a）所示。从图 3.3.7（a）可以看出 DBDS 的两个 S 原子已到苯环下方，更接近 Cu 表面；而图 3.3.7（b）中的 S 原子没有明显向 Cu 靠近的趋势。从表 3.3.4 中可知，优化前 S—S 键长为 2.033Å，优化后的 S—S 键长为 3.057Å，说明此时 S—S 有断裂的趋势；而 DBS 分子在 DBS 和 Cu（110）体系优化前的 C—S 键长为 1.816Å，优化后的 C—S 键长为 1.818Å，优化前后键长变化不明显。这表明 DBS 的稳定性高于 DBDS，DBDS 更容易与 Cu 发生反应，生成 Cu_2S、DBS 及其他副产物，其中 Cu_2S 能严重破坏变压器的绝缘性能。

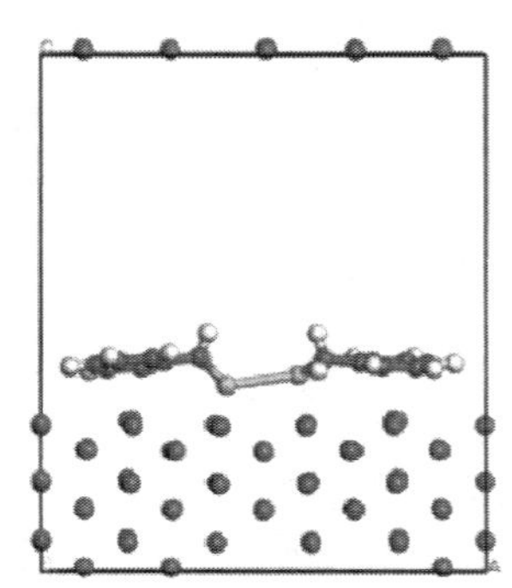

(a) 优化后的 DBDS和Cu(110)体系

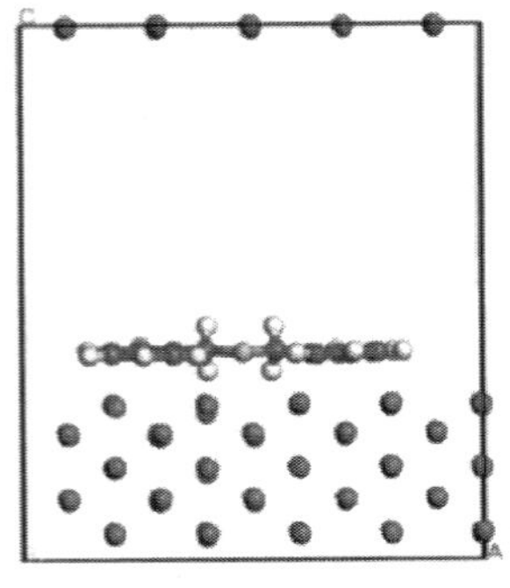

(b) 优化后的 DBS和Cu(110)体系

图 3.3.7　优化后的 DBDS 和 Cu（110）体系与 DBS 和 Cu（110）体系

3.3.2　苯并三氮唑对铜绕组硫腐蚀抑制的机理

对故障设备进行解体研究和分析，可以认为 Cu_2S 是造成设备故障的主要原因。Cu_2S 在变压器内部的生成机理主要有两种观点：第一种观点是由日本三菱公司提出的，他们认为油中的 Cu 首先和腐蚀性硫化物 DBDS 结合，形成 DBDS-Cu 复合物，复合物再分解成 Cu_2S 和其他副产物；第二种观点是由 ABB 公司提出来的，他们认为 Cu 首先在油中和氧气反应生成 Cu_2O，然后 Cu_2O 和硫醇反应生成硫醇铜，硫醇铜在一定条件下再分解产生 Cu_2S，该观点成立的前提是要有氧气的参与。而铜缓蚀剂苯并三氮唑（BTA）能有效地抑制腐蚀性硫化物对 Cu 的腐蚀。本节以 Cu_2S 生成的两种机理为研究出发点，采用分子模拟技术从微观层面上研究 BTA 对硫腐蚀的抑制机理[30]，同时为探究 BTA 对 Cu 和 Cu_2O 的保护作用提供微观信息。

1. 模型构建及模拟

1）Cu 晶体与 BTA 模型构建

Cu 晶体属于 FM-3M 空间群，晶格参数为 $a = b = c = 0.3614\text{nm}$，$\alpha=\beta=\gamma=90°$，根据前人学者的研究，选取（110）面作为研究表面，以考察 BTA 分子对 Cu（110）晶面的影响。对 Cu 晶体进行切割分面以形成初始 Cu（110）晶面，设置真空层厚度（vacuum thickness）为 10Å，并设置 3×1×1 的 Cu（110）超晶胞（super cell）模型，Cu 晶体模型与 BTA 分子模型如图 3.3.8 所示，其中 BTA 的分子式为 $C_6H_5N_3$，Cu（110）晶面及 BTA 分子与 Cu（110）晶面的复合模型如图 3.3.9 所示。对复合模型进行结构优化（geometry optimization）和能量优化（energy optimization），其中能量优化时，在 Properties 选项中选择 Electron density difference 和 Density of States，并且勾选 Calculate PDOS 选项。模拟由 Materials Studio 6.0 中的 CASTEP 模块完成，CASTEP 模块是由剑桥大学凝聚态理论研究组开发的一套先进的量子力学程序，可进行化学和材料科学方面的研究，CASTEP 模块可根据系统中的原子类型和数目预测出包括晶格常数、弹性常数、能带、态密度、电荷密度及光学性质在内的各种性质。计算完成后可以得到复合模型的电荷密度分布和 Cu（110）晶面的态密度分布。

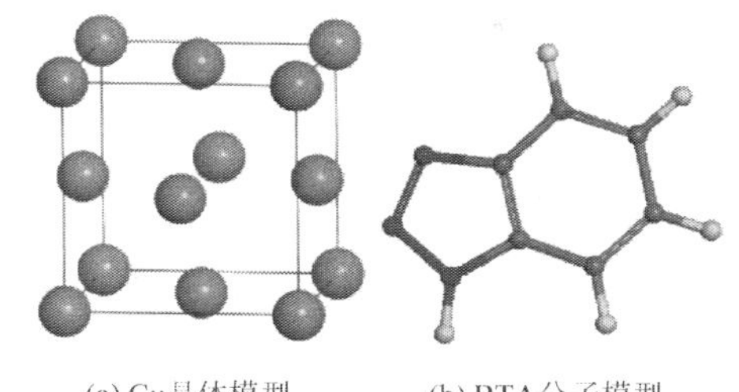

图 3.3.8　Cu 晶体及 BTA 分子模型图

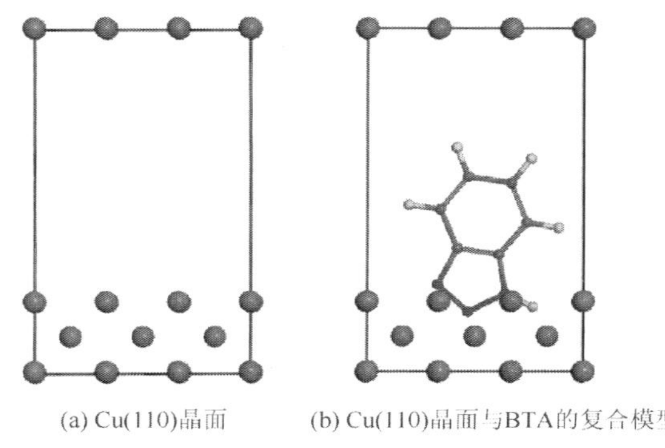

(a) Cu(110)晶面
(b) Cu(110)晶面与BTA的复合模型

图 3.3.9　Cu（110）晶面及其复合模型图

2）模拟 Cu_2O 与 BTA 的反应

Cu_2O 晶体的空间群为 PN-3M，晶格参数为 $a = b = c = 0.4270$nm，$\alpha=\beta=\gamma= 90°$。由文献[31]可知，BTA 分子可直接与 Cu_2O 反应生成 BTA-Cu，反应方程式如下：

$$2BTA+Cu_2O=\!=\!=2BTA\text{-}Cu+H_2O \tag{3.3.7}$$

为了能更清楚地看到 Cu_2O 晶体与 BTA 分子的反应过程，根据式（3.3.7）选取两个 BTA 分子和一个 Cu_2O 分子作为反应物进行模拟反应，本次模拟由 Materials Studio 6.0 中的 $DMol^3$ 模块完成。$DMol^3$ 模块是一种独特的量子力学程序，以密度泛函理论为基础，可以广泛应用于研究均相催化、非均相催化、半导体、分子反应及燃烧技术等各种问题。首先建立反应物与生成物的分子模型，对反应物与生成物的分子模型进行结构优化（geometry optimization），泛函数选取 GGA，优化后的模型如图 3.3.10 所示。

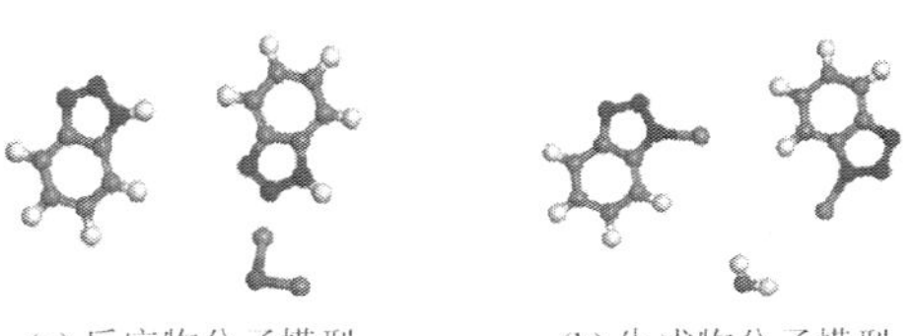

图 3.3.10　反应物与生成物分子模型

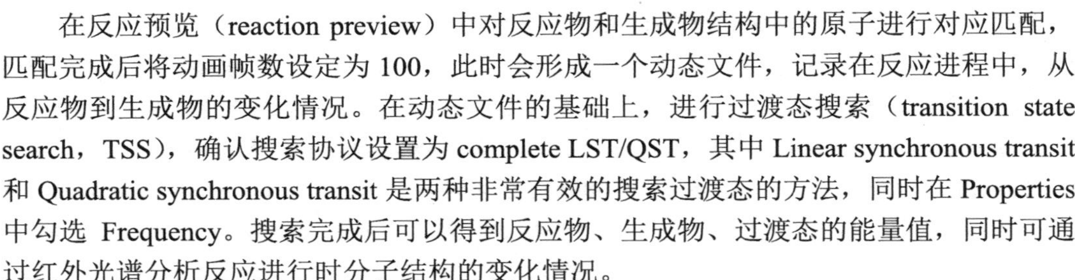

在反应预览（reaction preview）中对反应物和生成物结构中的原子进行对应匹配，匹配完成后将动画帧数设定为 100，此时会形成一个动态文件，记录在反应进程中，从反应物到生成物的变化情况。在动态文件的基础上，进行过渡态搜索（transition state search，TSS），确认搜索协议设置为 complete LST/QST，其中 Linear synchronous transit 和 Quadratic synchronous transit 是两种非常有效的搜索过渡态的方法，同时在 Properties 中勾选 Frequency。搜索完成后可以得到反应物、生成物、过渡态的能量值，同时可通过红外光谱分析反应进行时分子结构的变化情况。

2. 计算结果分析

1）BTA 分子与 Cu 表面仿真结果及其分析

态密度可定义为给定能级间隔中的所有能级，也可以理解成电子在某一能量范围的分布情况。因为原子轨道主要以能量的高低来划分，所以态密度图能反映出电子在各个轨道的分布情况，反映出原子与原子之间的相互作用情况，并且可以揭示化学键的信息。态密度可以分为总态密度和投影态密度两种形式，因为投影态密度能更好地反映分子间化学键的成键情况，所以主要分析投影态密度图。为对比分析加入 BTA 分子前后 Cu（110）晶面的变化情况，考虑了 Cu（110）晶面没有掺入 BTA 分子的情形。Cu（110）晶面没有掺入 BTA 分子的投影态密度图如图 3.3.11 所示，掺入 BTA 分子时 Cu（110）晶面的投影态密度图如图 3.3.12 所示。

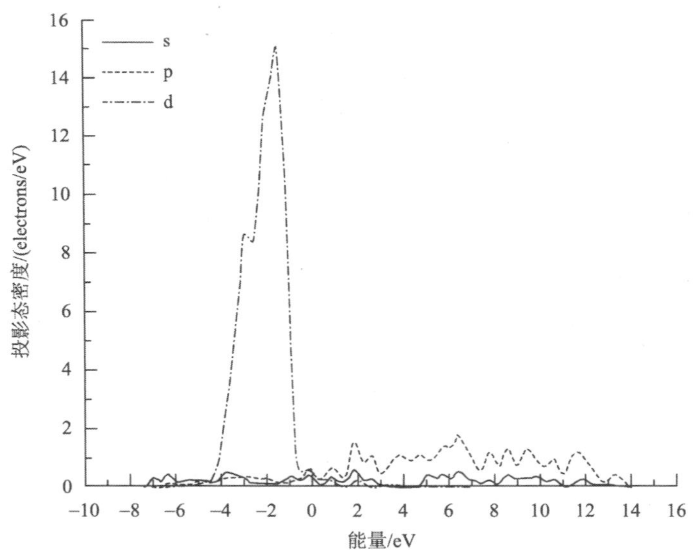

图 3.3.11 纯净 Cu（110）晶面的投影态密度图

s、p、d 为原子的次壳层电子结构

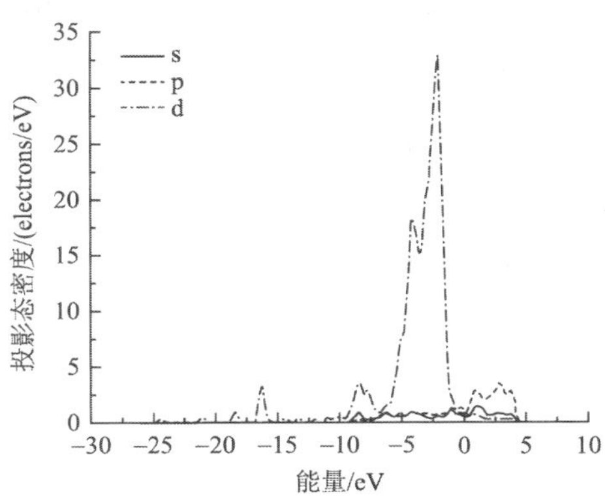

图 3.3.12　掺入 BTA 分子时 Cu（110）晶面的投影态密度图

从图 3.3.11、图 3.3.12 中可以看出，投影态密度图由两部分态密度组成，能量较低的部分的态密度由低能带产生，而高能部分的态密度由高能带产生。因为分子轨道是由原子轨道通过线性组合形成的，成键轨道能量比其原子轨道低，反键轨道能量比其原子轨道高，所以在投影态密度图中低能部分的态密度对应于成键分子轨道，而高能部分的态密度对应于反键分子轨道，可以根据投影态密度图来判断成键情况，即原子轨道发生“共振”，形成波峰。如果成键作用增强，那么成键分子轨道会左移。图 3.3.12 与图 3.3.11 相比，在–20～–15eV 和–10～–8eV 均有“共振”，产生了新的强度较弱的波峰，说明掺入了 BTA 分子的 Cu（110）晶面除了 Cu 原子之间成键之外，还与其他原子形成了某种键，因为成键轨道主要是由电负性大的原子的原子轨道产生的，所以可以推测这几处弱波峰是由于 BTA 分子中的 N 原子与 Cu 原子形成了配位键。为了验证 N 原子与 Cu 原子之间确实存在“作用力”，通过 Cu（110）晶面与 BTA 分子复合模型的电荷密度分布来分析，如图 3.3.13 所示。

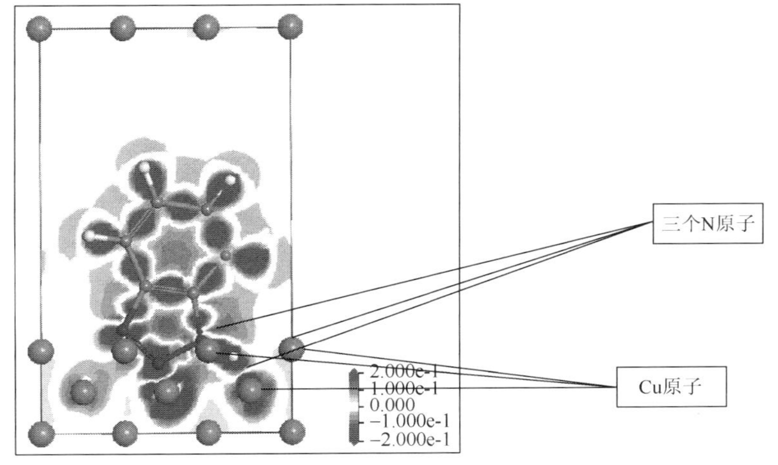

图 3.3.13　Cu（110）晶面与 BTA 分子复合模型的电荷密度分布

从图 3.3.13 中可以看出 N 原子周围电荷密度大，而 Cu 原子周围电荷密度小，所以 N 原子与 Cu 原子之间最容易通过某种“作用力”结合在一起，根据文献[32]可以知道这种“作用力”为配位键。N 原子和 Cu 原子通过配位键相互结合，使 BTA 分子吸附在 Cu（110）晶面，在变压器中可以表现为铜缓蚀剂 BTA 吸附在铜绕组表面形成一层保护膜，防止腐蚀性硫与铜绕组反应生成 Cu_2S，抑制油中腐蚀性硫对 Cu 的腐蚀。这样绝缘纸不会因为 Cu_2S 的堆积而使其绝缘性能遭到破坏，并且纸的粗糙程度也不会随 Cu_2S 的沉积而增加，就不会增大油与纸的接触面积，从而油纸间的摩擦将会减小，由摩擦产生的静电荷量减少，对油流带电现象有改善作用。

2）Cu_2O 与 BTA 反应的仿真结果及其分析

在 100 帧的动态文件中，选取帧数为 1、25、50、75、90、100 时的图像，来观察 BTA 与 Cu_2O 的反应过程，如图 3.3.14 所示，其中帧数为 1 表示反应开始，帧数为 100 表示反应结束。从图 3.3.14 可以看出从反应开始到反应结束旧键的断裂及新键的生成，还可以看到苯环和三唑环的结构随着反应的进行发生了改变，三唑环上 H 原子的脱离导致—N═N—断裂形成—N—N—，且碳六元环也由具有三个—C═C—的苯环变成含有两个—C═C—的烯环。从红外光谱图中可以更清楚地看见反应过程中分子结构的变化，红外光谱可以反映分子的结构变化。反应物、过渡态、生成物的红外光谱图如图 3.3.15 所示。

从图 3.3.15 中可以看到波数在 5000～4000cm^{-1} 时只有过渡态的红外光谱图有波峰，如图 3.3.15（b）①所示。这是因为近红外区域（12500～4000cm^{-1}）的波峰是由电子的振动和转动跃迁所引起的，而在过渡态中，一部分化学键处于重新组合状态，电子的跃迁在此状态下非常频繁，所以过渡态的红外光谱图在近红外区域存在波峰。波数在 1690～1500cm^{-1} 时为双键伸缩区，过渡态在此区间的波峰强度明显大于反应初始的情况，

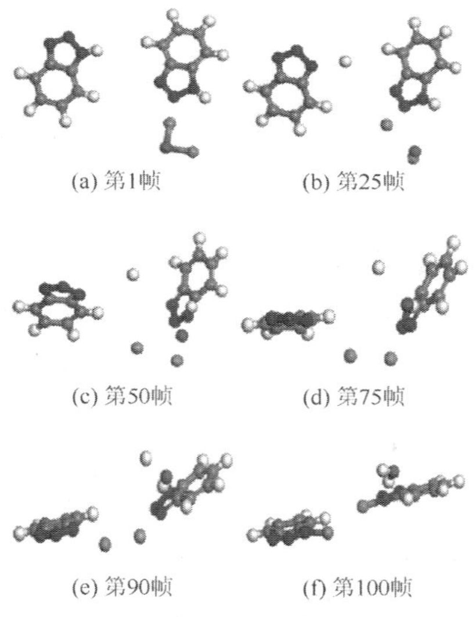

图 3.3.14　BTA 与 Cu_2O 反应片段

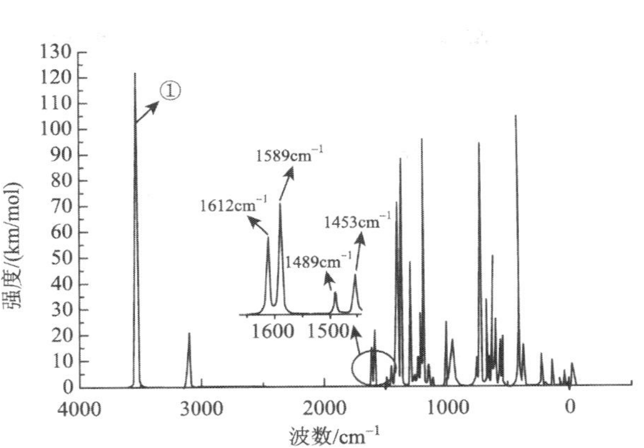

(a) 反应物红外光谱图

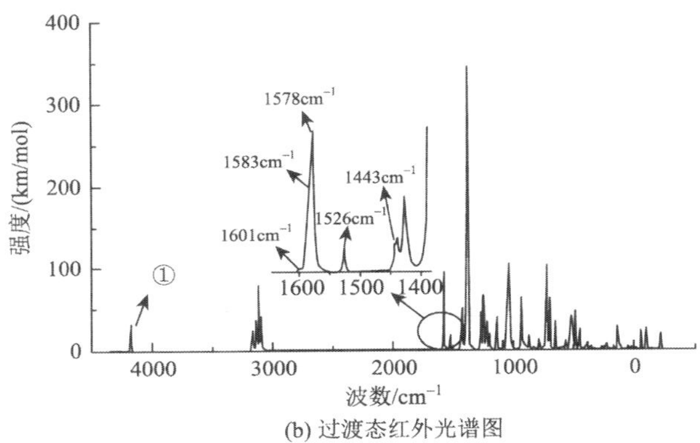

(b) 过渡态红外光谱图

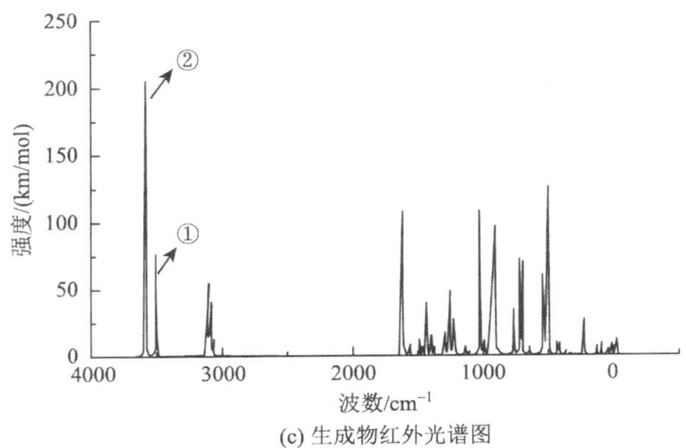

(c) 生成物红外光谱图

图 3.3.15　反应物、过渡态、生成物的红外光谱图

如图 3.3.15（a）、（b）中小圆圈所示，在反应开始至过渡态的进程中，H 原子从三唑环上脱离，导致—N═N—断裂，形成两个—C═N—，使双键伸缩振动强度增加。理论上，若在 $1600cm^{-1}$、$1500cm^{-1}$、$1450cm^{-1}$ 处有波峰出现，表示芳环骨架—C═C—产生了伸缩振动，从反应物的红外光谱图中可以看到在 $1612cm^{-1}$、$1589cm^{-1}$、$1453cm^{-1}$ 处均存在

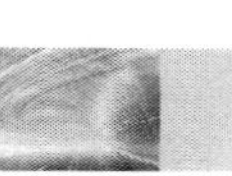

波峰，与理论值偏差较小，说明波峰是由芳环—C═C—伸缩振动形成的。若在 1600cm^{-1} 处分裂成 1600cm^{-1} 与 1580cm^{-1} 两个吸收带，则表示芳环与不饱和体系产生了共轭效应，在图 3.3.15（a）中可以看到 1589cm^{-1} 处形成了波峰，说明芳环与三唑环产生了共轭效应。而在过渡态红外光谱图中，在 1500cm^{-1} 和 1600cm^{-1} 处没有产生波峰，在 1583cm^{-1}、1578cm^{-1}、1526cm^{-1}、1443cm^{-1} 处有波峰的存在，与理论偏差较大，说明此时芳环结构已改变，从图 3.3.14 可以看到此时苯环结构已发生变化，苯环上三个—C═C—变成了两个—C═C—。在 3500～3300cm^{-1} 存在吸收峰说明有 N—H 或分子间的氢键作用，在反应物和生成物的红外光谱图中，在此区间均存在波峰，如图 3.3.15（a）①、图 3.3.15（c）①所示，分别对应着反应初始时三唑环上的 N—H 伸缩振动及反应结束时 H_2O 与 N 原子之间形成的氢键，而在生成物红外光谱图中 3600～3500cm^{-1} 范围内还出现了一个波峰，这个波峰对应着产物 H_2O 内的 O—H 伸缩振动，如图 3.3.15（c）②所示。通过分析红外光谱图可以看出从反应开始到反应结束时分子结构的变化，这些变化表明了 BTA 分子与 Cu_2O 发生了反应，使 BTA 分子吸附在 Cu_2O 表面，保护 Cu_2O 不被腐蚀性硫腐蚀。但 BTA 分子与 Cu_2O 反应结束后会有 H_2O 的生成，这对油纸的绝缘性能有极大的破坏，所以当油中有 O_2 存在时，不宜加入 Cu 缓蚀剂 BTA 保护铜绕组，应当在油中加入抗氧化剂，防止 Cu 被氧化成 Cu_2O，此时加入 BTA 分子能在 Cu 表面形成保护膜，且不会生成 H_2O，能有效地抑制腐蚀性 S 与 Cu 的结合，起到保护铜绕组的作用。

3.3.3 BTA 与 Irgamet39 缓蚀性能的对比

3.3.2 节探讨了金属钝化剂 BTA 对铜绕组的保护机理，简而言之，是因为缓蚀剂 BTA 能吸附在 Cu（110）晶面，形成一层保护膜，从而保护铜绕组不被腐蚀性硫化物继续腐蚀。而作为 BTA 的衍生物，Irgamet39 也能起到保护铜绕组的作用，研究表明[33]油中的 Irgamet39 能和 Cu 反应生成甲基 BTA 与 Cu 的络合物，在 Cu 表面形成保护膜来保护铜绕组。本节主要是对比研究 BTA 与 Irgamet39 缓蚀性能的差异性。首先通过比较 Cu（100）、Cu（110）、Cu（111）三种晶面功函数的大小，选取较为活泼的 Cu（110）晶面作为研究表面；其次分析在 BTA 与 Irgamet39 分别吸附情况下 Cu（110）晶面的态密度变化情况；再次观察比较 BTA 分子与 Irgamet39 分子前线轨道分布，计算两种分子 HOMO 与 LUMO 的能量差；最后分析了两种分子的电负性差异。

1. 模型构建

Cu 晶体属于面心立方结构，为了选取 Cu 晶面中相对活泼的一面，构建了学者研究较多的 Cu 晶体的三种晶面，即 Cu（100）、Cu（110）、Cu（111）晶面。在 Materials Studio 6.0 软件中导出 Cu 的单晶胞模型，对其进行结构优化（geometry optimization），优化后的结构如图 3.3.16 所示。在优化后的 Cu 晶胞基础上分别进行（100）、（110）、（111）切面处理，以形成（100）、（110）、（111）三种晶面，原始厚度设为 3 层。完成切面设置后将三种晶面的真空层厚度（vacuum thickness）设为 20Å，最后构建 3×3×1 的超晶胞

（super cell），对三种超晶胞模型进行结构优化，优化后的 Cu（100）、Cu（110）、Cu（111）晶面模型如图 3.3.17 所示。优化完成后在 CASTEP 模块中选择 Analysis 选项，随后勾选 Potentials 选项进行计算，可以得出静电势曲线并且计算出功函数大小。

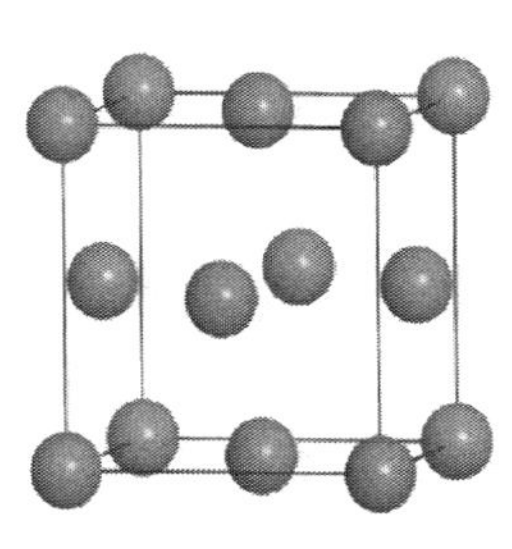

图 3.3.16　Cu 晶胞模型

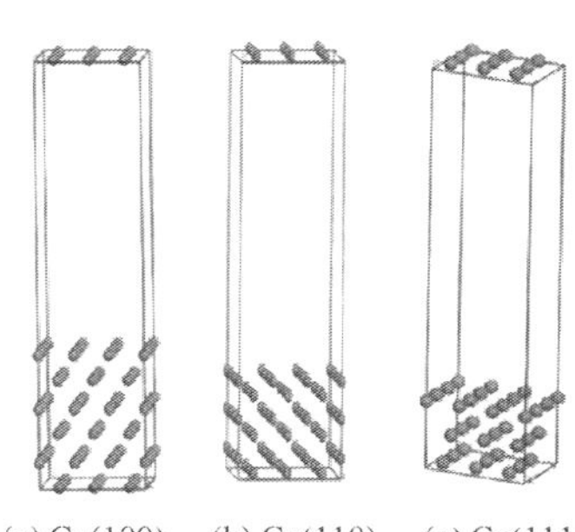

(a) Cu(100)　(b) Cu(110)　(c) Cu(111)

图 3.3.17　Cu（100）、Cu（110）、Cu（111）晶面模型

BTA 及其衍生物 Irgamet39 的分子模型如图 3.3.18 所示，其中 BTA 的分子式为 $C_6H_5N_3$，Irgamet39 的分子式为 $C_{24}H_{42}N_4$。在 $DMol^3$ 模块中，首先对 BTA 分子与 Irgamet39 分子进行结构优化（geometry optimization），其次进行能量优化（energy optimization），计算精度 Quality 设为 Medium，基组为 DND，采用电子分布热平滑（thermal smearing）加快结构优化收敛，泛函数设为 GGA，能量优化时勾选轨道选项，可以得前线轨道分布并且计算出分子 HOMO、LUMO 的能量。图 3.3.19 为 BTA 和 Cu（110）晶面、Irgamet39 和 Cu（110）晶面的复合模型。在 CASTEP 模块中采用 GGA 中的 PBE 泛函方法，基于平面波超软赝势对复合模型进行结构优化和能量优化。优化选取的收敛精度为 2×10^{-5}eV/atom，原子内敛力小于 0.1GPa，倒易空间平面波截断能设置为 351eV，布里渊区积分 K 点方法采用 Monkhorst-Pack 形式，K 点设为 $1\times2\times1$。其中能量优化时，在 Properties 选项中选择 Density of States 选项。优化后的模型如图 3.3.20 所示。

2. 计算结果分析

1）功函数分析

功函数的数值随固体晶面而异，材料表面功函数值越大，越不容易失去电子，材料表面功函数值越小，电子越容易从费米面跃出，越容易失去电子，材料表面的活性就越高，Cu（100）、Cu（110）、Cu（111）晶面的静电势曲线如图 3.3.21 所示。

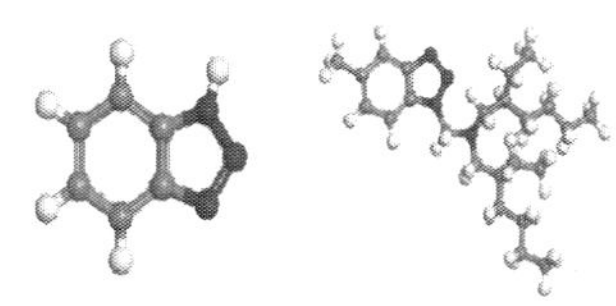

(a) BTA分子模型　(b) Irgamet 39分子模型

图 3.3.18　BTA 与 Irgamet39 分子模型

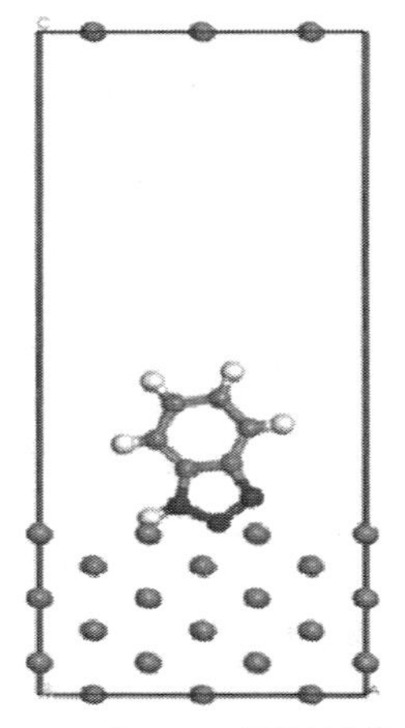

(a) BTA和Cu(110)晶面复合模型

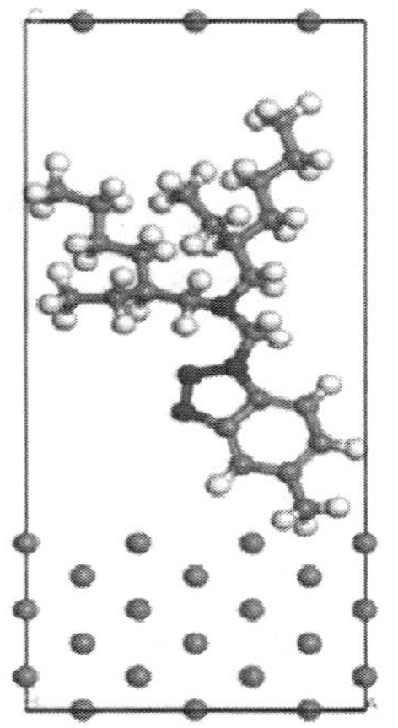

(b) Irgamet 39和Cu(110)晶面复合模型

图 3.3.19 缓蚀剂和 Cu（110）晶面复合模型

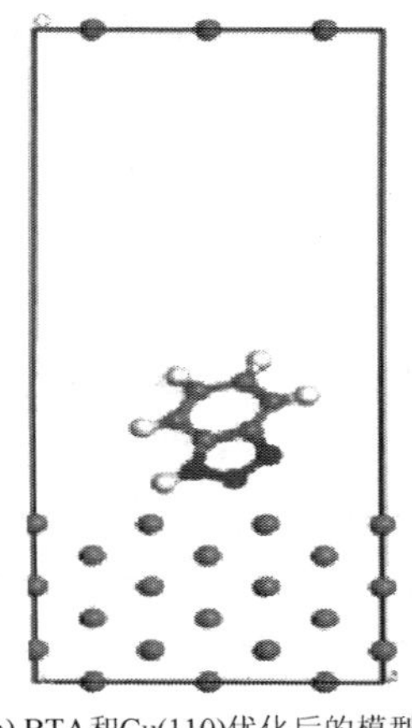

(a) BTA和Cu(110)优化后的模型

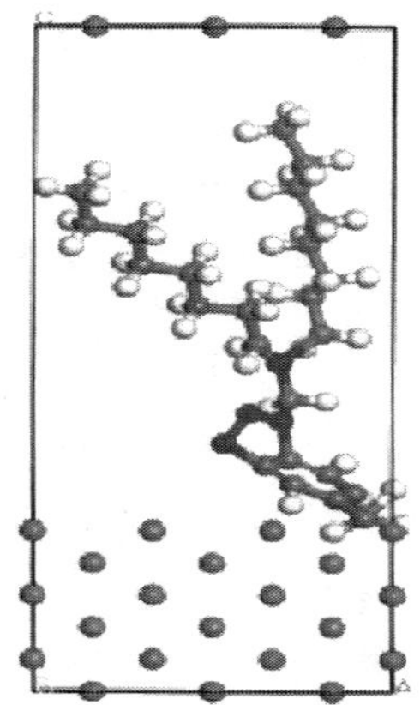

(b) Irgamet 39和Cu(110)优化后的模型

图 3.3.20 缓蚀剂和 Cu（110）优化后的模型

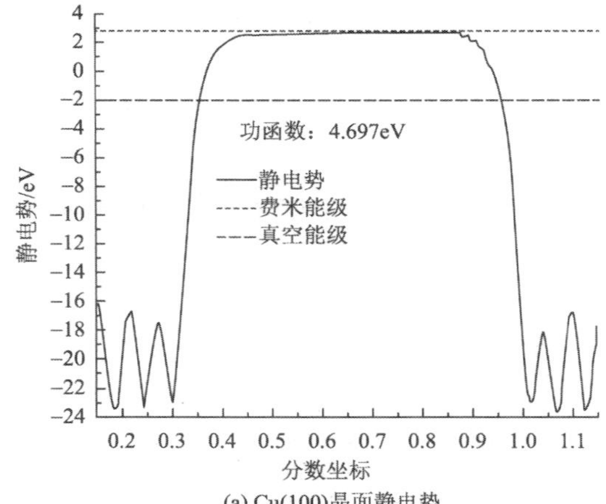

(a) Cu(100)晶面静电势

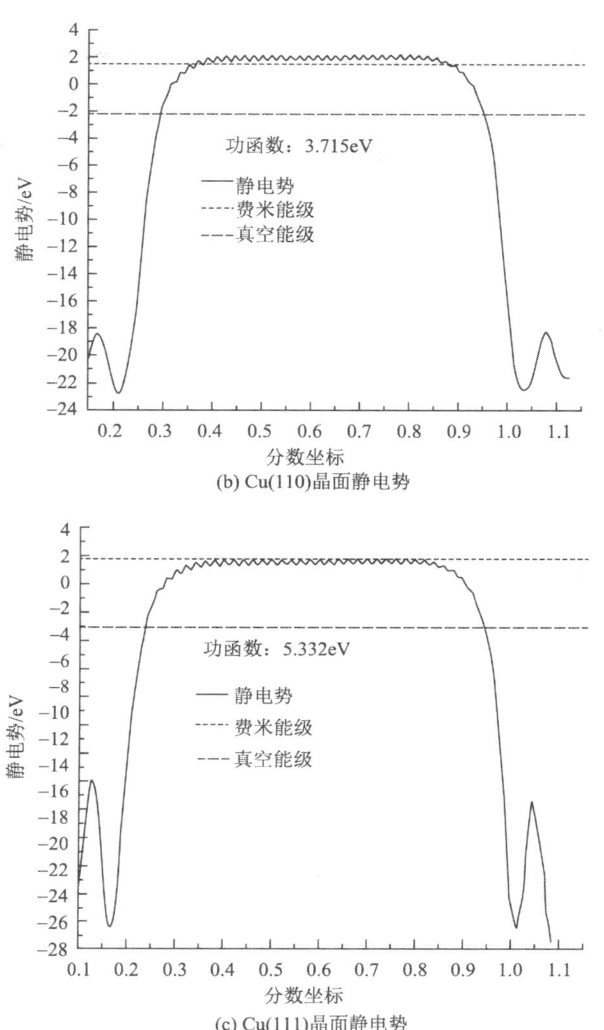

(b) Cu(110)晶面静电势

(c) Cu(111)晶面静电势

图 3.3.21　Cu（100）、Cu（110）、Cu（111）晶面静电势曲线

从图 3.3.21 可以看出，Cu（100）、Cu（110）、Cu（111）晶面的功函数值分别为 4.697eV、3.715eV、5.332eV，功函数值大小关系为 Cu（110）＜Cu（100）＜Cu（111），而 Cu（111）晶面费米能级最低，此能级所含有的电子能量低于 Cu（100）和 Cu（110）晶面，并且此晶面功函数值最大（5.332eV），电子做功最多且不易从 Cu 表面逸出。而 Cu（100）晶面与 Cu（110）晶面的费米能级基本持平，并且 Cu（110）晶面的功函数值 3.715eV 要小于 Cu（100）晶面的功函数值 4.697eV，电子从费米能级逃出所做的功较小，更容易脱离 Cu 表面，此时 Cu 表面的活性较大，故选取较活泼的 Cu（110）晶面作为本节的表面。

2）态密度分析

对态密度分析可知原子与原子之间的相互作用情况，并且可以揭示化学键的信息。

图 3.3.22 为 BTA 分子吸附时的 Cu（110）晶面和 Irgamet39 分子吸附时的 Cu（110）晶面的态密度。

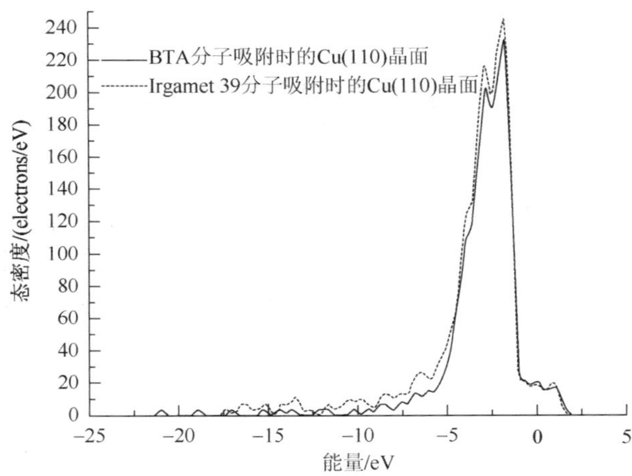

图 3.3.22　两种缓蚀剂吸附时的 Cu（110）晶面态密度图

图 3.3.22 可以分为两部分来看，第一部分可以看费米能级附近态密度的分布情况，费米能级附近的态密度能够反映材料的活性，从–5eV 至费米能级，电子密度都非常大，但 Irgamet39 分子吸附时 Cu（110）晶面态密度较 BTA 分子吸附时大，说明 Irgamet39 吸附时 Cu（110）晶面活性更高。第二部分可以看能量为–20～–5eV 时，Irgamet39 与 BTA 分别吸附时 Cu（110）晶面在此区间内波峰的强弱情况。从图 3.3.22 中可看到能级在–20～–5eV 形成了许多波峰，由于分子轨道是由原子轨道通过线性组合形成的，分子成键轨道的能量比线性组合前的原子轨道低，反键轨道的能量比线性组合前的原子轨道高，故图 3.3.22 中低能量区间出现的波峰表示分子间有成键作用，当能量为–20～–5eV 时，Irgamet39 吸附时的 Cu（110）晶面在此区间的波峰高度要高于 BTA 吸附时的情况，表明此时 Cu（110）晶面与 Irgamet39 分子的成键作用更强，Irgamet39 分子与 Cu（110）晶面结合得更加紧密。此外，还可以从前线轨道和电负性的角度来解释 Irgamet39 分子相对于 BTA 分子更易于与 Cu（110）晶面结合，下面对电负性进行具体分析。

3）前线轨道和电负性分析

20 世纪 60 年代后期，日本化学家福井谦一提出前线轨道概念，他认为分子在参与化学反应的过程中分子轨道会发生相互作用，但决定一个体系发生化学反应的关键是被电子占据的能量最高的分子轨道和没有被电子占据的能量最低的分子轨道，被电子占据、能量最高的轨道称为 HOMO，未被电子占据、能量最低的轨道称为 LUMO，HOMO 和 LUMO 称为前线轨道，许多化学反应都发生在前线轨道之间。HOMO 能量越高的分子，其向分子空轨道提供电子的能力越强；分子的 LUMO 能量越低，分子越容易接受电子。因此，分子的电子得失和转移等能力由前线轨道决定。BTA 分子的前线轨道图与 Irgamet39 分子的前线轨道图如图 3.3.23 所示。

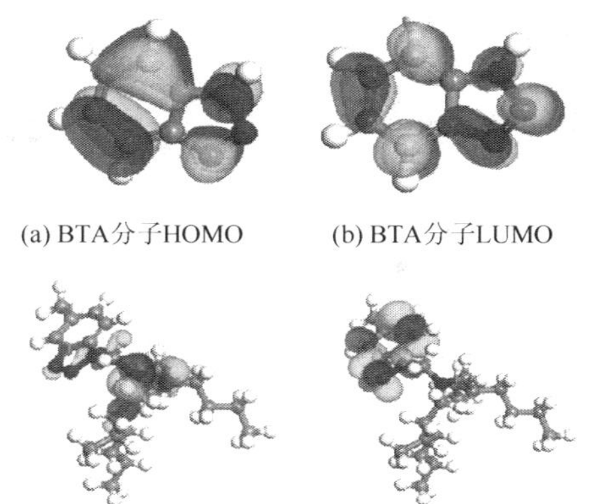

(a) BTA分子HOMO　(b) BTA分子LUMO

(c) Irgamet 39分子HOMO　(d) Irgamet 39分子LUMO

图 3.3.23　缓蚀剂分子前线轨道

从图 3.3.23 中可以看到，BTA 分子的 HOMO 与 LUMO 在空间有部分重叠，即 BTA 分子的活性中心有一部分相互重叠，而 Irgamet39 分子的 HOMO 和 LUMO 在空间上重合的部分较少，故 Irgamet39 分子的活性中心不会重合，它有着不同的活性中心。Irgamet39 分子的 HOMO 电荷主要集中在 C—N 周围，而 C—N 是远离苯环的，当 Irgamet39 吸附在 Cu（110）晶面时，C—N 优先被吸附，而 Cu 表面空 3d 轨道易接受 Irgamet39 提供的电子形成配位键。与此同时，Irgamet39 分子的 LUMO 图表明苯环及与之相连的 C—N 易接收 Cu 原子 4s 轨道提供的电子形成反馈键，形成多吸附中心，反馈键是由金属原子向配体的空轨道提供电子而形成的，它有利于配体与中心原子的相互作用。BTA 分子与 Irgamet39 分子的 E_{HOMO}、E_{LUMO}、ΔE、χ如表 3.3.5 所示。

表 3.3.5　BTA 与 Irgamet39 分子性质

分子	E_{HOMO}/eV	E_{LUMO}/eV	ΔE/eV	χ/eV
BTA	−5.892	−2.004	3.888	3.948
Irgamet39	−4.830	−1.690	3.140	3.260

从表 3.3.5 可以看到，Irgamet39 分子的前线轨道能量差ΔE 要小于 BTA 分子的ΔE，表明 Irgamet39 分子的稳定性比 BTA 分子差，更容易发生化学反应。BTA 分子的电负性要大于 Irgamet39 分子的电负性，说明 BTA 分子的电子受核的束缚作用大，相比于 BTA 分子，Irgamet39 分子的电负性小，电子受核的束缚作用小，当两种缓蚀剂分别与 Cu 发生反应时，Irgamet39 分子的电子更容易流向 Cu，与 Cu 原子提供的空轨道形成配位键。这也从另一方面说明了在图 3.3.22 的低能量区，Irgamet39 分子吸附时 Cu（110）晶面的波峰高度要高于 BTA 分子吸附时的情况，因为 Irgamet39 分子的ΔE 较小，且电负性要小于 BTA 分子，所以 Irgamet39 分子稳定性较低，更容易与 Cu 发生反应，电子也更容易流向 Cu 表面，故 Irgamet39 分子吸附时 Cu（110）晶面的成键作用会更强，波峰高度就会高于 BTA 分子吸附的情况。

3.4 固体绝缘计算

固体绝缘材料较多，这里主要介绍 XLPE、环氧树脂、绝缘纸纤维素和氧化锌绝缘材料。

3.4.1 XLPE 在外电场下的特性

XLPE 由于其优异的电气性能、力学性能和耐热性能，在挤出聚合物高压电缆中被广泛用作绝缘材料。由于制造工艺的限制，XLPE 电缆的绝缘层不可避免地会引入添加剂、杂质、交联副产物等极性基团，它们在电场的长期作用下发生电离，在电极附近易造成正负电荷作用中心不重合，进而形成陷阱，电子或空穴在外电场的作用下易被陷阱捕获形成空间电荷，空间电荷的聚集最终会在 XLPE 绝缘材料内诱发形成放电通道，极易引发电树枝放电而导致绝缘材料击穿，严重地影响到电力系统的安全稳定运行。研究表明，树枝状老化是导致 XLPE 电缆绝缘层发生击穿的主要原因。因此，研究 XLPE 绝缘电力电缆在外电场作用下的微观特性的变化情况具有重要意义。本节采用密度泛函理论研究硅烷交联聚乙烯在外电场作用下分子结构、能量及原子之间键级的变化，分析前线轨道和红外光谱的变化，从微观角度揭示聚合物分子结构与外电场的关系，为今后的相关研究提供理论依据[34-36]。

1. 模型构建

硅烷交联聚乙烯的交联原理是在引发剂的作用下，将硅烷接枝到 PE 的分子链上，得到的接枝物在水和催化剂的作用下会发生水解缩聚，最终形成—Si—O—Si—的交联网状结构。现有的交联手段主要有硅烷接枝交联和硅烷-乙烯共聚物交联，两种交联产物在分子结构上非常相似，但仍然存在细微的差别，对于硅烷-乙烯共聚物交联，Si 原子与聚乙烯主链上的 C 原子直接相连；对于硅烷接枝交联，Si 原子与聚乙烯主链上 C 原子之间有两个 C 原子。相比于硅烷接枝交联，硅烷-乙烯共聚物交联具有清洁度高、力学性能好等优点。因此，本节选用硅烷-乙烯共聚物交联分子模型进行研究。聚乙烯单链采用 13 个烷烃结构，在高斯分子模拟软件中建立初始分子模型，如图 3.4.1 所示。

对于构建好的初始分子模型，必须对几何结构进行优化处理，几何优化的目的是通过对体系能量进行计算，让体系的能量达到最小，也就是最稳定的状态。采用密度泛函理论中的 M06-2X 方法，在 6-31G（d）基组水平上优化得到硅烷交联聚乙烯的基态稳定模型如图 3.4.2 所示。

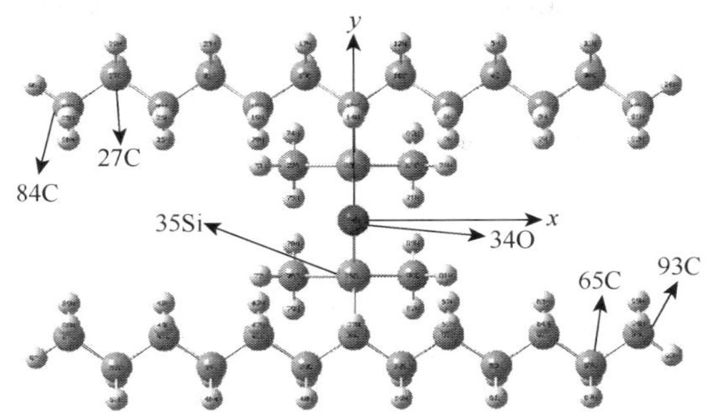

图 3.4.1　硅烷交联聚乙烯初始分子模型

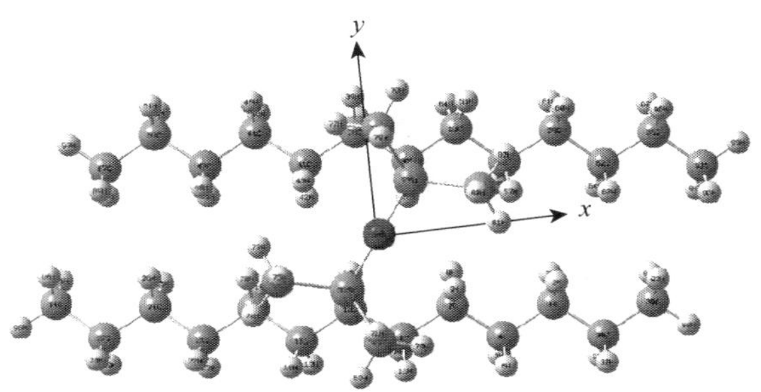

图 3.4.2　硅烷交联聚乙烯的基态稳定模型

2. 计算结果分析

1）外电场对 XLPE 分子结构和能量的影响

当沿着 XLPE 分子 x 轴方向施加不同的电场强度后，外电场力与分子内应力的共同作用会使分子内电荷的分布发生变化，分子的几何结构及各项参数也将会受到影响。不同电场强度下，有关键长的计算结果如表 3.4.1 所示。

表 3.4.1　不同电场强度下分子基态的键长

电场强度/a.u.	R(27,84)/nm	R(65,93)/nm	R(34,35)/nm
0.000	1.5264	1.5264	1.6516
0.002	1.5263	1.5266	1.6544
0.004	1.5262	1.5269	1.6576
0.006	1.5262	1.5272	1.6615
0.008	1.5262	1.5276	1.6664
0.010	1.5263	1.5280	1.6716
0.012	1.5264	1.5285	1.6773
0.014	1.5266	1.5291	1.6828
0.016	1.5269	1.5297	1.6881
0.018	1.5272	1.5304	1.6936
0.020	1.5276	1.5312	1.6986

如图 3.4.1 所示，65C 和 93C 是 x 轴正半轴聚乙烯端链的 C 原子，27C 和 84C 是 x 轴负半轴聚乙烯端链的 C 原子，34O、35Si 是中间交联处的原子。由图 3.4.3～图 3.4.5 可知，分子的键长与外施电场强度的大小和方向有着密切关系。随着正向电场强度的增加，R（65,93）逐渐增大，R（27,84）先减小后增大，R（34,35）逐渐增大，且在电场强度为 0.020a.u.时均大于无电场作用下的键长。分子键长的变化可以用电荷转移引起分子内电场的变化来定性解释。随着正向电场强度的增加，电子的逆向转移使得原子间的局部电场发生改变。当外电场强度增大时，65C 和 93C 间的内电场减小，且外场力在所加电场范围内始终大于 65C 和 93C 间的内应力，使得 R（65,93）持续增大；与此同时，在电场强度为 0～0.006a.u.时，随着外电场强度的增大，27C 和 84C 之间的内电场减小，但此时的 27C 和 84C 间的内应力仍然大于外场力，所以 R（27,84）减小，此后随着外电场强度的持续增大，外场力逐渐起主要作用，使得 R（27,84）逐渐变大。在所加电场范围内，外场力始终大于 34O 和 35Si 间的内应力，使得 R（34,35）逐渐增大。键长与键能有着直接的关系，键长越长，键能越小，键的热稳定性越小。由此可知，在强电场的作用下，聚乙烯分子链端的稳定性降低，位于端链处的甲基团更容易受到攻击成为游离基团。

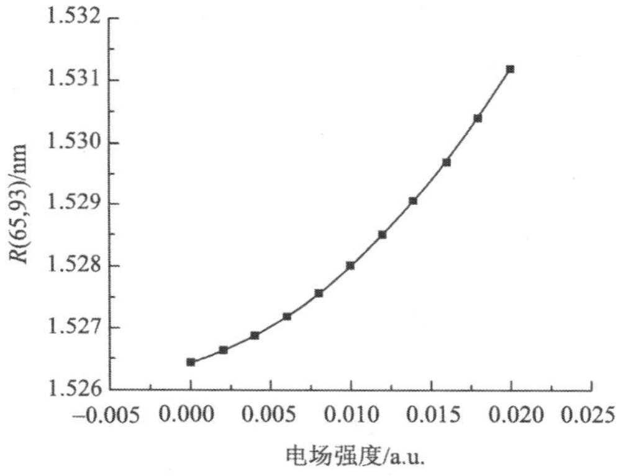

图 3.4.3　R（65,93）随电场强度的变化曲线

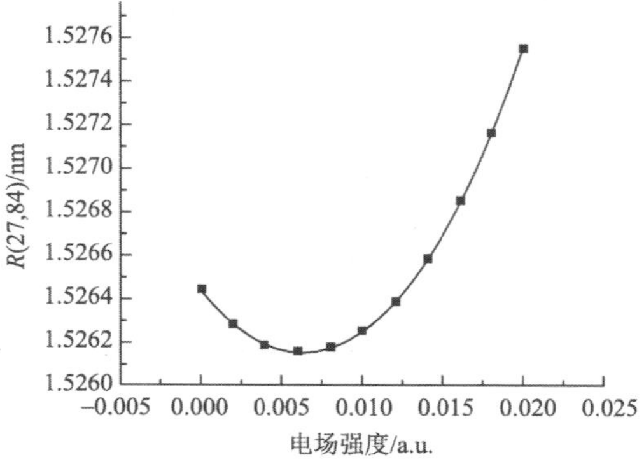

图 3.4.4　R(27,84)随电场强度的变化曲线

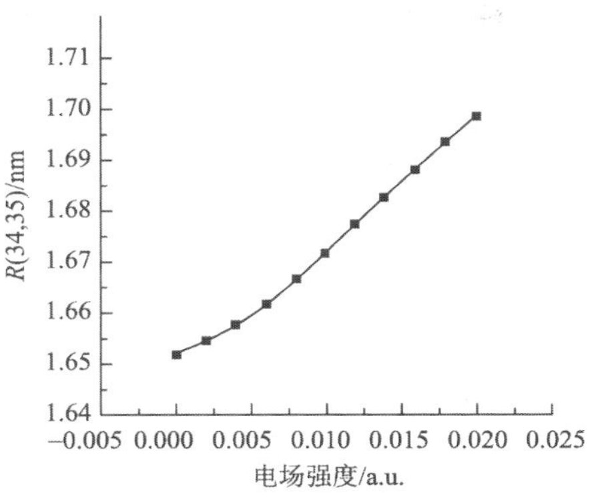

图 3.4.5　R(34,35)随电场强度的变化曲线

不同电场强度下，分子总能量、动能、势能、偶极矩和极化率的计算结果如表 3.4.2 所示。

表 3.4.2　不同电场强度下分子基态的总能量、动能、势能、偶极矩和极化率

电场强度/a.u.	E/hartree	E_k/hartree	E_v/hartree	μ/Debye	α/a.u.
0.000	−1836.632	1823.018	−3659.650	0.516	366.292
0.002	−1836.633	1823.015	−3659.648	2.449	366.319
0.004	−1836.636	1823.008	−3659.644	4.816	366.487
0.006	−1836.641	1822.996	−3659.637	7.204	366.808
0.008	−1836.647	1822.979	−3659.627	9.633	367.201
0.010	−1836.656	1822.959	−3659.614	12.057	367.79
0.012	−1836.666	1822.933	−3659.599	14.494	368.509
0.014	−1836.678	1822.903	−3659.582	16.925	369.464
0.016	−1836.693	1822.869	−3659.562	19.367	370.684
0.018	−1836.709	1822.831	−3659.539	21.840	372.172
0.020	−1836.727	1822.788	−3659.515	24.334	375.306

如图 3.4.6（a）所示，XLPE 分子总能量 E 随电场强度的增大逐渐减小。分子总能量为其动能和势能的和，随着外施电场强度的增大，电子沿着逆电场方向向聚乙烯链端部发生转移，且在电场的作用下电子的运动受限，使得电子的动能减小，如图 3.4.6（b）所示；与此同时，电子逆电场方向向端部的移动，导致两端原子的正负电荷布居数增大，进而使得分子哈密顿量 H 中的势能增加，如图 3.4.6（c）所示。分子体系动能和势能的变化使得其总能量减小。由于势能的大小与分子体系的稳定性密切相关，势能越小，体系的稳定性越高。由此可知，随着外施电场强度的增大，XLPE 分子的稳定性逐渐降低。

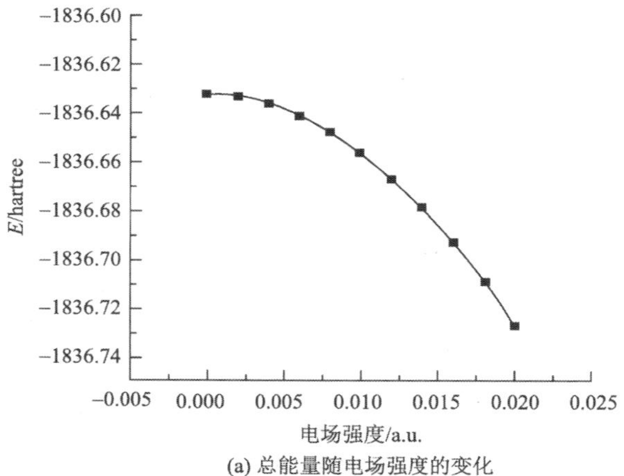

(a) 总能量随电场强度的变化

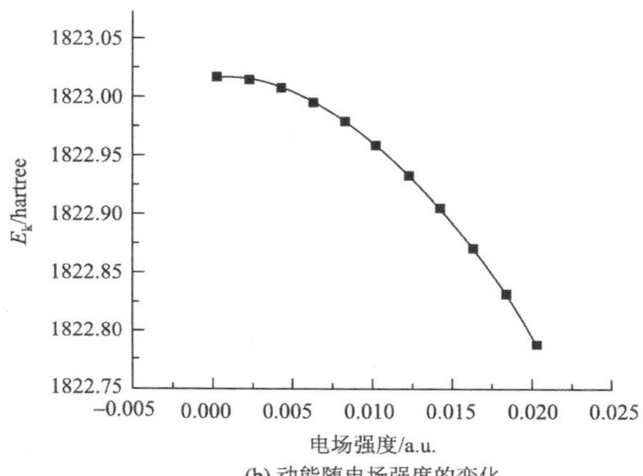

(b) 动能随电场强度的变化

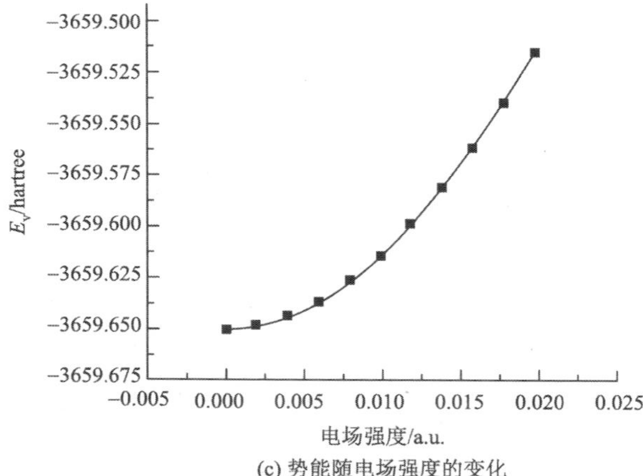

(c) 势能随电场强度的变化

图 3.4.6　能量随电场强度的变化

偶极矩可以用来衡量分子的极性。对于极性分子，分子的正负电荷中心是不重合的，偶极矩大于零；而非极性分子电荷中心是重合的，偶极矩为零。由表 3.4.2 可知，当外电场强度为 0 时，XLPE 分子的偶极矩大于零，表明硅烷交联聚乙烯分子是极性分子。在所加电场范围内，XLPE 分子的偶极矩随电场强度的增大近似线性地增加，如图 3.4.7 所示。这是因为外电场的正极吸引分子中的电子，排斥原子核；负极吸引原子核，排斥电子。XLPE 分子的电荷中心在外电场的作用下发生相对位移，从而产生诱导偶极矩，最终导致 XLPE 分子的偶极矩增大。极化率是描述电介质极化特性的微观参数，其大小反映了在外施电场的作用下电介质发生极化的难易程度，极化率越大，电介质越易发生极化。由图 3.4.8 可知，在所加电场范围内，XLPE 分子的极化率随着电场强度的增大而增大，且增大的幅度呈上升趋势。通过对偶极矩和极化率的分析可知，随着外施电场强度的增大，XLPE 分子的极性变大。

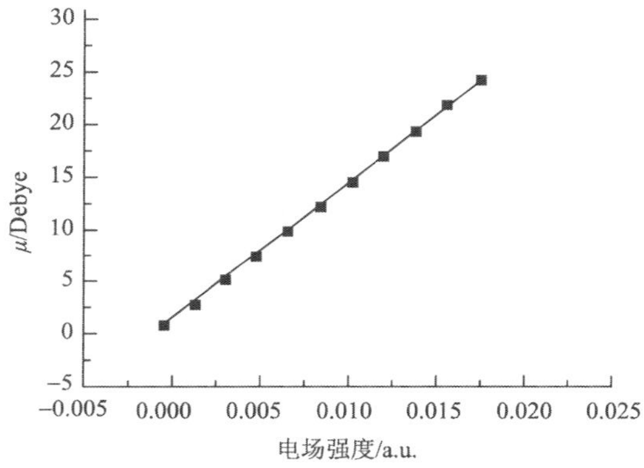

图 3.4.7　偶极矩随电场强度的变化曲线

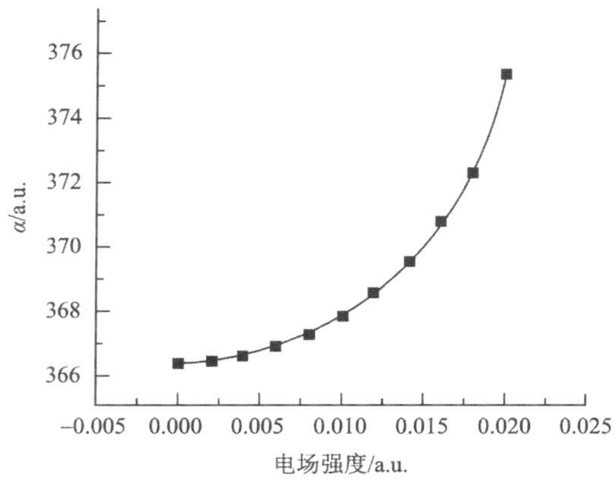

图 3.4.8　极化率随电场强度的变化曲线

2）外电场对 XLPE 前线轨道能量的影响

在优化得到 XLPE 分子基态稳定结构的基础上，本节还计算了分子体系在不同电场强度下 HOMO 能量 E_{HOMO}、LUMO 能量 E_{LUMO} 及能隙 E_g，其中 $E_g = E_{\text{LUMO}} - E_{\text{HOMO}}$ 。计算结果如表 3.4.3 所示。

表 3.4.3　不同电场强度下分子的前线轨道能量变化

电场强度/a.u.	0.000	0.002	0.004	0.006	0.008	0.010	0.012	0.014	0.016	0.018	0.020
E_{HOMO}/a.u.	−0.301	−0.301	−0.300	−0.298	−0.285	−0.265	−0.244	−0.222	−0.199	−0.175	−0.151
E_{LUMO}/a.u.	0.090	0.085	0.072	0.052	0.029	0.005	−0.019	−0.045	−0.071	−0.097	−0.124
E_g/a.u.	0.391	0.386	0.372	0.350	0.314	0.270	0.225	0.177	0.128	0.078	0.027

分子的前线轨道在物理和化学中有重要意义，HOMO 能量反映了分子失去电子能力的强弱，HOMO 能量越高，该分子就越容易失去电子。LUMO 能量在数值上与分子的电子亲和势相当，LUMO 能量越低，该分子就越容易得到电子。因此，两个轨道决定着分子的电子得失和转移能力。

能隙反映了电子从占据轨道跃迁到空轨道的能力，在一定程度上也反映了分子参与化学反应的能力，并且可以用来衡量分子的稳定性。

随着外电场强度的逐渐增大，HOMO 能量呈现出增大的趋势，如图 3.4.9 所示，位于该能级上的电子因能量升高受到的束缚作用越来越小，容易发生跃迁；而 LUMO 能量逐渐减小，能量越来越低，更容易接受电子；与此同时，如图 3.4.10 所示，E_{HUOM}、E_{LOMO} 的变化导致能隙 E_g 随外电场强度的增大而逐渐减小，占据轨道的电子更容易被激发，跃迁至空轨道而形成空穴。空穴在外电场的作用下会发生迁移，迁移的过程中容易被 XLPE 电缆绝缘内部的陷阱所捕获，最终形成空间电荷。

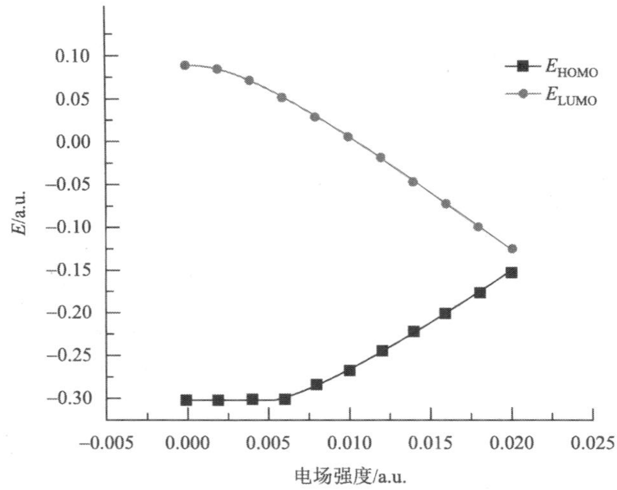

图 3.4.9　前线轨道能量随电场强度的变化曲线

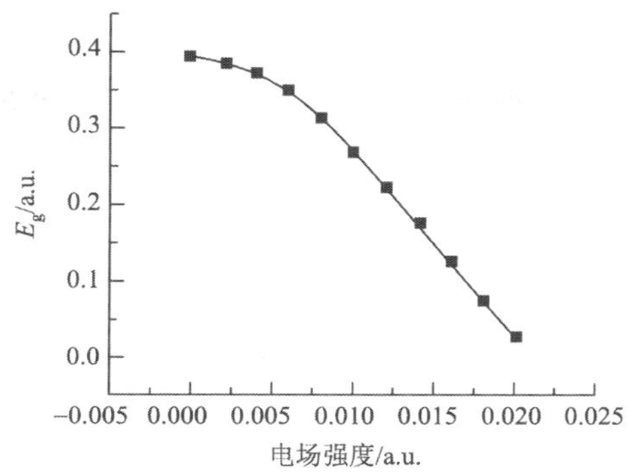

图 3.4.10　能隙随电场强度的变化曲线

图 3.4.11 是 XLPE 分子在 0、0.010a.u.和 0.020a.u.的电场强度下的前线轨道云图。当电子围绕原子核做高速运动时，电子的运动轨迹是无法确定的，前线轨道云图描述的是外层电子做绕核运动时，在核外空间出现的概率大小，在一定程度上反映出了分子的相对稳定性和反应活性。由图 3.4.11（a）可知，当无电场作用时，XLPE 分子外层电子出现在交联处的概率最高。随着电场强度增大至 0.010a.u.，HOMO 沿着逆电场方向移动，当电场强度为 0.020a.u.时，HOMO 主要积聚在位于 x 负半轴聚乙烯的端链部分；LUMO 在电场强度为 0.010a.u.时已转移至 x 正半轴聚乙烯端链部分，且随着电场强度增至 0.020a.u.进一步积聚。通过对前线轨道的研究可知，随着电场强度的增大，XLPE 分子前线轨道发生转移，并于聚乙烯端链处积聚，端链的相对稳定性降低，反应活性增高。

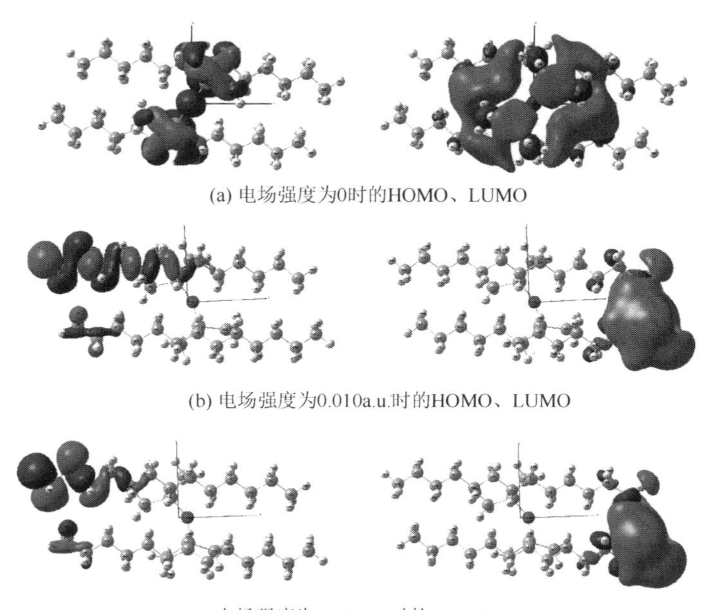

(a) 电场强度为0时的HOMO、LUMO
(b) 电场强度为0.010a.u.时的HOMO、LUMO
(c) 电场强度为0.020a.u.时的HOMO、LUMO

图 3.4.11　外电场强度下前线轨道云图

本节还运用Multiwfn 3.5分析XLPE分子在不同电场强度下前线轨道的原子贡献量，见表3.4.4。由表3.4.4可知，无电场作用的HOMO主要由交联处的C、O、Si原子贡献，13C和36C各贡献17.57%，34O贡献13.68%，33Si和35Si各贡献7.58%；LUMO则主要由Si原子及与其相连接的甲基上的H原子贡献。当电场强度为0.010a.u.时，HOMO主要由位于x负半轴聚乙烯链最外侧的三个C原子及端链甲基上的一个H原子贡献，24C、27C、84C分别贡献20.35%、17.36%、20.82%，96H则贡献13.6%；LUMO则主要由位于x正半轴端链上的H原子贡献。当电场强度为0.020a.u.时，HOMO主要由位于x负半轴聚乙烯链最外侧的三个C原子及与之相连接的H原子贡献，84C贡献35.03%，86H和96H分别贡献10.62%、16.93%；LUMO则主要由位于x正半轴聚乙烯端链甲基上的H原子贡献，94H、95H、99H分别贡献20.85%、20.75%、36.01%。

表3.4.4　不同电场强度下分子前线轨道的主要成分

电场强度＝0				电场强度＝0.010a.u.				电场强度＝0.020a.u.			
HOMO/%		LUMO/%		HOMO/%		LUMO/%		HOMO/%		LUMO/%	
13C	17.57	2H	5.13	18C	5.39	63H	6.78	24C	12.04	91H	7.71
33Si	7.58	9H	4.43	21C	6.32	64H	6.05	27C	10.76	92H	6.8
34O	13.68	33Si	8.48	24C	20.35	66H	4.24	29H	7.16	94H	20.85
35Si	7.58	35Si	8.49	27C	17.36	91H	12.49	84C	35.03	95H	20.75
36C	17.57	43H	4.43	84C	20.82	92H	12.16	86H	10.62	99H	36.01
68C	4.4	48H	5.13	96H	13.6	94H	17.07	96H	16.39	—	—
76C	4.4	70H	4.27	—	—	95H	18.42	—	—	—	—
—	—	73H	7.2	—	—	98H	6.25	—	—	—	—
—	—	77H	4.28	—	—	99H	16.7	—	—	—	—
—	—	81H	7.2	—	—	—	—	—	—	—	—

注：主要成分数据，和不为100。

3）键级分析

Mayer键级的基本原理认为，MBO值的大小可以表征分子结构中键的相对强弱。键级越小，键长越长，键能越小，表明键的稳定性越差，且更容易断裂。对外电场作用下XLPE分子前线轨道及结构变化进行分析可知，随着外施电场强度的增大，聚乙烯链端的相对稳定性降低，反应活性增高，位于端链处的甲基团更容易断裂成为自由基。针对上述情况，对位于聚乙烯端链的C—C和C—H在不同电场强度下的键级大小进行分析。计算所得的MBO值见表3.4.5。

表3.4.5　不同电场强度下C—C和C—H的MBO值

电场强度/a.u.	0.000	0.002	0.004	0.006	0.008	0.010	0.012	0.014	0.016	0.018	0.020
27C—84C	1.008	1.008	1.008	1.008	1.008	1.007	1.006	1.005	1.004	1.002	1.001
65C—93C	1.008	1.008	1.008	1.007	1.006	1.005	1.003	1.001	0.999	0.997	0.994
84C—96H	0.952	0.950	0.947	0.944	0.941	0.938	0.934	0.931	0.927	0.923	0.918
93C—99H	0.952	0.954	0.956	0.958	0.960	0.961	0.962	0.962	0.962	0.962	0.962

由于 93C 是 x 正半轴聚乙烯端链的 C 原子，84C 是 x 负半轴聚乙烯端链的 C 原子，96H、99H 则是分别连接在 84C 和 93C 上的 H 原子。在电场强度为 0～0.008a.u.时，27C—84C 的 MBO 值没变化，此后随着电场强度逐渐升高，27C—84C 的 MBO 值持续减小，65C—93C 的 MBO 值则随着电场强度的增大持续减小，如图 3.4.12 所示。其中，处于 x 正半轴的 65C—93C 的 MBO 值降低得更快。这表明在强电场的作用下，聚乙烯分子链端 C—C 的稳定性降低，且位于 x 轴正半轴的 C—C 反应活性更高，更容易断裂。84C—96H 的 MBO 值随着电场强度的增大持续减小，如图 3.4.13 所示。93C—99H 的 MBO 值则在电场强度为 0～0.016a.u.时持续增大，此后随着电场强度的进一步增大虽有减小，但在电场强度为 0.020a.u.时仍大于无电场作用下的 MBO 值，如图 3.4.14 所示。84C—96H 位于 x 负半轴聚乙烯端链处，93C—99H 位于 x 正半轴聚乙烯端链处，表明在强电场的作用下，沿电场方向的 C—H 键能增大，稳定性升高，而逆电场方向的 C—H 键能减小，稳定性降低。

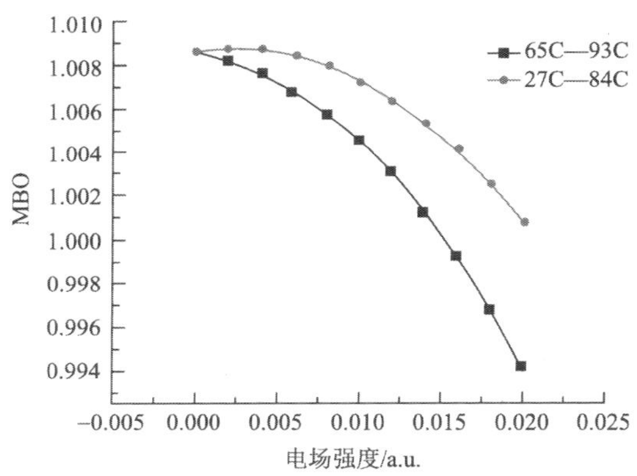

图 3.4.12　C—C 的 MBO 值随电场强度的变化曲线图

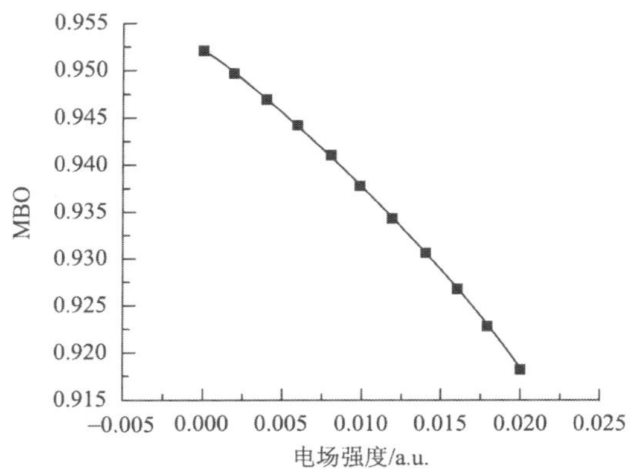

图 3.4.13　84C—96H 的 MBO 值随电场强度的变化曲线

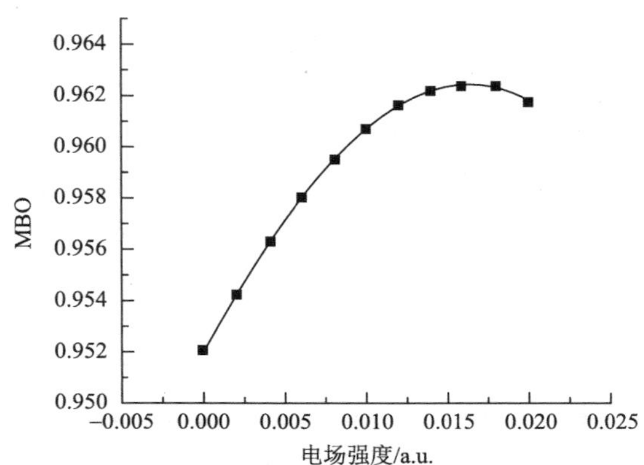

图 3.4.14　93C—99H 的 MBO 值随电场强度的变化曲线

4）外电场对 XLPE 分子红外光谱的影响

为了研究外施电场对 XLPE 分子红外光谱的影响，在基态稳定模型的基础上，采用与优化相同的方法进行频率计算，得到了在不同电场强度下频率的计算结果。本节选取电场强度为 0、0.010a.u.、0.020a.u.时的红外光谱进行分析研究，红外光谱图如图 3.4.15 所示。

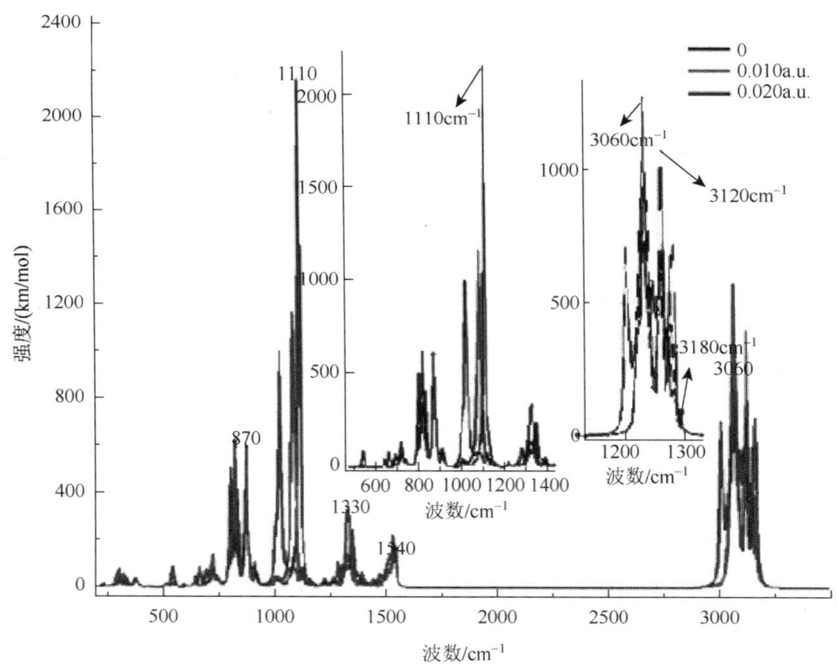

图 3.4.15　不同电场强度下 XLPE 分子的红外光谱图

当不加外电场时，波数 3180cm^{-1} 是归属于聚乙烯链端甲基团的 C—H 的伸缩振动，波数 1110cm^{-1} 是归属于 Si—O 的伸缩振动，如图 3.4.15 所示。当电场强度增大到 0.010a.u.时，指纹区（1250～400cm^{-1}）的吸收峰出现波动，Si—O 的振动频率出现明显的红移现象，这是因为随着外电场强度的增大，外场力大于分子内应力，使得 Si—O 的键长增大，键能减小，最终导致振动频率红移。与此同时，位于特征频率区（4000～1250cm^{-1}）的吸收峰的峰值出现较为明显的波动，波数为 3060cm^{-1} 的吸收峰出现红移现象，波数为 3120cm^{-1} 的吸收峰则出现蓝移现象。当电场强度增加到 0.020a.u.时，Si—O 的振动频率出现进一步的红移现象。特征频率区吸收峰的数量明显增多，表明在强电场的作用下，硅烷交联聚乙烯的分子结构发生显著变化，分子的稳定性受到影响。

3.4.2　环氧树脂在外电场下的特性

环氧树脂是聚合物基复合材料应用最为广泛的基体树脂，它具有良好的力学性能、工艺性能、电绝缘性、化学稳定性及反应机理清晰、成本低等特点，广泛用于各种领域。其中，双酚 A 型环氧树脂（DGEBA）的市场前景及用量都最为可观。但是环氧树脂进行固化时，存在大量的环氧基团，改变了交联密度，使之具有质地变脆、耐冲击性能差等缺点，进而限制了环氧树脂应用的拓展。本节通过分子模拟的方法研究 DGEBA 分子结构和能量的变化，分析极化率、偶极矩和前线轨道的成分的变化，原子之间的键级和红外光谱的变化，为今后试验研究和微观研究提供理论基础与数据[37]。

1. 模型构建

在高斯分子模拟软件中建立 DGEBA 分子的初始模型如图 3.4.16 所示，沿 z 轴方向加上一系列强度为 0～0.013a.u.的外电场来研究其分子结构和特性，本节采用 M06-2X/6-31G（d）方法进行计算，优化后得到了能量最低时的优化模型，如图 3.4.17 所示。与初始的 DGEBA 分子相比优化后的分子更加紧凑，并且两个苯环的角度发生了改变，结构从大张角的倒 V 形变成了小张角的倒 V 形。

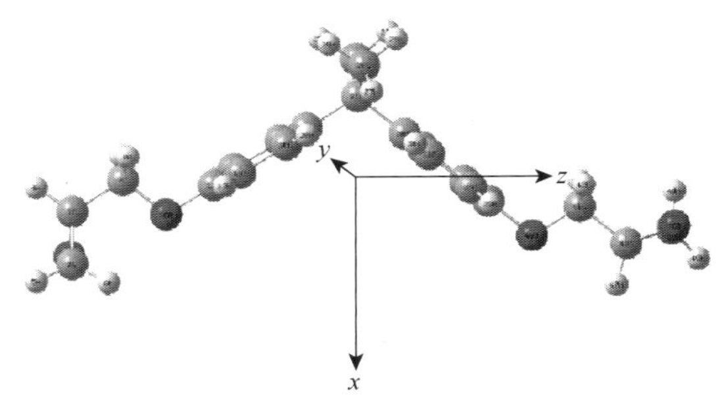

图 3.4.16　DGEBA 分子初始模型

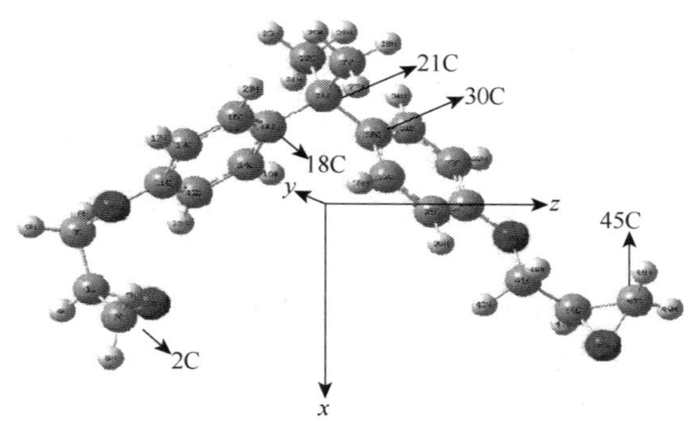

图 3.4.17　DGEBA 分子优化模型

2. 计算结果分析

1）外电场对分子结构和能量的影响

采用同样的方法和基组，沿 z 轴以 0.001a.u.为步长对分子施加 0～0.013a.u.的电场强度。在电场强度作用下对 DGEBA 分子基态几何结构进行优化。优化的几何参数随电场强度的变化如图 3.4.18、图 3.4.19 所示。分子总能量、偶极矩和极化率随电场强度的变化如图 3.4.20～图 3.4.22 所示。

如图 3.4.17 所示，21C 是 DGEBA 分子的中心 C，2C 和 45C 分别是在 z 的负半轴和正半轴 DGEBA 分子末端的 C 原子。R（2，21）和 R（21，45）是 DGEBA 分子中心 C（21C）与末端 C（2C、45C）的距离。如图 3.4.18 所示，R（2，21）随电场强度的增大而增大，R（21，45）随电场强度的增大而减小。并且沿电场 R（21，45）减小的要比逆电场 R（2，21）增大的多。如图 3.4.19 所示，A（2，21，45）和 A（18，21，30）是 DGEBA 分子的两个角度，其中 A（18，21，30）是中心 C（21C）与两个苯环上 18C 和 30C 呈现的角度。随着电场强度的增大，这两个角度都在逐渐增大，其中 A(2，21，45)从 93.317°变成了 103.937°，同时 A（18，21，30）从 109.618°变成了 111.108°。由上述数据可知，DGEBA 分子在外电场的作用下结构从倒 V 形逐渐变成了线性结构。

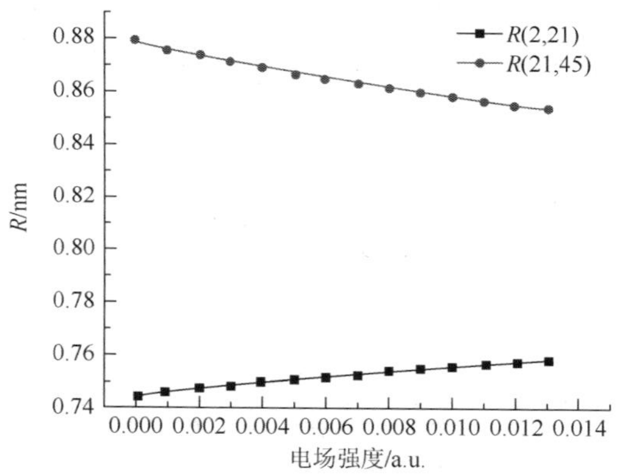

图 3.4.18　DGEBA 分子中心 C 与末端 C 的距离 R 随电场强度的变化

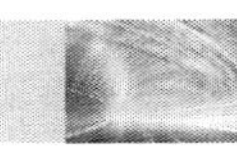

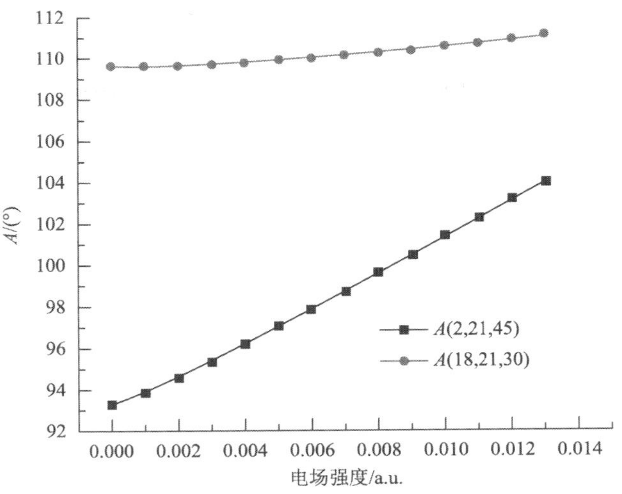

图 3.4.19　DGEBA 分子的角度 A 随电场强度的变化

由图 3.4.20 可知，分子体系的总能量随着电场强度的增大而逐渐减小，并且减小的幅度越来越大。这是因为沿着电场方向电子发生了转移，使得电场方向各原子上的电荷量变大，进而增大了 DGEBA 分子的偶极矩 μ。随着电场强度的增大，电场和分子相互作用能 H_{int} 的绝对值增大，但由于整个分子系统处于束缚态，其相互作用能是负值，分子体系总能量 E 减小。图 3.4.21 为 DGEBA 分子偶极矩在外电场作用下的变化。偶极矩的大小随着电场强度的增大线性增大。这表明伴随着 z 轴正向电场强度的增大分子极性变大，分子的对称性逐渐降低。DGEBA 分子极化率随电场强度的变化如图 3.4.22 所示。极化率随电场强度的增大而增大，并且增大的速度越来越快。

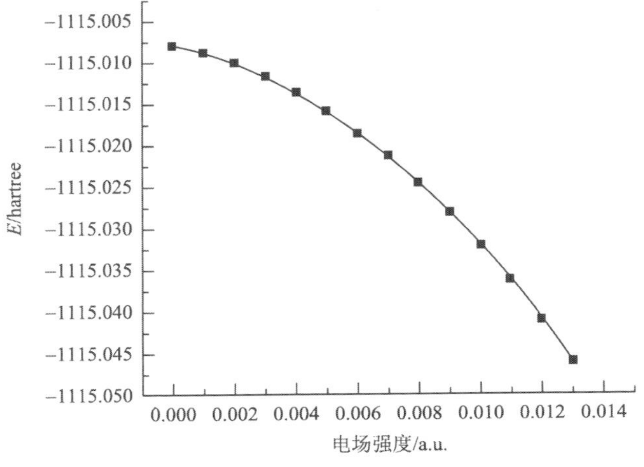

图 3.4.20　分子体系总能量随电场强度的变化

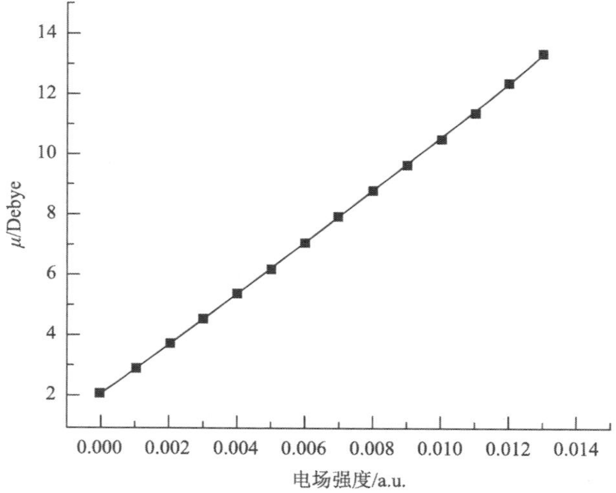

图 3.4.21 偶极矩随电场强度的变化

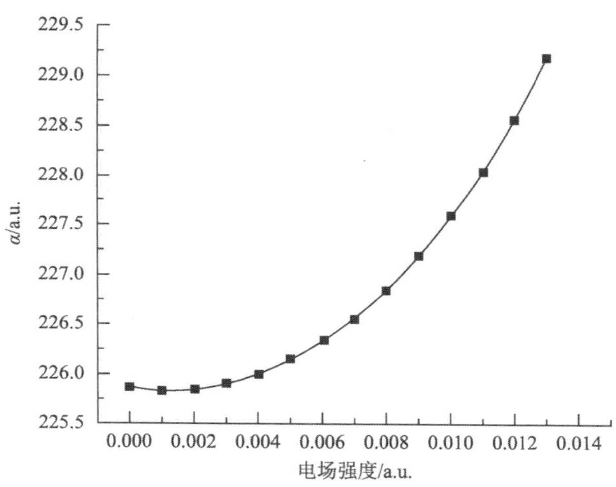

图 3.4.22 极化率随电场强度的变化

2）外电场对分子前线轨道能量的影响

在优化得到不同电场强度下 DGEBA 分子基态稳定结构的基础上，计算了 HOMO 能量 E_{HOMO}、LUMO 能量 E_{LUMO} 和能隙 E_{g}。其计算结果如图 3.4.23、图 3.4.24 所示。

根据前线轨道理论，HOMO 中的电子能量 E_{HOMO} 最高，原子核对它的吸引力最小，其最容易失去电子，表现为亲核性；LUMO 在所有未占据轨道里面能量 E_{LUMO} 最低，最容易吸引电子，表现为亲核性；能隙 E_{g} 的大小表示电子从 HOMO 跃迁到 LUMO 的难易程度，E_{g} 越小，电子越容易发生跃迁，能隙 E_{g} 的大小在一定程度上决定了分子参与化学反应的能力，因此能隙随电场强度的变化决定了 DGEBA 分子的化学活性和稳定性。

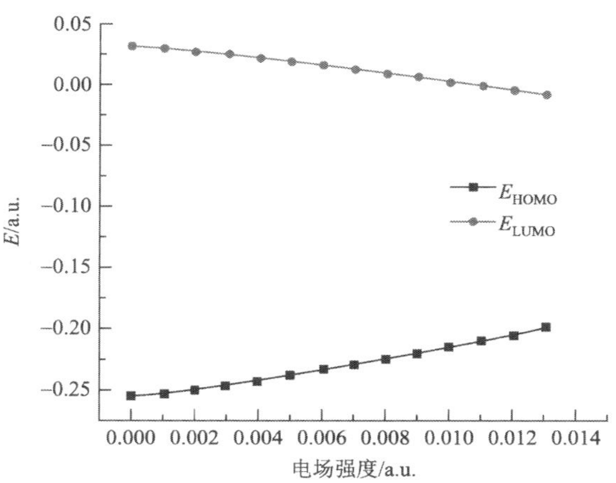

图 3.4.23 前线轨道能量随电场强度的变化趋势

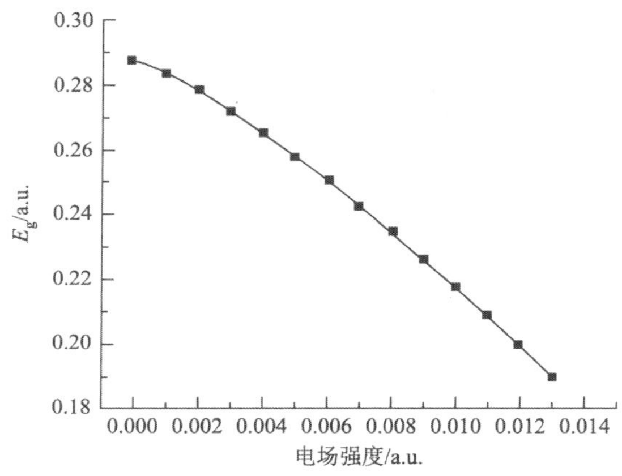

图 3.4.24 能隙随电场强度的变化曲线

由图 3.4.23 可知，当电场强度为零时，分子的 E_{HOMO} 和 E_{LUMO} 分别是−0.225a.u.和 0.032a.u.。随着电场强度的增大，E_{HOMO} 逐渐增大，而 E_{LUMO} 逐渐减小。这表明 HOMO 随着电场强度的增大变得越来越容易失去电子，而 LUMO 随着电场强度的增加变得更容易得到电子。由图 3.4.24 可得，能隙随着电场强度的增加而减小，因此占据轨道的电子更易于被激发到空轨道而形成空穴，使 DGEBA 分子变得更容易被激发，且活性增强，更容易发生理化反应。

图 3.4.25 是电场强度为 0、0.006a.u.和 0.013a.u.时分子的 HOMO 和 LUMO。分子前线轨道云图在一定程度上可以表示分子表面的反应活性位点。当外加电场强度为零时，DGEBA 分子前线轨道主要分布在两个苯环附近。但随着电场强度的增加，HOMO 开始向逆电场方向转移并集中在 DGEBA 分子左半边，可以看出 DGEBA 分子逆电场方向表现出亲核反应活性；而 LUMO 随着电场强度的增加逐渐向电场方向移动并集中于 DGEBA 分子右半边，表示沿电场方向的 DGEBA 分子表现出亲电反应活性。

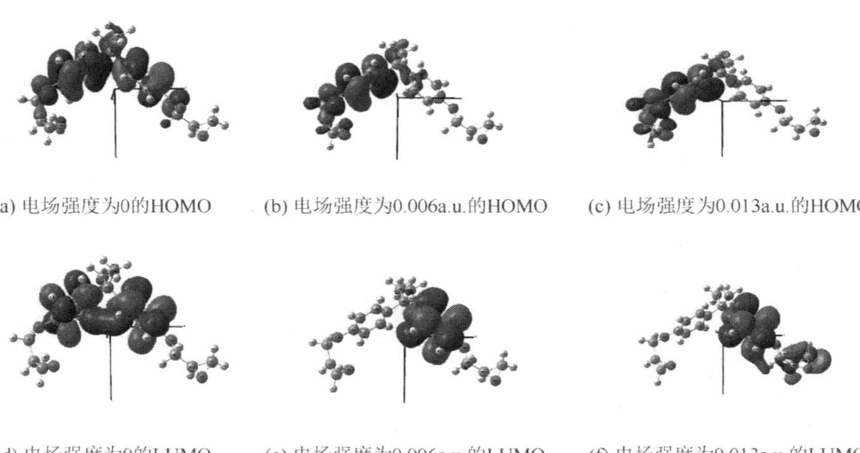

(a) 电场强度为0的HOMO　(b) 电场强度为0.006a.u.的HOMO　(c) 电场强度为0.013a.u.的HOMO

(d) 电场强度为0的LUMO　(e) 电场强度为0.006a.u.的LUMO　(f) 电场强度为0.013a.u.的LUMO

图 3.4.25　外电场下前线轨道

在 Multiwfn 3.5 中使用 Hirshfeld 方法，分析了分子轨道中主要原子的贡献。由表 3.4.6 可得，没有外加电场时，HOMO 主要由两个苯环上的 C 原子和与苯环相连的两个 O 原子贡献；LUMO 则主要由两个苯环上的 C 原子贡献。当外加电场强度为 0.006a.u. 时，HOMO 主要由逆电场方向苯环上的 C 原子和与之相连的 10O 原子贡献，苯环上的 C 原子贡献了 66.06%左右，10O 原子贡献了 16.36%；而 LUMO84.57%的贡献是由沿电场方向的苯环上的 C 原子提供的。外加电场强度为 0.013a.u.时，HOMO 由逆电场方向苯环上 C 原子贡献 60.53%，由与之相连的 10O 原子贡献 19.45%。与外加电场 0.006a.u. 相比，苯环上的 C 原子的贡献减少了 5.53%，而 10O 原子贡献增加了 3.09%。可以看出，随着外加电场强度的增加，HOMO 逐渐向逆电场方向移动。而 LUMO 轨道 76.94%的贡献是由沿电场方向苯环上的 C 原子提供的，这与前线轨道云图相对应。

表 3.4.6　不同电场强度下分子前线轨道的主要成分

电场强度 = 0				电场强度 = 0.006a.u.				电场强度 = 0.013a.u.			
HOMO%		LUMO%		HOMO%		LUMO%		HOMO%		LUMO%	
10O	7.05	12C	6.80	10O	16.36	30C	6.33	10O	19.45	30C	5.90
11C	9.30	13C	7.44	11C	15.77	31C	15.94	11C	13.64	31C	15.20
13C	7.11	14C	7.35	12C	8.76	32C	21.53	12C	10.04	32C	20.04
14C	5.45	16C	6.41	13C	12.41	33C	20.03	13C	12.47	33C	18.26
18C	11.30	31C	9.96	14C	6.38	35C	14.67	14C	4.60	35C	11.89
30C	9.77	32C	12.54	16C	5.05	36H	2.47	16C	4.06	37C	5.65
32C	5.24	33C	12.51	18C	17.69	37C	6.07	18C	15.72	49H	2.79
33C	6.25	35C	10.22	—	—	38H	2.43	—	—	—	—
37C	7.60	—	—	—	—	—	—	—	—	—	—
40O	6.25	—	—	—	—	—	—	—	—	—	—

3）键级分析

MBO 值由电子云密度和重叠矩阵计算所得，它可以直观地描述原子间同类键的强弱。图 3.4.26 是 DGEBA 分子末端的 C—C 和 C—O 随外加电场强度变化的 MBO 值。MBO 值的大小可以表示键的强弱，MBO 值越小，表明这个键越弱，而键能越弱就越容易断裂。因此，可以根据 MBO 值的变化来判断 DGEBA 分子的稳定情况。

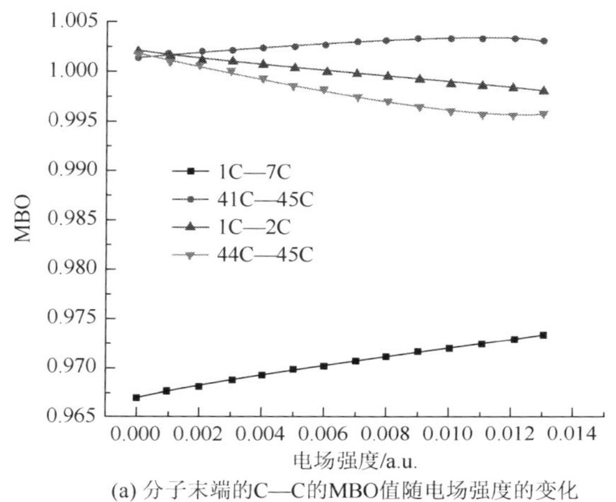

(a) 分子末端的C—C的MBO值随电场强度的变化

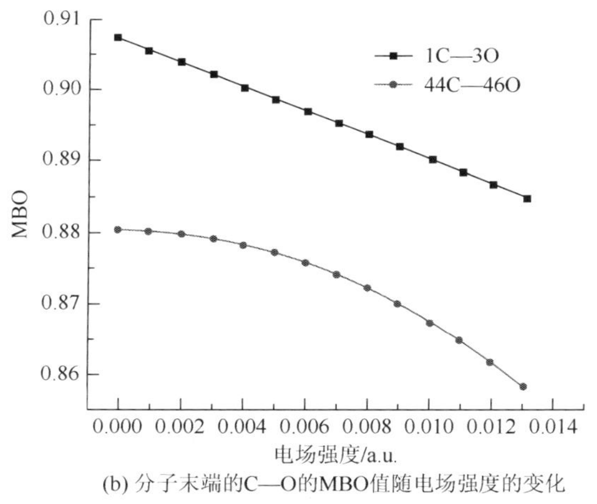

(b) 分子末端的C—O的MBO值随电场强度的变化

图 3.4.26　外电场下的 MBO 值

分析沿电场方向和逆电场方向下 41C、7C 与环氧基团中 44C、1C 相连的 C—C。同时，分析环氧基团内部的 C—C、C—O。由图 3.4.26 可以看出，41C 和 45C、1C 和 7C 相连的 C—C 的 MBO 值随着外加电场强度的增大而增大，键能在逐渐增强。但是在 DGEBA 分子内部的环氧基团中 C—C、C—O 的 MBO 值随着外加电场强度的增大逐渐减小，键能逐渐降低，且沿电场方向的环氧基团中 C—C 的 MBO 值减小得更快。由上述 MBO 值的变化可得，随着外加电场强度的逐渐增大，DGEBA 分子内环氧基团变得越来越活跃。这可能与环氧基团本身的性质也有关，环氧基团化学性质非常活泼，能与许多化合物发生开环加成反应，破坏了 DGEBA 分子的结构。

4）红外光谱分析

红外光谱分为发射光谱和吸收光谱两类。通常说的红外光谱特指红外吸收光谱。物质分子能选择性吸收某些波长的红外线，而引起分子中振动能级和转动能级的跃迁，检测红外线被吸收的情况可得到物质的红外吸收光谱，又称分子振动光谱或振转光谱。红外光谱分析技术，是基于红外光谱的原理进行物质定性、定量检测的技术。图 3.4.27 是外电场强度为 0、0.006a.u.、0.013a.u.时 DGEBA 分子的红外光谱。

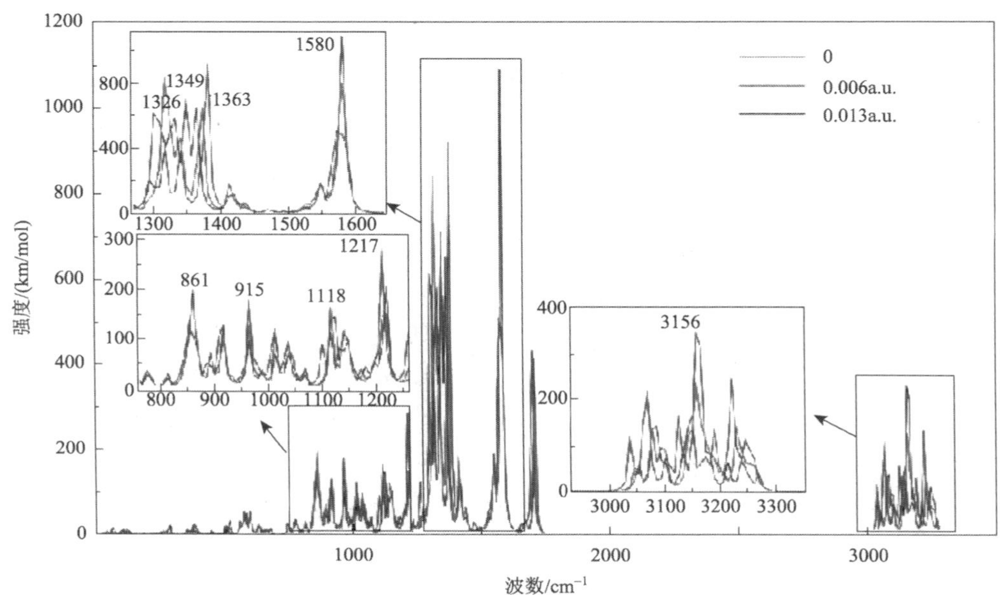

图 3.4.27　DGEBA 分子在不同电场强度下的红外光谱

如图 3.4.27 所示，波数为 861cm^{-1} 的吸收峰对应的是苯环的面外摇摆振动，并且出现了红移现象，这是因为随着电场强度的增大，其键能逐渐减小；915cm^{-1} 的吸收峰对应的是环氧乙烷中 C—H 的伸缩振动；1118cm^{-1} 和 1217cm^{-1} 的吸收峰对应的都是苯环的面内摇摆振动，且都出现了红移现象，其键能随着电场强度的增大而减小；1326cm^{-1} 和 1580cm^{-1} 的吸收峰对应的是沿电场方向苯环的面内摇摆振动；1349cm^{-1} 的吸收峰对应的是苯环的面内摇摆振动且吸收强度很强；1363cm^{-1} 的吸收峰对应的是逆电场方向环氧基团处 C—H 基团的面内摇摆振动，且出现了蓝移现象；3156cm^{-1} 的吸收峰对应的是双甲基团的 C—H 的反对称伸缩振动，出现了明显的红移现象。并且从波数为 1600cm^{-1} 开始，谱峰都出现了明显的红移现象。

3.4.3　绝缘纸纤维素在外电场下的特性

绝缘纸是变压器油纸绝缘体系的重要组成部分，其在变压器运行过程中长期受到电、热、酸、水分、气体等多种因素的作用而发生老化，导致其绝缘性能下降。由于绝缘纸材料的老化不可逆，绝缘纸的老化程度直接决定着变压器的使用寿命，对于绝缘纸老化方面的研究变得尤为重要。传统的以试验为主的变压器油纸绝缘老化研究，需要耗费大量时间，而且无法从分子层面揭示油纸绝缘老化的微观机理。利用分子模拟技术可以从微观角度揭示绝缘纸的老化过程，进一步了解其反应机理，为研发更优质的抗老化绝缘纸，以及监控绝缘纸老化进程提供理论支撑。

纤维素是绝缘纸材料的重要组成成分，它的化学稳定性和反应活性直接影响着绝缘纸的抗老化性能。本节利用分子模拟技术建立聚合度为 3 的纤维素链模型，在外加电场（0～0.022a.u.）作用下研究分子总能量、偶极矩、极化率和前线轨道成分的变化，分析分子结构的变化和断键情况、键级与红外光谱的变化，为进一步研究电场作用下的绝缘纸纤维素电老化过程及其微观机理提供数据依据和理论支撑。

1. 模型构建

纤维素$(C_6H_{10}O_5)_n$（n 为聚合度）作为绝缘纸的重要组成成分，由 D-吡喃型葡萄糖通过糖苷键连接而成，其重复结构单元为纤维二糖（由两个吡喃糖通过糖苷键连接组成）。本节旨在研究纤维素在外电场作用下的结构特性及微观机理，而对于单个吡喃环的研究并不能反映出纤维素中吡喃环受相邻两侧吡喃环作用的影响。因此，为了使分析更加精确，同时提高计算效率，本节选择构建聚合度为 3 的纤维三糖分子来进行仿真分析。在高斯分子模拟软件中建立纤维三糖的初始分子模型，如图 3.4.28 所示。

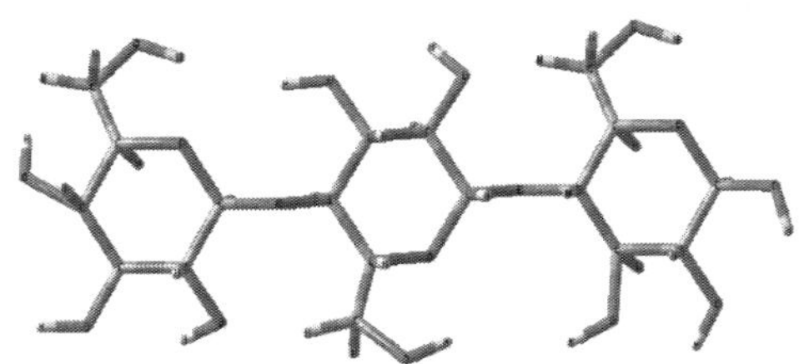

图 3.4.28　纤维三糖初始分子模型

为了保持分子结构的稳定，纤维素的结构单元采用的是相对稳定的椅式构象。如图 3.4.28 所示，每个吡喃环中相对的两个平面都相互平行，并与另外一个平面分别交叉连接，同时各个环与环之间通过 β-1,4-糖苷键相连接，环与环之间保持一定的角度，并且相邻两个吡喃糖单元呈 180°扭转分布。

利用构建好的模型，运用基于密度泛函理论的 M06-2X/6-31G（d）方法，先对纤维三糖分子进行几何构型优化，以获得能量最低的分子稳定构型，如图 3.4.29 所示。优化后，分子两侧的吡喃环分别朝着相反的方向进行了旋转，使得分子结构呈现出一定的螺旋扭曲结构，以更接近于绝缘纸纤维素分子链的实际构象，保证分析计算更接近于实际情况。

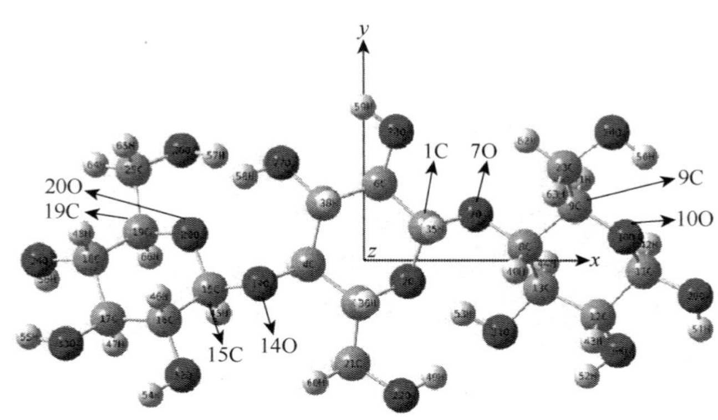

图 3.4.29 纤维三糖分子优化模型

表 3.4.7 为结构优化后的纤维三糖的部分结构参数及与文献[38]中的值比较。从表 3.4.7 可以看出，优化得到的结构参数与文献[38]中的参数吻合得较好。因此，对优化之后的纤维三糖分子采用相同的方法和基组，沿纤维三糖分子主链方向（即 x 轴正方向）施加在 0～0.022a.u.均匀增加的电场，在几何构型优化的基础上对其进行单点能计算和频率分析计算。

表 3.4.7 优化计算得到的纤维三糖部分结构参数

R/nm			*A*/(°)		
结构	计算值	文献[38]中的值	结构	计算值	文献[38]中的值
1C—6C	0.152	0.154	1C—7O—8C	114.981	118.000
5C—6C	0.153	0.154	4C—14O—15C	114.803	117.100
4C—5C	0.153	0.154	1C—2O—3C	114.437	112.400
3C—4C	0.152	0.156	1C—6C—28O	108.164	112.900
3C—21C	0.152	0.155	6C—5C—27O	106.218	109.900
1C—7O	0.138	0.143	3C—21C—22O	110.625	115.200
6C—28O	0.140	0.144	—	—	—
5C—27O	0.142	0.144	—	—	—
4C—14O	0.143	0.146	—	—	—
3C—2O	0.142	0.144	—	—	—
21C—22O	0.141	0.143	—	—	—

2. 计算结果分析

1）分子总能量、偶极矩和极化率

图 3.4.30 为纤维三糖分子体系总能量随电场强度的变化曲线。从总体趋势上来看，分子的总能量 E 随着外加电场强度的增加而减小，且减小速度逐渐加快。偶极矩与电场强度的同时增加会使外电场与分子相互作用能减小，从而使得整个分子体系的总能量减小。如图 3.4.31 所示，当无外电场作用时，分子偶极矩不为 0，说明纤维三糖分子是极性分子。随着外加电场强度的增加，分子偶极矩呈直线上升，表示纤维三糖分子在受到电场的作用后极性开始变化，且电场强度越大，极性越大。偶极矩的大小也可以反映出纤维三糖分子中电子的转移情况。外加电场使得分子内部电子发生了转移，导致正负电荷之间的中心距离变大，原子间的化学键被拉长，分子偶极矩不断增大，从而在电介质表面出现极化电荷，使得电介质材料产生极化现象。

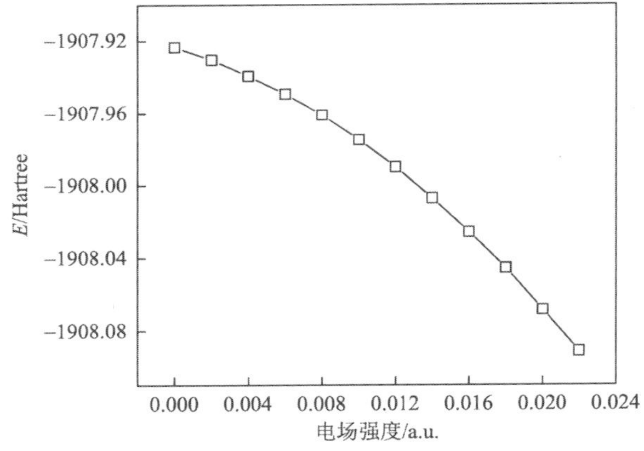

图 3.4.30　总能量随电场强度的变化

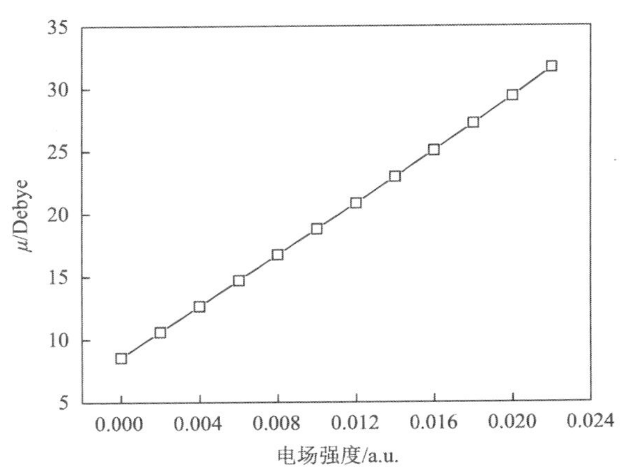

图 3.4.31　偶极矩随电场强度的变化

极化率随电场强度的变化情况如图 3.4.32 所示。在图 3.4.32 中，随着电场强度的增加，分子极化率在电场强度为 0～0.006a.u.时呈下降趋势。这是因为极化率存在各向异性，其在未加电场的 y 轴与 z 轴方向上出现了短暂下降，导致了平均极化率的下降。当所加电场强度大于 0.006a.u.时，分子极化率开始增大，且其变化规律呈快速上升趋势。极化率越大，电介质越容易发生极化现象。这表明在较大电场强度作用下，分子内正负电荷分布变化较大，导致分子极化率出现明显的变化，从而使得电介质材料容易发生极化，当达到一定值时，可使绝缘纸失去绝缘性能，甚至被击穿。结合前面的分析可以得出，在外电场的作用下，分子偶极矩会随着电场强度的增加而逐渐增大，从而使得分子体系的总能量减小，同时电场的作用也会使电介质内部沿电场方向产生感应偶极矩，电介质材料表面出现极化电荷，造成电介质的极化。

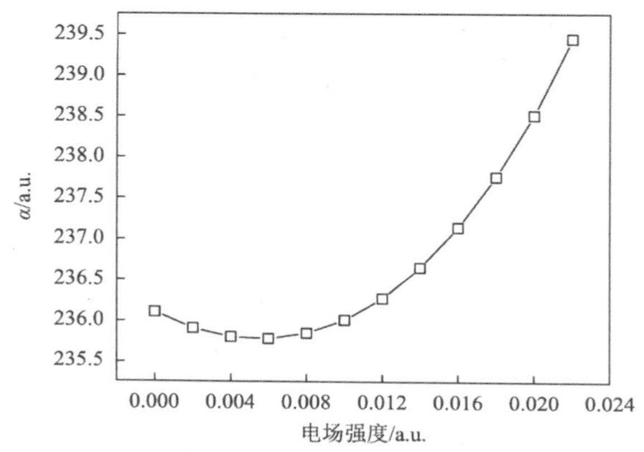

图 3.4.32　极化率随电场强度的变化

2）前线轨道分析

前线轨道理论认为，在分子中 HOMO 上的电子能量最高，所受束缚最小，最容易发生跃迁；而 LUMO 在所有未占据轨道中能量最低，最容易接受电子。HOMO 与 LUMO 之间的能量差被称为能隙（E_g），其大小可以反映出电子从占据轨道向空轨道转移的能力，并在一定程度上决定了分子键长的改变和分子间反应的空间取向等性质。能隙 E_g 越小，电子越容易被激发，当能隙减小到一定值时，分子就会由于电子的剧烈运动而发生化学键的断裂。图 3.4.33 和图 3.4.34 分别是前线轨道能量和能隙随电场强度的变化情况。

由图 3.4.33 可知，HOMO 能量从电场强度为 0.002a.u.开始一直处于上升趋势，表示其所在轨道电子变得越来越活跃，更容易发生跃迁；而 LUMO 能量随电场强度的增加不断下降，表示其更容易得到电子。当电场强度达到 0.022a.u.时，HOMO 与 LUMO 能量已经非常接近，说明 HOMO 与 LUMO 间的能隙已经变得很小，如图 3.4.34 所示。在 HOMO 和 LUMO 的共同作用下能隙 E_g 不断减小，表明电场强度越大，电子越容易从 HOMO 激发至 LUMO，形成空穴。空穴可看作一种带正电荷的粒子，在外加电场作用下空穴会沿着电场方向不断移动形成空穴电流，与逆电场方向运动的自由电子在顺电场

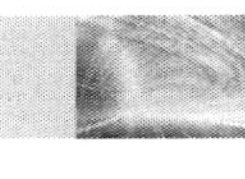

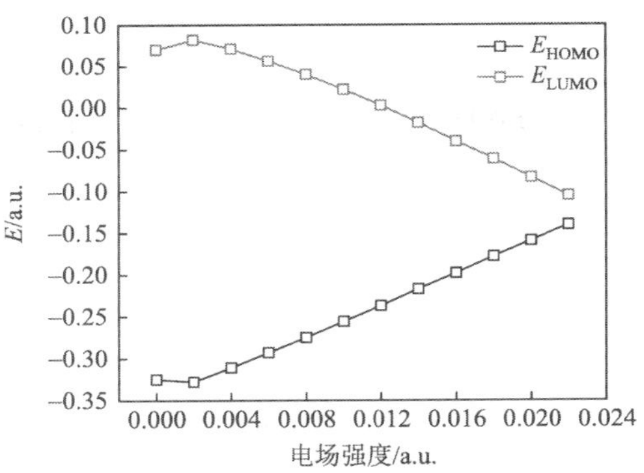

图 3.4.33　前线轨道能量随电场强度的变化

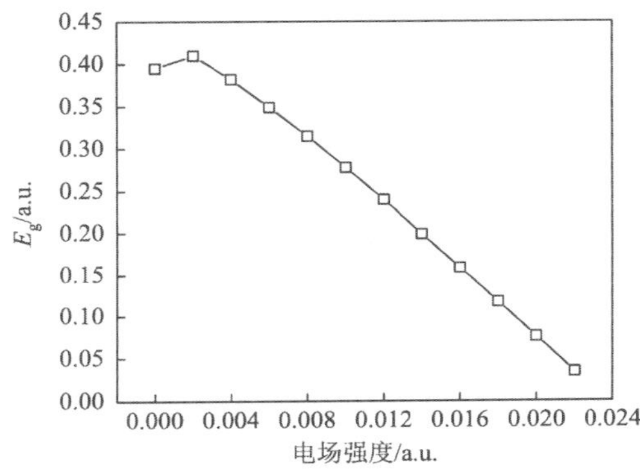

图 3.4.34　能隙随电场强度的变化

方向形成两种漂移电流，这种空穴的形成表明，电场的作用会使束缚在原子或分子内的电子发生跃迁。能隙越小，电子越容易跃迁。当能隙减小到一定值时，分子会由于电子的作用而发生化学键的断裂，产生游离自由基，从而破坏分子的结构。

为了更加直观地反映出分子中电子的运动情况及分子表面反应活性位点，给出了电场强度分别为 0、0.010a.u.和 0.022a.u.时纤维三糖分子的 HOMO 和 LUMO 图，如图 3.4.35 所示。

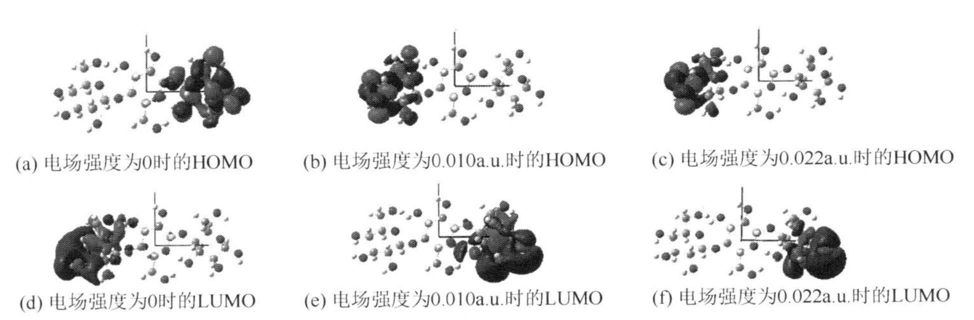

图 3.4.35　外电场作用下的前线轨道图

从图 3.4.35 中可以看出，在未加电场前，纤维三糖分子 HOMO 主要分布在分子链最右端吡喃环上。HOMO 上的电子比较活跃，会逆电场方向运动，故在外电场的作用下，HOMO 上的电子在电场强度为 0.010a.u.时已完全集中在分子链最左端吡喃环上，并随着电场强度的增加继续向端部移动，使得最左侧吡喃环的亲电反应活性增强。而 LUMO 正好与 HOMO 相反，在电场作用下，电子从分子链最左侧吡喃环转移到了最右侧吡喃环上，并继续朝着分子链端部转移，表明纤维三糖分子在沿电场方向侧易发生亲核反应。

同时，使用 Multiwfn 3.6 中的 Hirshfeld 方法计算了分子前线轨道中各主要原子的贡献率，如表 3.4.8 所示。由表 3.4.8 可知，无电场作用时，HOMO 主要是由分子链最右侧吡喃环上的 C 原子与 O 原子贡献，其中 10O 原子贡献最多，为 19.16%；而 LUMO 主要是分子链最左侧吡喃环上 34O 和 56H 贡献最多，达到 42.06%。当电场强度达到 0.010a.u.时，HOMO 和 LUMO 分别转移至分子链另一端吡喃环上。HOMO 由分子最左侧吡喃环上C原子与O原子所贡献，其中33O和34O贡献最多，分别达19.51%和22.94%。而 LUMO 主要由右侧吡喃环上 29O、30O 原子和 51H、52H 原子贡献。随着电场强度继续增加到 0.022a.u.，HOMO 与 LUMO 更加集中到部分原子上。HOMO 中 33O 和 34O 原子的贡献率达到 54.90%，表示其更容易失去电子，发生亲电反应；而 LUMO 中有 66.16%的贡献是由右侧吡喃环上所连羟基 29O—51H 提供，表示其更容易得到电子，发生亲核反应。由此可以得到，在外电场作用下，位于纤维三糖分子两端吡喃环单元上的 33O、34O、29O 和 51H 原子较为活跃，最容易发生化学反应，产生化学键的断裂，造成分子结构的破坏，从而降低纤维素分子的稳定性，使绝缘纸发生电老化，降低变压器油纸绝缘系统的绝缘性能。

表 3.4.8　纤维三糖分子不同电场强度下分子前线轨道的主要成分

电场强度 = 0				电场强度 = 0.010a.u.				电场强度 = 0.022a.u.			
HOMO/%		LUMO/%		HOMO/%		LUMO/%		HOMO/%		LUMO/%	
7O	6.18	17C	5.01	17C	10.17	11C	5.72	17C	8.77	11C	6.31
8C	7.05	18C	6.22	18C	11.98	12C	7.27	18C	11.39	12C	4.47
9C	6.38	19C	5.87	19C	7.71	13C	2.94	19C	7.99	29O	24.21
10O	19.16	20O	2.88	20O	3.5	29O	13.45	20O	2.07	30O	8.7
11C	7.53	33O	4.52	25C	3.08	30O	13.5	26O	2.42	43H	2.01
12C	6.15	34O	16.13	26O	7.38	31O	3.69	33O	20.22	51H	41.95
13C	3.41	47H	3.76	33O	19.51	43H	2.27	34O	34.68	52H	4.43
24O	9.14	55H	6.88	34O	22.94	51H	20.88	56H	2.1	—	—
29O	10.43	56H	25.93	47H	2.01	52H	15.87	—	—	—	—
31O	7.2	66H	3.77	—	—	—	—	—	—	—	—
42H	4.95	—	—	—	—	—	—	—	—	—	—

注：主要成分数据，和不为 100%。

3）纤维三糖分子的结构变化

在电场作用下，分子的几何结构会因电子的运动而发生改变，从而影响分子的结构稳定性。分子几何结构的变化情况可以通过分子的键长、键角及二面角的变化来体现。图 3.4.36～图 3.4.38 分别为不同电场强度下纤维三糖分子的部分键长、键角及二面角的

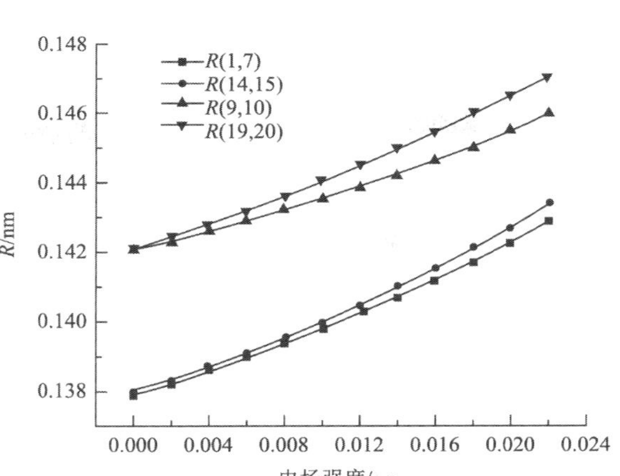

图 3.4.36　糖苷键和 C—O 键长随电场强度的变化

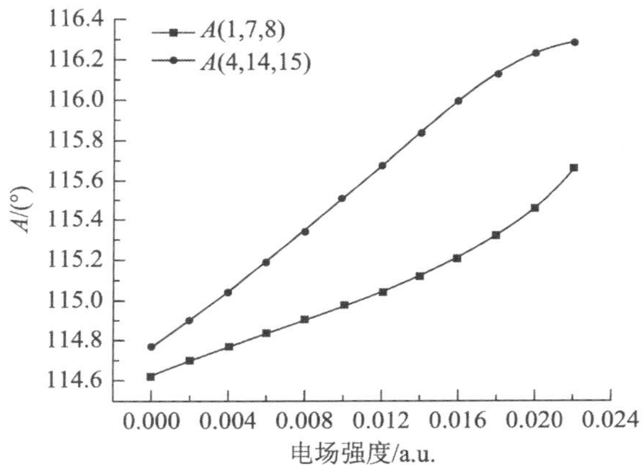

图 3.4.37　糖苷键键角随电场强度的变化

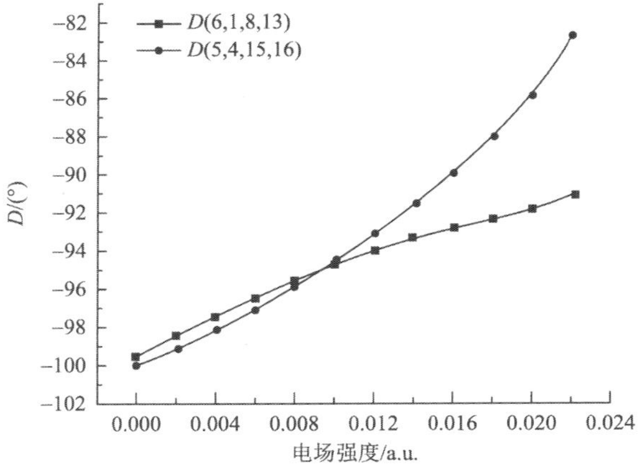

图 3.4.38　相邻吡喃环二面角随电场强度的变化

变化。其中，R（1,7）、R（14,15）和 R（9,10）、R（19,20）分别为纤维三糖分子中连接

相邻吡喃环的糖苷键与两侧吡喃环上的 C—O；*A*（1,7,8）、*A*（4,14,15）为糖苷键的键角；*D*（6,1,8,13）、*D*（5,4,15,16）为相邻吡喃环之间的二面角。

如图 3.4.36 所示，纤维三糖分子中糖苷键与两侧吡喃环中 C—O 的键长随着电场强度的增加均在不断增大；其吡喃环之间的键角和二面角也在不断增大。其中，吡喃环上 C—O 的键长明显要比糖苷键的键长大得多，说明在外加电场的作用下，纤维素中吡喃环上的 C—O 要比糖苷键更容易发生断裂。另外发现，在左侧吡喃环上 C—O 键长的变化要快于右侧吡喃环，由此可以推测，纤维素分子在逆电场方向侧的单元结构变化要更加明显。与此同时，连接吡喃环的糖苷键键角随电场强度的增加也在不断增大，如图 3.4.37 所示，表明纤维三糖分子在外电场的作用下不断伸展，且位于逆电场方向侧的糖苷键键角的变化幅度要明显大于正电场方向侧；同样，纤维素相邻吡喃环之间的二面角也有类似的变化情况，如图 3.4.38 所示。随着电场强度的增加，左侧吡喃环之间的二面角从初始的–100°变为–83°，右侧从初始的–100°变为–91°，可知纤维素链由原来的螺旋扭曲结构逐渐舒展开来，降低了其几何结构的稳定性。

图 3.4.39 为电场强度为 0.024a.u.时的纤维三糖分子结构。在强电场的作用下，原子间化学键会由于分子内基态参数的变化而发生化学键的断裂，如图 3.4.39 所示。纤维三糖分子两侧吡喃环上 C—O 都发生了断裂，同时部分羟基上的 H 原子也从 O 原子上脱落。左侧吡喃环上 17C—18C、19C—20O 发生断裂，而 26O 原子脱 H 后与 17C 原子成键，同时 55H 原子也从 33O 原子上脱落；右侧吡喃环上 10O—11C 发生断裂，29O 原子上的 51H 原子发生脱落。从之前对前线轨道成分的分析可知，电场的作用使得电子朝着分子链左端发生转移，造成分子链两端反应活性增强，化学键更容易受到破坏。与此同时，分子链左端的化学键的变化要比分子链右侧更为明显，这也和上面分析的分子的键长、键角及二面角的变化情况相吻合。另外，前面提到的 29O、51H、33O、34O 等这些比较活跃的原子也最先发生了化学键的断裂，其中部分原子与分子中其他原子结合成键，如 17C—26O、18C—34O 和 11C—29O。

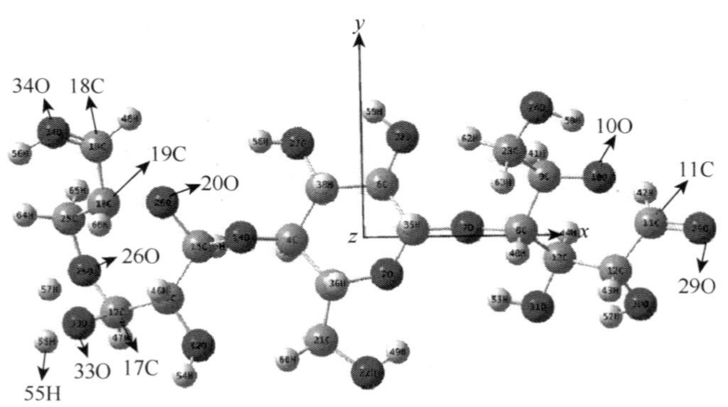

图 3.4.39 电场强度为 0.024a.u.时的纤维三糖分子结构

综上所述，在外加电场的作用下，纤维素分子的几何结构会因为分子中电子的移动而发生改变，造成其稳定性下降，导致纤维素内部及分子链间的化学键断裂，羟基基团上的 H 原子脱落成游离态，进而攻击分子链上的羟基基团，发生脱水反应。同时，其他原子也会与相邻基团发生化学反应，从分子上脱落形成许多游离基团，这些基团会进一步发生化学反应生成乙醇、乙醛、丙酮、酸类、CO_2 和 CO 等小分子化合物，造成纤维素分子链的裂解，使绝缘纸力学性能遭到损坏，从而降低变压器油纸绝缘系统的绝缘性能。

4）键级分析

MBO 值由电子云密度和重叠矩阵计算所得，它能直观地反映原子间化学键的强弱。通过分析分子内化学键的 MBO 值随电场强度的变化情况，可以判断各化学键在电场作用下的稳定性。MBO 值越小，表示该化学键键能越小，越容易发生断裂。图 3.4.40 是纤维素分子中 C—O 的 MBO 值随电场强度的变化。1C—7O 和 15C—14O 分别为纤维三糖分子中连接吡喃环之间左侧的糖苷键；3C—2O、9C—10O 和 19C—2O 分别为三个吡喃环上的 C—O。

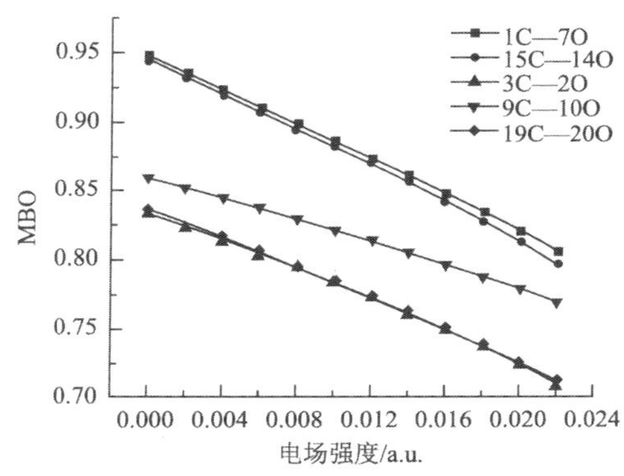

图 3.4.40　不同电场强度下 C—O 的 MBO 值

图 3.4.40 中，各化学键的 MBO 值随电场强度的增加都呈下降趋势。吡喃环上 C—O 的 MBO 值要明显低于糖苷键，说明其键能较小，很容易发生断裂，使纤维素分子发生开环反应。随着电场强度的增加，糖苷键的 MBO 值不断降低，其键能逐渐减小。同时，位于 x 负半轴（逆电场侧）的吡喃环上 C—O 的 MBO 值的下降幅度明显大于另一侧吡喃环。由前面对分子轨道能量的分析可知，逆电场侧分子反应活性要明显高于正电场侧。纤维素链是通过糖苷键连接各个吡喃环单元组成的，糖苷键键能的大小对于整个纤维素分子的稳定性起着非常重要的作用。图 3.4.40 中糖苷键的 MBO 值随电场强度变化的变化幅度很大，同时 x 负半轴侧的下降幅度略大于正半轴侧，表明糖苷键容易受电场的作用而发生断裂，在电场的持续作用下，会导致整个纤维素链的解体，从而破坏绝缘纸纤维素结构，降低绝缘纸的绝缘性能。

5）红外光谱分析

红外吸收光谱是由分子振动和转动跃迁引起的，这种振动会引起分子内电子云的变化，从而导致分子的偶极矩或极性发生改变。通过红外光谱内吸收峰的强度和位置的变化，可反映出分子结构的变化情况。对纤维三糖分子使用同样的方法和基组进行频率计算，分别得到电场强度为 0、0.010a.u.、0.022a.u.时的红外光谱，如图 3.4.41 所示。

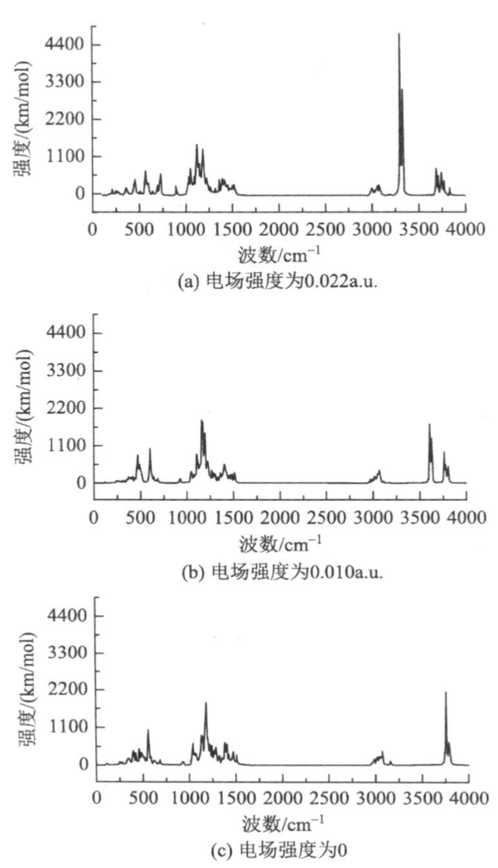

(a) 电场强度为0.022a.u.

(b) 电场强度为0.010a.u.

(c) 电场强度为0

图 3.4.41 不同电场强度下的红外光谱

图 3.4.41 中，纤维三糖分子出现多个明显的吸收峰，且随着电场强度的增加，各波数区间对应的吸收峰的峰数值明显增多，振动模红外活性明显增强。波数为 300～700cm^{-1} 时表现为吡喃环上 O—H 的面内外摇摆振动，吸收峰峰值较弱，吸收峰数量增加最为明显。1000～1500cm^{-1} 时表现为 C—H、O—H 的面内外摇摆与扭曲振动，同时各吸收峰出现了一定的红移现象，这是因为原子内电子的移动使得分子间化学键的键能减小，且随着电场强度的增大，表现得更加明显。波数为 3000～4000cm^{-1} 时表现最为显著，各峰值表现为 O—H 的不对称伸缩振动，如图 3.4.41 所示。当电场强度达到 0.022a.u.时，吸收峰最大峰值达到 4793km/mol，是无电场作用时的两倍多，表明该光谱强度变化最大，基团极性很强，偶极矩的变化幅度也很大；同时，其红移现象随着电场强度的增加更为明显，表示其键能在逐渐减小。结合键级的分析可知，外加电场强度越大，分子化学键的键能越小，越容易发生化学键的断裂，造成分子结构的破坏。

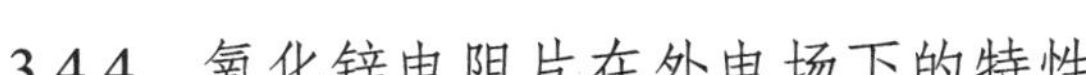

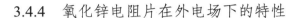

3.4.4 氧化锌电阻片在外电场下的特性

金属氧化锌避雷器是电力系统中最基本的保护设备，因其具有优良的非线性伏安特性，对雷电过电压或操作引起的内部过电压有着重要的限制作用。氧化锌电阻片是以氧化锌粉料为主体（通常其含量超过 90%），添加其他微量的金属氧化物添加剂如 Bi_2O_3、CoO、MnO、Cr_2O_3、Sb_2O_3，经过混合，成型后高温煅烧而成的。烧结后的晶相主要由 ZnO 晶粒、富铋晶界相、尖晶石相、焦绿石相组成。ZnO 晶粒是主要晶相，占比达 90%以上，ZnO 晶粒中同时固溶有掺杂的氧化物，其导电性为低阻态，电导率在几欧姆左右。富铋相通常是富 Bi_2O_3 区，约几纳米，通常存在于 ZnO 晶粒交界处，当晶界未击穿时呈现出高阻态，当晶界击穿后，电阻率大幅度下降，呈现出低阻态。下面对氧化锌电阻阀片材料的计算与仿真分析都是在 Materials Studio 6.0 中完成的[39-40]。

1. ZnO 电阻片内富铋相中 Bi_2O_3 各相的比较

Bi_2O_3 因其制备工艺简单和结构多相性被广泛应用于电子陶瓷、高温超导材料、光电材料等领域。Bi_2O_3 晶体的带隙值为 2～3.96eV，存在 7 种晶相：单斜相 α-Bi_2O_3（α 相）、四方相 β-Bi_2O_3（β 相）、体立方相 γ-Bi_2O_3（γ 相）、面立方相 δ-Bi_2O_3（δ 相）、正交相 ε-Bi_2O_3（ε 相）、三斜相 ω-Bi_2O_3（ω 相）和六方相 η-Bi_2O_3（η 相）。其中，α 相和 δ 相为稳定结构，β 相、γ 相、ε 相、η 相为亚稳定结构，而 ω 相极不稳定，存在争议。在电阻片的富铋相中存在 α 相、β 相、γ 相、δ 相四相的 Bi_2O_3，α-Bi_2O_3 为单斜晶型，空间群号为 P^{21}/c，晶格常数为 $a = 0.5850$nm，$b = 0.8165$nm，$c = 0.7510$nm，其中 $\alpha = \gamma = 90°$，$\beta = 112.977°$，在低温下为稳定态；β-Bi_2O_3 为四方晶型，是在熔融状态下通过淬冷获得的，为亚稳态结构，空间群号为 $P\bar{4}b2$，晶格常数为 $a = b = 0.7738$nm，$c = 0.5731$nm，$\alpha = \beta = \gamma = 90°$；γ-$Bi_2O_3$ 也为亚稳态结构，空间群号为 I23，晶格常数为 $a = b = c = 0.5660$nm，$\alpha = \beta = \gamma = 90°$；δ-$Bi_2O_3$ 为立方结构，在掺杂的情况下，可稳定存在于室温条件下，空间群号为 $Fm\bar{3}m$，晶格常数为 $a = b = c = 0.5660$nm。α-Bi_2O_3 可以稳定存在于常温常压下，但将温度升高至 730℃附近时，可以生成 δ-Bi_2O_3，若继续升温升至 830℃附近，则转变为液相，反之在冷却的过程中，不会生成 α-Bi_2O_3，当温度降至 650℃附近时，生成 β-Bi_2O_3，温度继续下降，降至 639℃时，生成 γ-Bi_2O_3。基于氧化锌电阻片中存在这四相 Bi_2O_3，本节运用第一性原理的方法对构造的 α-Bi_2O_3、β-Bi_2O_3、γ-Bi_2O_3 和 δ-$Bi_2O_3$4 种晶相结构模型进行几何结构、电子性质、能带结构、态密度图的分析，为深入研究 Bi_2O_3 的微观结构及研制高性能电阻片提供理论指导。

1）Bi_2O_3 各相参数确定与优化

依据 α-Bi_2O_3、β-Bi_2O_3、γ-Bi_2O_3、δ-Bi_2O_3 的晶胞参数建立相应的结构模型。可知，α-Bi_2O_3 为一层层的—Bi—O 结构；在 β-Bi_2O_3 相中，每层为—Bi—O—结构交错相连结构；在 γ-Bi_2O_3 相中，每层为—Bi_m—O_n—结构；在 δ-Bi_2O_3 中，每层为—Bi_m—O_n—结构，

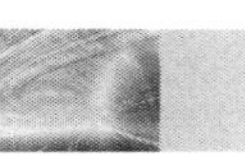

每相的交错密度不相同。例如，在 δ 相中，每个 Bi 离子与 24 个 O 离子相连。微观结构对于不同相的 Bi_2O_3 的电子性质产生影响，研究不同相的微观结构对于分析不同相的宏观性质具有重要意义。各相的 Bi_2O_3 晶体结构图具体如图 3.4.42 所示。

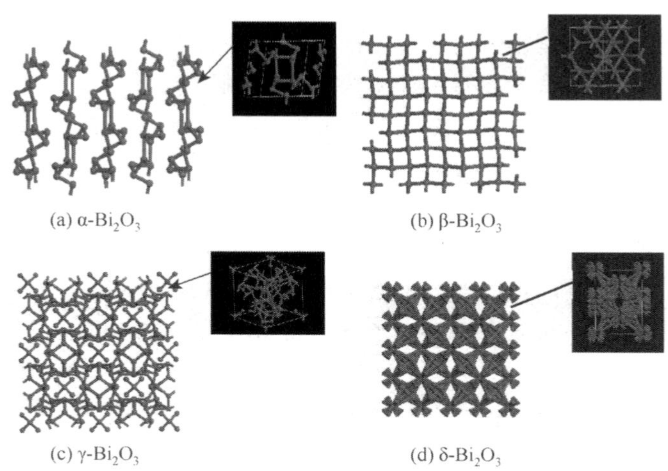

图 3.4.42　α-Bi_2O_3、β-Bi_2O_3、γ-Bi_2O_3、δ-Bi_2O_3 晶体结构图

本节采用 CASTEP 模块对 α-Bi_2O_3、β-Bi_2O_3、γ-Bi_2O_3 和 δ-Bi_2O_3 4 种晶相的结构进行第一性原理计算。采用模块中的电子交换关联函数 GGA 中的 PBE、PW91 和局域密度近似（local-density approximation，LDA）中的 CA-PZ 对 4 种晶相的结构进行几何优化。对于优化后的结构，选取 PBE 模型对 4 种晶相的 Bi_2O_3 的能带结构、电子态密度进行分析。α-Bi_2O_3、β-Bi_2O_3、γ-Bi_2O_3 和 δ-Bi_2O_3 的 K 点分别设置为 5×3×4、3×3×4、2×2×2、4×4×4，截断能均设置为 340eV，迭代计算时每个原子的总能量收敛设为 1×10^{-5}eV/atom，每个原子上的受力不大于 0.3eV/nm，公差偏移小于 0.01nm，应力偏差小于 0.05GPa，自洽迭代次数为 100 次，采用的算法为 BFGS（Broyden Fletch Goldfarb Shanno）算法。

运用 GGA 中的 PBE、PW91 和 LDA 中的 CA-PZ，分别对 α-Bi_2O_3、β-Bi_2O_3、γ-Bi_2O_3 和 δ-$Bi_2O_3$4 种晶体进行几何结构优化，得到的结果如表 3.4.9 所示。

表 3.4.9　α-Bi_2O_3、β-Bi_2O_3、γ-Bi_2O_3 和 δ-Bi_2O_3 晶体晶格参数的比较

种类	函数	a/nm	b/nm	c/nm	α/(°)	β/(°)	γ/(°)	E_{total}/eV
α-Bi_2O_3	试验数据	0.58496	0.81648	0.75101	90	112.98	90	
	GGA（PBE）	0.58486	0.81661	0.75097	90	113	90	−6452.1438
	GGA（PW91）	0.58696	0.81175	0.74142	90	112.38	90	−6458.9497
	LDA（CA-PZ）	0.56573	0.77126	0.71418	90	112.49	90	−6442.5243

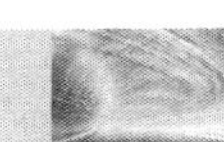

续表

种类	函数	a/nm	b/nm	c/nm	α/(°)	β/(°)	γ/(°)	E_{total}/eV
β-Bi_2O_3	试验数据	0.7738	0.7738	0.5731	90	90	90	
	GGA（PBE）	0.7740	0.7740	0.5630	90	90	90	−6451.4282
	GGA（PW91）	0.79420	0.79420	0.56216	90	90	90	−6458.2278
	LDA（CA-PZ）	0.74711	0.74711	0.52846	90	90	90	−6474.0436
γ-Bi_2O_3	试验数据	1.025	1.025	1.025	90	90	90	
	GGA（PBE）	1.02486	1.02486	1.02486	90	90	90	−17905.0678
	GGA（PW91）	1.02279	1.02279	1.02279	90	90	90	−17923.5425
	LDA（CA-PZ）	0.98741	0.98741	0.98741	90	90	90	−17976.4273
δ-Bi_2O_3	试验数据	0.56595	0.56595	0.56595	90	90	90	
	GGA（PBE）	0.59837	0.59837	0.59837	90	90	90	−14461.6648
	GGA（PW91）	0.61435	0.61435	0.61435	90	90	90	−14477.5246
	LDA（CA-PZ）	0.61704	0.61704	0.61704	90	90	90	−14469.0265

由表 3.4.9 可知，对采用不同泛函优化晶体几何结构的值进行比较，发现其与试验值偏差不大，最大偏差为 8.5%，发生在 δ 相的几何优化中。相比于其他泛函，PBE 优化后的相结构误差最小，而运用 CA-PZ 优化后误差较大，由此可见 LDA 泛函不适宜优化 Bi_2O_3 晶体结构，选取 PBE 是较合适的，并且 PBE 优化后的能量虽然不是最低的，但是与其他优化后的能量相比偏差在 0.3%以内，因此选取 PBE 泛函进行电子结构、能带结构、态密度计算是合适的。

2）Bi_2O_3 各相的能带结构和电子态密度

运用 PBE 泛函对 α-Bi_2O_3、β-Bi_2O_3、γ-Bi_2O_3 和 δ-Bi_2O_3 4 种晶体进行能带结构计算，得出的能带结构图如图 3.4.43 所示。

由图 3.4.43 易得，α-Bi_2O_3 的价带最高点与导带的最低点位于不同的布里渊区点——Z 点和 G 点，说明 α-Bi_2O_3 为间接半导体，其带隙值为 2.208eV。γ-Bi_2O_3 价带最高点与导带的最低点位于相同的布里渊区点 H 点，说明 γ-Bi_2O_3 是直接半导体，其带隙值为 1.52eV。β-Bi_2O_3、δ-Bi_2O_3 的价带和导带交织在一起，呈现出导体特性。α-Bi_2O_3、β-Bi_2O_3、γ-Bi_2O_3 的能带范围分布类似，都位于−18～6eV，而 δ-Bi_2O_3 的能带范围分布较广，位于−50～20eV。结合各晶相的微观结构，可以更好地理解带隙宽度，对于具有单层—Bi—O—结构的 α-Bi_2O_3，其有较宽的带隙，有游离态 Bi 离子的 γ-Bi_2O_3 的禁带宽度小于单层结构的 α-Bi_2O_3。在一般情况下，层状结构有利于提高光生电子和空穴的分离效率，且游离态离子的存在一定程度上可以促进载流子的有效分离。

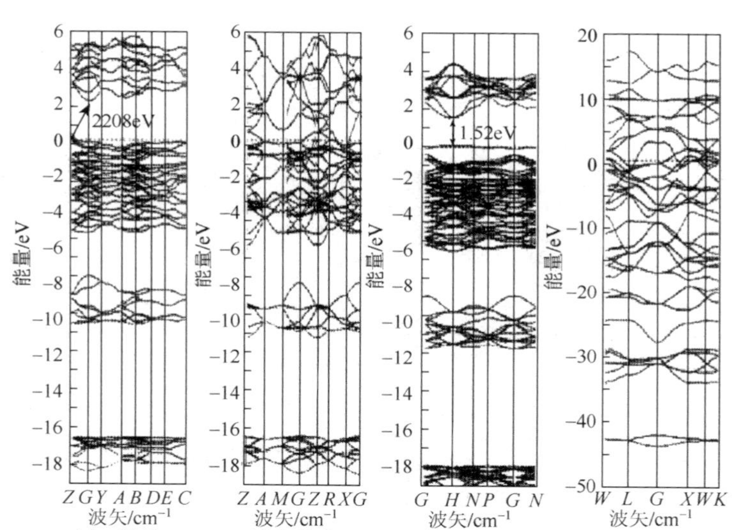

图 3.4.43 α-Bi_2O_3、β-Bi_2O_3、γ-Bi_2O_3、δ-Bi_2O_3 能带结构图

图 3.4.44～图 3.4.47 为计算所得的各相 Bi_2O_3 的总态密度图及各相中各原子的分态密度图。Bi 原子态密度图由 Bi_{6s} 态和 Bi_{6p} 态组成。O 原子态密度图由 O_{2s} 态与 O_{2p} 态组成。α-Bi_2O_3 的导带的能量状态主要集中在 1.90～5.98eV，且在 3.64～4.62eV 和 4.75～5.35eV 能量区域存在两个高密度的态密度。导带电子态密度的主极大和次级大分别位于 4.37eV 和 5.13eV 附近。α-Bi_2O_3 的导带主要由 O_{2p} 态与 Bi_{6p} 态杂化构成。β-Bi_2O_3 的导带的能量状态主要集中在 1.10～5.61eV，且在 1.57～2.77eV、2.77～3.60eV、3.44～4.46eV 和 3.86～4.45eV 能量区域存在四个高密度的态密度。导带电子态密度的主极大和次级大分别位于 3.21eV 和 4.15eV 附近。β-Bi_2O_3 的导带主要由 O_{2p} 态与 Bi_{6p} 态杂化构成。γ-Bi_2O_3 的导带的能量状态主要集中在 1.32～4.46eV，仅存在一个高密度的态密度。导带电子态密度分布的主极大位于 3.46eV 附近。γ-Bi_2O_3 的导带主要由 O_{2p} 态与 Bi_{6p} 态杂化构成。δ-Bi_2O_3 的导带的能量状态主要集中在 2.29～16.85eV，在该范围内存在 5 个峰值，其中主极大位于 9.58eV 和 6.68eV 附近。δ-Bi_2O_3 的导带主要由 O_{2p} 态与 Bi_{6p} 态杂化构成。在

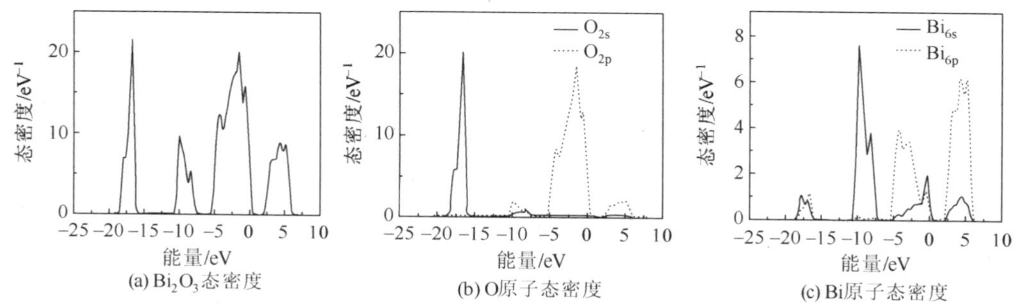

图 3.4.44 α-Bi_2O_3 的总态密度图及分态密度图

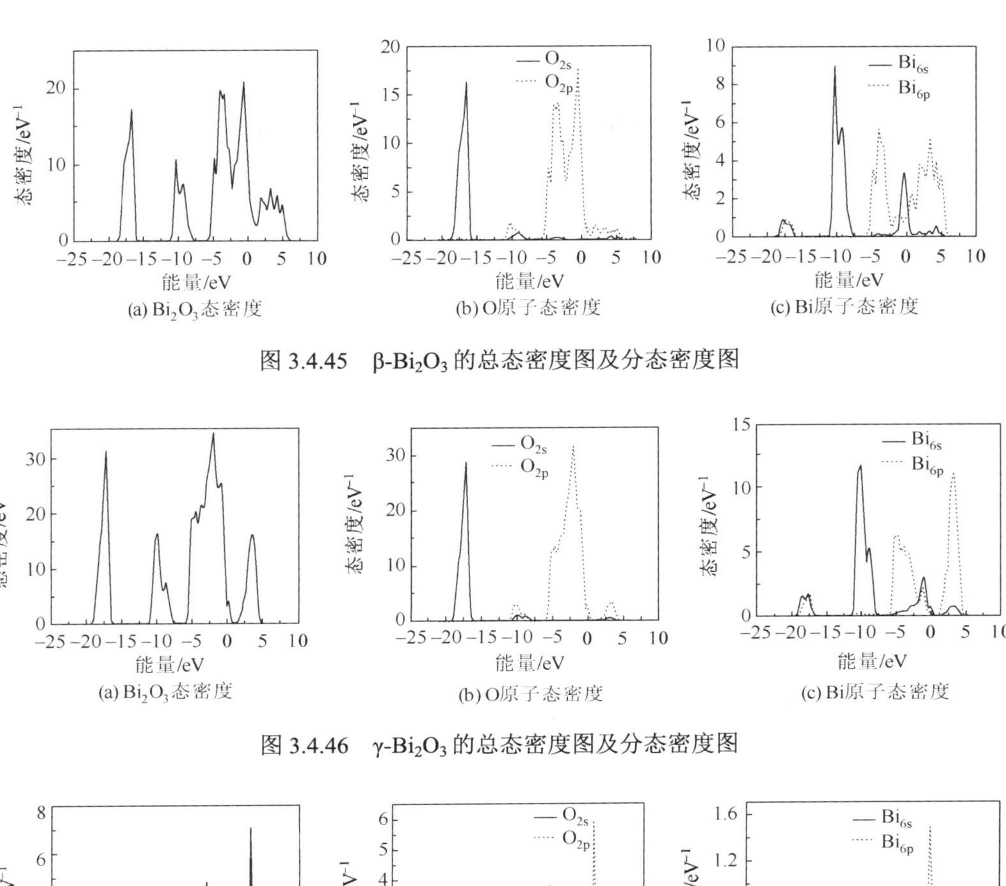

(a) Bi_2O_3态密度　(b) O原子态密度　(c) Bi原子态密度

图 3.4.45　β-Bi_2O_3的总态密度图及分态密度图

(a) Bi_2O_3态密度　(b) O原子态密度　(c) Bi原子态密度

图 3.4.46　γ-Bi_2O_3的总态密度图及分态密度图

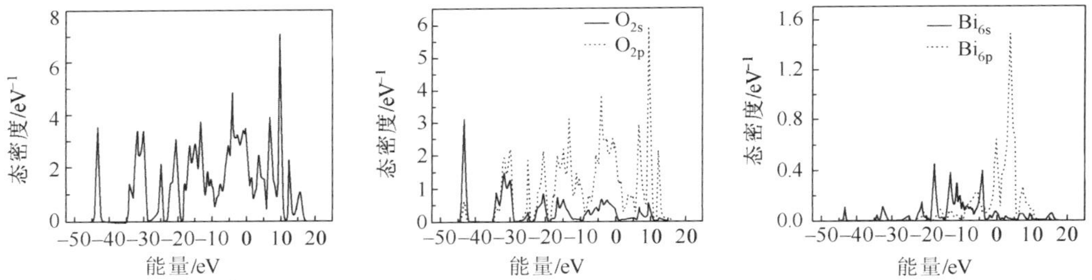

(a) Bi_2O_3态密度　(b) O原子态密度　(c) Bi原子态密度

图 3.4.47　δ-Bi_2O_3的总态密度图及分态密度图

β-Bi_2O_3中，Bi 原子的存在使得费米面附近的价带和导带连通，导带和价带最终连接在一起，使晶体表现为导体特性。在δ-Bi_2O_3中，O_{2p}态与Bi_{6p}态存在于费米能级附近的价带与导带间，使得费米面附近的价带和导带连通，导带和价带最终连接在一起，使晶体表现为导体特性。

2. 氧化锌晶体界面研究

在 ZnO 电阻片烧结过程中，在 ZnO 晶界处会产生不同相的Bi_2O_3及焦绿石相和尖晶石相结构。在不同退火温度下，电阻片的非线性系数也会不同。当 ZnO 电阻阀片中

以 β 相和 δ 相 Bi_2O_3 为主要成分时，电阻片有着优异的非线性特性。本节建立了 ZnO/β-Bi_2O_3 界面模型，分析了界面原子的弛豫位移、界面附近的电子结构、界面内形成的内建电场及界面能等，为研制高性能 ZnO 电阻片提供了理论基础。

1）计算方法与模型构建

CASTEP 软件包基于密度泛函理论的从头计算量子力学程序，利用总能量平面波赝势方法，将离子势用赝势代替，电子波函数用平面波基组展开，电子—电子相互作用的交换和相关势由 LDA 或 GGA 进行校正，是目前较准确的电子结构计算程序。本节在 GGA 框架下，用 PBE 泛函形式确定交换和相关势，自洽求解 Kohn-Sham 方程。采用超软赝势描述价电子与离子势之间的相互作用，倒易空间中平面波计算的最大截止能量为 380.0eV，迭代计算时每个原子的总能量收敛设为 5.0×10^{-6}eV，每个原子上的受力不大于 0.1eV/nm，公差偏移小于 0.00005nm，应力偏差小于 0.02GPa，自洽迭代次数为 300 次。经 GGA 和 LDA 对晶胞进行结构优化后，发现 GGA 处理后的参数更接近试验值，获得晶胞参数如下：ZnO 为 $a = 0.32815$nm，$c = 0.52950$nm；β-Bi_2O_3 为 $a = 0.77169$nm，$c = 0.5580$nm。在 ZnO 电阻片中存在 ZnO（002）/β-Bi_2O_3（210）位向关系的两相界面，构造两相界面结构。模型的建立采取以 Zn 原子为终端的 ZnO 表面（以 Zn 为终端的 ZnO 表面能小，形成的界面较 O 为终端的 ZnO 表面的稳定性好，故选取以 Zn 为终端的 ZnO 表面比较符合实际情况）。两晶面的晶格错配度＜2%，界面模型用真空间隔，真空层厚度为 1nm。由于选择晶体的层数越多，计算量越大，层数不够，则计算误差较大。为了平衡计算量和计算结果的准确性，在本节中 ZnO、β-Bi_2O_3 各选四层。

2）计算结果分析

（1）界面结构弛豫分析。

以 ZnO（002）/β-Bi_2O_3（210）界面结构模型为研究对象，从图 3.4.48（a）可以看出，在初始未弛豫结构中 ZnO 晶格、β-Bi_2O_3 晶格都规则排列，接近于理想体相结构；在图 3.4.48（a）中，一条贯穿 β-Bi_2O_3 中 O 原子、Zn1 层原子、O1 层原子的实线为后续用于二次差分电荷密度分析时所取得的切割面位置。通过图 3.4.48（b）可以发现，经过多次弛豫优化后，最终形成了界面处原子混排现象。靠近界面侧 ZnO 层片和 β-Bi_2O_3 层片内的原子没有近邻原子，从而存在悬挂键，这使得界面和界面附近原子在满足上述收敛条件下，弛豫后达到新的平衡位置。

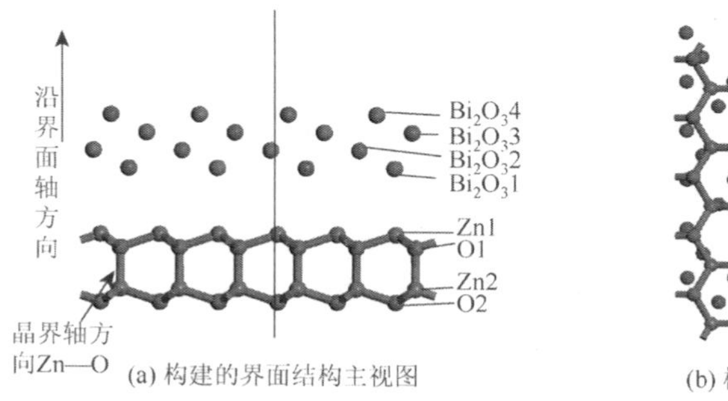

(a) 构建的界面结构主视图

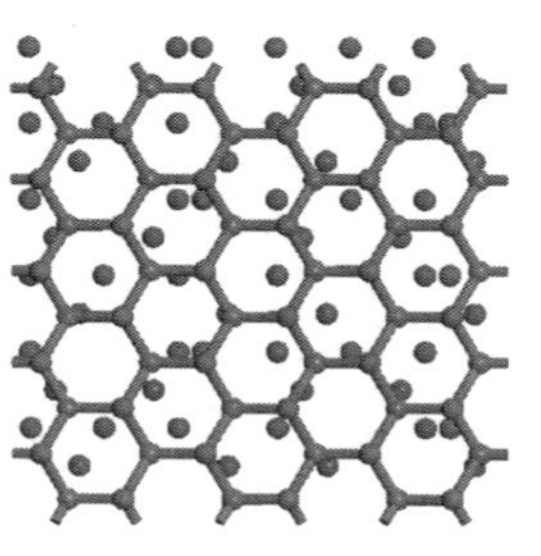
(b) 构建的界面结构仰视图

图 3.4.48　ZnO（002）/β-Bi_2O_3（210）界面结构模型

经过结构对比发现，弛豫后的 ZnO 结构中，O1 和 O2 层原子的位移发生了较明显的变化，向靠近界面侧移动。O1 层原子向界面移动的距离为 0.605Å，略大于 O2 层原子移动的距离 0.571Å。Zn1 层原子背离晶界移动 0.135Å，Zn2 层原子向晶界移动 0.091Å，出现这种情况一方面是因为界面存在原子混排，使 Zn2 层原子受背离晶界方向的力，另一方面是因为 O1 层原子向界面移动，连接着 O1 层原子与 Zn2 层原子的竖向 O—Zn 使 Zn2 层原子受向晶界移动方向的力，在两个方向相反的力的合力作用下，Zn2 层原子向晶界移动，与此同时竖向的 O—Zn 键长增大为 2.313Å（弛豫前为 2.000Å），有断裂的趋势。而 ZnO 层片中存在的拱形状 Zn—O 则消失，接近扁平状。Zn1 层中有两个 Zn 原子与 β-Bi_2O_3 中 O 原子距离最近，分别为 2.003Å 和 1.974Å（距离小于 Zn—O 形成化合物的最长间距 2.4Å，认为已在成键距离范围内）。因为晶格错配度的存在，ZnO 层片边界处的原子略微上翘。

分析弛豫前后界面附近各层 β-Bi_2O_3 原子的变化情况，可以发现 β-Bi_2O_3 原子重构严重，已经完全破坏了初始状态 β-Bi_2O_3 晶格的周期性，弛豫前分层明显，弛豫后 2、3 层混合。每层原子都向界面移动，移动距离为 0.01～2.027Å 不等，只有少数原子背离界面移动约 0.5Å，以达到更稳定的结构。界面两侧原子层中的原子弛豫位移随偏离界面间距的增大越来越不明显。弛豫后的结构实质上是两相的一种过渡区，没有发生相原子结构的突变，符合界面结构构造规律。当界面处原子严重错排，导致周期性晶格完全失配时，界面晶格的巨大畸变会导致界面原子强烈紊乱，影响材料的性质。

（2）界面电荷及电场。

图 3.4.49 为计算得到的二次差分电荷密度图，可以直观地显示 ZnO 层片和 β-Bi_2O_3 层片的相互作用对界面结构中原子的电子分布的影响。图 3.4.49 是图 3.4.48 所示切割面上的二次差分电荷密度图。可以看出，在同一平面内 O 原子周围电子的局域性分布明显，显示较强的离子键。ZnO 层片中的 Zn 原子与 β-Bi_2O_3 层片中的 O 原子间存在电荷转移，Zn 原子周围出现电荷缺失区，O 原子周围出现电荷富集区，这说明由于界面结构的存在，β-Bi_2O_3 层片中的 O 原子从 Zn 层片中的 Zn 原子获得电荷。

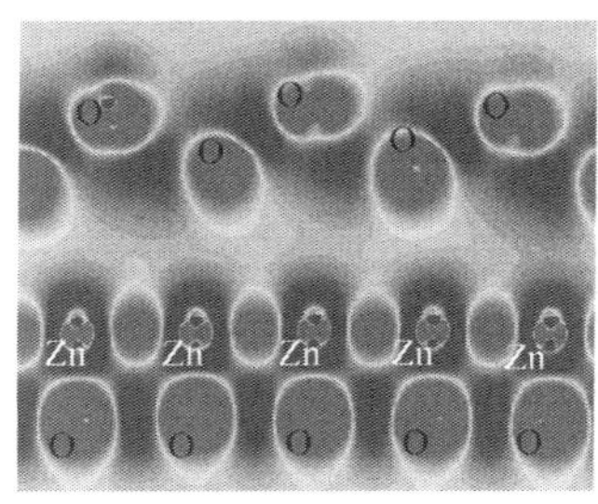

图 3.4.49　计算得到的二次差分电荷密度图

界面附近原子的电子分布变化可由 Mulliken 电荷布居分布定性获得，表 3.4.10 为界面处原子轨道的电子转移情况，可以看出 Zn 原子随偏离晶界距离的不同，失去的电子数有别，Zn1 原子中自由度最大的 s 态电子数为 0.50，Zn2 原子的 s 态电子数为 0.61，

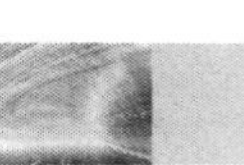

两者存在 0.11 的差别，Zn1、Zn2 原子的 p、d 态电子数几乎一样。在弛豫后，结构 Zn1 层片中有两个 Zn 原子位移相对突出，对其中一个原子 Zn1（a）的电荷布居分布分析可知，该原子与 Zn1 原子相比差别较小。ZnO 层片中 O1、O2 原子的轨道电子变化甚小，两原子的 p 态电子数仅有 0.01 的差别。由此说明，Zn1 和 O1 原子构成的第一层原子所带正电荷量要大于 Zn2 和 O2 原子构成的第二层原子所带正电荷量。Bi_2O_3 1 层中 Bi 原子的 s 态电子数为 1.88，Bi_2O_3 2 层中 Bi 原子的 s 态电子数为 1.75，两者存在 0.13 的差别。前者原子 p 态电子数为 2.08，后者原子 p 态电子数为 1.72，两者相差 0.36。β-Bi_2O_3 层片中 1、2 层 O 原子的轨道电子变化不大。同理，可得 Bi_2O_3 1 层所带的负电荷量要大于 Bi_2O_3 2 层所带负电荷量。因此，越靠近晶界，两侧的层片电荷交换越剧烈。通过计算晶界结构中 ZnO 层片与 β-Bi_2O_3 层片所带的总电量，发现 ZnO 层片带正电 23.61e，β-Bi_2O_3 层片带负电 23.64e。因此，在 ZnO（002）/β-Bi_2O_3（210）界面结构中形成了由 ZnO 层片指向 β-Bi_2O_3 层片的电场。

表 3.4.10　不同原子的电荷布居分布

种类	s	p	d	总电荷/e	电荷/e
Zn1	0.50	0.59	9.96	11.05	0.95
Zn1（a）	0.49	0.61	9.97	11.07	0.93
Zn2	0.61	0.59	9.97	11.17	0.83
O1	1.87	4.99	0.00	6.86	−0.86
O2	1.86	5.00	0.00	6.86	−0.86
Bi1	1.88	2.08	0.00	3.96	1.04
Bi2	1.75	1.72	0.00	3.47	1.53
Bi_2O_3 1 层中的 O	1.93	5.00	0.00	6.93	−0.93
Bi_2O_3 2 层中的 O	1.93	4.97	0.00	6.90	−0.90

图 3.4.50 为沿着晶界方向的电子势能图，位于左上方类似正弦函数的曲线为 β-Bi_2O_3 层片电子势能图，位于右下方类似正弦函数的曲线为 ZnO 层片电子势能图。可以看出，ZnO 层片的平均电子势能低于 β-Bi_2O_3 层片的平均电子势能，因此在晶界结构内存在一个内建电场，由 ZnO 层片指向 β-Bi_2O_3 层片。内建电场是材料呈现非线性伏安特性的重要原因。

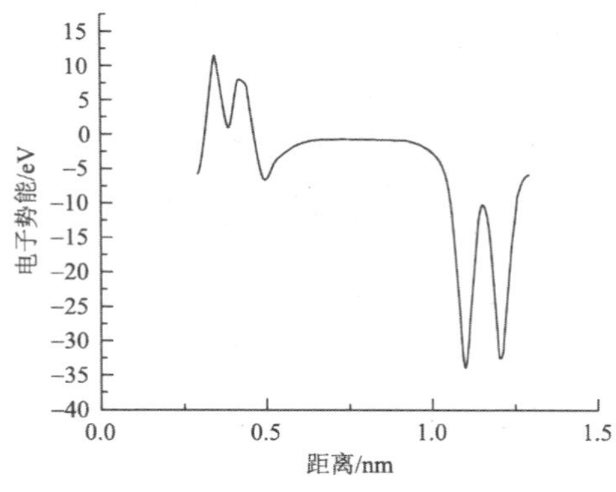

图 3.4.50　沿晶界方向的电子势能图

由于界面结构的存在，界面附近电子波函数发生变化，形成不同于晶体内部的电子态，电荷的不均匀分布会进一步影响界面附近原子的周期性排列，原子的不规则排列又影响电子波函数，这种相互影响会在界面区建立起与晶体内不同的自洽势。由于整个材料是电中性的，界面处的电子必然会在材料内部形成许多微小的电势场，这些内部形成的电势场是形成氧化锌电阻片非线性伏安特性的重要原因。

（3）界面区态密度。

图 3.4.51 为界面原子分波态密度图，由界面总态密度及原子分波态密度图 3.4.51（a）知，位于−21.15～−16.57eV 的下价带区出现了局域峰，其宽度较窄，局域性较强，属于深能级处的轨道相互作用，其主要由 O 的 2s 轨道贡献。在−3.91～−0.94eV 和−8.42～−5.11eV 能量区域存在两个高密度的态分布。在−8.42～−5.11eV 能量区域，价带电子态密度的主极大和次级大分别位于−5.80eV 和−6.44eV 附近。电子在该区域有一定局域性，该区域主要由 O 的 2p 轨道和 Zn 的 3d 轨道贡献，且在重叠区域，高低能部分的态密度分布情况相反，也就是说态密度产生“共振”现象，这说明该区域存在 p-d 轨道的杂化效应，形成较强键态。在−12.36～−8.45eV 区域主要由 O 的 2p 轨道和 Bi 的 6s 轨道贡献，该区域存在 s-p 轨道杂化。

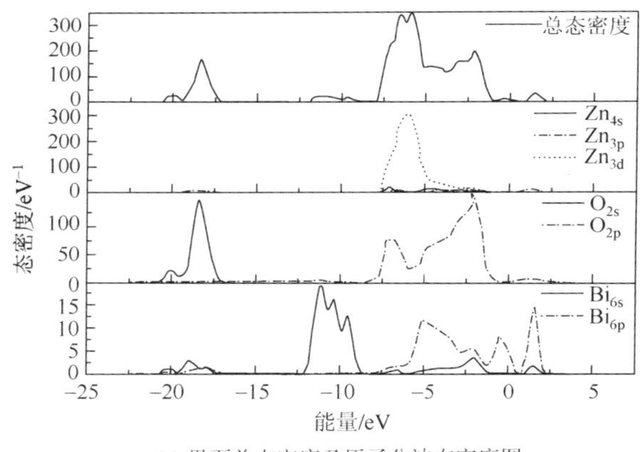

(a) 界面总态密度及原子分波态密度图

(b) 层片原子分波态密度图

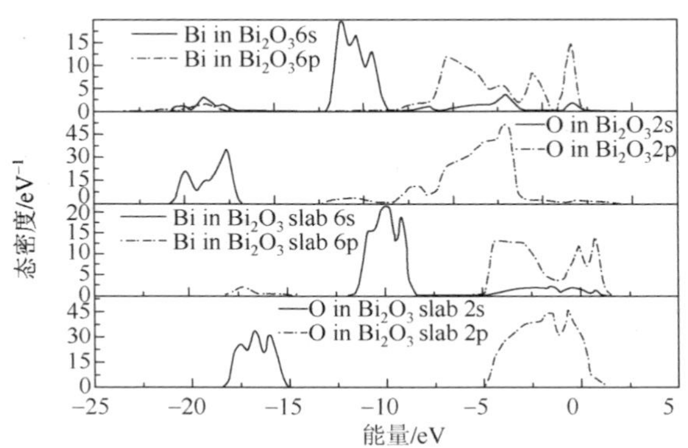

(c) β-Bi_2O_3层片与界面结构中β-Bi_2O_3层片原子分波态密度对比

图 3.4.51　界面原子分波态密度图

由层片原子分波态密度图3.4.51(b)知，界面ZnO侧的Zn原子的3d价电子与β-Bi_2O_3侧的O原子的2p价电子的分波态密度图在低能量区能较好重合，且在重叠区域，态密度分布也产生“共振”现象，这说明界面侧的Zn原子与O原子间产生相互作用并结合成键。图3.4.51（b）还显示ZnO侧的O原子与β-Bi_2O_3侧的Bi原子也存在小范围的重叠，但是重叠峰值较弱，说明ZnO侧的O原子与β-Bi_2O_3侧的Bi原子间存在相互作用但是较弱。

由于Zn原子为β-Bi_2O_3侧的O原子提供了电荷，界面附近的Bi原子束缚减弱，图3.4.51（c）为纯β-Bi_2O_3层片与ZnO（002）/β-Bi_2O_3（210）界面结构中的β-Bi_2O_3层片原子分波态密度对比图。对比β-Bi_2O_3（210）表面的O原子、Bi原子与弛豫后界面β-Bi_2O_3侧的O原子、Bi原子的态密度图可知，界面附近的Bi原子6p轨道较活跃，非局域性增强，同时界面结构中O原子、Bi原子态密度图中的一个谱峰向低能量区移动，与另一个谱峰靠近，这说明界面中β-Bi_2O_3层片内O原子与Bi原子之间成键减弱。

（4）界面能。

界面区的微结构、界面结合强度对材料的宏观性能起着重要的作用。界面能是两个自由表面结合形成单位面积的稳定界面所需的能量，反映了自由表面结合，形成界面过程中能量的释放，能量代数值越小越稳定，即形成界面过程中释放的能量越大，结合就越稳定。界面能定义为

$$W_{\text{int}}=\frac{E_{\text{ZnO}/\beta\text{-Bi}_2\text{O}_3}^{\text{interface}}-E_{\text{ZnO}}^{\text{slab}}-E_{\beta\text{-Bi}_2\text{O}_3}^{\text{slab}}}{2A} \tag{3.4.1}$$

式中：$E_{\text{ZnO}/\beta\text{-Bi}_2\text{O}_3}^{\text{interface}}$为ZnO（002）/$\beta$-$Bi_2O_3$（210）界面体系的总能量；$E_{\text{ZnO}}^{\text{slab}}$和$E_{\beta\text{-Bi}_2\text{O}_3}^{\text{slab}}$分别为ZnO和$\beta$-$Bi_2O_3$块体的能量；$A$为界面面积。

计算得ZnO（002）/β-Bi_2O_3（210）位向的两相界面能约为-4.203J/m^2。

3. ZnO 晶体掺杂研究

当不同的添加剂与ZnO晶体粉末混合煅烧时，生成的电阻阀片的电学性能也会发生改变。本节计算了在完整晶胞和带有氧空位的晶胞下的Nb、Mn、Mg掺杂，对掺杂

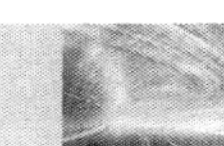

后的晶格结构、掺杂形成能、氧空位形成能、能带间隙、电导率等进行分析比较，为研制高性能电阻片提供理论参考。

1）ZnO 晶体模型的构建和形成能分析

理想的氧化锌晶体结构为六边纤锌矿结构，属于 P_{63} 空间群，对称性为C_{6V}^4，晶格常数为 $a=0.3429$nm，$c=0.5205$nm。构建 2×2×2 的氧化锌超晶胞，通过删除 O 原子模拟晶体中的氧空位，用其他原子替换 Zn 原子来模拟晶体掺杂。本节分别建立了完整晶胞中的掺杂及含氧空位条件下的掺杂，掺杂原子所在位置相同。超晶胞中氧空位位置如图 3.4.52（a）所示，掺杂原子替代 Zn 原子位置如图 3.4.52（b）所示。

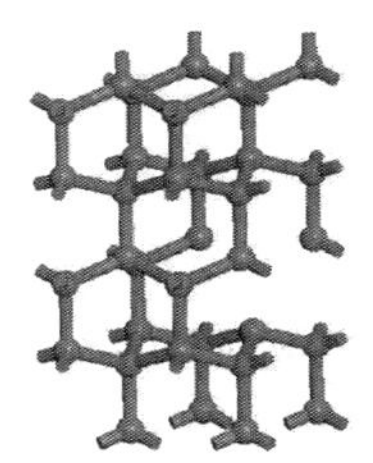

(a) 氧空位位置图

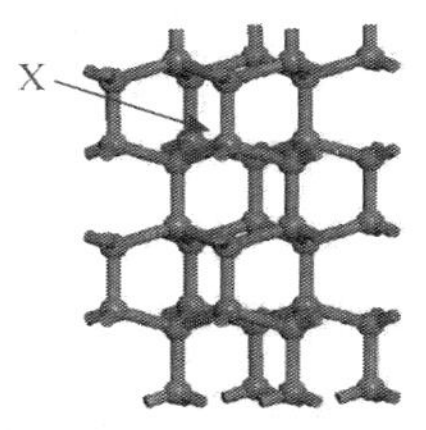

(b) 掺杂原子替代Zn原子位置图

图 3.4.52　氧空位及掺杂原子替代 Zn 原子位置图

选用的平面波基组是采用密度泛函理论的 CASTEP 软件包。该软件包基于从头计算量子力学程序，利用总能量平面波赝势方法，将离子势用赝势代替，电子波函数用平面波基组展开，电子—电子相互作用的交换和相关势由 LDA 或 GGA 进行校正，是目前较准确的电子结构计算程序。本节使用 PBE 泛函描述电子间的交换—关联作用。采用超软赝势来模拟价电子与离子势之间的作用，以减少平面波的数量计算。为了确保计算结果的准确性，在满足计算精度并综合考虑计算效率的前提下，选取平面波截断能和布里渊区 K 点网格分别为 380eV、4×4×2。收敛条件设置如下：自洽收敛能的精度为平均每个原子 5.0×10^{-6}eV，原子间的相互作用力的收敛标准为 0.1eV/nm，晶格内最大应力为 0.02GPa，最大位移为 0.00005nm。

选取 Nb、Mn、Mg 元素掺杂 ZnO 晶体，以上三种元素被广泛应用于改善氧化锌电阻阀片，已知 Nb^{5+}离子半径为 0.070nm，Mn^{4+}离子半径为 0.060nm，Mg^{2+}离子半径为 0.065nm，Zn^{2+}离子半径为 0.074nm。三种离子分别掺杂 ZnO 晶体后，对该结构进行结构优化，在含氧空位与完整晶胞条件下掺杂前后的结构比较如表 3.4.11 所示。已知掺杂的三种离子半径均小于 Zn^{2+}离子，但是掺杂原子后的优化结构均大于未掺杂原子的晶胞结构，这主要是因为原晶胞的周期性被破坏，其中 Nb 掺杂的晶体体积最大。晶界结构的相对介电常数公式为

$$\varepsilon_T=\varepsilon_B d / t_B \tag{3.4.2}$$

式中：ε_B 为晶界介电常数；d 为晶粒尺寸；t_B 为晶界厚度。

已知晶界厚度相差不大，由式（3.4.2）可以得到，晶粒尺寸越大，相对介电常数越

大。在三种掺杂原子中，Nb 掺杂晶胞体积最大，但是值得注意的是，不同添加剂可反应生成尖晶石相等，该相可以钉扎在晶界处，进一步阻碍晶粒的发展，新生成的相的钉扎效应对于材料的相对介电常数起到主导作用。

表 3.4.11 所有体系结构优化后的晶格常数及晶胞体积

体系结构	a/nm	c/nm	晶胞体积/nm^3
ZnO	0.6588540	1.0410880	0.380759
ZnO(V)	0.6521365	1.0494923	0.386546
ZnO-Nb	0.6670556	1.0717469	0.413220
ZnO(V)-Nb	0.6556406	1.1065065	0.407745
ZnO-Mn	0.6557810	1.0519862	0.397716
ZnO(V)-Mn	0.6508713	1.0525527	0.387563
ZnO-Mg	0.6571445	1.0591250	0.396117
ZnO(V)-Mg	0.6526800	1.0482778	0.386804

掺杂体系形成能反映了掺杂原子进入晶胞后体系的稳定性和原子掺入体系的难易程度，其用公式表示为掺杂后体系的能量减去掺杂前体系的能量，具体如下：

$$E_f = E_{\text{ZnO-X}} - E_{\text{ZnO}} - \mu_{\text{X}} + \mu_{\text{Zn}} \tag{3.4.3}$$

式中：$E_{\text{ZnO-X}}$ 为掺杂后体系的形成能；E_{ZnO} 为掺杂前原晶胞的总能量；μ_{X}、μ_{Zn} 分别为掺杂原子和 Zn 原子的稳定金属相能量。计算后的掺杂体系形成能如表 3.4.12 所示。

表 3.4.12 掺杂体系形成能

掺杂原子	Nb	Mn	Mg
形成能/eV	−7.36	−6.25	−2.76

由表 3.4.12 可以发现，Nb 掺杂体系形成能为−7.36eV，Mn 掺杂体系形成能为−6.25eV，Mg 掺杂体系形成能为−2.76eV，通过比较可以发现 Mg 掺杂稳定性最弱。

2）掺杂体系下氧空位形成能

在晶体结构中，缺陷对于晶体性质具有重要的改变作用。在高温烧结 ZnO 电阻片中，由于氧的不足，一些原子偏离正常化合价，对应在晶体结构中就是 O 原子的缺失。在 ZnO 电阻片中，深能级电子陷阱主要有两种形式，一种是氧空位缺陷，另一种是间隙金属离子。电子陷阱对材料的非线性伏安特性具有重要贡献。电子被困于电子陷阱中，形成负电荷聚集区，在 ZnO 晶粒表面，由于间隙金属离子的存在，形成正电荷区，在晶粒及晶界之间形成双肖特基势垒。缺陷的浓度越大，双肖特基势垒越高。缺陷的浓度与氧空位的形成能息息相关，两者之间的对应关系具体如下：

$$c = N_{\text{site}} \exp\left(-\frac{E_f}{k_{\text{B}}T}\right) \tag{3.4.4}$$

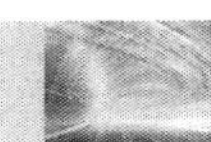

式中：E_f 为缺陷形成能；N_{site} 为形成缺陷的数目；k_B 为玻尔兹曼常数；T 为温度；c 为缺陷浓度。

由式（3.4.4）可知，缺陷浓度与缺陷形成能呈反比关系。氧空位的形成能公式为

$$E_f = E_{\text{ZnO(V)-X}} - E_{\text{ZnO-X}} + \mu_0 + q \times (E_F + E_V) \tag{3.4.5}$$

式中：$E_{\text{ZnO(V)-X}}$ 为含有氧空位的掺杂晶胞总能量；$E_{\text{ZnO-X}}$ 为正常情况下掺杂晶胞的总能量；μ_0 为氧的化学势；q 为缺陷所带的电荷；E_F 为费米能级；E_V 为价带顶能量，氧空位为中性不带电。氧空位形成能表示为含有氧空位的掺杂晶胞总能量与 O 原子的化学势之和减去不含氧空位掺杂晶胞的总能量。表 3.4.13 为不同掺杂情况下氧空位的形成能。

表 3.4.13　不同掺杂情况下氧空位的形成能

掺杂原子	Nb	Mn	Mg
形成能/eV	7.79	8.87	8.61

由表 3.4.13 发现，Nb 掺杂条件下形成氧空位需要 7.79eV 能量，Mn 掺杂条件下形成氧空位需要 8.87eV 能量，Mg 掺杂条件下形成氧空位需要 8.61eV 能量，在相同情况下，Nb 掺杂更易引入氧空位，所以在电阻片的 ZnO 晶粒中氧空位浓度更高，这有利于提高晶界势垒，增加氧化锌电阻片电位梯度。

通过比较发现，Nb 掺杂体系形成能最低，Nb 不仅最容易掺杂进入体系中，而且最易引入氧空位，但是该掺杂形成的晶胞体积最大，这意味着相同厚度的电阻片，晶界层数减少，晶界对于电阻片的非线性起到主要作用。

3）禁带宽度和态密度分析

采用第一性原理计算的带隙通常小于实际带隙值，这是因为第一性原理是一种基态理论。在计算中 Hubard 参数被引进来描述原子间强的相关作用，可以达到准确计算带隙值的目的。对于不同的体系，本节设置的计算条件一致，虽然计算求得的带隙值要小一些，但是这里的关注点为不同元素在含氧空位与完整晶胞条件下掺杂时带隙的相对值，因此求得的带隙变化规律是可以采取的。

根据文献[41]可知，掺杂体系形成 n 型简并半导体的临界浓度由下式确定：

$$a_H n_c^{1/3} = 0.2 \tag{3.4.6}$$

式中：a_H 为波尔半径，ZnO 晶体的波尔半径为 2.03nm；n_c 为待求的临界浓度。

把 ZnO 晶体的 a_H 值代入，计算求得 $n_c = 9.56 \times 10^{17}\text{cm}^{-3}$，在本节中所有掺杂体系中掺杂的摩尔分数均为 6.25%，属于较高浓度的掺杂，且电离掺杂量均高于临界浓度，掺杂体系满足简并化条件。作出的能带结构图及态密度图显示，费米能级部分进入导带或价带，进一步说明形成了简并半导体。

不同体系的能带结构图如图 3.4.53、图 3.4.54 所示。

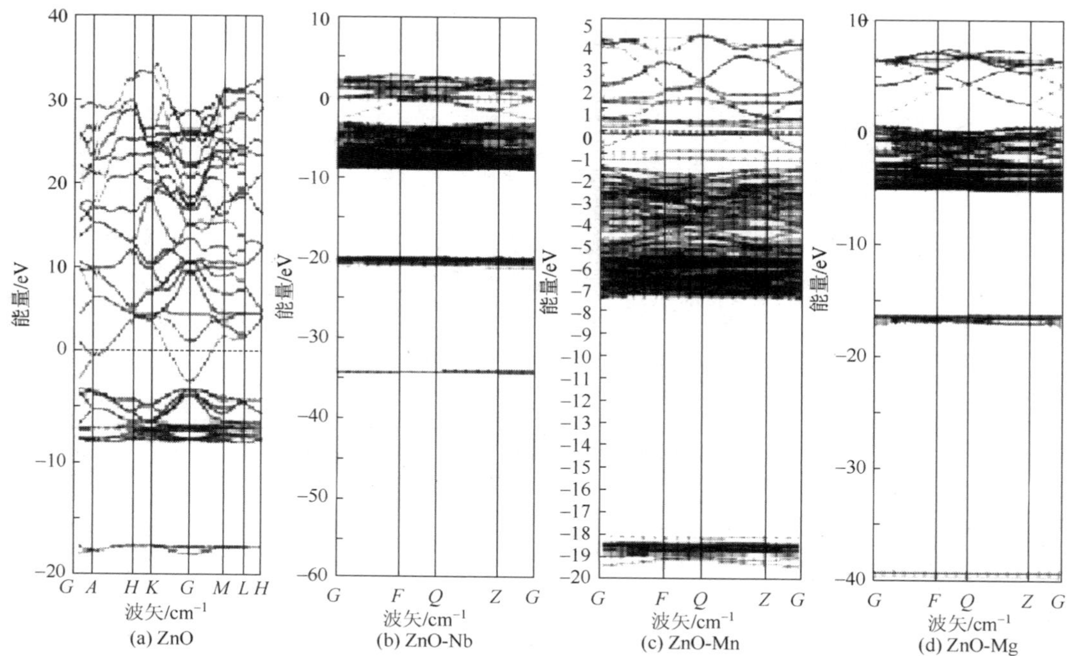

图 3.4.53 ZnO、ZnO-Nb、ZnO-Mn、ZnO-Mg 能带结构图

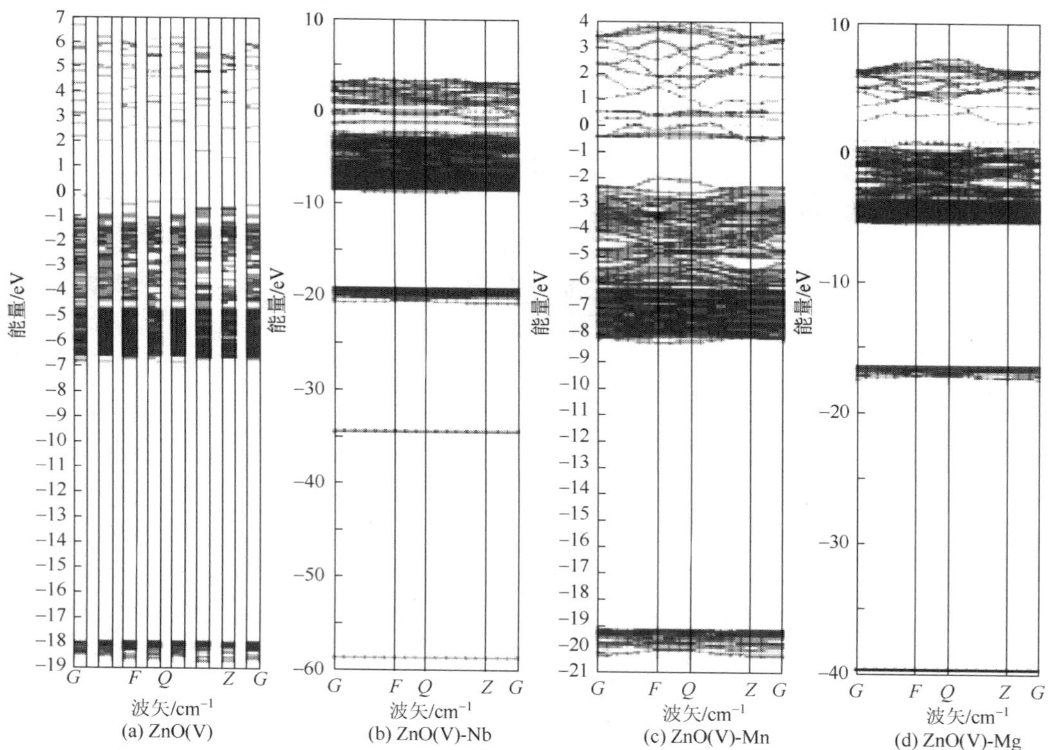

图 3.4.54 ZnO(V)、ZnO(V)-Nb、ZnO(V)-Mn、ZnO(V)-Mg 能带结构图

依据图 3.4.53 和图 3.4.54 求得不同体系的禁带宽度，如表 3.4.14 所示。

表 3.4.14　不同情况下体系的禁带宽度

体系	禁带宽度/eV	含氧空位禁带宽度/eV
ZnO	0.721	1.543
ZnO-Nb	0.552	0.810
ZnO-Mn	0.711	1.369
ZnO-Mg	0.871	1.424

由表 3.4.14 得，对于所有的含氧空位掺杂体系，禁带宽度明显大于仅含掺杂情况的禁带宽度。无论是仅含掺杂情况，还是含氧空位与掺杂情况，Nb 掺杂的禁带宽度都是最小的。在仅含掺杂情况下，Mn 掺杂禁带宽度小于 Mg 掺杂情况，但是在既含氧空位又含掺杂情况下，Mg 掺杂禁带宽度要大于 Mn 掺杂。在掺杂后的简并半导体中，在莫斯-布尔斯坦（Moss-Burstein）效应引起的禁带蓝移与禁带宽度重整化多体效应引起的禁带红移的双重作用下，禁带宽度发生变化，若蓝移宽度值大于红移宽度值，则禁带宽度变窄，反之，则禁带宽度变宽。

作出各种体系下的态密度图，如图 3.4.55 所示，并将仅含掺杂与既含氧空位又含掺杂体系进行比较分析可得，氧空位条件下态密度图整体向右略微平移，即费米能级向导带方向移动。态密度图中主峰值有不同程度的减弱，原因就是氧空位受主掺杂的补偿作用。

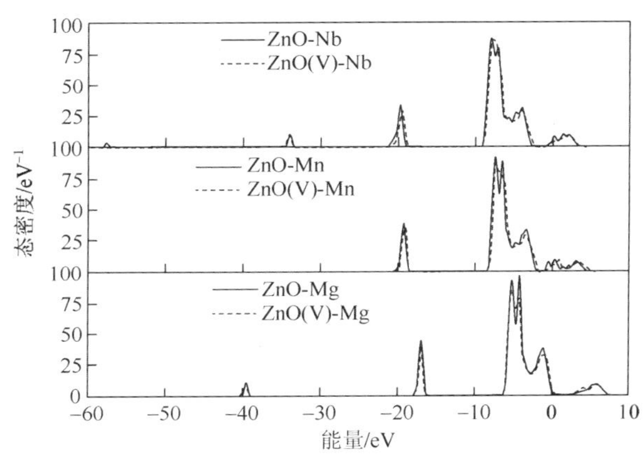

图 3.4.55　仅含掺杂与既含掺杂又含氧空位体系的态密度对比图

4）导电性能分析

体系的导电性能仅与自由度电荷有关，本节在研究体系的导电性能时，对电子采取非自旋极化处理。

（1）载流子有效质量和浓度分析。

电子有效质量的表达式为

$$m_{n}^{*}=\hbar^{2}\left(\frac{d^{2}E}{dk^{2}}\right)^{-1} \quad (3.4.7)$$

式中：$\hbar$为普朗克常量；k为波矢；E为波矢k处对应的能量。

空穴是一种集中在价带顶的假想粒子，在半导体物理中，空穴的有效质量$m_{p}^{*}=-m_{n}^{*}$。通过作出的态密度图可以发现，对于Nb、Mn掺杂，费米能级进入导带中；对于Mg掺杂，费米能级进入价带中。本节的主要工作是比较三种掺杂情况下的有效质量的相对值，并不需要计算出精确值，该值是约去相同值后的比值。在计算Nb、Mn掺杂的载流子有效质量时，取能带结构图中导带底的能带值进行微分运算，同理在计算Mg掺杂时，取能带结构图中价带顶的能带值进行微分运算，最终得到沿G方向的电子有效质量，三种掺杂情况下载流子有效质量的相对数值为27.42∶29.36∶3.89。

在$T=0$时，电子占据态和未占据态的分界线就是费米能级。当费米能级进入导带时，导带中的量子态被电子占据，形成电子状态，此时载流子的浓度大小由位于费米能级下方的导带段内导带到费米能级的态密度积分表示。当费米能级进入价带时，价带中的量子态没被电子占据，形成空穴，载流子浓度由位于费米能级上方的价带段内费米能级到价带的态密度积分表示。与上述计算载流子浓度相同，本节计算的是载流子浓度的相对值，并非准确值。约去相同部分后得出的相对值为3.25∶5.15∶0.68，上述载流子浓度比值是在忽略了掺杂体系体积大小有稍微差别的情况下求得的。

（2）迁移率和电导率分析。

半导体的电导率公式为

$$\sigma=nq\mu \quad (3.4.8)$$

式中：n为载流子浓度；q为载流子所带电量；μ为载流子迁移率。

在轻掺杂中，迁移率可认为是常数，其随掺杂浓度的变化很小，轻掺杂浓度规定在$10^{16}\sim10^{18}cm^{-3}$。在本节中掺杂浓度为$10^{22}cm^{-3}$，超过了规定的轻掺杂浓度范围，掺杂浓度的增大将会使迁移率下降。当掺杂原子进入原晶胞后，破坏了原晶胞的周期性，在掺杂原子处产生局部的带点中心，该中心对运动至其附近的载流子产生库仑力作用，对载流子的散射和迁移率造成影响。在掺杂浓度较低的情况下，影响较小，可以忽略，但超过阈值后，局域带点中心的库仑力作用不可忽略，载流子的散射加剧，迁移率下降。迁移率可表示为

$$\mu_{i}=\frac{q\tau_{i}}{m_{p}^{*}} \quad (3.4.9)$$

式中：q为载流子所带电量；τ_{i}为平均自由时间；m_{p}^{*}为载流子的有效质量。

将式（3.4.9）代入式（3.4.8）中，得到电导率的计算公式如下：

$$\sigma_{i}=\frac{n_{i}q^{2}\tau_{i}}{m_{p}^{*}} \quad (3.4.10)$$

平均自由时间τ_{i}与散射概率P有关，其关系为

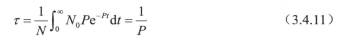

$$\tau = \frac{1}{N}\int_0^\infty N_0 P e^{-Pt} dt = \frac{1}{P} \tag{3.4.11}$$

式中：N_0 为电子数；t 为时间。

通过式（3.4.11）可以发现平均自由时间是散射概率的倒数。散射概率为

$$P \propto n_X T^{-3/2} \tag{3.4.12}$$

式中：n_X 为杂质浓度；T 为温度。平均自由时间由掺杂浓度和温度共同决定。

将之前计算得到的载流子有效质量代入式（3.4.10），约去相同的部分，得到电导率的比值为

$$\sigma_{Nb} : \sigma_{Mn} : \sigma_{Mg} = \frac{n_{Nb}}{m_{Nb}^*} : \frac{n_{Mn}}{m_{Mn}^*} : \frac{n_{Mg}}{m_{Mg}^*} = 1 : 1.48 : 1.47 \tag{3.4.13}$$

在仅含掺杂不含氧空位情况下，Mn 掺杂电导率最高。

3.5　统计物理学基础

统计物理学的基本任务就是建立宏观量和微观量之间的联系。变压器油里面的扩散过程，固体电介质的一些宏观参数，如热稳定性、弹性模量、剪切模量等都需要通过统计物理学的方法得到。统计物理学包括的内容非常广泛，对于经典粒子有玻尔兹曼统计，对于微观粒子有玻色统计和费米统计，分别对应于玻色子和费米子。上述三种统计都是假定系统中粒子间的相互作用很弱，可以忽略不计，在最概然条件下得出的。如果系统中粒子间的作用不能忽略，就要采用吉布斯引入的系综统计理论，下面主要介绍吉布斯系综统计理论。

3.5.1　吉布斯系综统计理论基础

1. 相空间和统计系综

假设系统由 N 个全同粒子组成，每个粒子的自由度为 r，则系统总的自由度为 $f = Nr$。根据经典力学，系统在任一时刻的微观运动状态由 f 个广义坐标 $q_1, q_2, \cdots, q_f$ 和与其共轭的广义动量 $p_1, p_2, \cdots, p_f$ 在该时刻的数值决定，其运动规律满足哈密顿正则方程：

$$\dot{q}_i = \frac{\partial H}{\partial p_i}, \qquad \dot{p}_i = -\frac{\partial H}{\partial q_i} \quad (i = 1, 2, \cdots, f) \tag{3.5.1}$$

式中：H 为系统的哈密顿量，对于孤立系统，哈密顿量就是系统的能量，包括粒子的动能、粒子的相互作用势能和粒子在保守力场中的势能。哈密顿量是 $q_1, q_2, \cdots, q_f$，$p_1, p_2, \cdots, p_f$ 的函数，如果存在外场，如电场，它也是外场参量的函数，但不是时间 t 的显函数。

以 $q_1, q_2, \cdots, q_f$，$p_1, p_2, \cdots, p_f$ 共 $2f$ 个变量为矢量的分量构成一个 $2f$ 维矢量空间，称

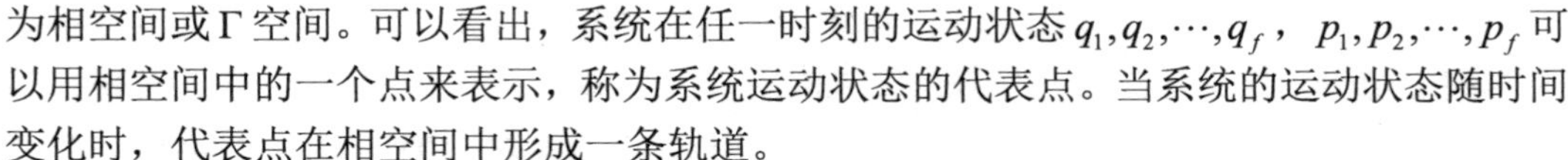

为相空间或Γ空间。可以看出，系统在任一时刻的运动状态 $q_1,q_2,\cdots,q_f$，$p_1,p_2,\cdots,p_f$ 可以用相空间中的一个点来表示，称为系统运动状态的代表点。当系统的运动状态随时间变化时，代表点在相空间中形成一条轨道。

对于相空间中的代表点，也可以从另外一个角度去理解，把相空间中的各个代表点看成结构完全相同、处在相同的宏观条件下、具有不同的初始运动状态的系统的集合，这就是吉布斯引入的统计系综的概念[42]。宏观量的数值是微观量在统计系综下的平均值。系综统计是平均分布统计，与最概然分布统计是不同的，但最概然分布在最大值附近的曲线是非常陡的，最概然分布条件下的微观状态数接近总的微观状态数，使得系综平均分布统计和最概然分布统计的宏观结果基本一致。

2. 微正则系综

统计物理学研究系统在给定宏观条件下的宏观性质。如果研究一个孤立系统，其给定的宏观条件是确定的粒子数 N、体积 V 和能量 E，那么这样的系统称为微正则系综。之所以叫微正则系综，是因为系统通过其表面不可避免地会和外界发生作用，使系统能量 E 在其附近有一个微小的变化 ΔE，满足 $|\Delta E|/E \ll 1$ 的条件。

设在相空间中代表点的密度用 $\rho(q_1,q_2,\cdots,q_f,p_1,p_2,\cdots,p_f,t)=\rho(q,p,t)$ 来表示，由刘维尔定理可知

$$\frac{\mathrm{d}\rho}{\mathrm{d}t}=\frac{\partial\rho}{\partial t}+\sum_{i=1}^{f}\left(\frac{\partial\rho}{\partial q_i}\dot{q}_i+\frac{\partial\rho}{\partial p_i}\dot{p}_i\right)=0 \tag{3.5.2}$$

由于代表点密度在相空间中连续分布，下面用连续性方程证明刘维尔定理，即式（3.5.2）。

根据连续性方程

$$\frac{\partial\rho}{\partial t}+\nabla\cdot(\rho\boldsymbol{v})=\frac{\partial\rho}{\partial t}+\sum_{i=1}^{f}\left[\frac{\partial}{\partial q_i}(\rho\dot{q}_i)+\frac{\partial}{\partial p_i}(\rho\dot{p}_i)\right]=0$$

得

$$\frac{\partial\rho}{\partial t}+\sum_{i=1}^{f}\left[\frac{\partial\rho}{\partial q_i}\dot{q}_i+\frac{\partial\rho}{\partial p_i}\dot{p}_i+\rho\left(\frac{\partial\dot{q}_i}{\partial q_i}+\frac{\partial\dot{p}_i}{\partial p_i}\right)\right]=0$$

将式（3.5.1）代入，即得式（3.5.2）。

将代表点的密度函数除以代表点的总数，就得到代表点的分布函数，下面仍然用 $\rho(q,p,t)$ 表示代表点的分布函数，也就是系综的分布函数。分布函数具有归一化的性质，设微观量 B 的数值为 $B(q,p)$，微观量 B 在一切可能的微观状态上的平均值为

$$\overline{B}(t)=\int B(q,p)\rho(q,p,t)\mathrm{d}\Omega \tag{3.5.3}$$

$\overline{B}(t)$ 就是与微观量 B 相对应的宏观物理量，$\mathrm{d}\Omega$ 是相空间的体积元。

对于平衡态，宏观量不随时间而变化，由式（3.5.3）可知，分布函数必不显含时间 t，即 $\partial\rho/\partial t=0$，又根据刘维尔定理，$\mathrm{d}\rho/\mathrm{d}t=0$，则分布函数 $\rho(q,p)$ 必须满足：

$$\sum_{i=1}^{f}\left(\frac{\partial\rho}{\partial q_i}\frac{\partial H}{\partial p_i}-\frac{\partial\rho}{\partial p_i}\frac{\partial H}{\partial q_i}\right)=0 \tag{3.5.4}$$

由式（3.5.4）可以看出，如果 $\rho=\rho[H(q,p)]$，则式（3.5.4）可以得到满足。因此，对于能量在 $E\sim E+\Delta E$ 的微正则系综，平衡态的系综分布函数具有以下形式：

$$\begin{cases}\rho(q,p)=\text{constant}, & E\leqslant H(q,p)\leqslant E+\Delta E\\ \rho(q,p)=0, & H(q,p)<E,\ E+\Delta E<H(q,p)\end{cases} \tag{3.5.5}$$

设微观状态的总数为 Ω，根据等概率原理，微正则系综的概率分布函数为

$$\rho=\frac{1}{\Omega} \tag{3.5.6}$$

3. 正则系综

当研究的系统具有确定的粒子数 N、体积 V 和温度 T 时，系统的分布函数称为正则分布。设想具有确定 N、V、T 的系统与大热源接触而达到热平衡，由于系统与热源存在热接触，系统和热源间可以交换能量，系统可以具有不同的能量。由于热源比较大，交换能量并不会改变热源的温度，当系统和热源达到热平衡时，系统和热源具有相同的温度。

系统和热源合起来构成一个复合系统，这个复合系统是个孤立系统，具有确定的能量。设系统的能量为 E，热源的能量为 E_{r}，复合系统总的能量为 $E^{(0)}$，则复合系统总能量为系统和热源能量之和，即

$$E+E_{\mathrm{r}}=E^{(0)} \tag{3.5.7}$$

且由于热源很大，满足 $E\ll E^{(0)}$。

当系统处在能量为 E_s 的状态 s 时，热源可处在能量为 $E^{(0)}-E_s$ 的任一微观状态。以 $\Omega_{\mathrm{r}}[E^{(0)}-E_s]$ 表示能量为 $E^{(0)}-E_s$ 的热源所有的微观状态数，则当系统处在 s 态时，复合系统总的微观状态数为 $\Omega_{\mathrm{r}}[E^{(0)}-E_s]$。因为复合系统是孤立系统，在平衡状态下每一个微观状态出现的概率相同，所以系统处在 s 态的概率与 $\Omega_{\mathrm{r}}[E^{(0)}-E_s]$ 成正比，即

$$\rho_s\propto\Omega_{\mathrm{r}}[E^{(0)}-E_s] \tag{3.5.8}$$

热源的微观状态数 Ω_{r} 是一个极大的数，在数学上处理 $\ln\Omega_{\mathrm{r}}$ 是方便的。由于 $E_s\ll E^{(0)}$，将 $\ln\Omega_{\mathrm{r}}[E^{(0)}-E_s]$ 在 $E^{(0)}$ 处展开为泰勒级数，只取前两项，得

$$\ln\Omega_{\mathrm{r}}[E^{(0)}-E_s]=\ln\Omega_{\mathrm{r}}[E^{(0)}]+\left(\frac{\partial\ln\Omega_{\mathrm{r}}}{\partial E_{\mathrm{r}}}\right)_{E_{\mathrm{r}}=E^{(0)}}(-E_s)=\ln\Omega_{\mathrm{r}}[E^{(0)}]-\beta E_s \tag{3.5.9}$$

根据熵与微观状态数的玻尔兹曼关系式 $S=k_{\mathrm{B}}\ln\Omega$ 和热力学公式 $\partial S/\partial E=1/T$，得

$$\beta=\left(\frac{\partial\ln\Omega_{\mathrm{r}}}{\partial E_{\mathrm{r}}}\right)_{E_{\mathrm{r}}=E^{(0)}}=\frac{1}{k_{\mathrm{B}}T} \tag{3.5.10}$$

由此得到

$$\rho_s\propto\mathrm{e}^{-\beta E_s} \tag{3.5.11}$$

将ρ_s归一化，有

$$\rho_s = \frac{1}{Z}\mathrm{e}^{-\beta E_s} \tag{3.5.12}$$

式（3.5.12）就是具有确定的粒子数 N、体积 V 和温度 T 的系统处在状态 s 的概率。其中，Z 称为配分函数，即

$$Z = \sum_s \mathrm{e}^{-\beta E_s} \tag{3.5.13}$$

4. 巨正则系综

在一些实际问题中，系统的粒子数 N 不具有确定的数值。例如，与源接触而达到平衡的系统，不仅与源有能量的交换，而且与源有粒子的交换，因此当系统与源达到平衡后，系统的各个可能的微观状态中，能量和粒子数可以具有不同的数值。但由于源很大，交换能量和粒子数不会改变源的温度及化学势，系统与源达到平衡后，系统与源具有相同的温度和化学势。本节主要讨论具有确定体积 V、温度 T 和化学势 μ 的系统的分布函数，称为巨正则分布。

系统和源合起来构成一个复合系统，这个复合系统为孤立系统，能量和粒子数设为 $E^{(0)}$ 与 $N^{(0)}$。系统与源的能量分别为 E 和 E_r，粒子数分别为 N 和 N_r，假定系统和源的相互作用比较弱，有

$$\begin{aligned} E + E_\mathrm{r} &= E^{(0)} \\ N + N_\mathrm{r} &= N^{(0)} \end{aligned} \tag{3.5.14}$$

由于源很大，满足 $E \ll E^{(0)}$，$N \ll N^{(0)}$。

当系统处在粒子数为 N、能量为 E_s 的微观状态 s 时，源可以处在粒子数为 $N^{(0)} - N$、能量为 $E^{(0)} - E$ 的任一微观状态。以 $\Omega_\mathrm{r}[N^{(0)} - N, E^{(0)} - E_s]$ 表示粒子数为 $N^{(0)} - N$、能量为 $E^{(0)} - E$ 的源的微观状态数，则当系统粒子数为 N，处在微观状态 s 时，复合系统的微观状态数为 $\Omega_\mathrm{r}[N^{(0)} - N, E^{(0)} - E_s]$。复合系统是孤立系统，在平衡态时它的每一个微观状态出现的概率相等，因此，系统具有粒子数 N，处在微观状态 s 的概率和复合系统的微观状态数成正比，即

$$\rho_{Ns} \propto \Omega_\mathrm{r}[N^{(0)} - N, E^{(0)} - E_s] \tag{3.5.15}$$

对 Ω_r 取对数，并展开到一阶项，得

$$\begin{aligned} &\ln \Omega_\mathrm{r}[N^{(0)} - N, E^{(0)} - E_s] \\ &= \ln \Omega_\mathrm{r}[N^{(0)}, E^{(0)}] + \left(\frac{\partial \ln \Omega_\mathrm{r}}{\partial N_\mathrm{r}}\right)_{N_\mathrm{r} = N^{(0)}} (-N) + \left(\frac{\partial \ln \Omega_\mathrm{r}}{\partial E_\mathrm{r}}\right)_{E_\mathrm{r} = E^{(0)}} (-E_s) \\ &= \ln \Omega_\mathrm{r}[N^{(0)}, E^{(0)}] - \alpha N - \beta E_s \end{aligned} \tag{3.5.16}$$

与开系的热力学基本方程比较可知

$$\alpha = -\frac{\mu}{k_\mathrm{B} T} \tag{3.5.17}$$

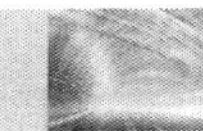

其中，μ 为粒子的化学势。由此得到

$$\rho_{Ns} \propto \mathrm{e}^{-\alpha N-\beta E_s} \tag{3.5.18}$$

归一化后，得到

$$\rho_{Ns} = \frac{1}{\Xi}\mathrm{e}^{-\alpha N-\beta E_s} \tag{3.5.19}$$

式（3.5.19）就是系统的巨正则分布函数。其中，

$$\Xi = \sum_{N=0}^{\infty}\sum_{s}\mathrm{e}^{-\alpha N-\beta E_s} \tag{3.5.20}$$

为系统的巨配分函数。

3.5.2　分子动力学模拟

由于原子核质量比电子质量大 3～5 个数量级，对分子系统核骨架空间位置的模拟采用经典力学即可。根据牛顿第二定律，作用在每个粒子上的力和其位移满足

$$\frac{\mathrm{d}^2\boldsymbol{r}_i}{\mathrm{d}t^2} = \frac{1}{m_i}\boldsymbol{F}_i \tag{3.5.21}$$

经过两次积分，可以得到位移与时间的关系，原则上就可以确定核骨架在空间的位置演化过程。但由于粒子间相互作用势的复杂性，采用上述解析积分方法实际上是不可能的，一般采用数值差分的方法来确定核骨架在空间的位置演化过程[43]。

1. Verlet 算法

该算法利用泰勒级数展开得

$$\boldsymbol{r}(t+\delta t) = \boldsymbol{r}(t) + \frac{\mathrm{d}\boldsymbol{r}}{\mathrm{d}t}\delta t + \frac{1}{2!}\frac{\mathrm{d}^2\boldsymbol{r}}{\mathrm{d}t^2}\delta t^2 + \cdots \tag{3.5.22}$$

$$\boldsymbol{r}(t-\delta t) = \boldsymbol{r}(t) - \frac{\mathrm{d}\boldsymbol{r}}{\mathrm{d}t}\delta t + \frac{1}{2!}\frac{\mathrm{d}^2\boldsymbol{r}}{\mathrm{d}t^2}\delta t^2 + \cdots \tag{3.5.23}$$

两式相加，得

$$\boldsymbol{r}(t+\delta t) = 2\boldsymbol{r}(t) - \boldsymbol{r}(t-\delta t) + \frac{\mathrm{d}^2\boldsymbol{r}}{\mathrm{d}t^2}\delta t^2 + \cdots \tag{3.5.24}$$

式（3.5.24）就是著名的 Verlet 算法，根据 $t-\delta t$ 和 t 时刻的位移，就可以确定 $t+\delta t$ 时刻的位移。在模拟过程中需要用到粒子的速度计算体系的动能，将式（3.5.22）和式（3.5.23）相减得到

$$\boldsymbol{v}(t) = \frac{\mathrm{d}\boldsymbol{r}}{\mathrm{d}t} = \frac{1}{2\delta t}[\boldsymbol{r}(t-\delta t) - \boldsymbol{r}(t-\delta t)] \tag{3.5.25}$$

式（3.5.25）表明，t 时刻的速度由 $t+\delta t$ 和 $t-\delta t$ 时刻的位移计算得到。

2. 蛙跳 Verlet 算法

蛙跳 Verlet 算法是对 Verlet 算法的改进，它利用了半时间间隔处的速度。

$$\boldsymbol{r}(t-\delta t)=\boldsymbol{r}(t)+\boldsymbol{v}\left(t+\frac{1}{2}\right)\delta t \tag{3.5.26}$$

$$\boldsymbol{v}\left(t+\frac{1}{2}\right)=\boldsymbol{v}\left(t-\frac{1}{2}\right)+\boldsymbol{a}(t)\delta t \tag{3.5.27}$$

而时刻 t 的速度由式（3.5.28）确定：

$$\boldsymbol{v}(t)=\frac{1}{2}\left[\boldsymbol{v}\left(t+\frac{1}{2}\right)+\boldsymbol{v}\left(t-\frac{1}{2}\right)\right] \tag{3.5.28}$$

3. 速度 Verlet 算法

为了提高计算速度，可以采用速度 Verlet 算法。

$$\boldsymbol{r}(t+\delta t)=\boldsymbol{r}(t)+\boldsymbol{v}(t)\delta t+\frac{1}{2}\boldsymbol{a}(t)\delta t^2 \tag{3.5.29}$$

$$\boldsymbol{v}\left(t+\frac{1}{2}\delta t\right)=\boldsymbol{v}(t)+\frac{1}{2}\boldsymbol{a}(t)\delta t \tag{3.5.30}$$

$$\boldsymbol{v}(t+\delta t)=\boldsymbol{v}\left(t+\frac{1}{2}\delta t\right)+\frac{1}{2}\boldsymbol{a}(t+\delta t)\delta t \tag{3.5.31}$$

首先根据式(3.5.29)和式(3.5.30)计算新的位置与半时间速度，然后根据式(3.5.31)计算新时刻的速度和加速度并进行更新。

4. Beeman 算法

Beeman 算法是 Verlet 算法中计算速度最准确的一种方法，其迭代格式为

$$\boldsymbol{r}(t+\delta t)=\boldsymbol{r}(t)+\boldsymbol{v}(t)\delta t+\frac{1}{6}[4\boldsymbol{a}(t)-\boldsymbol{a}(t-\delta t)]\delta t^2 \tag{3.5.32}$$

$$\boldsymbol{v}(t+\delta t)=\boldsymbol{v}(t)+\frac{1}{6}[2\boldsymbol{a}(t+\delta t)+5\boldsymbol{a}(t)-\boldsymbol{a}(t-\delta t)]\delta t \tag{3.5.33}$$

式（3.5.32）和式（3.5.33）确保了速度与位移计算的同步。

5. Gear 算法

Gear 算法为校正算法，首先通过泰勒展开式预测粒子的位置、速度和加速度，然后将预测的结果和利用作用力得到的结果进行比较，最后将加速度的差值作为校正项重新校正粒子的位置、速度和加速度。预测粒子位置为

$$\boldsymbol{r}(t+\delta t)=\boldsymbol{r}(t-\delta t)+2\boldsymbol{v}(t)\delta t \tag{3.5.34}$$

根据粒子受到的力计算新位置的加速度，这些加速度可以产生一系列新的速度，即

$$\boldsymbol{v}(t+\delta t)=\boldsymbol{v}(t)+\frac{1}{2}\delta t[\boldsymbol{a}(t+\delta t)+\boldsymbol{a}(t)] \tag{3.5.35}$$

校正的新的位置为

$$\boldsymbol{r}^{\mathrm{c}}(t+\delta t)=\boldsymbol{r}(t)+\frac{1}{2}\delta t[\boldsymbol{v}(t)+\boldsymbol{v}(t+\delta t)] \tag{3.5.36}$$

最后重新计算新的位置上的加速度，得到新的速度。

3.6　液体介质变压器油的统计分析

导致变压器油纸绝缘材料老化的因素有温度、电场、水分、氧气、酸和杂质等。其中，水在油中的状态可以分为三种，即以悬浮水、溶解水和沉积水三种状态分布在油中，悬浮水分布在油表面，容易形成“小桥”，对油的危害性极大，同时在酸性环境下油纸绝缘材料更容易水解老化。随着变压器运行时间的增长，油纸绝缘系统中的酸和水的含量不断增多，酸和水的相互协调作用能导致油纸绝缘材料的绝缘性能急剧下降，大大降低和缩短变压器的安全性能与运行寿命。而油纸裂解时产生的酸可以分为小分子酸和高分子酸，油纸老化主要产生五种有机酸，分别为甲酸、乙酸、乙酰丙酸、环烷酸和硬脂酸，前三种酸为小分子酸，后两种为高分子酸。本节利用分子动力学方法对甲酸和环烷酸在不同含水量油中的扩散行为进行模拟研究，为在分子层面上研究酸在油中的扩散行为提供微观信息[44]。

1. 模型构建与模拟

以新疆克拉玛依 25 号环烷基变压器矿物油为研究对象，环烷基变压器油各组成成分与各成分分子模型如表 3.6.1 和图 3.6.1 所示。甲酸和环烷酸分子模型如图 3.6.2 所示。首先构建甲酸、水和油的复合模型，为了更快达到模拟效果和缩短模拟时间，选取三种含水量的油，油中水体积分数 $\Phi(\mathrm{H_2O})$ 分别为 1%、3%和 5%，每个模型中甲酸的质量分数均为 3%。以同样的方法构建环烷酸、水和油的复合模型，油中水体积分数分别为 1%、3%和 5%，每个模型中环烷酸的质量分数均为 3%，模型中油分子根据表 3.6.1 给出的比例进行构建。构建无定型高聚物模型，模型的目标密度均设定为 0.9g/cm^3。复合模型如图 3.6.3、图 3.6.4 所示。

表 3.6.1　环烷基变压器油的组成成分

链烷烃/%	环烷烃/%				
	一环烷烃	二环烷烃	三环烷烃	四环烷烃	合计
11.6	15.5	28.5	23.3	9.7	77.0

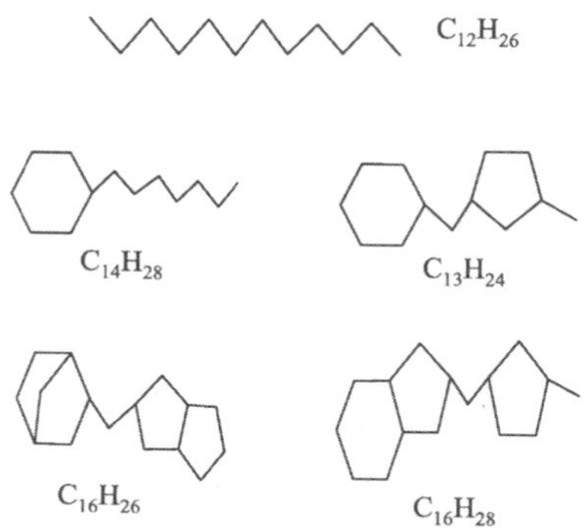

$C_{12}H_{26}$

$C_{14}H_{28}$ $C_{13}H_{24}$

$C_{16}H_{26}$ $C_{16}H_{28}$

图 3.6.1 环烷基变压器油分子模型示意图

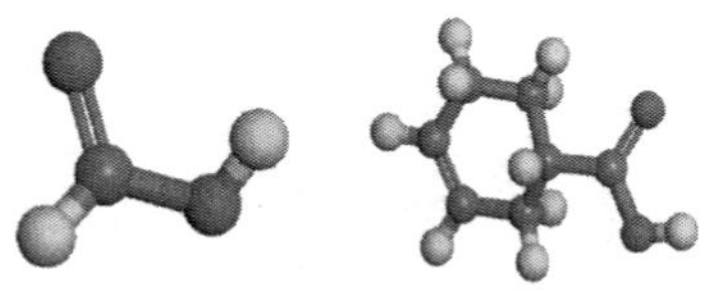

图 3.6.2 甲酸和环烷酸分子模型示意图

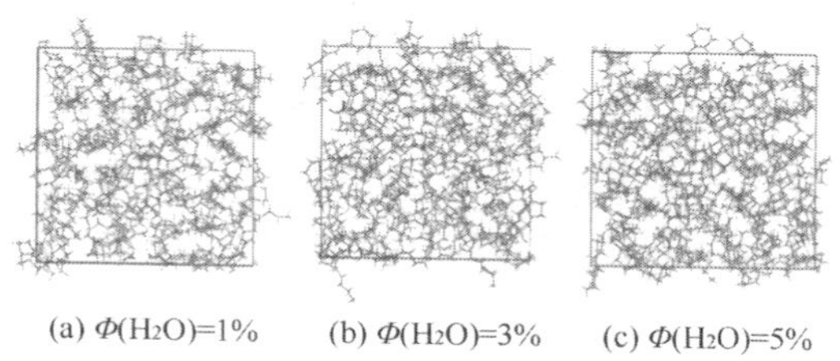

(a) $\Phi(H_2O)=1\%$ (b) $\Phi(H_2O)=3\%$ (c) $\Phi(H_2O)=5\%$

图 3.6.3 甲酸、水和油的复合模型

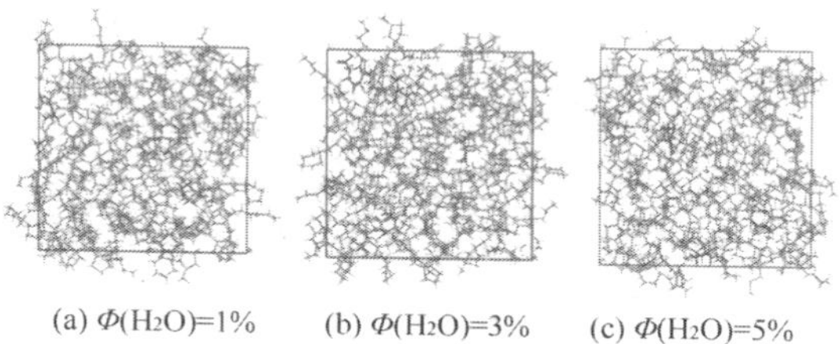

(a) $\Phi(H_2O)=1\%$ (b) $\Phi(H_2O)=3\%$ (c) $\Phi(H_2O)=5\%$

图 3.6.4 环烷酸、水和油的复合模型

模拟工作利用 Materials Studio 6.0 软件包进行。首先对构建的模型进行结构优化，采用 Discover Minimization 模块进行体系能量优化以使能量最小，然后进行分子动力学模拟，模拟时采用粒子数 N、体积 V 和温度 T 一定的系综，温度为变压器正常运行的温度 70℃，模拟时间均为 3×10^{-10}s，时间步长为 1×10^{-15}s，能量优化及动力学模拟均采用 PCFF 力场。Andersen 方法应用于温度控制，各分子起始速度按 Maxwell 分布取样，求解牛顿方程采用速度 Verlet 算法，Van der Waals 作用的计算采用 Atom Based 方法，

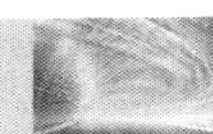

静电作用的计算采用 Ewald 方法。

2. 计算结果分析

1）扩散行为

衡量粒子扩散能力强弱的一个重要指标是扩散系数，扩散系数可以由粒子的均方位移求出。

系统的粒子由初始位置不停地运动，每一瞬间各粒子的位置皆不相同。以 $\boldsymbol{r}_i(t)$ 表示 t 时刻粒子 i 的位置，$\boldsymbol{r}_i(0)$ 表示零时刻粒子 i 的位置。粒子位移平方的平均值称为均方位移（mean square displacement，MSD），即

$$\mathrm{MSD}=\left\langle\left|\boldsymbol{r}_i(t)-\boldsymbol{r}_i(0)\right|^2\right\rangle \tag{3.6.1}$$

式（3.6.1）中尖括号表示平均值，单个粒子的均方位移与扩散系数 D 的关系如下：

$$\left\langle\left|\boldsymbol{r}_i(t)-\boldsymbol{r}_i(0)\right|^2\right\rangle=6Dt \tag{3.6.2}$$

求解含有多个粒子的分子体系的扩散系数时，需要对组成该分子体系的所有 N 个粒子加和平均，即

$$\frac{1}{N}\sum_{i=1}^{N}\left\langle\left|\boldsymbol{r}_i(t)-\boldsymbol{r}_i(0)\right|^2\right\rangle=6Dt \tag{3.6.3}$$

实际测量扩散系数的时间间隔对于分子平动运动而言极长，所以要取时间 t 趋于无穷时的极限，如式（3.6.4）所示：

$$D=\frac{1}{6N}\lim_{t\to\infty}\frac{\mathrm{d}}{\mathrm{d}t}\sum_{i=1}^{N}\left\langle\left|\boldsymbol{r}_i(t)-\boldsymbol{r}_i(0)\right|^2\right\rangle \tag{3.6.4}$$

式（3.6.4）中的微分近似用 MSD 对时间微分的比率代替，即曲线的斜率α，则扩散系数 D 可以简化为

$$D=\frac{\alpha}{6} \tag{3.6.5}$$

图 3.6.5 给出了甲酸分子在不同含水量油介质中的均方位移，可以看出无论油中含水量为多少，甲酸分子在油中的扩散是各向同性的，因为甲酸分子极性强，变压器油分子极性弱，两者的相互作用小，而油中水是极性分子，与甲酸有相互作用，会形成氢键，氢键的作用力不同于分子间的范德瓦尔斯力，氢键具有共价键的一些特征，同时有相对固定的键长和键角，由于甲酸分子与水分子之间存在氢键的作用，氢键会对甲酸分子的运动有束缚作用，会阻碍甲酸分子在油中的扩散，对扩散的强弱造成了影响，但不会影响扩散趋势。图 3.6.6 给出了环烷酸分子在不同含水量油介质中的均方位移，可以看出环烷酸在不同含水量的油介质中的均方位移均比甲酸小，且环烷酸扩散程度受水分子的影响小。由于环烷酸是高分子酸，分子质量大，甲酸是小分子酸，分子质量小，故在同

样的模拟条件下，环烷酸分子比甲酸分子移动得更慢，均方位移较甲酸分子更小。甲酸分子和环烷酸分子都含有一个羧基，羧基属于强极性基团，分子量越大，羧基所占的比重越小，分子的极性越弱，所以甲酸的极性强于环烷酸，故甲酸与水分子的相互作用强于环烷酸与水分子的相互作用，因此环烷酸在油中的扩散受水分子的影响程度较甲酸小，考虑上氢键的束缚作用，扩散程度随着水分的增加而减小。

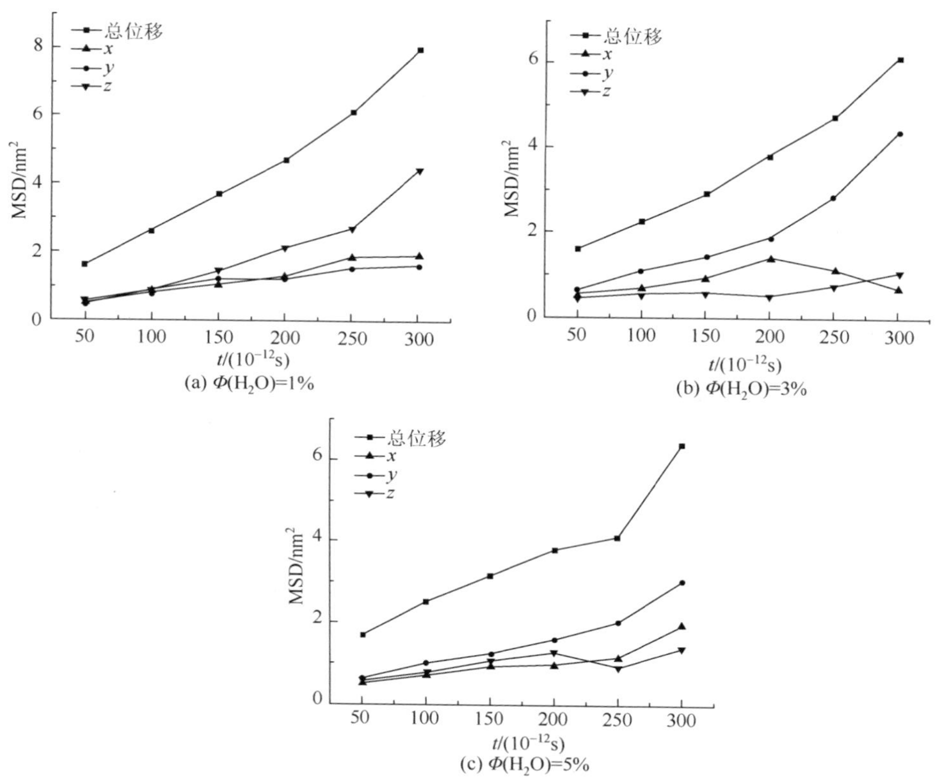

(a) $\Phi(H_2O)$=1%　(b) $\Phi(H_2O)$=3%　(c) $\Phi(H_2O)$=5%

图 3.6.5　不同水体积分数模型中甲酸分子的 MSD

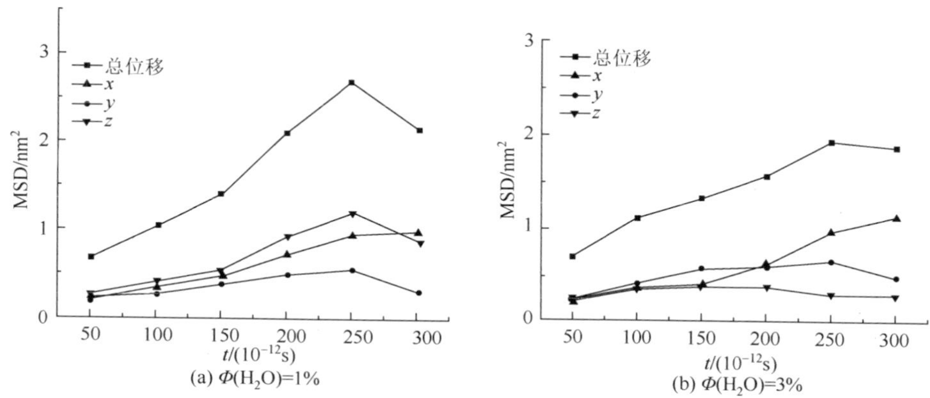

(a) $\Phi(H_2O)$=1%　(b) $\Phi(H_2O)$=3%

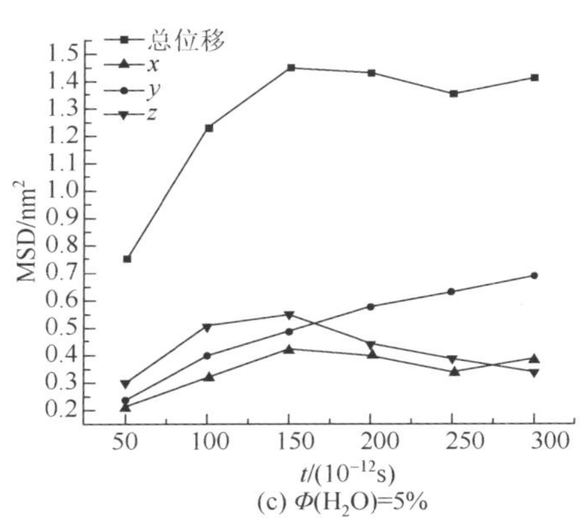

图 3.6.6　不同水体积分数模型中环烷酸分子的 MSD

表 3.6.2 给出了甲酸分子和环烷酸分子在不同含水量油中的扩散系数，其中α为拟合曲线的斜率，由表 3.6.2 可以看出甲酸分子和环烷酸分子的扩散系数都随油中水分含量的增加而减小，同时环烷酸分子的扩散系数明显小于甲酸分子的扩散系数，并且环烷酸分子扩散系数减小的趋势与甲酸相比，更趋于平缓。

表 3.6.2　由 MSD 计算的不同含水量油中甲酸和环烷酸分子的扩散系数

酸的种类	甲酸			环烷酸		
$\Phi(H_2O)$/%	1	3	5	1	3	5
α	0.2295	0.1643	0.1522	0.0898	0.0683	0.0569
$D/(10^{12}\text{Å}^2/s)$	0.0383	0.0274	0.0254	0.0150	0.0114	0.0095

2）径向分布函数

径向分布函数（radial distribution function，RDF）的物理意义可由图 3.6.7 表示，图中黑球为系统中的一个粒子，称其为“参考粒子”，与其中心的距离由 r 增加到 r+dr 的粒子数目为 dN，定义 RDF g（r）为

$$\rho g(r)4\pi r^2 \mathrm{d}r = \mathrm{d}N \tag{3.6.6}$$

式中：ρ 为系统粒子密度；N 为系统的粒子数目。

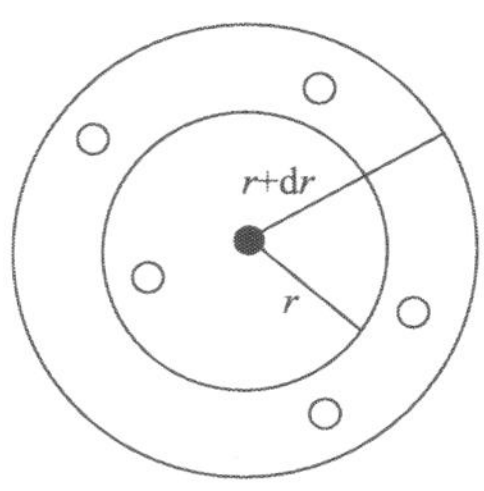

图 3.6.7　RDF 示意图

RDF 可以解释成系统的区域密度（local density）与平均密度（bulk density）的比。

当 r 值很小时，参考粒子附近的区域密度不同于系统的平均密度，当 r 值很大时，参考粒子附近的区域密度应与系统的平均密度相同，即当 r 值很大时，RDF 的值应接近 1，这也是非晶态结构中“近程有序，远程无序”的体现。氢键可分为非常强氢键、强氢键和弱氢键，其中非常强氢键的作用范围在 1.2～1.5Å，强氢键的作用范围在 1.5～2.2Å，弱氢键的作用范围在 2.2～3.0Å。通过图 3.6.8 和图 3.6.9 可以看出，甲酸分子和环烷酸分子均与水分子形成了强氢键和弱氢键，即在 1.5～2.2Å 和 2.2～3.0Å 均有波峰。环烷酸分子 RDF 的波峰高度明显低于甲酸分子 RDF 的波峰高度，说明甲酸分子周围水分子数较多，甲酸的极性大于环烷酸，与水的相互作用更明显。还可以看到，波峰的高度均随油中水分含量的增加而有所降低，这是由氢键的饱和性和方向性所导致的。氢键的饱和性体现在 H 原子与电负性强的原子形成氢键后，其他电负性强的粒子难以接近 H 原子。为了减少氢键供体与受体两个原子之间的斥力，键角需尽可能接近 180°，这就是氢键的方向性。因此，甲酸分子和环烷酸分子与水分子形成的氢键数目并不会随油中水分含量的增加而增多，而是油中水分子与水分子之间形成的氢键数目会增加。同时，可以清楚地看到，在 1.5～2.2Å 点划线的波峰明显高于虚线，表明甲酸和环烷酸羰基 O 原子周围的水分子数比羟基 O 原子周围的水分子数多，羰基中的 O 原子更易于与水分子形成氢键，这是因为碳氧双键的共用电子对偏向 O 原子，使 O 原子的电负性增强，吸引 H 原子的能力增大，比较容易形成氢键。

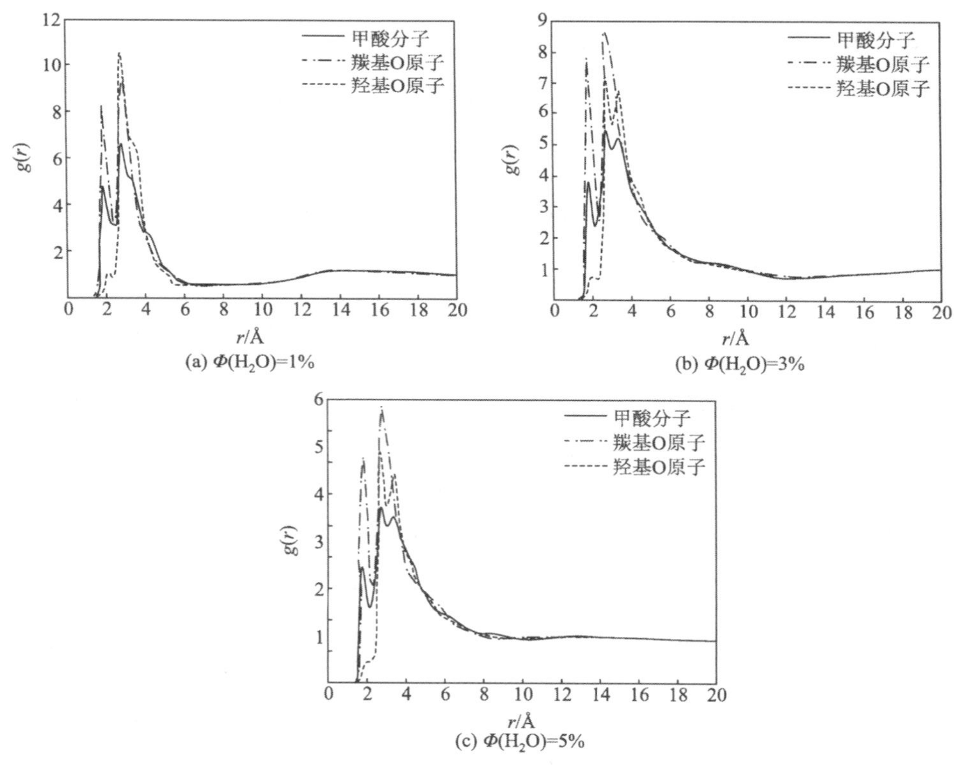

图 3.6.8 甲酸分子与水分子的 RDF

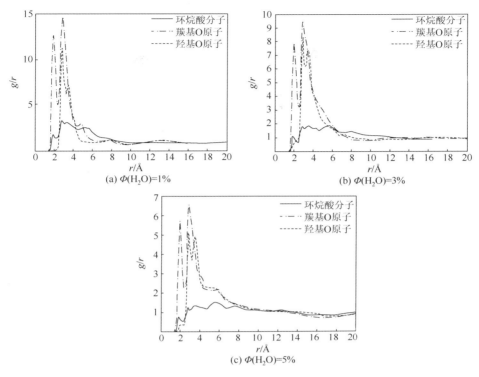

(a) $\Phi(H_2O)$=1%

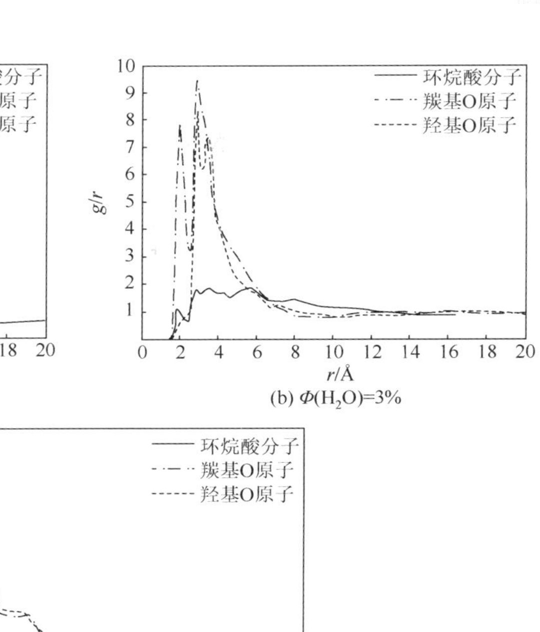

(b) $\Phi(H_2O)$=3%

(c) $\Phi(H_2O)$=5%

图 3.6.9　环烷酸分子与水分子的 RDF

3）系统的动能

系统的动能大小可以反映体系内各粒子间运动碰撞的激烈程度，表 3.6.3 给出了系统稳定时不同油模型体系的动能值，为了对比分析，加入了不含酸和水的纯油模型。由表 3.6.3 可以看出，当油中没有水和酸，即纯油模型时，体系的动能值最小，而甲酸、水和油复合模型与环烷酸、水和油复合模型的动能大小都随油中水分含量的增加而增大，表明当纯油中加入水和酸时，体系内各分子间的运动碰撞更加频繁和激烈，相互撞击时所释放的能量更大，油分子结构受到破坏的可能性增加。当油中没有水和酸时，油分子之间主要以共价键的形式存在，共价键的键能大，破坏共价键需要更多的能量，此时油分子的结构相对稳定。当变压器运行一段时间后，变压器内部会生成水和酸，水和酸通过氢键作用结合在一起，形成体积和质量更大的整体，在热运动下撞击油分子的能量更大，对油分子结构稳定性造成的破坏程度也更加明显。

表 3.6.3　各模型体系动能值

油模型	纯油模型	甲酸、水和油复合模型			环烷酸、水和油复合模型		
$\Phi(H_2O)$/%	0	1	3	5	1	3	5
动能值/(10^3kcal/mol)	2.83	2.91	2.96	3.03	2.93	2.99	3.06

参考文献

[1] 金建铭. 电磁场有限元方法[M]. 西安：西安电子科技大学出版社，2001.
[2] 李亚莎，褚红伟. 500kV 输电线周围工频电场环境分析[J]. 三峡大学学报，2009，31（6）：46-47.
[3] 李亚莎. 有限元法及其在“工程电磁场”教学中的应用[J]. 电气电子教学学报，2011，33（4）：104-106.
[4] 张专专. 特高压输电线路复合绝缘子串均压环优化及地面附近工频电场的研究[D]. 宜昌：三峡大学，2012.
[5] 李亚莎，张专专. 1000kV 交流复合绝缘子串电场分布计算及均压环设计[J]. 现代电力，2012，27（1）：24-27.
[6] 殷明. 500kV 交流开关站及其接地电磁分析[D]. 宜昌：三峡大学，2012.
[7] 李亚莎，李咸善，陈许卫. 水电站大坝接地电阻的有限元分析[J]. 三峡大学学报，2009，31（4）：49-51.
[8] 代亚平. 交联聚乙烯电缆绝缘层内部缺陷对电场与电荷分布影响的研究[D]. 宜昌：三峡大学，2018.
[9] 李亚莎，代亚平，花旭，等. 杂质对交联聚乙烯电缆内部电场和空间电荷分布影响的研究[J]. 电工技术学报，2018，33（18）：4365-4371.
[10] 王霞，朱有玉，王陈诚，等. 空间电荷效应对直流电缆及附件绝缘界面电场分布的影响[J]. 高电压技术，2015，41（8）：2681-2688.
[11] 王泽忠，全玉生，卢斌先. 工程电磁场[M]. 北京：清华大学出版社，2010.
[12] 李亚莎. 高精度快速边界元法及其在绝缘子电场计算中应用研究[D]. 北京：华北电力大学，2007.
[13] 李亚莎，王泽忠，卢斌先. 三维静电场线性插值边界元中的解析积分方法[J]. 计算物理，2007，24（1）：59-64.
[14] 王泽忠，李亚莎. 基于球坐标系的三维静电场曲边四边形边界元方法[J]. 电工技术学报，2007，22（4）：32-36.
[15] 王泽忠，李亚莎. 基于球坐标系的三维静电场曲边三角形边界元方法[J]. 高电压技术，2007，33（3）：117-120.
[16] 李亚莎，王泽忠，李咸善，等. 球形电极三维静电场的球面三角形边界元算法[J]. 电工技术学报，2009，24（3）：8-13.
[17] 李亚莎，王泽忠. 基于柱坐标系的三维静电场曲边四边形边界元方法[J]. 高电压技术，2007，33（1）：132-135.
[18] 李亚莎，王泽忠，李咸善. 圆环电极电场的曲边四边形边界元方法[J]. 三峡大学学报，2009，31（3）：34-36.
[19] 李亚莎，王泽忠. 基于圆环坐标系的三维静电场曲边三角形边界元方法[J]. 电工技术学报，2006，21（9）：122-126.
[20] 李亚莎，花旭，沈星如，等. 基于 Bezier 曲面四边形边界元法的特高压绝缘子串电场计算[J]. 华北电力大学学报，2017，44（3）：39-44.
[21] 李亚莎，代亚平，花旭，等. Bezier 曲面三角形边界元法及其在特高压绝缘子串电场计算中的应用[J]. 武汉大学学报（工学版），2018，51（3）：220-224.
[22] 李亚莎，花旭，沈星如，等. B 样条曲面边界元方法及其在特高压绝缘子串电场计算中的应用[J]. 电工技术学报，2018，33（2）：232-237.
[23] 李亚莎，徐瑞宇，李晶晶. 基于 B 样条曲面参数方程的曲面边界元精细后处理方法研究[J]. 现代电力，2014，31（2）：80-83.
[24] 钱伯初. 量子力学[M]. 北京：高等教育出版社，2006.
[25] 徐光宪，黎乐民，王德民. 量子化学：基本原理和从头计算法（中册）[M]. 2 版. 北京：科学出版社，2018.
[26] 刘国成. SF_6 及替代性气体分子结构与性质量化计算[D]. 宜昌：三峡大学，2019.
[27] 李亚莎，刘国成，刘志鹏，等. 外电场作用下 CF_3I 分子结构特性及性质[J]. 原子与分子物理学报，2019，36（2）：207-214.
[28] 李亚莎，刘志鹏，王成江，等. 基于密度泛函理论的 DBDS 与 DBS 对铜绕组腐蚀性能对比研究[J]. 原子与分子物理学报，2019，36（4）：574-580.
[29] AMIMOTO T，NAGAO E，TANIMURA J，et al. Duration and mechanism for suppressive effect of triazole-based passivators on copper-sulfide deposition on insulating paper[J]. IEEE transactions on dielectrics and electrical insulation，2009，16（1）：257-263.
[30] 李亚莎，刘志鹏，谢云龙，等. 苯并三氮唑对变压器绕组硫腐蚀抑制机理的分子模拟研究[J]. 原子与分子物理学报，2019，36（1）：38-43.
[31] 谢文州，郦和生，李志林，等. 铜缓蚀剂苯并三氮唑缓蚀机理的研究进展[J]. 材料保护，2013，46：45.

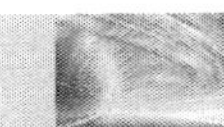

[32] 张曙光，陈瑜，王风云. 苯并三氮唑及其羧酸酯衍生物对铜缓蚀机理的分子动力学模拟研究[J]. 化学学报，2007，65：2235.

[33] 李亚莎，刘志鹏，刘国成，等. 基于分子模拟的苯并三氮唑与 Irgamet39 缓蚀性能对比研究[J]. 分子科学学报，2018，34（6）：472-476.

[34] 李亚莎，花旭，代亚平，等. 外电场对硅烷交联聚乙烯电介质材料分子空间结构影响的分子模拟研究[J]. 绝缘材料，2018，51（10）：38-44.

[35] 李亚莎，谢云龙，黄太焕，等. 基于密度泛函理论的外电场下盐交联聚乙烯分子结构及其特性研究[J]. 物理学报，2018，67（18）：183101-183111.

[36] 李亚莎，花旭，代亚平，等. 外电场下交联聚乙烯电介质材料分子结构变化及其电老化微观机理研究[J]. 原子与分子物理学报，2019，36（3）：413-420.

[37] 李亚莎，陈家茂，孙林翔，等. 基于密度泛函理论的外电场下双酚 A 型环氧树脂分子的结构及特性[J]. 原子与分子物理学报，2020，37（2）：169-176.

[38] 杜伯学，朱闻博，李进，等. 换流变压器阀侧套管油纸绝缘研究现状[J]. 电工技术学报，2019，34（6）：1300-1309.

[39] 李亚莎，黄太焕，谢云龙，等. 氧化锌电阻阀片中 ZnO（002）/β-Bi_2O_3（210）界面结构的第一性原理研究[J]. 原子与分子物理学报，2019，36（6）：1003-1009.

[40] 李亚莎，黄太焕，章小彬，等. 运用第一性原理研究氧化锌电阻阀片中氧空位与掺杂条件下 ZnO 晶体电学性质[J]. 原子与分子物理学报，2018，35（6）：1069-1074.

[41] ROTH A P ，WEBB J B ，WILLIAMS D F . Absorption edge shift in ZnO thin films at high carrier densities[J]. Solid state communications，1981，39（12）：1269-1271.

[42] 汪志诚. 热力学统计力学[M]. 4 版. 北京：高等教育出版社，2008.

[43] 陈敏伯. 计算化学：从理论化学到分子模拟[M]. 北京：科学出版社，2009.

[44] 李亚莎，刘志鹏，花旭，等. 小分子酸与高分子酸在油中扩散行为的分子动力学模拟[J]. 绝缘材料，2018，51（9）：70-75.